Janson/Bergfeld

Scanner-Frequenztabelle
27 MHz - 10 GHz

Funkschau Funktechnik

Alexander Janson
Joachim Bergfeld

Scanner-Frequenztabelle

27 MHz - 10 GHz

Eine detaillierte Übersicht über alle Funkdienste
für Funkscanner-Benutzer

6., aktualisierte und erweiterte Auflage

Franzis'

Die Deutsche Bibliothek – CIP-Einheitsaufnahme

Ein Titeldatensatz für diese Publikation ist bei
Der Deutschen Bibliothek erhältlich

Die Abbildungen auf den Seiten 34, 97 und 173 wurden mit freundlicher Genehmigung der Firma
Albrecht Kommunikationstechnik, 22946 Trittau, reproduziert.

Die Abbildungen auf den Seiten 6 und 11 wurden mit freundlicher Genehmigung der Firma
Pan International, 52146 Würselen, reproduziert.

Satz: Franzis Verlag (Autor), Fotosatz Pfeifer, Gräfelfing
Druck: Offsetdruck Heinzelmann, München
Printed in Germany - Imprimé en Allemagne.

ISBN 3-7723-6748-8

Vorwort

Da die Anzahl der Scannerbenutzer einen rasanten Zuwachs zu verzeichnen hat, wurde die Nachfrage über ein Informationswerk von Frequenzen und Betriebsverfahren immer lauter. Somit wurde ein Buch geschaffen, das als Arbeitsgrundlage für den Scannerbetrieb unumgänglich ist. Dabei wurde die Rechtslage, sowie die Frequenzbelegung vom Januar 1994 zu Grunde gelegt.

Bitte beachten Sie besonders die Rechtslage zum Scannerbetrieb, die in diesem Buch ausgiebig behandelt wird.

Schon seit Jahrzehnten ist der Funkempfang ein beliebtes Hobby vieler Radiobesitzer, die meist nächtelang vor ihrem Lautsprecher sitzen und den Ätherwellen zuhören. Gerade die Scanner haben diesem Hobby zu neuer Begeisterung verholfen.

Wir hoffen, mit diesem Nachschlagewerk die Lücke zwischen Scanner und Anwender geschlossen zu haben, und wünschen allseits guten Empfang.

Joachim Bergfeld und *Alexander Janson*

SeaCom
M-196
NFT-1000

Inhalt

1 Rechtslage

Vor dem Erwerb eines Scanners sollte man sich erst einmal die Frage stellen: „Was möchte ich hören?“ Als zweites kommt die Frage: „Was darf ich eigentlich hören?“

Das Bundesamt für Post und Telekommunikation hat mit der Amtsblattverfügung 115 vom 12.08.1992 die Frequenzbeschränkungen, die bis dato nur eingeschränkte Frequenzbenutzung erlaubten, aufgehoben. Somit konnten erstmals Empfänger ohne eingeschränkten Empfangsbereich zugelassen werden.

Die zulassungsfähigen Geräte benötigen mindestens einen Frequenzausschnitt, in dem Sendungen empfangen werden können, die „an alle“ gerichtet sind (z. B. Amateurfunk, Radio und Zeitzeichendienste). Empfänger, die ausschließlich im Viermeter-Band arbeiten, auf dem lediglich die BOS-Dienste zuhause sind, dürften somit keine Zulassungschance haben, obwohl das technische Zulassungsverfahren momentan nur die Störstrahlsicherheit beinhaltet.

Aussendungen auf Frequenzbereichen, die nicht „an alle“ gerichtet sind, dürfen öffentlich nicht empfangen werden. Dieses regelt das Fernmeldeanlagengesetz vom 10.08.1989. Empfängt man jedoch andere Funkdienste, so dürfen diese Nachrichten weder aufgezeichnet, noch ausgewertet, sowie die Tatsache ihres Empfangs keinem anderen mitgeteilt werden. Somit soll z. B. die kommerzielle Auswertung eines Funkspruches (der Feuerwehr) von z. B. einer Zeitungsredaktion, unter Strafe gestelllt werden.

Doch was hierzulande verboten ist, wird in der USA als Alltagsgeschäft behandelt.

Äußerst wichtig ist jedoch, daß Ihr Scanner entweder eine Postzulassung (BZT mit Bundesadler und Konfirmitätsnummer), oder ein CE-Zeichen trägt. Denn nur damit darf der Empfänger in Betrieb genommen werden.

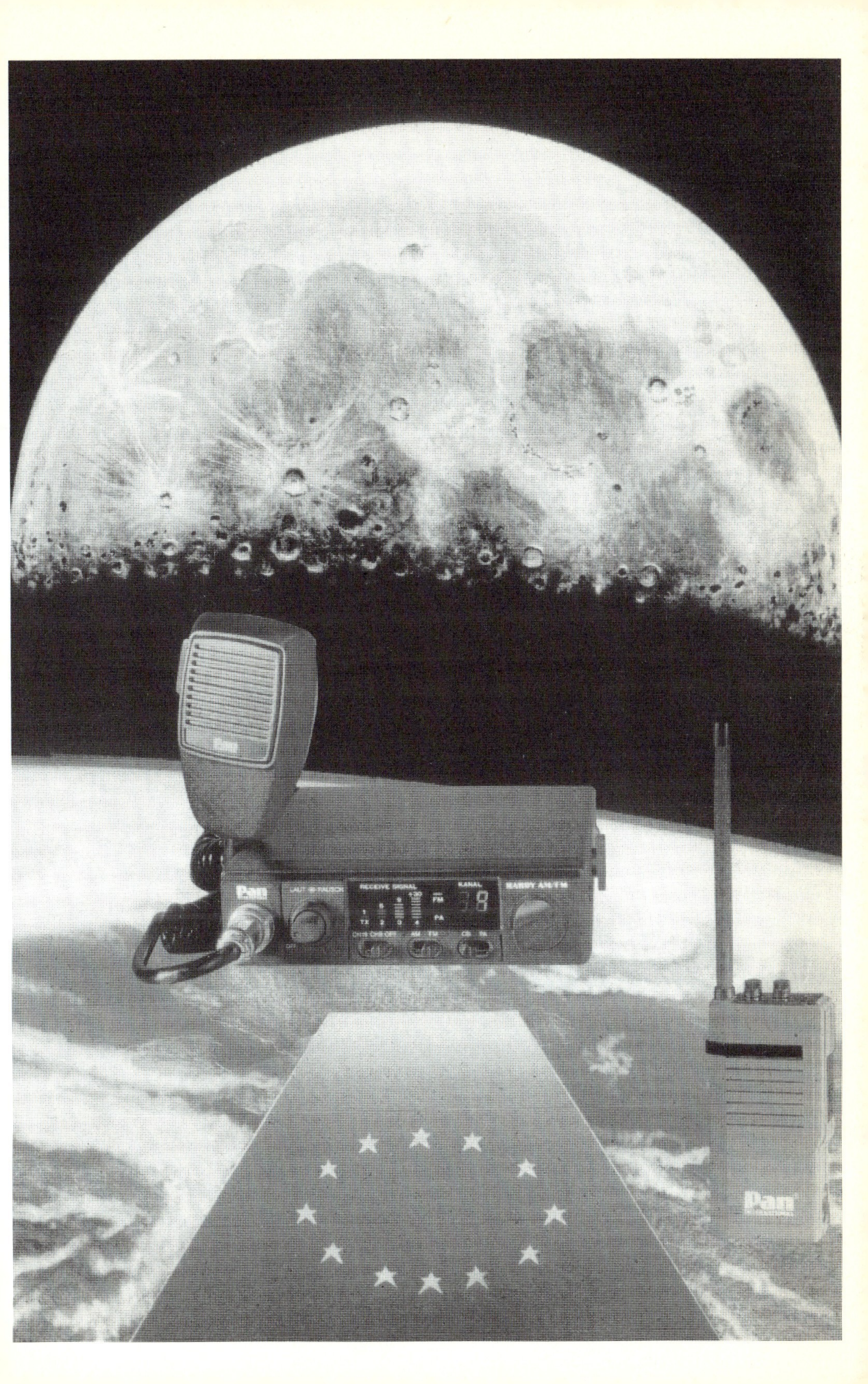
Pan
RECEIVE SIGNAL
KANAL
FM
PA
Pan

2 Frequenzbelegungsplan

2.1 Aktuelle Übersicht

26.965	—	27.405	CB-Funk
27.5	—	28.0	Beweglicher Funkdienst ziv. mil.
28	—	29.7	Amateurfunkdienst ziv.
			Amateurfunkdienst über Satelliten
29.7	—	30.005	Beweglicher Funkdienst ziv. mil.
			Fester Funkdienst
30.005	—	30.01	Weltraumfernwirkfunkdienst ziv. mil.
			Beweglicher Funkdienst
			Welltraumforschungsfunkdienst
			Fester Funkdienst
30.01	—	34.35	Beweglicher Funkdienst ziv. mil.
			drahtlose Mikrofone
			Fester Funkdienst
34.35	—	36.55	Beweglicher Funkdienst ziv.
			Modellfernsteuerung
			drahtlose Mikrofone
			Betriebsfunk
			Funkanwendungen der BOS
			Fester Funkdienst
36.55	—	37.75	Beweglicher Funkdienst ziv. mil.
			drahtlose Mikrofone
			Fernwirkfunkanlagen
			Führungsfunkanlagen
			Fester Funkdienst

37.75	—	38.25	Beweglicher Funkdienst ziv. mil. drahtlose Mikrofone Führungsfunkanlagen Fernwirkfunkanlagen Fester Funkdienst Radioastronomiefunkdienst
38.25	—	38.45	Beweglicher Funkdienst ziv. mil. Fester Funkdienst
38,45	—	39.85	Beweglicher Funkdienst ziv. Funkanwendungen der BOS Fester Funkdienst
39.85	—	41	Beweglicher Funkdienst ziv. mil. Personenrufanlagen Fernwirkfunkanlagen Modellfernsteuerung ISM-Anwendungen Fester Funkdienst
41	—	47	Beweglicher Funkdienst mil. Fester Funkdienst
47	—	68	Rundfunkdienst ziv. mil. In definierten geographischen Bereichen Fernsehrundfunk (Band 1) für die vorübergehende Einführung von T-DAB vorgesehen Beweglicher Landfunkdienst
68	—	70	Beweglicher Landfunkdienst ziv. Betriebsfunk Funkanwendungen der Eisenbahnen
70	—	74.2	Fester Funkdienst mil. Beweglicher Funkdienst außer beweglicher Flugfunkdienst
74.2	—	74.8	Beweglicher Landfunkdienst ziv. Funkanwendungen der BOS
74.8	—	75.2	Flugnavigationsfunkdienst ziv. mil. Markierungsfunkfeuer der Flugsicherung

75.2	—	78.7	Beweglicher Landfunkdienst ziv. Funkanwendungen der Eisenbahnen Betriebsfunk Funkanwendungen der BOS
78.7	—	84	Beweglicher Funkdienst mil. außer beweglicher Flugfunkdienst Fester Funkdienst
84	—	87.5	Beweglicher Landfunkdienst ziv. Funkanwendungen der BOS Funkrufdienst Eurosignal
87.5	—	100	Rundfunkdienst ziv. UKW-Tonrundfunk
100	—	108	Rundfunkdienst ziv. UKW-Tonrundfunk
108	—	117.975	Flugnavigationsfunkdienst ziv. mil. UKW-Drehfunkfeuer (VOR) und Landekurssender (ILS) der Flugsicherung
117.975	—	137	Beweglicher Flugfunkdienst
144	—	146	Amateurfunkdienst ziv. Amateurfunkdienst über Satelliten
146	—	148	Beweglicher Landfunkdienst ziv. Betriebsfunk Funkanwendungen der Eisenbahnen
148	—	149.9	Beweglicher Funkdienst ziv. außer beweglicher Flugfunkdienst (R) Funktelefonnetz B (auslaufend) Betriebsfunk Beweglicher Funkdienst über Satelliten (Richtung Erde-Weltraum)
149.9	—	150.05	Navigationsfunkdienst über Satelliten ziv. Beweglicher Landfunkdienst über Satelliten (Richtung Erde-Weltraum)
150.05	—	156.7625	Beweglicher Funkdienst ziv. außer beweglicher Flugfunkdienst Betriebsfunk

			Binnenwasserstraßenfunk
			Seefunk gem. Anh. 18 VO
			Funk
			Funktelefonnetz B (auslaufend)
156.7625	—	156.8375	Beweglicher Funkdienst ziv. mil.
			(Notfall und Anruf)
156.8375	—	174	Beweglicher Funkdienst ziv.
			außer beweglicher Flugfunkdienst
			Betriebsfunk
			Funkrufdienst ERMES
			Seefunkdienst gem. Anh. 18 VO Funk
			Binnenwasserstraßenfunk
			Funkanwendungen der BOS und Eisenbahnen
			Funktelefonnetz B (auslaufend)
			Fernwirkfunkanlagen
174	—	223	Rundfunkdienst ziv.
			Fernsehrundfunk (Band III)
			Reportagefunk
223	—	230	Rundfunkdienst ziv. mil.
			Fernsehrundfunk (Band III) auslaufend
			für die vorübergehende Einführung
			von T-DAB vorgesehen
			Beweglicher Landfunkdienst
230	—	235	Beweglicher Funkdienst mil.
			Flugfunk
			Richtfunk
			Fester Funkdienst
402	—	403	Wetterhilfenfunkdienst ziv. mil.
			Wettersonden
			Wettersatelliten
			med. Meßwertübertragung
			Wetterfunkdienst über Satelliten
			(Richtung Erde-Weltraum)
			Beweglicher Funkdienst außer
			beweglicher Flugfunkdienst

403	—	406	Wetterhilfenfunkdienst ziv. mil. Wettersonden
406	—	406.1	Beweglicher Funkdienst über Satelliten (Richtung Erde-Weltraum) ziv. mil. Satellitenbojen (EPIRBs) zur Kennzeichnung der Notposition
406.1	—	410	Beweglicher Landfunkdienst ziv. Radioastronomiefunkdienst
410	—	420	Beweglicher Landfunkdienst ziv. Einkanalrichtfunk auslaufend Bündelfunk Datenfunk Fester Funkdienst
420	—	430	Beweglicher Landfunkdienst ziv. Einkanalrichtfunk auslaufend Bündelfunk Datenfunk Fester Funkdienst
430	—	440	Amateurfunkdienst ziv. Fernwirkfunkanlagen ISM-Anwendungen Funkanlagen kleiner Leistung
440	—	470	Beweglicher Landfunkdienst ziv. Betriebsfunk Funktelefonnetz C Fernwirkfunkanlagen Funkrufdienste Personenruffunkanlagen Funkanwendungen der Eisenbahnen
470	—	790	Rundfunkdienst ziv. Fernsehrundfunk Band IV und V Reportagefunk Beweglicher Landfunkdienst

790	—	862	Fester Funkdienst ziv. mil. Richtfunk Beweglicher Funkdienst außer beweglicher Flugfunkdienst
862	—	890	Fester Funkdienst ziv. mil. schnurlose Telefone DSRR vorgesehen für Funkanwendungen der Eisenbahnen vorgesehen für digitalen Bündelfunk (TETRA) Beweglicher Funkdienst außer beweglicher Flugfunkdienst
890	—	960	Fester Funkdienst ziv. mil. Funktelefonnetze D schnurlose Telefone vorgesehen für Funkanwendungen der Eisenbahnen vorgesehen für digitalen Bündelfunk (TETRA) Beweglicher Funkdienst außer beweglicher Flugfunkdienst
960	—	1215	Flugnavigationsfunkdienst ziv. mil. Flugsicherungsanlagen (TACAN, DME, SSR, ACAS)
1400	—	1427	Erderkundungsfunkdienst über Satelliten (passiv) ziv. Aussendungen sind nicht zugelassen Radioastronomiefunkdienst Weltraumforschungsfunkdienst (passiv)
1427	—	1429	Fester Funkdienst ziv. mil. Richtfunk Beweglicher Funkdienst außer beweglicher Flugfunkdienst Weltraumfernwirkfunkdienst (Richtung Erde-Weltraum)

1429	—	1452	Fester Funkdienst mil. Richtfunk Beweglicher Funkdienst außer beweglicher Flugfunkdienst
1452	—	1492	Fester Funkdienst ziv. mil. Richtfunk Telemetrie (auslaufend) Teile des Bereiches sind für die Einführung von T-DAB vorgesehen Beweglicher Funkdienst außer beweglicher Flugfunkdienst (R) Rundfunkdienst Rundfunkdienst über Satelliten
1492	—	1525	Fester Funkdienst mil. Richtfunk Beweglicher Funkdienst außer beweglicher Flugfunkdienst
1645.5	—	1646.5	Beweglicher Funkdienst über Satelliten ziv. mil. (Richtung Erde-Weltraum) weltweites maritimes Not- und Sicherheitssystem (GMDSS)
1646.5	—	1656.5	Beweglicher Flugfunkdienst über Satelliten (R) ziv. mil. (Richtung Erde-Weltraum) Richtfunk INMARSAT Fester Funkdienst
1656.5	—	1660	Beweglicher Landfunkdienst über Satelliten ziv. mil. (Richtung Erde-Weltraum) Richtfunk INMARSAT Fester Funkdienst
1660	—	1660.5	Radioastronomiefunkdienst ziv. INMARSAT Beweglicher Landfunkdienst über Satelliten (Richtung Erde-Weltraum)

1660.5	—	1668.4	Radioastronomiefunkdienst ziv. Weltraumforschungsfunkdienst (passiv) Fester Funkdienst
1668.4	—	1670	Wetterhilfenfunkdienst ziv. Fester Funkdienst Radioastronomiefunkdienst
1670	—	1675	Fester Funkdienst ziv. öffentliches Passagiertelefon in Flugzeugen (TFTS) Wetterfunkdienst über Satelliten (Richtung Weltraum-Erde) Beweglicher Funkdienst
1675	—	1690	Wetterfunkdienst über Satelliten ziv. (Richtung Weltraum-Erde) Wettersatelliten Richtfunk Fester Funkdienst
1690	—	1700	Wetterhilfenfunkdienst ziv. Wettersatelliten Richtfunk Wetterfunkdienst über Satelliten (Richtung Weltraum-Erde) Fester Funkdienst
1700	—	1710	Fester Funkdienst ziv. mil. Richtfunk Wettersatelliten Wetterfunkdienst über Satelliten (Richtung Weltraum-Erde)
1710	—	1930	Fester Funkdienst ziv. mil. öffentliches Passagiertelefon in Flugzeugen (TFTS) Funktelefone E schnurlose Telekommunikationsanlagen (DECT)

	vorgesehen für zukünftige mobile Funk-telekommunikationsnetze (FPLMTS)
	Richtfunk
	Beweglicher Funkdienst
2290 — 2300	Fester Funkdienst ziv.
	Richtfunk
	Beweglicher Funkdienst außer beweglicher Flugfunkdienst
	Weltraumforschungsfunkdienst (ferner Weltraum Richtung Weltraum-Erde)
2300 — 2320	Fester Funkdienst ziv.
	Richtfunk
	Beweglicher Funkdienst
2320 — 2400	Beweglicher Funkdienst ziv. mil.
	drahtlose Fernsehkameras
	Radar
	Nichtnavigatorischer Ortungsfunkdienst
	Amateurfunkdienst
2400 — 2450	Beweglicher Funkdienst ziv. mil.
	ISM-Anwendungen
	Funkbewegungsmelder
	Fernwirkfunkanlagen
	Funkanlagen für breitbandige Datenübertragungen (RLANs)
	Nichtnavigatorischer Ortungsfunkdienst
	Amateurfunkdienst
2450 — 2483.5	Fester Funkdienst ziv. mil.
	ISM-Anwendungen
	Funkbewegungsmelder
	Fernwirkfunkanlagen
	drahtlose Fernsehkameras
	Funkanlagen für breitbandige Datenübertragungen (RLANs)
	Beweglicher Funkdienst
	Nichtnavigatorischer Ortungsfunkdienst

2483.5	—	2500	Fester Funkdienst ziv.
			Richtfunk
			ISM-Anwendungen
			Beweglicher Funkdienst über Satelliten
			(Richtung Weltraum-Erde)
3400	—	3475	Fester Funkdienst ziv.
			Richtfunk
			INTERSPUTNIK
			Fester Funkdienst über Satelliten
			(Richtung Weltraum-Erde)
			Nichtnavigatorischer Ortungsfunkdienst
			Amateurfunkdienst
3475	—	3600	Fester Funkdienst ziv.
			Richtfunk
			INTERSPUTNIK
			Fester Funkdienst über Satelliten
			(Richtung Weltraum-Erde)
			Nichtnavigatorischer Ortungsfunkdienst
3600	—	4200	Fester Funkdienst ziv.
			Richtfunk
			INTELSAT
			INMARSAT (Speiseverbindungen)
			INTERSPUTNIK
			Fester Funkdienst über Satelliten
			(Richtung Weltraum-Erde)
4200	—	4400	Flugnavigationsfunkdienst ziv. mil.
			Funkhöhenmesser
4400	—	4800	Fester Funkdienst mil.
			Richtfunk
4800	—	4990	Fester Funkdienst mil.
			Richtfunk
			Radioastronomiefunkdienst
4990	—	5000	Fester Funkdienst mil.
			Richtfunk
			Radioastronomiefunkdienst

5000	— 5150	Flugnavigationsfunkdienst ziv. mil. Mikrowellenlandesystem (MLS)
5150	— 5250	Beweglicher Funkdienst ziv. vorgesehen für Mikrowellenlandesystem vorgesehen für Hochleistungsfunkanlagen für Breitbanddatenübertragung (HIPERLAN) Flugnavigationsfunkdienst
5250	— 5255	Nichtnavigatorischer Ortungsfunkdienst ziv. vorgesehen für Hochleistungsfunkanlagen für Breitbanddatenübertragung (HIPERLAN)
5255	— 5350	Nichtnavigatorischer Ortungsfunkdienst mil. Radar über die Nutzungsmöglichkeiten zwischen 5255-5300 MHz für HIPERLAN wird gesondert entschieden
5350	— 5460	Flugnavigationsfunkdienst ziv. mil. Wetterradargeräte in Luftfahrzeugen Nichtnavigatorischer Ortungsfunkdienst
5460	— 5470	Navigationsfunkdienst ziv. mil. Wetterradargeräte in Luftfahrzeugen Nichtnavigatorischer Ortungsfunkdienst
5470	— 5650	Seenavigationsfunkdienst ziv. mil. Schiffsradar Wetterradar Funkanlagen für Vermessungszwecke Nichtnavigatorischer Ortungsfunkdienst
8400	— 8500	Weltraumforschungsfunkdienst ziv. (Richtung Weltraum-Erde) Fester Funkdienst
8500	— 8825	Nichtnavigatorischer Ortungsfunkdienst ziv. mil. Radar
8825	— 8850	Nichtnavigatorischer Ortungsfunkdienst ziv. mil. Radar Seenavigationsfunkdienst

8850	—	9000	Nichtnavigatorischer Ortungsfunkdienst ziv. mil.
			Radar
			Seenavigationsfunkdienst
9000	—	9200	Flugnavigationsdienst ziv. mil.
			Küsten- und Hafenradar
			Radar der Flugsicherung
			Seenavigationsfunkdienst
			Nichtnavigatorischer Ortungsfunkdienst
9200	—	9300	Nichtnavigatorischer Ortungsfunkdienst ziv. mil.
			Küsten- und Schiffsradar
			Seenavigationsfunkdienst
9300	—	9500	Navigationsfunkdienst ziv. mil.
			Wetterradar
			Schiffsradar
			Bewegungsmelder
			Nichtnavigatorischer Ortungsfunkdienst
9500	—	9800	Nichtnavigatorischer Ortungsfunkdienst mil.
			Radar
			Navigationsfunkdienst
9800	—	10000	Nichtnavigatorischer Ortungsfunkdienst mil.
			Radar
			Fester Funkdienst

Quelle: Frequenzbereichszuweisungsplan für die Bundesrepublik Deutschland und internationale Zuweisung der Frequenzbereiche 1994 Bundesministerium für Post und Telekommunikation

2.2 Frequenzzuweisung für das Viermeter-Band

Die folgende Übersicht zeigt die Frequenzzuweisungen im Bereich von 68 bis 87.5 MHz.

68.000 bis 68.040	Verkehrsbetriebe und Industrie
68.040 bis 68.080	Versuchsbetrieb
68.080 bis 68.620	Energieversorgungsunternehmen
68.620 bis 69.560	Eisenbahn
69.560 bis 69.920	Verkehrsbetriebe und Industrie
69.920 bis 69.940	zur besonderen Verwendung
69.940 bis 69.960	Forstverwaltung
69.960 bis 69.980	Umweltschutzbehörden
69.980 bis 70.000	Versuchsbetrieb
70.000 bis 74.200	Militär
70.040 bis 70.900	Eisenbahn
71.000 bis 71.700	Verkehrsbetriebe und Industrie
72.340 bis 72.760	Energieversorgungsunternehmen
74.200 bis 74.800	BOS = Behörden und Organisatonen mit Sicherheitsaufgaben
74.800 bis 75.200	Navigationsdienste für Flugverkehr
75.200 bis 77.500	BOS = Behörden und Organisationen mit Sicherheitsaufgaben
77.500 bis 77.620	Rundfunkanstalten
77.620 bis 77.800	zur besonderen Verwendung
77.800 bis 77.880	Versuchsbetrieb
77.880 bis 78.420	Energieversorgungsunternehmen
78.420 bis 78.700	Eisenbahn
78.700 bis 84.000	Militär
80.040 bis 80.900	Eisenbahn
81.000 bis 81.700	Verkehrsbetriebe und Industrie
82.340 bis 82.760	Energieversorgungsunternehmen
84.000 bis 87.275	BOS = Behörden und Organisationen mit Sicherheitsaufgaben
87.275 bis 87.500	Euro-Funkrufdienst

2.3 Frequenzzuweisungen für das Zweimeter-Band

Die folgende Übersicht zeigt die Frequenzzuweisungen im Bereich von 146 bis 174 MHz.

146.000 bis 146.360	Gemeinschaftsfrequenzen
146.360 bis 146.920	Eisenbahn
146.920 bis 147.280	Energieversorgungsunternehmen
147.280 bis 147.840	Gemeinschaftsfrequenzen
147.840 bis 148.020	Taxifunk
148.200 bis 148.320	Verkehrsbetriebe und Industrie
148.320 bis 148.340	Gemeinschaftsfrequenz
148.340 bis 148.400	Verkehrsbetriebe und Industrie
148.400 bis 149.140	Autotelefon B-Netz
149.140 bis 149.500	Verkehrsbetriebe und Industrie
149.500 bis 149.880	Energieversorgungsunternehmen
149.880 bis 149.900	zur besonderen Verwendung
149.900 bis 150.050	Satellitennavigation
150.050 bis 150.240	Versuchsbetrieb
150.240 bis 150.800	Taxifunk
150.800 bis 150.980	Verkehrsbetriebe und Industrie
150.980 bis 151.160	Gemeinschaftsfrequenzen
151.160 bis 151.360	Bodendienst auf Flughäfen
151.360 bis 151.540	Straßendienste
151.540 bis 151.720	Heilberufe
151.720 bis 151.900	zur besonderen Verwendung
151.900 bis 152.100	Straßendienste
152.100 bis 152.280	zur besonderen Verwendung
152.280 bis 152.460	Heilberufe
152.460 bis 152.640	Verkehrsbetriebe und Industrie
153.000 bis 153.740	Autotelefon B-Netz
153.740 bis 154.100	Verkehrsbetriebe und Industrie
154.100 bis 154.840	Energieversorgungsunternehmen
154.840 bis 155.400	Taxifunk
155.400 bis 155.580	Verkehrsbetriebe und Industrie

155.580 bis 155.760	Post
155.760 bis 156.000	zur besonderen Verwendung
156.000 bis 157.440	Schiffsfunk
157.440 bis 157.600	Post
157.600 bis 158.340	Autotelefon B2-Netz
158.340 bis 159.080	Gemeinschaftsfrequenzen
159.080 bis 159.440	Energieversorgungsunternehmen
159.440 bis 159.820	Schiffsfunk
159.820 bis 160.000	Bodendienst auf Flughäfen
160.000 bis 160.180	Rundfunkanstalten
160.180 bis 160.360	Versuchsbetrieb
160.360 bis 160.400	Landwirtschaft
160.420 bis 160.600	zur besonderen Verwendung
160.600 bis 162.040	Schiffsfunk
162.040 bis 162.200	Post
162.200 bis 162.940	Autotelefon B2-Netz
162.940 bis 163.300	zur besonderen Verwendung
153.300 bis 163.480	Gemeinschaftsfrequenzen
163.480 bis 163.680	Taxifunk
163.680 bis 164.040	Energieversorgungsunternehmen
164.040 bis 164.420	Schiffsfunk
164.420 bis 164.600	Bodendienst auf Flughäfen
164.400 bis 164.780	Rundfunkanstalten
164.780 bis 164.960	Versuchsbetrieb
164.960 bis 165.200	zur besonderen Verwendung
165.200 bis 165.700	BOS = Behörden und Organisationen mit Sicherheitsaufgaben
165.700 bis 166.440	zur besonderen Verwendung
166.440 bis 167.520	Eisenbahn
167.540 bis 169.400	BOS = Behörden und Organisationen mit Sicherheitsaufgaben
169.400 bis 169.800	Funkgeräte mit kleiner Leistung
169.800 bis 170.300	BOS = Behörden und Organisationen mit Sicherheitsaufgaben
170.300 bis 171.020	Sonstige Funkdienste

171.040 bis 172.120 Eisenbahn
172.140 bis 174.000 BOS = Behörden und Organisationen mit Sicherheitsaufgaben

2.4 Frequenzzuweisungen für das Siebzigzentimeter-Band

Die folgende Übersicht zeigt die Frequenzzuweisungen im Bereich von 450 bis 470 MHz.

450.000 bis 451.300 zur besonderen Verwendung
451.300 bis 455.740 Autotelefon C-Netz
455.740 bis 456.480 Funkgeräte kleiner Leistung
456.480 bis 456.840 zur besonderen Verwendung
456.840 bis 457.400 Taxifunk
457.400 bis 457.440 zur besonderen Verwendung
457.440 bis 458.320 Eisenbahn
458.320 bis 458.700 Verkehrsbetriebe und Industrie
456.700 bis 459.060 Gemeinschaftsfrequenzen
459.060 bis 459.240 Soziale Dienste
459.240 bis 459.520 zur besonderen Verwendung
459.520 bis 459.600 Versuchsbetrieb
459.600 bis 459.620 Notfall-Funkgeräte
459.620 bis 459.980 Gemeinschaftsfrequenzen
459.980 bis 460.000 Notfall-Funkgeräte
460.000 bis 461.300 zur besonderen Verwendung
461.300 bis 465.740 Autotelefon C-Netz
465.740 bis 466.480 Funkgeräte kleiner Leistung
466.480 bis 466.660 zur besonderen Verwendung
466.660 bis 467.220 Gemeinschaftsfrequenzen
467.220 bis 467.400 Taxifunk
467.400 bis 467.440 zur besonderen Verwendung
467.440 bis 468.320 Eisenbahn

468.320 bis 469.180	Personenrufanlagen
469.280 bis 469.520	zur besonderen Verwendung
469.520 bis 469.600	Versuchsbetrieb
469.600 bis 469.620	Auto-Notmeldesystem
469.620 bis 469.980	Gemeinschaftsfrequenzen
469.980 bis 470.000	Auto-Notmeldesystem

2.5 Übersicht nach Benutzergruppen geordnet

Die folgende Liste zeigt die Frequenzzuteilungen nach den wichtigsten Benutzergruppen alphabetisch geordnet.

BOS Behörden und Organisationen mit Sicherheitsaufgaben

164 Kanäle
Unterband: 74.215 bis 77.475 MHz
Oberband: 84.015 bis 87.255 MHz

92 Kanäle
Unterband: 167.560 bis 169.380MHz
Oberband: 172.160 bis 173.980MHz

DLRG Deutsche Lebensrettungsgesellschaft

155.890 MHz
155.910 MHz
155.930 MHz

Energieversorgungsunternehmen

27 Kanäle
Unterband: 68.080 bis 68.620 MHz
Oberband: 77.880 bis 78.420 MHz

18 Kanäle 146.920 bis 147.280 MHz

19 Kanäle
Unterband: 149.500 bis 149.880 MHz
Oberband: 154.100 bis 154.480 MHz

18 Kanäle
Unterband: 154.480 bis 154.840 MHz
Oberband: 159.080 bis 159.440 MHz

Zusätzlich in Hamburg, Hannover, München und im Ruhrgebiet:

21 Kanäle
Unterband: 72.340 bis 72.760 MHz
Oberband: 82.340 bis 82.760 MHz

Eisenbahnbetriebsfunk

47 Kanäle
Unterband: 68.620 bis 69.560 MHz
Oberband: 78.420 bis 79.360 MHz

28 Kanäle
146.360 bis 146.920 MHz

20 Kanäle
Unterband: 166.440 bis 166.840 MHz
Oberband: 171.040 bis 171.440 MHz

Weitere Kanalpaare:
166.870 und 171.470 MHz
166.890 und 171.490 MHz
166.930 und 171.530 MHz
166.970 und 171.570 MHz
167.110 und 171.710 MHz

167.130 und 171.730 MHz
167.150 und 171.750 MHz
167.170 und 171.770 MHz

Zusätzlich in Hamburg, Hannover, München und im Ruhrgebiet:

43 Kanäle
Unterband: 70.040 bis 70.900 MHz
Oberband: 80.040 bis 80.900 MHz

Flughäfen/Bodendienst

10 Kanäle
151.160 bis 151.360 MHz

9 Kanäle
159.820 bis 160.000 MHz

Forstverwaltung

69.950 MHz

Geldinstitute/Geldtransporte

155.790 MHz
155.810 MHz
155.850 MHz
155.950 MHz
456.230 MHz
466.230 MHz

Heilberufe

9 Kanäle
151.540 bis 151.720 MHz

Landwirtschaft

160.370 MHz

Rundfunkanstalten

6 Kanäle
77.500 bis 77.620 MHz

9 Kanäle

Unterband:	160.000 bis 160.180	MHz
Oberband:	64.600 bis 164.780	MHz

Soziale Dienste

9 Kanäle
459.060 bis 459.240 MHz

Sonstige Bedarfsträger

166.120 MHz
166.180 MHz
170.680 MHz
170.790 MHz

Straßendienste/Politessendienste

9 Kanäle
151.360 bis 151.540 MHz

10 Kanäle
151.900 bis 152.100 MHz

9 Kanäle
152.460 bis 152.640 MHz

Taxifunk

9 Kanäle
147.840 bis 148.020 MHz

9 Kanäle
148.020 bis 148.200 MHz

28 Kanäle
150.240 bis 150.800 MHz

28 Kanäle
154.840 bis 155.400 MHz

10 Kanäle
163.480 bis 163.680 MHz

19 Kanäle
456.840 bis 457.220 MHz

9 Kanäle

Unterband:	457.220 bis 457.400	MHz
Oberband:	467.220 bis 467.400	MHz

Umweltschutzbehörden

69.970 MHz

Verkehrsbetriebe und Industriebetriebe

18 Kanäle
69.570 bis 69.910 MHz

35 Kanäle

Unterband:	71.010 bis 71.690	MHz
Oberband:	81.010 bis 81.690	MHz

10 Kanäle
148.210 bis 148.390 MHz

9 Kanäle

Unterband:	149.150 bis 139.310	MHz
Oberband:	153.750 bis 153.910	MHz

9 Kanäle

Unterband:	149.330 bis 149.490	MHz
Oberband:	153.930 bis 154.100	MHz

9 Kanäle

Unterband:	150.800 bis 150.980	MHz
Oberband:	155.400 bis 155.580	MHz

18 Kanäle
152.640 bis 153.000 MHz

19 Kanäle
458.320 bis 458.700 MHz

Zugfunk

43 Kanäle

Unterband:	70.040 bis 70.900	MHz
Oberband:	80.040 bis 80.900	MHz

Scall

1 Kanal
430.360 MHz

1 Kanal
466.230 MHz

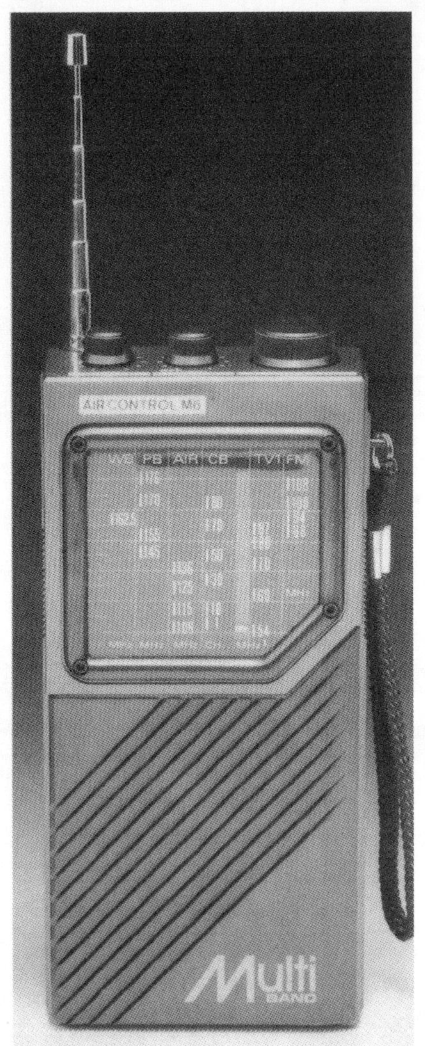
AIR CONTROL M6
WB PB AIR CB TV1 FM
Multi
BAND

AE-200
WIDE BAND
SCANNING RECEIVER

3 Übertragungsverfahren

3.1 Wechsel-, Gegen- und bedingtes Gegensprechen

Simplex-Betrieb

Im einfachsten Fall findet eine Sprechverbindung zwischen zwei Stationen auf *einer einzigen Frequenz* statt. Dies ist auch heute noch die am häufigsten angewandte Betriebsart im Funkverkehr allgemein (typisches Beispiel: Flugfunk).

Duplex-Betrieb

Diese Betriebsart wird auch als *Gegensprechen* bezeichnet. Der Funkverkehr wird auf zwei unterschiedlichen Frequenzen durchgeführt. Im Gegensatz zum Wechselsprechen (Simplex-Betrieb) kann von beiden Stationen A und B gleichzeitig gesprochen und empfangen werden.

Semiduplex-Betrieb

Diese Betriebsart wird bei den BOS-Funkdiensten am häufigsten anwendet. Man nennt sie auch *Bedingtes Gegensprechen*. Man baut auf einem hohen Geländepunkt (z. B. einem Berg) eine Relaisstation auf. Zu dieser besteht von beiden Stationen A und B aus Sichtkontakt und damit eine gute Funkverbindung. Bei der Relaisstation handelt es sich um ein Funkgerät, bei dem der Empfänger auf den Sender aufgeschaltet ist. Die Kommunikation funktioniert folgendermaßen:

Station A will mit Station B sprechen. Der Sender von A sendet im Unterband und tastet das Relais hoch, dessen Empfänger im Unterband arbeitet. Das Relais strahlt die im Unterband empfangene Sendung zeitgleich im Oberband wieder aus. Station B empfängt im Oberband diese Sendung.

Wenn Station B sprechen will, muß Station A seine Sendung beenden, weil sonst ja das Relais im Unterband zwei Stationen gleichzeitig aufnehmen würde. Also gilt hier die gleiche Sprechdisziplin wie beim Wechselsprechen, obwohl mit zwei Frequenzen gearbeitet wird. Daher läßt sich kein voller Duplex-Betrieb durchführen, sondern nur ein „halber“, also Semi-Duplex.

Drei Arten des Relaisbetriebs

Bei den BOS-Funkdiensten gibt es drei Arten des Relaisbetriebs, die mit RS1, RS2 und RS3 bezeichnet werden. Man nennt die RS1- und RS3-Relaisstellen auch *Kleine Relaisstellen*, die RS2-Stelle auch *Große Relaisstelle*.

RS1-Betrieb

Hier wird der Sender immer dann hochgetastet, wenn der Empfänger einen Hochfrequenzträger empfängt und die sog. *Trägerauswertung* anspricht. Der Nachteil dieser Methode besteht darin, daß das Relais zu flattern anfangen kann, wenn irgendein Störsignal das Relais ständig an- und abschaltet.

RS2-Betrieb

In dieser Betriebsart wird mit zwei Frequenzpaaren (also insgesamt mit vier Frequenzen) gearbeitet. Wie bei einer normalen Telefonverbindung ist hier das Gegensprechen möglich.

RS3-Betrieb

Hier wird der Sender des Relais nur dann hochgetastet, wenn der Empfänger ein bestimmtes *Tonsignal* empfängt (Tonruf I oder Tonruf II). Über ein *Zeitrelais* wird der Sender dann für eine bestimmte, einstellbare Zeitspanne aktiviert. Dadurch wird ein Flattern des Relais wie beim RSl-Betrieb vermieden. Der RS3-Betrieb arbeitet also störungsfreier

Allerdings müssen alle Teilnehmer vor Beginn eines Gesprächs erst einmal die Tonruftaste drücken. Falls das Gespräch länger als die eingestellte Zeitspanne dauert, fällt das Relais mitten im Gespräch ab und muß erneut hochgetastet werden. Insofern ist diese Methode also etwas umständlicher.

Verbindung mehrerer Funkkreise

Für den Einsatz bei Katastrophenfällen und für überregionale Fahndungsmaßnahmen ist es erforderlich, daß mehrere Funkkreise zusammengeschaltet werden können.

Beispielsweise ist ein Regierungsbezirk in fünf verschiedene Funkkreise eingeteilt, die alle im Viermeter-Band auf unterschiedlichen Kanälen arbeiten. Einige oder alle dieser Funkkreise können dann über Zweimeter-Strecken von einer Funkzentrale aus zusammengeschaltet werden.

Die beiden Relaisstellen arbeiten also im RS2-Betrieb, wobei Zweimeter- und Viermeterbetrieb miteinander gekoppelt sind. Dadurch ist es möglich, daß jeder Teilnehmer des Funkkreises 1 mit jedem Teilnehmer des Funkkreises 2 sprechen kann.

3.2 Gleichwellenfunk

Wurden bislang bei Feuerwehren große Sendereichweiten mit Relaisstationen, die per Tonruf „geöffnet" werden erreicht, so werden diese Relais auf Gleichwellenfunk umgestellt. Bei dieser Betriebsart werden nur durch das Aussenden des Trägers (Drücken der Sprechtaste) alle erreichbaren Relais in Betrieb genommen.

Der Vorteil: Das leidige Piepsen und Ruftastendrücken entfällt. Mehrere Relais öffnen gleichzeitig und erhöhen somit die Reichweite.

Der Nachteil: Bei Wetterlagen, in denen es zu Überreichweiten kommt, werden die Relais von anderen Relaisstaionen, die vielleicht noch mit Tonrufverfahren arbeiten, unnötig aufgetastet.

Für den Scannerempfang ändert sich nichts. Der Funkempfang bleibt wie beim Tonrufverfahren gewährleistet.

3.3 Bündelfunk

Beim Bündelfunk werden mehrere Frequenzen eines Bandes einem Computer zur Verwaltung überlassen. Dieser übernimmt dann die Verteilung der ankommenden Funksprüche auf die ihm zur Verfügung stehenden Kanäle. Somit wird erreicht, daß nur ein Funkgespräch auf einem Kanal geführt wird.

Auch hier kann der Betrieb automatisch über mehrere Relais erfolgen, wodurch sehr hohe Reichweiten erzielt werden.

Für den Scanner ist eine hohe Abtastgeschwindigkeit von Nöten. Alle vom Bündelfunk verwalteten Kanäle müssen eingespeichert werden, so daß der Scanner sie schnell erfassen kann.

4 Die BOS-Dienste

4.1 Allgemeines

Die Behörden und Organisationen mit Sicherheitsaufgaben — im folgenden kurz *BOS* genannt — arbeiten vorwiegend im Viermeter- und im Zweimeter-Band. Folgende Frequenzbereiche sind ihnen zugewiesen:

Viermeter-Band:	Unterband:	74.215 MHz bis 77.455 MHz
	Oberband:	84.015 MHz bis 87.255 MHz
	Kanalraster:	20 KHz
	Bandabstand:	9.8 MHz
Zweimeter-Band:	Unterband:	167.540 MHz bis 169.520 MHz
	Oberband:	172.140 MHz bis 174.120 MHz
	Kanalraster:	20 KHz
	Bandabstand:	4.6 MHz

Die Geräte arbeiten mit Frequenzmodulation (FM). Als Bedarfsträger kommen in Frage:

- Polizei
- Bundesgrenzschutz
- Zoll
- Feuerwehr
- Deutsches Rotes Kreuz
- Arbeiter-Samariter-Bund
- Malteser-Hilfsdienst
- Johanniter Orden
- Technisches Hilfswerk

Ferner arbeiten die BOS-Dienste noch im Siebzigzentimeter-Bereich. Dieser Frequenzbereich geht von 443.600 MHz bis 449.963 MHz.

4.2 2-Meter-Kanaltabelle

Beachten Sie, daß die Relaisstationen normalerweise immer im Oberband senden, die Fahrzeuge und Feststationen im Unterband. Alle Frequenzangaben sind in MHz.

Kanalnummer	Oberband	Unterband
200	172,140	167,540
201	172,160	167,560
202	172,180	167,580
203	172,200	167,600
204	172,220	167,620
205	172,240	167,640
206	172,260	167,660
207	172,280	167,680
208	172,300	167,700
209	172,320	167,720
210	172,340	167,740
211	172,360	167,760
212	172,380	167,780
213	172,400	167,800
214	172,420	167,820
215	172,440	167,840
216	172,460	167,860
217	172,480	167,880
218	172,500	167,900
219	172,520	167,920
220	172,540	167,940
221	172,560	167,960

Kanalnummer	Oberband	Unterband
222	172,580	167,980
223	172,600	168,000
224	172,620	168,020
225	172,640	168,040
226	172,660	168,060
227	172,680	168,080
228	172,700	168,100
229	172,720	168,120
230	172,740	168,140
231	172,760	168,160
232	172,780	168,180
233	172,800	168,200
234	172,820	168,220
235	172,840	168,240
236	172,860	168,260
237	172,880	168,280
238	172,900	168,300
239	172,920	168,320
240	172,940	168,340
241	172,960	168,360
242	172,980	168,380
243	173,000	168,400
244	173,020	168,420
245	173,040	168,440
246	173,060	168,460
247	173,080	168,480
248	173,100	168,500
249	173,120	168,520
250	173,140	168,540
251	173,160	168,560
252	173,180	168,580
253	173,200	168,600
254	173,220	168,620

Kanalnummer	Oberband	Unterband
255	173,240	168,640
256	173,260	168,660
257	173,280	168,680
258	173,300	168,700
259	173,320	168,720
260	173,340	168,740
261	173,360	168,760
262	173,380	168,780
263	173,400	168,800
264	173,420	168,820
265	173,440	168,840
266	173,460	168,860
267	173,480	168,880
268	173,500	168,900
269	173,520	168,920
270	173,540	168,940
271	173,560	168,960
272	173,580	168,980
273	173,600	169,000
274	173,620	169,020
275	173,640	169,040
276	173,660	169,060
277	173,680	169,080
278	173,700	169,100
279	173,720	169,120
280	173,740	169,140
281	173,760	169,160
282	173,780	169,180
283	173,800	169,200
284	173,820	169,220
285	173,840	169,240
286	173,860	169,260
287	173,880	169,280

Kanalnummer	Oberband	Unterband
288	173,900	169,300
289	173,920	169,320
290	173,940	169,340
291	173,960	169,360
292	173,980	169,380
293	174,000	169,400
294	174,020	169,420
295	174,040	169,440
296	174,060	169,460
297	174,080	169,480
298	174,100	169,500
299	174,120	169,520

4.3 4-Meter-Kanaltabelle

Kanalnummer	Oberband	Unterband
347	84,015	74,215
348	84,035	74,235
349	84,055	74,255
350	84,075	74,275
351	84,095	74,295
352	84,115	74,315
353	84,135	74,335
354	84,155	74,355
355	84,175	74,375
356	84,195	74,395
357	84,215	74,415
358	84,235	74,435
359	84,255	74,455
360	84,275	74,475
361	84,295	74,495

Kanalnummer	Oberband	Unterband
362	84,315	74,515
363	84,335	74,535
364	84,355	74,555
365	84,375	74,575
366	84,395	74,595
367	84,415	74,615
368	84,435	74,635
369	84,455	74,655
370	84,475	74,675
371	84,495	74,695
372	84,515	74,715
373	84,535	74,735
374	84,555	74,755
375	84,575	74,775
376	84,595	74,795
377	84,615	74,815
378	84,635	74,835
379	84,655	74,855
380	84,675	74,875
381	84,695	74,895
382	84,715	74,915
383	84,735	74,935
384	84,755	74,955
385	84,775	74,975
386	84,795	74,995
387	84,815	75,015
388	84,835	75,035
389	84,855	75,055
390	84,875	75,075
391	84,895	75,095
392	84,915	75,115
393	84,935	75,135
394	84,955	75,155

Kanalnummer	Oberband	Unterband
395	84,975	75,175
396	84,995	75,195
397	85,015	75,215
398	85,035	75,235
399	85,055	75,255
400	85,075	75,275
401	85,095	75,295
402	85,115	75,315
403	85,135	75,335
404	85,155	75,355
405	85,175	75,375
406	85,195	75,395
407	85,215	75,415
408	85,235	75,435
409	85,255	75,455
410	85,275	75,475
411	85,295	75,495
412	85,315	75,515
413	85,335	75,535
414	85,355	75,555
415	85,375	75,575
416	85,395	75,595
417	85,415	75,615
418	85,435	75,635
419	85,455	75,655
420	85,475	75,675
421	85,495	75,695
422	85,515	75,715
423	85,535	75,735
424	85,555	75,755
425	85,575	75,775
426	85,595	75,795
427	85,615	75,815

Kanalnummer	Oberband	Unterband
428	85,635	75,835
429	85,655	75,855
430	85,675	75,875
431	85,695	75,895
432	85,715	75,915
433	85,735	75,935
434	85,755	75,955
435	85,775	75,975
436	85,795	75,995
437	85,815	76,015
438	85,835	76,035
439	85,855	76,055
440	85,875	76,075
441	85,895	76,095
442	85,915	76,115
443	85,935	76,135
444	85,955	76,155
445	85,975	76,175
446	85,995	76,195
447	86,015	76,215
448	86,035	76,235
449	86,055	76,255
450	86,075	76,275
451	86,095	76,295
452	86,115	76,315
453	86,135	76,335
454	86,155	76,355
455	86,175	76,375
456	86,195	76,395
457	86,215	76,415
458	86,235	76,435
459	86,255	76,455
460	86,275	76,475

Kanalnummer	Oberband	Unterband
461	86,295	76,495
462	86,315	76,515
463	86,335	76,535
464	86,355	76,555
465	86,375	76,575
466	86,395	76,595
467	86,415	76,615
468	86,435	76,635
469	86,455	76,655
470	86,475	76,675
471	86,495	76,695
472	86,515	76,715
473	86,535	76,735
474	86,555	76,755
475	86,575	76,775
476	86,595	76,795
477	86,615	76,815
478	86,635	76,835
479	86,655	76,855
480	86,675	76,875
481	86,695	76,895
482	86,715	76,915
483	86,735	76,935
484	86,755	76,955
485	86,775	76,975
486	86,795	76,995
487	86,815	77,015
488	86,835	77,035
489	86,855	77,055
490	86,875	77,075
491	86,895	77,095
492	86,915	77,115
493	86,935	77,135

Kanalnummer	Oberband	Unterband
494	86,955	77,155
495	86,975	77,175
496	86,995	77,195
497	87,015	77,215
498	87,035	77,235
499	87,055	77,255
500	87,075	77,275
501	87,095	77,295
502	87,115	77,315
503	87,135	77,335
504	87,155	77,355
505	87,175	77,375
506	87,195	77,395
507	87,215	77,415
508	87,235	77,435
509	87,255	77,455

4.4 Verschleierung

Wegen der zunehmenden Anzahl der Scannerbetreiber sind immer mehr Funkdienste dazu übergegangen, ihre Aussendungen zu verschleiern. Die technisch einfachste Verfahrensweise ist die Invertierung. Dabei wird das NF-Signal auf eine Spiegelachse gesetzt, von der aus die Sprache invertiert wird. Das Signal hört sich ähnlich wie eine Micky-Mausstimme an.

Im Handel sind für diese Art von Verschleierung recht gute Decoder erhältlich, die jedoch ausschließlich im Amateurfunkband eingesetzt werden dürfen. Obwohl in diesem Bereich eigentlich nur in „offener Sprache“ gesendet werden darf, wird jedoch auch hier z. B. mit 2 m Band Tonno-Handfunkgeräte experimentiert.

Zur Invertierung kommt beim C-Netz ein Digitalsignal noch hinzu. Somit besteht das ausgestrahlte Signal aus 11/12 Modulation und 1/12 Digitalinformation.

Wollten wir hierzu einen Decoder konstruieren, so müßte nicht nur das digitale Steuersignal herausgefiltert werden, sondern auch noch die Zeit expandiert werden, welches einen hohen technischen Aufwand fordert.

Die Funktelefonnetze D1 und D2 setzen vollkommen auf ein digitales Übermittlungsverfahren, womit einer Decodierung von einem Hobbybastler schon extreme Grenzen gesetzt sind.

BOS-Dienste verwenden zur ihrer normalen Kommunikation noch sogenannte Statusmelder. In diesem Übertragungs „blib“ werden Informationen digital zu einem Monitor im Streifenfahrzeug übertragen.

Gerade durch die Freigabe der Frequenzbeschränkung und somit der Scanner ist die Industrie gefordert, immer neue Verschleierungsverfahren auf den Markt zu bringen.

Ein weiteres Schleierverfahren ist die Übertragung der Sprache mit einem Störsignal. Dabei wird ein Signal z. B. 800 Hz Rechteck gleichzeitig mit der Modulation ausgesendet. Gegenmaßnahme hierzu wäre ein synchronisierter, phasenverschobener Rechteckimpuls, der den Störer austastet.

Doch wie auch bei Computersystemen üblich, sind auch die Scannerhacker fleißig am Werk.

4.5 Feuerwehren und Rettungsdienste

Fahrzeug-Kennzahlenplan und allgemeine Funkrufnamen

Fahrzeuge der Führungskräfte

01	Leiter / KFI	
04	Feuerwehrtechnischer Bediensteter KV	
05	Wehrleiter / Stellvertreter	
06	Wehrleiter / Stellvertreter	

Einsatzleitfahrzeuge

11	Einsatzleitwagen	ELW1
12	Einsatzleitwagen	ELW2
12	Einsatzleitwagen	ELW3
14	TEL Bund	
15	Luftbeobachter	LuB
16	Krad	
17	Geräte-/ Baukraftwagen	GKBW
18	Feldkabelwagen	FeKw
19	Funkkraftwagen	FuKw

Tank- und Pulverlöschfahrzeuge

21	Tanklöschfahrzeug	TLF 8/18
23	Tanklöschfahrzeug	TLF 16/25
24	Tanklöschfahrzeug	TLF 24/50
26	Großtanklöschfahrzeug	GTLF
27	Trockentanklöschfahrzeug	TrTLF 16
28	Trockenlöschfahrzeug	TroLF
29	Schaummittelfahrzeug	SMF

Hubrettungsfahrzeuge und Schlauchwagen

31	Drehleiter	DL 16/4 (DL 18)
32	Drehleiter	DL 22

33	Drehleiter	DL 23/12 (DL 30)
34	Schlauchwagen	SW 1000
35	Schlauchwagen	SW 2000
36	Schlauchwagen	SW 2000 Tr
37	Wechselladerfahrzeug	WLF

Löschgruppen- / Tragkraftspritzenfahrzeuge

41	Löschgruppenfahrzeug	LF 8
44	Löschgruppenfahrzeug	LF 16
45	Löschgruppenfahrzeug	LF 16 TS
46	Löschgruppenfahrzeug	LF 24
47	Tragkraftspritzenfahrzeug	
48	Löschboot	LB

Rüstwagen und Gerätewagen

50	Vorausrüstwagen	VRW
51	Rüstwagen	RW 1
52	Rüstwagen	RW 2
53	Gerätewagen	GW
54	Gerätewagen Bund	GW
56	Rettungshundefahrzeug	RHF
57	Kranwagen	KW
58	Gerätewagen-Wasserrettung	GWW

Chemie / und Strahlenschutzfahrzeuge

61	Chemieschutzfahrzeug	CSF 1
62	Chemieschutzfahrzeug	CSF 2
63	Chemieschutzfahrzeug	CSF 3
64	Dekonterminations-u.Transportfahrz.	
65	Dekonterminationsfahrzeug	DMF
66	Gerätewagen Atemschutz	GWAS
67	Messtruppfahrzeug	
68	Strahlenmesstruppfahrzeug	SMF

Manschaftstransportfahrzeuge und LKW

71	Mannschaftstransportwagen	MTW
72	Mannschaftstranspw. mit Pritsche	
73	Lastkraftwagen bis 3t	LKW
74	Lastkraftwagen bis 7,5t	LKW
75	Lastkraftwagen über 7,5t	LKW

Rettungsdienstfahrzeuge

81	Notarztwagen	NAW
82	Notarzteinsatzfahrzeug	NEF
83	Rettungswagen	RTW
84	Rettungswagen	RTW
85	Rettungswagen	RTW
86	Großraumrettungswagen	GRTW
87	sonstige Rettungsfahrzeuge	
88	Rettungsboot	RTB
89	Rettungshubschrauber	RTH

Polizei, Feuerwehren und Rettungsleitstellen in alphabetischer Übersicht

Ort	Polizei	Feuerwehr	Rettung
Aachen	85.535 86.515	86.435 86.475	85.335
Ahaus	85.935	86.135	86.135
Ahrweiler	85.595	86.595	85.215
Aichach	85.535	86.335	75.455 85.355
Alsfeld	84.295	86.475	86.475
Alb-Donau-Kreis	84.535 85.555	85.235	87.175
Altenburg	84.515		85.295
Altenkirchen	85.275	86,875	85.155
Altötting	85.595	86.475	85.175
Alzey	85.795 86.215 84.575	86.415	84.215 75.415
Amberg	85.665 85.775 86.175	85.315	75.515
Annaberg	85.515 85.835	86.375	85.335
Angelburg	85.355		85.275
Angermünde	85.195	86.315	86.415
Ansbach	85.535	86.315	85.215
Apolda	86.055	85.175	85.175
Arnstadt	84.575	85.295	85.295
Artern	85.375		85.155
Aschaffenburg	85.495 85.755	85.215 86.875	75.415 85.215
Aschersleben	85.195	86.335	85.275

Ort	Polizei	Feuerwehr	Rettung
Appenweiler	84.315	86.495	86.495
Aue	85.835	87.115	87.115
Auerbach	85.855 85.935	87.135	85.295
Augsburg	85.695 85.535 86.115 85.815	86.335 86.475	85.255 85.335
Aurich	85.515 85.575 85.675	85.115	75.355 85.175
Bad Doberan	85.595	86.415	86.415
Bad Dürkheim	84.535	86.555	85.255
Bad Freienwalde	85.195	86.875	86.875
Bad Hersfeld	86.015 86.035	86.455	85.255
Bad Homburg	86.155	87.055	87.055
Bad Kissingen	85.395	87.175	84.115 85.195
Bad Kreuznach	85.835	86.435	85.275
Bad Langensalza	84.575 85.435	87.215	85.195 86.995
Bad Oldesloe	85.959	86.235	84.255
Bad Peterstal	85.515	86.495	85.155 86.555
Bad Salzungen	87.255	86.335	86.335
Bad Segeberg	86.815 86.915	86.375	85.155
Bad Tölz	85.435 85.575	86.475	85.215 85.335
Bad Wildungen	84.035	86.115	86.455
Bad Zwischenahrn	86.175	85.255	85.255
Baden Baden	85.815 86.075	86.315	86.175
Balingen	84.435 84.575 85.435	86.375	85.155
Bamberg	85.515 85.895 85.915	87.115	85.175 85.255
Barnim	85.195	86.375	86.375
Bautzen	85.455 85.815	86.415	85.235 78.195
Bayreuth	85.415 85.615	86.415	85.155
Beeskow	85.375	85.335	85.355
Bergen	85.275	86.035	85.295
Bergisch Gladbach	85.335 86.055	86.495	86.495 86.815
Berlin Nord	85.775		
Berlin West	85.715 86.015		
Berlin Mitte	86.615		
Berlin Südwest	86.555 86.275		
Berlin Süd	86.475 86.575		
Berlin Südost	86.215		
Berlin Nordost	86.055		
Berlin		85.275 85.315 85.335	85.295 85.155
Berchtesgaden	85.555	86.435	85.175 85.195
Bergstraße	85.935	86.915	86.915 87.155
Bernburg	84.435	86.435	86.435
Bernkastel	86.095 86.175	86.335 86.495	85.155
Biberach	85.535 86.135	86.735 86.855	86.575
Bielefeld	85.655 85.815	86.415	86.415
Bingen	85.195 85.735 85.835	86.315 86.595	85.155
Birkenfeld	85.215	86.335 86.455	85.235
Bischofswerda	85.455 85.815	87.195	87.195
Bitburg	86.175	87.015	85.215 85.225
Bitterfeld	85.855	86.355	86.355
Böblingen	86.115 86.255 84.575	86.335	86.675
Böhl			85.215
Bochhold	85.935	86.135	86.135
Bochum	85.315 85.455 85.815	86.435	86.435
Bonn	85.635		85.915
Borken	85.935 86.035	86.315	86.315 86.135
Bottrop	85.635	86.375	86.375
Brake	85.375		85.155
Brakel	85.915	86.335	86.435
Brandenburg	85.535	87.135	86.335
Braunschweig	85.395 86.035 86.255	86.195 85.315 86.935	85.315 85.335

Ort	Polizei	Feuerwehr	Rettung
Breisgau	85.555 85.775 86.115	86.475 87.235	75.475 85.275
Bremen	86.035	86.315 86.375 86.455	86.335
Bremerhaven	86.035	86.455	85.255 86.395
Bruchsal	85.355 85.535	86.375	86.175
Bühl	86.075	86.315	86.175
Bühren-Ahden	85.735	86.435	86.435
Bützow	85.375	86.335	86.335
Burg	85.475	84.255	86.915
Calau	85.415	85.315	85.195
Calw	84.235	85.315	86.175
Celle	84.235 85.595 85.715 85.855	86.215	85.155 85.175
Chemnitz	85.395 85.615	86.355	87.235
Clausen	85.675	85.215	85.295
Cochem	85.715	86.375 87.115	85.235
Cloppenburg	85.755	86.395	85.295
Coburg	86.355 85.435	86.455	84.055 85.175
Coesfeld	86.055	86.355	86.335
Cottbus	84.575 85.475	86.475	85.255
Cuxhaven	85.935 86.055	86.335 86.495	85.155 85.255
Dachau	85.875	86.495	85.315
Darmstadt	86.255 85.335	87.115	85.335 85.395
Daun	86.095	85.335 86.235	85.155
Deggendorf	86.275	86.475	85.195 85.215
Delitzsch	85.515	86.935	85.175
Delmenhorst	85.415 85.755 86.175 86.215	86.395	86.395
Dessau	85.655 85.875	85.255 87.115	86.255
Detmold	85.615 85.795 86.155	86.235	86.235
Dieburg	86.255	86.955	86.955
Dippsch		86.315	85.215
Diepholz	85.695 86.295	86.355 86.435	85.255 86.435
Dillingen	85.455 85.855	86.335 86.395	84.175 85.255
Dingolfing	86.555	86.435	84.115 86.235
Dippoldiswalde	85.435 85.935	85.295	85.295
Dithmarschen	85.235	86.315 86.455	85.275
Döbeln	85.675 86.115	87.215	85.195
Donnersberg	85.795	86.415	85.175 85.295
Dortmund	85.575 86.175	86.415 86.895	86.895 86.195
Dreienberg			85.235
Dresden	85.495 85.695	86.475	85.275 86.075
Duisburg	86.095 85.495	86.415 86.995	85.335 86.995
Düsseldorf	84.035 84.675 85.675 85.935	86.475	85.275
Düsseldorf	84.055 84.075 84.135 84.215	86.475	85.275
Düren	85.815	86.335	85.335
Eilenburg	85.775	87.195	87.195
Eisleben	84.455 86.235	86.275	86.495
Eisenberg/Thü.	86.055	84.175	85.315 86.995
Eisenach	84.475 84.575	86.215	86.215
Elbe-Elster-Kreis	84.575 84.415	86.335 86.495	86.335 86.495
Emden	85.575 85.675	86.375	85.275
Emmendingen	86.215	86.435	85.175
Ennepetal	85.775 86.135	86.255	86.375
Enz Kreis		86.455	85.475 86.575
Erbach	85.935	86.935	86.935
Erding	85.915	86.355	85.235
Erfurt	85.075 85.495	86.835 86.415	86.415
Erlangen	85.495 86.255	86.335	85.235 85.295
Erkelenz	85.835	86.415	86.415
Eschwege	84.095	85.235	86.855
Essen	85.655 84.635 85.615	86.455	85.335

Ort	Polizei	Feuerwehr	Rettung
Esslingen	86.115 85.635 84.095	86.355	85.255
Ettlingen	85.535	86.375	86.355
Euskirchen	86.015 86.275	86.375	85.335
Eutin	85.675	86.355	86.355
Flensburg	85.635 85.715	86.355	85.295
Forst		86.315	
Frankenberg		86.955	
Frankenthal	85.715	86.555 86.535 86.595	85.235
Frankfurt Main	85.575 85.615 86.295 86.675	86.375	85.175 85.275
Frankfurt Oder	84.555 85.375	85.275	85.275
Freiburg	85.555 85.775 86.115	86.475	85.275
Freiberg	86.215	86.975	85.175
Freudenstadt	85.515	86.475	85.155 86.555
Friedberg		87.235	85.155
Friedrichshafen	86.055 85.215	86.335	85.295
Friedrichsh. WSP	86.675		
Fulda	84.075 86.015	86.495	86.495
Fürstenfeldbruck	85.375 85.875	86.495	85.315
Fürth	86.055	86.455	85.235 85.295
Gaggenau	86.075	86.315	86.175
Ganderkesee	85.755	85.355	86.395
Gardelegen		86.815	86.815
Garmisch Partenkirchen		86.395	85.215
Germersheim	85.675	86.395	86.395
Gelsenkirchen	85.815 86.295	86.475	86.855
Genthin	85.815	85.215	85.215
Gernsbach	86.815	86.315	
Gera	84.515 85.695	86.315	86.815
Gerolstein	86.095 86.175	86.335	85.155
Gießen	85.375 85.635 85.815	86.395 87.075	84.155
Gifhorn	85.695 86.275	86.355	85.155
Glauchau	85.535	86.075	86.075
Göppingen	85.395 85.415 85.495 85.735	86.435	85.175
Göttingen	85.415 85.595 85.695 85.835	86.435 86.355	86.355 86.375
Görlitz	85.455 85.635 85.815	86.375 86.455	85.155 85.335
Goslar	85.355 85.475 85.455 85.495	86.315	85.335
Gotha	84.015 85.555	85.275	85.275
Gräfenhainichen	85.855	85.155	85.155
Greifswald		87.215	86.915
Grevesmühlen	85.175 85.755	85.335	85.335
Grünstadt	84.535	86.555	86.555
Greiz	85.695	85.195	85.195
Grimma	85.675 86.115	86.415	85.235
Gronau	85.935	86.135	86.135
Groß Gerau	86.135	86.335	86.335
Güstrow	85.375	85.235	87.215
Gütersloh	86.275	86.315	86.435
Günzburg	85.355	86.315	85.095
Gummersbach	85.475 86.075 86.175	86.315	86.315
Hagen	84.215 85.835	86.455	85.275
Hainichen	85.635	86.795	86.795
Halberstadt	85.675 85.835	86.815	86.815
Haldersleben	85.635	86.395	86.395
Halle	85.515 85.435 85.735	86.375	85.335
Hamburg	85.375 85.415 85.435 85.495	86.335 86.395 86.475	85.275 86.355
Hamburg	85.515 85.575 85.615 85.775		
Hameln	85.395 86.095 86.155 86.635	86.435 86.455	85.435
Hamm	86.075 86.095	86.815	86.815
Hammelburg	85.395	86.315	86.315

Ort	Polizei	Feuerwehr	Rettung
Hanau	85.475	86.995	86.995
Hannover	85.325 85.335 85.935 86.135	86.395	84.455
Hannover	85.675 85.715 85.775 85.795		
Hauenstein	86.275	85.215	85.115
Havelberg	86.155	86.375	86.375
Havelland	84.355 84.455	85.295 87.195	85.295 87.195
Heide	85.235 85.735	85.275	85.275
Heidelberg	86.615 85.455	86.435 86.355	86.175
Heidenheim	84.075 85.395 86.655	87.155	85.275
Heilbronn	85.755 86.095 85.595	86.955 87.235	84.255 86.675
Heiligenstadt		85.295	84.355
Herford	85.535 85.635	86.375	86.815
Helmstett	86.115		
Hermeskeil	86.175	86.315 86.335	85.275
Hermsdorf	86.275 86.295	85.315	85.315
Herne	85.315 85.455 85.815	86.335	86.335
Herzberg	86.255	85.215	85.215
Hettstedt	85.575 85.215	86.335	
Hiddenhausen		86.375	86.375
Hildburghausen	84.475 85.735	87.215	87.215
Hildesheim	85.355 85.375 85.455 85.595	86.375	84.335
Hohenlohkreis	86.455 85.675 86.075	85.195	86.675
Hof	85.455 85.675	86.325 86.815	85.355
Hofheim	86.295	87.135	87.135
Hohekanzel		86.395	86.395
Hohenmölsen		87.115	87.115
Holzminden	85.455 85.595	86.435	86.435
Homburg Saar	85.575	86.455	85.235
Hornbach	85.675	86.215	86.215
Hoyerswerda	86.455 85.815	87.175	86.235
Hürth	86.055	87.055	87.055
Husum	85.675 86.195	85.155	85.155
Idar Oberstein	85.415 85.615	85.295	85.295
Ingolstadt	85.515	86.395	85.195
Ilmenau	84.475	85.295	85.295
Itzehoe	85.455 85.535 85.795	85.295	85.295
Jena	86.055 86.275 86.295	86.335	86.335
Jessen	85.475 85.855	85.235	85.235
Jever	85.755 86.255	85.235	85.235
Käshofen		85.215	
Kaiserslautern	85.635 87.235 85.495	86.335	85.395
Kaiserslautern Land	87.235	86.315	85.395
Kamenz	85.455 85.815	87.195	86.215
Karlsruhe	85.015 85.355	86.415 86.375	86.995
Kassel	84.155 84.195 84.455	87.035 87.135	85.235 85.395
Kaufbeuren	86.175	86.335	86.195 85.255
Kehl	84.315	86.495	86.495
Kempten	85.495 85.755 85.715 86.175	86.195 86.455	85.335
Kiel	85.655 85.715 85.215	86.455	86.355
Kirchheimbolanden	85.795	85.175	86.415
Kleve	85.915	86.335	85.155
Klötze	85.815 86.155	85.235	85.235
Koblenz	86.115	86.355 86.395	84.115 85.175
Köln	84.595 86.135 86.035 86.215	86.455	85.255
Köthen	85.815	85.875	85.335
Konstanz	85.595 86.555	86.335	87.135
Korbach	84.035 85.935 86.035	86.955	86.955
Krefeld	85.875	86.435 86.475	85.155
Kröv		86.335	

Ort	Polize	Feuerwehr	Rettung
Kusel	87.235	85.215	86.375
Lahr	84.315	86.555	86.555
Landau	85.675 85.875	85.675	85.175
Landeck	85.675	85.215	85.215
Landshut	85.535 85.675	86.455	86.235
Landstuhl	87.235	86.315	85.395
Leer	85.675	86.475	85.195
Leibzig	85.635 85.775 86.275	85.255 86.455	85.255 86.155
Lemberg	.	85.215	
Leonberg	84.575 86.155	86.335	85.175
Leutkirch	84.095 87.255	86.435	86.435
Leverkusen	86.095	85.375	86.375
Limburg	85.535	86.795 86.815	86.815
Lindau	85.715	86.475	85.335
Lingen	85.395 85.515 85.915 86.075	86.415	86.415
Löbau	85.495 85.635	86.455	85.155
Lörrach	84.075	86.235	87.175
Lübbecke	85.935	86.815	86.815
Lübben	84.335 85.535	86.495	86.495
Lübeck	85.235 85.475	86.455	86.455
Luckau		86.415	86.415
Lüdenscheid	85.755 85.875	86.475	86.475
Ludwigsburg	84.055 85.575 85.515 84.095	86.495	86.675
Ludwigshafen	85.675 85.715 86.055	86.355 86.475 87.215	85.255
Ludwigshafen BASF		86.475	
Ludwigslust		85.315	86.475
Lüneburg	85.355 85.935	86.435	85.215
Main-Tauber-Kreis	84.155 84.315 85.515 86.315	85.255	
Mainz	85.435 85.735 85.835 85.875	86.315	85.155 85.235
Magdeburg	85.415	86.415	85.315
Manderscheid	86.175	86.315	86.315
Mannheim	84.575 85.855	86.195	86.835
Marburg	84.235	86.355	86.415
Marienberg		86.495	85.175
Mayen	85.455 85.395 85.515 85.715	86.395	85.295
Mecklenburg	85.755	86.455 85.295	86.455 85.335
Meisen	85.655	86.815	86.815
Memmingen	86.275	86.495	86.295 86.435
Meppen		85.255	85.255
Merseburg	85.455 85.495 86.015	86.815	85.175 85.215
Merzig	85.535 85.735	86.395	85.155 86.395
Meschede	86.995	86.395	86.395
Mettmann	85.735 86.295	86.315	85.175
Miesau	87.235	86.315	86.315
Mittweida	85.515	86.355	86.195
Mönchengladbach	85.835 85.495	86.355	85.275
Montabaur	85.395 85.515 85.895	85.275	85.275
Mosbach	85.895	86.835	85.155
Mühlheim	85.435	86.355	86.335
München	85.355 85.595 85.715 86.075	86.375 86.415 86.455	85.155 85.295
München	86.255 85.335 86.155 85.615	86.315	84.555 86.235
Münster	85.675 84.635	86.495	85.215
Müritz		86.335	86.335
Mutterstadt			85.235
Nauen	84.535 85.455	87.195	87.195
Nauemburg	85.495 87.235	86.435 86.475 86.855	87.115
Neubrandenburg	85.495 85.615 85.675	86.355	86.355
Neumünster	86.155 85.795 85.935	86.495	85.275
Neunkirchen Saar	85.695	86.355	86.575

Ort	Polizei	Feuerwehr	Rettung
Neuss	85.895 85.935	86.395	85.275
Neustadt Weinstraße	84.535	85.235 86.395	85.255
Neu-Ulm	85.355	86.455	85.195 86.975
Neuwied	85.455 85.515 86.115	86.495	85.295 86.475
Nienburg	86.695 85.935 86.295	86.495	85.175
Nördlingen	85.855	86.455	86.455
Norden	85.675	85.175	85.175
Norderstedt	86.815 86.915	86.155	85.155
Nordhausen	84.455 86.095	87.215	87.215
Nordhorn	86.075	86.475	86.475
Northeim	85.415 85.595 85.695	86.475	85.155
Nürnberg	85.595 85.875	86.355 86.395 86.435	85.295 86.195
Nürtingen	85.635	85.255 86.335	86.335
Oberhausen	85.635 86.275	86.495	85.335 86.755
Oberhavel	86.355 85.455	86.175 86.855	87.115
Oberspreewald-Lausitz	84.575 85.415	85.195 86.895	86.895 85.195
Ostprignitz	84.315	86.195 86.835	87.175
Oberkirch		86.495	
Oder-Spreewald	85.415	85.335	85.335
Öhringen	86.075	86.675	86.675
Oelsnitz	85.935	85.295	85.295
Offenbach	85.415 85.595	85.275 87.095 86.435	85.235
Offenburg	84.315	86.575 86.555	86.555
Oldenburg	84.075 85.835 86.175 85.755	86.415 86.375	85.275 85.335
Olpe	85.755 86.015	86.435 86.895	85.315
Oppenau		86.495	
Oranienburg	84.535 85.455	87.115	87.115
Ortenaukreis		86.495	86.575
Oschersleben	85.835	87.115 86.495	86.495
Osnabrück	86.115 86.135 86.195 84.115	86.395 86.475	85.155 85.275
Ostallgäu		86.335	86.195 86.595
Ostalbkreis		85.235	84.255 86.915
Osterburg	85.815	86.335	86.335
Osterholz	85.555 86.855	86.475	86.835
Osterode	85.355 85.475 85.575	86.395	85.295
Ottweiler	85.695	86.355	86.355
Padaborn	85.355 86.295 85.915	86.435	85.255
Parchim	85.175	86.395	85.195
Passau	85.355 85.475 86.035 86.115	86.335	85.235
Pasewalk	85.775	86.395	86.315
Peine	85.915 86.015	85.295	85.295
Perl		85.155	85.155
Pfaffenhofen	85.935	86.435	85.195
Pforzheim	84.475	86.575	86.575
Pirna	85.435 85.935	86.355	85.215
Pinneberg	85.695 86.115	86.415	85.255
Pirmasens	85.415 86.275	86.535 85.215 85.275	85.295
Plauen	85.175	85.295	85.295
Plön	85.195 86.635	86.395	86.955
Potsdam	84.235 85.535 84.075	87.135 87.155 87.175	86.415 86.935
Prenzlau	84.335 85.195	86.475	86.475
Prignitz	84.535 85.545	86.495	85.255
Prüm	86.175	85.215	85.215
Ratzeburg	86.275	85.255	85.255
Rastatt	86.075	86.175 86.315	86.315
Ravensburg	85.215 87.255	86.395	85.175
Recklinghausen	85.635	86.395	85.255
Regensburg	85.535 85.675 85.775	86.335 86.415	86.215
Remscheid	84.235 85.695	86.335	86.335

Ort	Polizei	Feuerwehr	Rettung
Rems-Murr-Kreis		86.395	85.175
Rensburg	85.395 86.895	86.215	86.215
Reutlingen	85.835 86.195	86.415	85.275
Rheinböllen	85.415	86.475	86.475
Rhein Hunsrückkreis	85.415	86.475	85.175
Riesa	84.335 85.655	86.795	85.195
Rimberg		86.435	85.215
Rockenhausen	85.795	86.415	85.295
Ronnenberg	86.055	85.215	85.215
Rosenheim	85.895	86.815	85.275
Roslau	85.875	86.495	86.495
Rostock	85.235 85.515	86.075	85.215
Rothenburg Fulda	84.515	85.235	85.235
Roth	85.815 85.375	86.375	86.195
Rottweil	85.475	86.395	86.575
Rudolstadt	84.295	86.175	86.475
Rügen	85.275	85.195	86.035
Saalfeld	84.295 85.375	86.475	86.475
Sangerhausen		87.115	86.975
Saarbrücken	85.575 86.155	86.415	86.875 86.375
Saarburg	86.035	86.755	84.555
Saarlouis	85.535 85.735	86.335	86.575
Salzgitter	85.475 85.915 86.015	86.435	86.435
Salzwedel	85.815 86.155	86.435	86.435
Schleiz		86.495	86.495
Schleswig	86.115 86.275	87.075	87.075
Schönebeck	85.415	86.315	85.275
Schiffenberg			85.235
Schifferstadt	85.715	85.235	85.235
Sigmaringen	85.835 86.035	86.235	85.195
Schleitz	84.295 86.095	86.195	86.495
Schmalkalden	84.475	86.335	85.215
Schmölln	86.555	86.875 85.295	86.875
Schönebeck	85.414	86.315	86.315
Schwabach	85.695 85.815	86.375	86.235
Schwäbisch-Hall	85.655 86.075 86.295	86.155	84.115
Schwalm Eder	84.455 85.935	85.315	85.315
Schwalmstadt	85.935	85.155	85.155
Schwarzenberg		87.115	86.835
Schweinfurt	85.395 85.835	86.375	85.335
Schwelm	86.135 86.255	86.375	86.375
Schwerin	85.755 85.175	85.275	86.875
Siegburg	84.315 86.155	86.355	86.355
Siegen	86.095 86.175	86.375	85.255
Sigmaringen	85.835 86.035	86.235	87.195
Simmerath	86.515	86.435	86.435
Simmern	85.415	86.475	86.475
Sindelfingen	86.255 84.535	86.675	86.675
Sobernheim		86.875	86.875
Soest	85.715 85.735	86.335	86.335
Solingen	85.575	86.415	85.175
Soltau	85.595 85.715	86.375	85.255
Sondershausen	85.375 86.095	85.315	85.115
Sonneberg	84.475 85.735	86.915	86.915
Speyer	85.715	86.555	85.235
Spree-Neiße		85.355 86.475	85.275 86.315
St. Goarshausen	85.895	85.175	85.175
St. Ingbert	85.695	85.235 86.455	86.455
St. Wendel	85.695	86.495	86.575

Ort	Polizei	Feuerwehr	Rettung
Stade	85.555 85.595 85.635 85.935	85.655 86.435	85.655
Stadthagen		84.255	
Staßfurt	86.275	86.315 85.235	85.275
Steinfurt	86.095 86.015 86.215	86.435	86.435
Stendal	85.635 85.685 85.755 85.775	86.335	86.315
Stockheim		86.335	
Stollberg	85.835	86.215 86.335	86.575
Straubing	85.455 86.275	86.395	85.195
Straußberg	84.015	84.555	84.555
Stralsund	85.275 85.755 85.775	86.315	85.295
Stuttgart	85.615 85.775 86.015 86.135	86.335 86.475	85.295
Suhl	85.735 86.235	86.395	86.395
Tangerhütte	86.035		
Tauberbischofsheim	84.315 85.515	86.315	85.255
Teltow-Fläming	84.335 85.535	86.895 87.095	86.815 86.895
Torgau	85.775 85.355	86.355	86.175
Traunstein	85.835	86.355	85.175
Trier	85.375 86.035	86.315	84.555 85.235
Tübingen	85.215	85.275	85.275
Tuttlingen	85.895	87.055	85.275
Uckermark		86.355	86.475 86.315
Uelzen	84.315 85.355	86.315	85.275
Ulm	84.535	85.555 86.575	86.575
Unterallgäu		86.495	85.195 86.975
Unna	85.595	86.335	86.335
Vechta	86.115 86.135	86.335	85.175
Verden	84.475 85.355 85.555 85.595	86.395	85.155
Viersen	86.015	86.375	85.275
Villingen-Schwen-ningen	85.655 86.155	87.015	87.215
Völklingen	85.655	86.475	86.875
Waiblingen		87.175	87.175
Waldfischbach	84.395 85.695	86.535	85.215
Waldshut	85.315 85.675 85.775	86.375	86.575 87.175
Walldorf	84.475	86.615	86.175
Wanzleben	85.415	86.495	86.495
Warendorf	86.035 86.155	86.455	86.455
Wehrshäuserhöhe		85.175 85.235 86.395	
Weiden	85.835 85.555	86.975	85.315
Weimar	86.055	86.375 85.175	86.375 85.175
Weinheim	86.615	86.435	86.915
Weißenfels	85.455 85.495	86.335 86.395 87.075	86.175 86.395
Weißwasser	85.455 85.635	85.335	85.335
Weringerode	85.675	86.455	85.295
Wesel	86.155 86.295	86.535	85.115
Westerwaldkreis		86.455	86.495
Wetzlar	85.815	85.335 86.315	85.335
Wiesbaden	84.055 86.035 86.275	86.495 86.355	86.495
Wilhelmshafen	85.455 85.755 86.255	86.315	85.175
Winsen	86.055	85.235	85.235
Wismar	85.755	86.075	86.315
Witten	85.455 85.815	86.375	86.435
Wittenberg	85.475 85.855 86.335	86.475	85.235
Wittlich	85.375 86.175	85.235 86.335	85.235
Wittmund	85.675	87.215	85.215
Wört		86.875	
Wolfenbüttel	85.475 86.015	86.375	85.175
Wolfsburg	85.695 86.115 85.675	86.335	85.195
Wolmirstedt		86.475	86.475

Ort	Polizei	Feuerwehr	Rettung
Worms	85.795 86.055 86.235	86.895	84.155
Wuppertal	85.575 85.695 86.175	86.235	85.175
Würzburg	85.535 85.715	86.455	86.235
Zeitz	85.495	87.115	87.115
Zerbst	86.155	86.835	86.835
Zeven	86.855	84.175	84.175
Ziesar	85.495 85.775	85.215	85.215
Zittau	85.455 85.635	86.455	85.255
Zollernalbkreis		86.375	85.155
Zweibrücken	85.335 85.675	86.395 86.475	85.215
Zwickau	85.535 85.575	86.075 86.875	85.315 85.335

Das zugehörige Unterband finden sie in der Frequenzübersicht des 4m-Bandes in diesem Buch. Um diese Liste ständig zu erneuern, bitten wir unsere Leser um Zusendung aktueller Frequenzänderungen, -ergänzungen an folgende Adresse:

Joachim Bergfeld, Mühlstraße 35, 66981 Münchweiler

4.6 Statusmeldungen im Rettungsdienst

Im Rettungsdienst werden folgende Statusmeldungen verwendet:

1 einsatzbereit am Funk

2 einsatzbereit auf der Wache

3 Auftrag übernommen

4 Einsatzstelle außerhalb

5 Sprechwunsch

6 nicht einsatzbereit

7 Patient aufgenommen

8 Zielort außerhalb

9 verstanden

0 Notfall

Diese Statusmeldungen werden mit den jeweiligen Fahrzeugkennungen an die Einsatzleitstelle weitergegeben. Die Leitstelle bestätigt diese Meldungen mit Angabe der Uhrzeiten. Diese Angaben werden in das Tagebuch der Leitstelle eingetragen. Somit können später die Hilfszeiten der jeweiligen Fahrzeuge und Einsatzkräfte nachgewiesen werden.

Zum Beispiel bedeutet der Funkspruch von einem Rettungswagen :

"1/83/1 S-4"

1 — Rettungswachennummer

83 — Rettungswagen

1 — Rettungswagennummer

S — Status

4 — am Einsatzort angekommen, Besatzung verläßt das KFZ und ist über Sprechfunk nicht erreichbar.

5 Autotelefonnetze

5.1 Allgemeines

Zu Beginn der 70er Jahre wurde das B-Netz installiert, das erstmals automatische Wählverbindungen ermöglichte. Allerdings mußte man wissen, wo sich das Auto gerade befand, wenn man ein Autotelefon anwählen wollte.

Diese Einschränkung fällt beim C-Netz weg. Dieses Netz hat zur Zeit die meisten Teilnehmer (ca. 800 000) und wird mindestens bis zum Jahr 2000 noch eine entscheidende Rolle spielen.

Gänzlich neue Wege beschritt man mit der Einführung des D-Netzes. Zum einen arbeitet dieses Netz nicht mehr analog, sondern digital, zum andern ist hier erstmals neben der Bundespost (Telekom) ein privater Netzbetreiber (Mannesmann) zugelassen.

Es versteht sich von selbst, daß ein Abhören der Autotelefone mit einem Scanner nicht erlaubt ist, da hierbei das Telefongeheimnis verletzt wird. Technisch möglich ist das Abhören beim B-Netz, da dieses die Sprache unverschlüsselt überträgt. Ein Abhören des C-Netzes ist mit normalen Scannern nicht mehr möglich, da hier eine Sprachverschleierung eingebaut ist. Nur in seltenen Ausnahmefällen wird im C-Netz die Sprache unverschleiert übertragen. Im D-Netz schließlich kann die digitalisierte Sprache noch besser verschlüsselt werden.

5.2 Das B-Netz

Das B-Netz verfügt über zwei Frequenzbereiche, die mit B bzw. B2 bezeichnet werden. Für jeden Bereich gibt es ein Unterband und ein Oberband, damit ein Vollduplex-Betrieb möglich ist. Der Bandabstand beträgt 4.6 MHz, das Kanalraster 20 KHz.

B-Netz:
Unterband: 148.400 MHz bis 149.180 MHz
Oberband: 153.000 MHz bis 153.780 MHz

B2-Netz:
Unterband: 157.600 MHz bis 158.340 MHz
Oberband: 162.200 MHz bis 162.940 MHz

Der Sender des Autotelefons arbeitet im Unterband, der Empfänger im Oberband. Entsprechend arbeitet der Sender der Feststation im Oberband und dessen Empfänger im Unterband. Die Oberbandsender der Feststationen strahlen ständig einen modulierten Träger ab, so daß diese Frequenzen zum Scannen nicht geeignet sind, da der Scanner bei jedem Durchlauf stehenbleiben würde.

5.3 Das C-Netz

Für das C-Netz sind folgende Bereiche festgelegt:

Unterband: 451.300 MHz bis 455.740 MHz
Oberband: 461.300 MHz bis 465.740 MHz

Wie Sie leicht ausrechnen können, beträgt der Frequenzabstand zwischen beiden Bändern exakt 10 MHz. Der Kanalabstand betrug ursprünglich 20 KHz; daraus ergeben sich jeweils 222 Kanäle fürs Unter- und fürs Oberband. Im Jahr 1992 hat man den Kanalabstand auf 12,5 KHz reduziert, so daß die Kapazität des Netzes nochmals erweitert werden konnte.

5.4 Das D-Netz

Zu Beginn der 90er Jahre begann man, das D-Netz aufzubauen. Dieses ist Teil eines europaweiten Funknetzes nach dem *GSM-Standard* (GSM = Global System for Mobile Communication = Globales System für die mobile Kommunikation). Das Netz arbeitet — im Gegensatz zu allen seinen Vorgängern — nicht mehr analog, sondern *digital*. Ferner kann man parallel auch *Daten* übertragen, denn Daten sind ja auch nichts anderes als Bitfolgen. Dadurch eröffnen sich neue Perspektiven der mobilen Datenübertragung. Auch bietet das digitale Verfahren eine deutlich bessere Sprachqualität, weil man schädliche Störeinflüsse besser herausfiltern kann.

Das D-Netz muß natürlich genau wie seine Vorgänger im Vollduplex-Betrieb arbeiten. Folgende Frequenzbereiche sind reserviert:

Unterband: 890.000 MHz bis 915.000 MHz
Oberband: 935.000 MHz bis 950.000 MHz

Der Frequenzabstand beider Bänder beträgt also 45 MHz. Im Unterband senden die mobilen Stationen, im Oberband die Feststationen. Der Empfang ist umgekehrt.

Das D-Netz ist in 124 Kanäle mit jeweils 200 KHz eingeteilt. Die Übertragung erfolgt jedoch im sog. *Zeitmultiplexverfahren*. Das bedeutet, daß jedem Teilnehmer eine sehr kurze Zeitscheibe von wenigen Milli-Sekunden zugewiesen wird, in welcher ein digitaler Teil seines Gesprächs übertragen wird. Danach folgt die Zeitscheibe des nächsten Teilnehmers. Insgesamt werden so acht Teilnehmer zeitlich ineinander geschachtelt und auf einem einzigen Funkkanal übertragen. Daraus ergeben sich 124 * 8 = 992 nutzbare Kanäle.

Genau genommen gibt es zwei D-Netze: *Dl und D2*. Das Dl-Netz wird von der Telekom betrieben, das D2-Netz von dem privaten Betreiber Mannesmann. Zu Beginn des Jahres 1993 sind alle Ballungsgebiete und alle wichtigen Autobahntrassen über das Dl-Netz erreichbar. Die Flächendeckung wird jedoch erst Ende 1994 gegeben sein.

Die Mannesmann Mobilfunk GmbH betreibt das D2-Netz. Mitte 1991 begann der Betrieb in einigen wichtigen Ballungszentren. Mitte 1992 waren die wichtigsten Autobahntrassen abgedeckt. Bis Ende 1994 sollen 85 % der Fläche Deutschlands versorgt sein.

5.5 Das E-Netz

Mit der Einführung des D2 Netzes bekam die Post im Bereich der Telefontechnik zum ersten Mal richtige Konkurrenz. Die Privatanbieter faßten schnell Fuß auf dem Gebiet des Mobilfunknetzes. Doch preislich paßten sich die Privaten schnell an das Postniveau an. Das E-Netz soll mit seinen billigen Tarifen die Preise drücken.

Als erster Schritt wurde im Mai 94 das Berliner Netz aktiviert. Mit 150 Basisstationen wurde der Betrieb aufgenommen. Leipzig sollte sehr schnell folgen. Bis Ende 1994 sollen bereits 30 Prozent der deutschen Bevölkerung Zugriff auf das E-Netz haben. Im Endstadium soll das System 5000 — 6000 Basisstationen aufweisen.

Der Betriebsbereich von 1800 MHz in DCS Technik ist zukunftsweisend. Somit werden von Anfang an alle Übergänge zu den Fest- und Mobilfunknetzen geschaffen, und das nicht nur in Deutschland, sondern weltweit.

Hinweis:
Für weitere Informationen über Mobilfunknetze hält der Franzis Verlag unter „ Signalisierungs- und Meßverfahren im modernen Mobilfunk“ von Gabler Krammling ISBN 3-7723-4951-X, ein technisches Fachbuch für Sie bereit.

Frequenzbelegung E-Plus 1710 MHz - 1880 MHz

6 Amateurfunk / CB-Funk

6.1 Allgemeines

Der Amateurfunk ist ein weit verbreitetes Hobby. Die Teilnahmevoraussetzungen sind: 18 Jahre, keine Vorstrafen und die erfolgreiche Ablegung einer Prüfung. Auf Grund einer Allgemeinen Empfangsgenehmigung darf der Amateurfunk von jedermann abgehört werden.

Den Amateurfunkern sind weltweit zahlreiche Frequenzbänder zugewiesen. Im Gegensatz hierzu steht dem CB-Funk nur ein sehr geringer Frequenzbereich zur Verfügung. Unsere Frequenzliste beginnt bei 27 MHz. In diesem Bereich befindet sich der CB-Funk von 26.965 — 27.405 MHz. Diese 40 Kanäle werden in FM moduliert. Weiterhin steht der Bereich von 27.005 — 27.135 MHz in AM zur Verfügung.

Die Amateurfunkbereiche, die in diesem Buch erfaßt sind:

10 m Band	28.000 —	29.700 MHz
2 m Band	144.000 —	146.000 MHz
70 cm Band	430.000 —	440.000 MHz
23 cm Band	1240.000 —	1300.000 MHz
11 cm Band	2320.000 —	2450.000 MHz
5 cm Band	5650.000 —	5850.000 MHz

Weitere Amateurfunkbereiche liegen oberhalb von 10 GHz und darüber hinaus.

Auf den Amateurfunkbändern wird in fast allen Übertragungsverfahren gearbeitet. Finden wir unterhalb 30 MHz viele Amateurfunker im SSB-Betrieb, so wird im UKW-Bereich hauptsächlich die FM-Übertragungen benutzt.

Dabei erhöhen Amateurfunkrelais wesentlich die Reichweite. Die Empfangsfrequenzen der Relais liegen im 2 m-Band 600 KHz und im 70 cm-Band 7,6 MHz tiefer als die Sendefrequenz.

Das Kanalraster beträgt allgemein 12,5 KHz. Hören wir kurze „Quäktöne“ auf einer Amateurfunkfrequenz, so könnte es sich um eine Packet-Radiostation handeln. Für die Decodierung solcher Signale benötigen wir ein Modem oder einen TNC, welcher die Signale auf einem Computermonitor sichtbar macht.

6.2 Frequenzliste der Amateurfunkrelaisstellen

Die folgende Liste enthält alle Relaisstellen des Amateurfunks in Deutschland (Quelle: DARC). Die verwendeten Abkürzungen haben folgende Bedeutung:

KAN	Kanalbezeichnung (siehe weiter unten)	
RELAIS	Rufzeichen des Relais	
STANDORT	Standortangabe	
LOC	Locator (Standortkoordinaten)	
BEMERK	F = Formular fuer Relaisantrag angefordert	) nur bei
	A = Antrag liegt vor	) DL-Relais,
	O = Antrag an OPD / FTZ weitergegeben	) sonst:
	R = Rufzeichenrueckmeldung der OPD liegt vor	) Hoehe ueber NN
	* = (noch) nicht in Betrieb	
	% = Kanal entspricht nicht (mehr) dem IARU-Bandplan!	
VERANTW	Rufzeichen des Verantwortlichen	
BAPT	Bundesamt für Post und Telekommunikation	
DISTR	Distriktverwaltung	

Kurzwellen-Relaisfunkstellen (nur 10 m):

KW1 = 29.560 – 29.660 MHz (FM) KW2 = 29.570 – 29.670 MHz (FM)
KW3 = 29.580 – 29.680 MHz (FM) KW4 = 29.590 – 29.690 MHz (FM)

Kurzwellen-Digipeater (10 m, keine Netzanbindung):

KWD1 = 29.210 – 29.270 MHz KWD2 = 29.220 – 29.280 MHz
KWD3 = 29.230 – 29.290 MHz

RTTY-Mailboxen auf 2 m und auf 70 cm:

MB2 = 145.300 MHz (FM) MB7 = 433.600 MHz (FM)

Packet-Radio-Frequenzen (BBS = Mailbox, DIGI = Digipeater):

PR21 = 144.625 / 432.675 MHz %	PR22 = 144.650 MHz %
PR23 = 144.675 / 432.675 MHz %	S 9 = 145.225 MHz % (nur in LA)
PR31 = 433.625 MHz %	PR32 = 433.650 MHz %
PR33 = 433.675 MHz %	PR34 = 433.700 MHz %
PR35 = 433.725 MHz %	PR36 = 433.750 MHz %
PR37 = 433.775 MHz %	
PR-- = kein Benutzerzugang	PR45 = 438.025 MHz
PR46 = 438.050 MHz	PR47 = 438.075 MHz
PR48 = 438.100 MHz	PR49 = 438.125 MHz
PR50 = 438.150 MHz	PR51 = 438.175 MHz
PR52 = 430.600 – 438.200 MHz 1)	PR53 = 430.625 – 438.225 MHz 1)in DL/PA nur
PR54 = 430.650 – 438.250 MHz	PR55 = 430.675 – 438.275 MHz 1) simplex!
PR56 = 430.700 – 438.300 MHz 2)	PR57 = 430.725 – 438.325 MHz 2) in PA nur
PR58 = 430.750 – 438.350 MHz 2)	PR59 = 430.775 – 438.375 MHz 2) simplex!
PR60 = 430.800 – 438.400 MHz 2)	PR61 = 430.825 – 438.425 MHz
PR62 = 430.850 – 438.450 MHz	PR63 = 430.875 – 438.475 MHz
PR64 = 430.900 – 438.500 MHz	PR65 = 430.925 – 438.525 MHz

1) in DL: PR52...PR55 auch im Oberband simplex als PR52+ ... PR55+

KANALPLAN (BASIS = IARU – REGION – 1 – BANDPLAN TORREMOLINOS 1990)

FM-Relaisfunkstellen:

R0 = 145.0000 – 145.6000 MHz	R1 = 145.0250 – 145.6250 MHz
R2 = 145.0500 – 145.6500 MHz	R3 = 145.0750 – 145.6750 MHz
R4 = 145.1000 – 145.7000 MHz	R5 = 145.1250 – 145.7250 MHz
R6 = 145.1500 – 145.7500 MHz	R7 = 145.1750 – 145.7750 MHz

Relais auf X-Kanaelen arbeiten mit einem Frequenz-OFFSET von +12.5 kHz,
z. B. R0X = 145.0125 – 145.6125 MHz

R8 = 145.2000 – 145.8000 MHz %	
R12% = 144.8250 – 145.4250 MHz %(F)	R17 = 144.8250 – 145.4250 MHz %(OE)
R18 = 144.8500 – 145.4500 MHz %(OE)	R19 = 144.8750 – 145.4750 MHz %(OE)
R8B% = 144.7250 – 145.3250 MHz %(F)	R9B% = 144.7500 – 145.3500 MHz %(F)
R10% = 144.7750 – 145.3750 MHz %(F)	R11% = 144.8000 – 145.4000 MHz %(F)

RTTY:

RT-% = 144.6375 – 145.9925 MHz %(DL)	RT- = 144.6375 – 145.7375 MHz neu
RT % = 144.6400 – 145.9950 MHz %(DL)	RT = 144.6400 – 145.7625 MHz neu
RT+% = 144.6425 – 145.9975 MHz %(DL)	RT+ = 144.6425 – 145.7875 MHz neu
RT3% = 145.2500 – 144.6500 MHz %(OE)	RT1% = 432.5950 – 144.5950 MHz %(OE)

R 66 = 430.950 – 438.550 MHz * R 67 = 430.975 – 438.575 MHz 1)
R 68 = 431.000 – 438.600 MHz 1) R 69 = 431.025 – 438.625 MHz 1)
R 70 = 431.050 – 438.650 MHz R 71 = 431.075 – 438.675 MHz
R 72 = 431.100 – 438.700 MHz R 73 = 431.125 – 438.725 MHz
R 74 = 431.150 – 438.750 MHz R 75 = 431.175 – 438.775 MHz
R 76 = 431.200 – 438.800 MHz R 77 = 431.225 – 438.825 MHz
R 78 = 431.250 – 438.850 MHz R 79 = 431.275 – 438.875 MHz
R 80 = 431.300 – 438.900 MHz R 81 = 431.325 – 438.925 MHz
R 82 = 431.350 – 438.950 MHz R 83 = 431.375 – 438.975 MHz
R 84 = 431.400 – 439.000 MHz R 85 = 431.425 – 439.025 MHz
R 86 = 431.450 – 439.050 MHz R 87 = 431.475 – 439.075 MHz
R 88 = 431.500 – 439.100 MHz R 89 = 431.525 – 439.125 MHz
R 90 = 431.550 – 439.150 MHz R 91 = 431.575 – 439.175 MHz
R 92 = 431.600 – 439.200 MHz R 93 = 431.625 – 439.225 MHz
R 94 = 431.650 – 439.250 MHz * R 95 = 431.675 – 439.275 MHz *
R 96 = 431.700 – 439.300 MHz * R 97 = 431.725 – 439.325 MHz
R 98 = 431.750 – 439.350 MHz R 99 = 431.775 – 439.375 MHz
R100 = 431.800 – 439.400 MHz R101 = 431.825 – 439.425 MHz
1) in DL: RTTY oder Multimode * = wird nur in Sonderfaellen vergeben

R 20 = 1293.150 – 1258.150 MHz R 21 = 1293.225 – 1258.225 MHz
R 22 = 1293.300 – 1258.300 MHz R 23 = 1293.375 – 1258.375 MHz
R 24 = 1293.450 – 1258.450 MHz R 25 = 1293.525 – 1258.525 MHz
R 26 = 1293.600 – 1258.600 MHz R 27 = 1293.675 – 1258.675 MHz
R 28 = 1293.750 – 1258.750 MHz R 29 = 1293.825 – 1258.825 MHz
R 30 = 1293.900 – 1258.900 MHz R 31 = 1293.975 – 1258.975 MHz
R 32 = 1294.050 – 1259.050 MHz R 33 = 1294.125 – 1259.125 MHz
R 34 = 1294.200 – 1259.200 MHz R 35 = 1294.275 – 1259.275 MHz
R 36 = 1294.350 – 1259.350 MHz R xxS = SONDERABLAGE TX: -28MHz (DL)

RM 1 = 1291.025 – 1297.025 MHz (IARU) RM 2 = 1291.050 – 1297.050 MHz (IARU)
bis
RM18 = 1291.450 – 1297.450 MHz (IARU) RM19 = 1291.475 – 1297.475 MHz (IARU)

R 12 = 2321.400 – 2366.400 MHz R 13 = 2321.450 – 2366.450 MHz
R 14 = 2321.500 – 2366.500 MHz

RG 3 = 10353.00 – 10383.00 MHz
KANALPLAN fuer neue 23cm-Relaisnorm (DL)

FM-Relaisfunkstellen 23 cm:

RS01 = 1270.025 — 1298.025 MHz *
RS02 = 1270.050 — 1298.050 MHz *
RS03 = 1270.075 — 1298.075 MHz *
RS04 = 1270.100 — 1298.100 MHz *
RS05 = 1270.125 — 1298.125 MHz *
RS06 = 1270.150 — 1298.150 MHz *
RS07 = 1270.175 — 1298.175 MHz *
RS08 = 1270.200 — 1298.200 MHz
RS09 = 1270.225 — 1298.225 MHz
RS10 = 1270.250 — 1298.250 MHz
RS11 = 1270.275 — 1298.275 MHz
RS12 = 1270.300 — 1298.300 MHz
RS13 = 1270.325 — 1298.325 MHz
RS14 = 1270.350 — 1298.350 MHz
RS15 = 1270.375 — 1298.375 MHz
RS16 = 1270.400 — 1298.400 MHz
RS17 = 1270.425 — 1298.425 MHz
RS18 = 1270.450 — 1298.450 MHz
RS19 = 1270.475 — 1298.475 MHz
RS20 = 1270.500 — 1298.500 MHz
RS21 = 1270.525 — 1298.525 MHz
RS22 = 1270.550 — 1298.550 MHz
RS23 = 1270.575 — 1298.575 MHz
RS24 = 1270.600 — 1298.600 MHz
RS25 = 1270.625 — 1298.625 MHz
RS26 = 1270.650 — 1298.650 MHz
RS27 = 1270.675 — 1298.675 MHz
RS28 = 1270.700 — 1298.700 MHz

RS01-= 1270.025 — 1242.025 MHz *
RS02-= 1270.050 — 1242.050 MHz *
RS03-= 1270.075 — 1242.075 MHz *
RS04-= 1270.100 — 1242.100 MHz *
RS05-= 1270.125 — 1242.125 MHz *
RS06-= 1270.150 — 1242.150 MHz *
RS07-= 1270.175 — 1242.175 MHz *
RS08-= 1270.200 — 1242.200 MHz
RS09-= 1270.225 — 1242.225 MHz
RS10-= 1270.250 — 1242.250 MHz
RS11-= 1270.275 — 1242.275 MHz
RS12-= 1270.300 — 1242.300 MHz
RS13-= 1270.325 — 1242.325 MHz
RS14-= 1270.350 — 1242.350 MHz
RS15-= 1270.375 — 1242.375 MHz
RS16-= 1270.400 — 1242.400 MHz
RS17-= 1270.425 — 1242.425 MHz
RS18-= 1270.450 — 1242.450 MHz
RS19-= 1270.475 — 1242.475 MHz
RS20-= 1270.500 — 1242.500 MHz
RS21-= 1270.525 — 1242.525 MHz
RS22-= 1270.550 — 1242.550 MHz
RS23-= 1270.575 — 1242.575 MHz
RS24-= 1270.600 — 1242.600 MHz
RS25-= 1270.625 — 1242.625 MHz
RS26-= 1270.650 — 1242.650 MHz
RS27-= 1270.675 — 1242.675 MHz
RS28-= 1270.700 — 1242.700 MHz

23cm PR-Duplex-Digipeater:

RS29 = 1270.725 — 1298.725 MHz
RS30 = 1270.750 — 1298.750 MHz
RS31 = 1270.775 — 1298.775 MHz
RS32 = 1270.800 — 1298.800 MHz
RS33 = 1270.825 — 1298.825 MHz
RS34 = 1270.850 — 1298.855 MHz
RS35 = 1270.875 — 1298.875 MHz
RS36 = 1270.900 — 1298.900 MHz
RS37 = 1270.925 — 1298.925 MHz

RS29-= 1270.725 — 1242.725 MHz
RS30-= 1270.750 — 1242.750 MHz
RS31-= 1270.775 — 1242.775 MHz
RS32-= 1270.800 — 1242.800 MHz
RS33-= 1270.825 — 1242.825 MHz
RS34-= 1270.850 — 1242.850 MHz
RS35-= 1270.875 — 1242.875 MHz
RS36-= 1270.900 — 1242.900 MHz
RS37-= 1270.925 — 1242.925 MHz

RS38 = 1270.950 – 1298.950 MHz
RS39 = 1270.975 – 1298.975 MHz
RS40 = 1271.000 – 1299.000 MHz

RS38-= 1270.950 – 1242.950 MHz
RS39-= 1270.975 – 1242.975 MHz
RS40-= 1271.000 – 1243.000 MHz
RS41-= 1271.025 – 1243.025 MHz
RS42-= 1271.050 – 1243.050 MHz
RS43-= 1271.075 – 1243.075 MHz
RS44-= 1271.100 – 1243.100 MHz
RS45-= 1271.125 – 1243.125 MHz
RS46-= 1271.150 – 1243.150 MHz
RS47-= 1271.175 – 1243.175 MHz
RS48-= 1271.200 – 1243.200 MHz
RS49-= 1271.225 – 1243.225 MHz
RS50-= 1271.250 – 1243.250 MHz

Hinweis: Die RSxx- — Kanäle werden nur in Sonderfällen vergeben. Bei 1242 — 1243 MHz können die Ausgabefrequenzen bei Bedarf für Linkstrecken zwischen Relais vergeben werden.

Verzeichnis der Relaisfunkstellen in Deutschland

KAN	RELAIS	STANDORT	LOC	BEM	VERANT	BAPT	DISTR
KW1	DF rgb	REGENSBURG	JN68AW	FAO	* DL5RDW	RGSB	U
		LINK zu DF0MOT auf 70cm beantragt					
KW2	DF	TRAUNSTEIN	JN67HT	FAO	* DF7MW	MCHN	C
KW2	DF0MOT	WIESBADEN/HOHE WURZEL	JO40BC	FAOR	DK8FK	FFM	F/Z
PR37		LINK zu DB0RU auf 70cm geplant					
KW3	DF	KONSTANZ	JN47NT	FAO	* DL7KH	FRB	A
KW4	DF0HHH	HAMBURG	JO43XK	FAOR	* DL6XB	HMB	E/Z
KW4	DF	MARL	JO31NS	FA	* DL1YBL	MSTR	N/Z
KW- %	DF0MHR	MUELHEIM/DUISBURG	JO31JK	FAOR	DF2ER	DSSD	L
		LINK zu DF0MOT auf 70cm geplant					
KWD1	DK0ALS	SCHWAERZENACH (DIGI)	JN47CW	FAOR	DK8ZV	FRB	A
		IN 29.210MHz,OUT 29.270MHz,keine Netzanbindg.					
KWD2	DL0FFW	HERCHENH.HOEHE (DIGI)	JO40PL	FAOR	DF5FF	FFM	F
		IN 29.220MHz,OUT 29.280MHz,keine Netzanbindg.					
KWD3	DF0HMB	HAMBURG (DIGI)	JO53AN	FAOR	DF4HN	HMB	E
		IN 29.230MHz,OUT 29.290MHz,keine Netzanbindg.					
KWPR	DK0BLN	BERLIN-WILMERSDORF (BBS)	JO62RL	FAOR	DL7...	BLN	D
		AMTOR-BBS					
KWPR	DK0MHZ	DASSENDORF (BBS)	JO53EM	FAOR	DJ2HZ	HMB	E
KWPR	DK0MWX	LANGENFELD (BBS)	JO31LC	FAOR	DL1WX	DSSD	R
		QRG: 14.099 MHz, LSB 1600/1800 Hz					

KAN	RELAIS	STANDORT		LOC	BEM	VERANT	BAPT	DISTR
KWPR	DK0MTV	MAINZ	(BBS)	JN49CX	FAOR	DJ8CY	KBLZ	K
		KW-MAILBOX, ... MHz						
KWPR	DK0MUC	MUENCHEN	(BBS)	JN58SD	FAOR	DL2RBI	MCHN	C
		KW-MAILBOX, 21.110 MHz						
KWPR	DK0MUN	MUENCHEN	(AMTOR-BBS)	JN58..	FAOR	* DL3MFH	MCHN	C
		KW-AMTOR						
KWPR	DK0MNL	SALZGITTER	(BBS)	JO52FE	FAOR	DK8AT	HAN	H
		KW-PR						
MB2	DB0MJ	DUESSELDORF	(BBS)	JO31JF	FAOR	DB9JH	DSSD	R
		ZUSATZKANAL: MB7, Anbindung RTTY an PR-Netz						
MB2	DB0EF	HOEXTER	(BBS)	JO41OS	FAOR	DJ8CN	MSTR	N
MB2	DB0SFK	HOMBURG/SAAR-BEXB	(BBS)	JN39PJ	FAOR	DF1VK	SBR	Q
MB2	DB0JVK	KIRCHHELLEN	(BBS)	JO31JO	FAOR	DG1YFO	MSTR	L
MB2	DB0OW	MUENSTER	(BBS)	JO32SA	FAOR	DF1QW	MSTR	N
PR22	DB0STR	STRALSUND	(DIGI)	JO64MH	FAOR	D....	RST	V
PR23	DB0FE	GOETTINGEN	(DIGI)	JO41VL	FAOR	DK7AT	HAN	H
PR31	DB0WAI	MUENCHEN	(DIGI)	JN58UD	FAOR	DG3FCE	MCHN	C
PR31	DB0SAA	OBERKOCHEN	(DIGI)	JN58BT	FAOR	DK6IX	STGT	P
PR33	DB0CZ	BRIGACHTAL	(BBS)	JN48FA	FAOR	DG3SAJ	FRB	A
PR33	DB0NDS	ZERNIEN	(DIGI)	JO53KB	FAOR	DK6OC	HAN	H
PR34-	DB	HAGEN	(DIGI)	JO31RI	FAOR	* DG1DS	DTMD	O
PR35	DB0AAC	KAISERSLAUTERN	(DIGI)	JN39VK	FAOR	DK7UC	KBLZ	K
PR36	DB0WHV	WILHELMSHAVEN	(DIGI)	JO43BN	FAOR	DL9BBH	BRM	I
	DB0SAU	ESSLINGEN	(DIGI)	JN48QS	FAOR	DB4SA	STGT	P
		ZUSATZEINSTIEG: RS31-						
PR39-	DB0SIF	GIESSEN	(BBS)	JO40JO	FAOR	DL6FBS	FFM	F
		ZUSATZEINSTIEG: RS39-						
PR45	DB0WEN	ALTGLASHUETTEN	(DIGI)	JN69ES	FAOR	DC1RJ	RGSB	U
PR45	DB0APO	APOLDA	(DIGI)	JO51TB	FAOR	DL5APO	ERF	X
PR45	DB0CL	BREMEN	(BBS)	JO43GF	FAOR	DD4BN	BRM	I
		ZUSATZEINSTIEG: RS38						
PR45	DB0KG	GOETTINGEN	(BBS)	JO41XN	FAOR	DC3AV	HAN	H
PR45	DB0DLG	GRUNDREMMINGEN	(DIGI)	JN58FM	FAOR	DG6MAY	MCHN	T
PR45	DB0OQ	KIEL	(BBS)	JO54AH	FAOR	DH1LAH	KIEL	M
PR45	DB0LJ	KOBLENZ/KRUFT	(BBS)	JO30QJ	FAOR	DL5DI	KBLZ	K
PR45	DB0LX	LUDWIGSBURG	(BBS)	JN48OV	FAOR	DL5SAE	STGT	P
PR45	DB mkl	LUEDENSCHEID	(DIGI)	JO31TE	FAO	* DK4EK	DTMD	O
PR45	DB0AGM	LUENEBURG	(BBS)	JO53FG	FAOR	DJ4KW	HMB	E
PR45	Y71G	MAGDEBURG →DB0mgd	(BBS)	JO52ZD	FAORF	DL8MNR	MGB	W

KAN	RELAIS	STANDORT		LOC	BEM	VERANT	BAPT	DISTR
PR45	DB0GV	MAINTAL/FRANKFURT	(BBS)	JO40KD	FAOR	DF5FF	FFM	F
		ZUSATZEINSTIEG: RS35-						
PR45	DB0UNI	NEUBIBERG	(DIGI)	JN58TB	FAOR	DK2RV	MCHN	C
PR45	DB0OE	OBERHAUSEN	(DIGI)	JO31KL	FAOR	DK4JM	DSSD	L
		ZUSATZEINSTIEG: RS35-						
PR45	DB0OBK	OSNABRUECK	(BBS)	JO42AG	FAOR	DL1BDY	BRM	I
PR45	DB0BQ	PADERBORN	(BBS)	JO41KQ	FAOR	DF6QQ	MSTR	N
		ZUSATZEINSTIEG: RS34						
PR45	DK0MAV	PEINE	(BBS)	JO52CI	FAOR	DF3AV	HAN	H
		AMTOR-PORT 3589 kHz						
PR45	DB0FP	SCHWEINFURT	(BBS)	JO50CB	FAOR	DG3NAE	NBG	B
PR46	DB0FFB	FUERSTENFELDBRUCK	(DIGI)	JN58PF	FAOR	DK9CL	MCHN	C
PR46	DB0SAO	GAERTRINGEN	(BBS)	JN48MQ	FAOR	DL1SBL	STGT	P
PR46	DB0HES	HUSUM/OSTENFELD	(BBS)	JO44OL	FAOR	DG5LK	KIEL	M
		ZUSATZEINSTIEG: RS40						
PR46	DB0ANP	KALCHREUTH	(DIGI)	JN59NN	FAOR	DC3NC	NBG	B/Z
PR46	DB0KH	KNUELL	(DIGI)	JO40RV	FAOR	DF7ZE	FFM	F
PR46	DB0LIP	LEMGO	(DIGI)	JO42LA	FAOR	DF8EE	MSTR	N
PR46	DB0KU	LENNESTADT	(DIGI)	JO41BD	FAOR	DB5DK	DTMD	O/Z
PR46	DB0ACM	MEPPEN	(DIGI)	JO32QR	FAOR	DK2UI	BRM	I
PR46	DBoca	OSCHERSLEBEN	(DIGI)	JO51LX	FAO	* DL6MPG	HAL	W
PR47	DB0MW	BAD HERSFELD	(DIGI)	JO40VU	FAOR	DJ3GU	FFM	F/Z
PR47	DB0FRB	FREIBURG	(BBS)	JN37WX	FAOR	DG7GF	FRB	A
PR47	DB0HHS	HAMBURG-HARBURG	(DIGI)	JO43XL	FAOR	DL4HAD	HMB	E
PR47	DB0TCP	KELKHEIM	(DIGI)	JO40ED	FAOR	DB3PA	FFM	F
		ZUSATZEINSTIEG: RS32						
PR47	DB lek	LECK	(DIGI)	JO44LS	FAO	* DG8LT	KIEL	M
PR47	DB0LOE	LOEBAU	(DIGI)	JO71HA	FAOR	DL1DWS	DSDN	S
PR47	DB nbb	NEUBRANDENBURG	(BBS)	JO63PN	FAO	* DL4NQC	NBBG	V
PR47	DB0NDR	NORDEN/OSTFRIESLAND	(BBS)	JO33OO	FAOR	DL1BDK	BRM	I/Z
		ZUSATZEINSTIEG: RS34						
PR47	DB0ABH	NUERNBERG	(DIGI)	JN59NK	FAOR	DD9NW	NBG	B/Z
PR47	DB0OSN	OSNABRUECK	(DIGI)	JO42AH	FAOR	DL1BFF	BRM	I/Z
PR47	DB0AAT	TRAUNSTEIN	(DIGI)	JN67HS	FAOR	DG5MFN	MCHN	C
PR47	DB0WOB	WOLFSBURG	(DIGI)	JO52JJ	FAOR	DJ7GP	HAN	H
PR48	DB0BHV	BREMERHAVEN	(DIGI)	JO43GN	FAOR	DJ9CN	BRM	I
PR48	DB hgb	HAGELBERG	(DIGI)	JO62GD	FAO	* DL2RXE	PDM	Y
PR48	DB0KT	HERCHENH.HOEHE	(DIGI)	JO40PL	FAOR	DF5FF	FFM	F
		ZUSATZEINSTIEG: RS38						

KAN	RELAIS	STANDORT		LOC	BEM	VERANT	BAPT	DISTR
PR48	DB0KFB	KAUFBEUREN	(DIGI)	JN57HV	FAOR	DC9LK	MCHN	T
		ZUSATZEINSTIEG: RS35-						
PR48	DB0HE	MINDEN	(DIGI)	JO42LH	FAOR	DB7YAH	MSTR	N
PR48	DB ntz	NEUSTRELITZ	(DIGI)	JO63MI	FAO	* DL1NOF	NBBG	V
PR48	DB0ORT	ORTENAU	(DIGI)	JN48BM	FAOR	DC0PP	FBG	A
		ZUSATZEINSTIEG: RS31-						
PR48	DB0ME	SOLINGEN	(DIGI)	JO31ME	FAOR	DL1EBQ	DSSD	R
		ZUSATZEINSTIEG: RS48-						
PR48	DB0GH	THOMM/TRIER	(DIGI)	JN39JR	FAOR	DJ7HQ	KBLZ	K
PR48	DB0MAR	TIMMENDORFER STRAND	(DIGI)	JO54JA	FAOR	DK8XN	HMB	E
PR48	DB zwi	ZWICKAU	(BBS)	JO60FR	FAO	* Y27DN	DSDN	S
PR49	DB0BBG	BAMBERG	(DIGI)	JN59MU	FAOR	DD8NE	NBG	B
PR49	DB0DAM	DAMME	(DIGI)	JO42CN	FAOR	DL2MB	BRM	I/Z
PR49	DB thd	DARMSTADT	(DIGI)	JN49HU	FAO	* DL8OBC	FFM	F
PR49	DB0AFS	HAGEN	(DIGI)	JO31RI	FAOR	DF8DR	DTMD	O/Z
PR49	DB0HOL	HOLZMINDEN	(DIGI)	JO41QV	FAOR	DF7AK	HAN	H/Z
PR49	DB	IDAR-OBERSTEIN	(DIGI)	JN39QQ	FA	* DK6PX	KBLZ	K
PR49	DB noh	NORDHAUSEN	(BBS)	JO51JM	FAO	* Y38WI	ERF	W
PR49	DB0EIC	TREUCHTLINGEN	(DIGI)	JN58LV	FAOR	DB1NZ	NBG	B
PR49	DB0HHW	UETERSEN	(DIGI)	JO43TQ	FAOR	DL2LAY	KIEL	M
		ZUSATZEINSTIEG: RS33-						
PR49	DB0BBX	WOERLITZ	(BBS)	JO61FR	FAOR	DG1HRG	HAL	W
PR50	DB0BAX	BUCHHEIM	(DIGI)	JN48LA	FAOR	DK9TH	FBG	A
PR50	DB0AIM	BURSCHEID	(DIGI)	JO31NC	FAOR	DL4KX	KLN	G/Z
PR50	DB0EMU	DESSAU	(DIGI)	JO61CU	FAOR	DG1HWO	HAL	W
PR50	DB0ONA	IDARKOPF	(DIGI)	JN39PU	FAOR	DK6PX	KBLZ	K
PR50	DB0BOX	NUERNBERG	(BBS)	JN59NJ	FAOR	DC3YC	NBG	B
PR50	DB	PADERBORN	(DIGI)	JO41JR	FA	* DL6YEO	MSTR	N
PR50	DB0PAS	PASSAU	(DIGI)	JN68RN	FAOR	DG2RBG	RGSB	U
PR50	DB0PDF	PETERSDORF	(DIGI)	JO42CW	FAOR	DH5BAG	BRM	I
PR50	DB0HHO	REINBEK	(DIGI)	JO53CM	FAOR	DL6HBQ	HMB	E
PR51	DB0GOS	ESSEN	(DIGI)	JO31MK	FAOR	DL8DAV	DSSD	L
		ZUSATZEINSTIEG: RS31- / DX-CLUSTER						
PR51	DB0FUL	FULDA	(DIGI)	JO40UN	FAOR	DJ4BS	FFM	F/Z
PR51	DB0EAD	GEISENHEIM/RHEINGAU	(DIGI)	JN30XA	FAOR	DG5FW	FFM	F
PR51	DB0GPP	GOEPPINGEN	(DIGI)	JN48UQ	FAOR	DL1SBE	STGT	P/Z
PR51	DB0DIH	HELGOLAND	(DIGI)	JO34WE	FAOR	DK5HP	HMB	E
PR51	DB0OVA	MOENNINGERBERG	(DIGI)	JN59PF	FAOR	DL9RDG	RGSB	U
PR51	DB0MWS	MUENCHEN	(DIGI)	JN58SD	FAOR	DL2RBI	MCHN	C
PR51	DB0MKN	WERDOHL	(DIGI)	JO31VG	FAOR	DK3AK	DTMD	O

KAN	RELAIS	STANDORT		LOC	BEM	VERANT	BAPT	DISTR
PR51-	DB	GERMERING	(DIGI)	JN58QD	FAOR	DG4MFG	MCHN	C
PR52	DB0DWN	BITBURG	(DIGI)	JO30GC	FAOR	DA1DW	KBLZ	K
PR52	DB0SAT	BREMEN	(SATG)	JO42JB	FAOR	* DB6WB	BRM	I
PR52	DB0CEL	CELLE	(BBS)	JO52BP	FAOR	DC9CT	HAN	H/Z
		ZUSATZEINSTIEG: RS32						
PR52	DB	DORTMUND	(DIGI)	JO31RL	FA	* DL4DBK	DTMD	O
PR52	DB0NET	EUSKIRCHEN	(DIGI)	JO30JP	FAOR	DG4KS	KLN	G
		ZUSATZEINSTIEG: RS40						
PR52	DB frx	FREIBURG	(DXCL)	JN37UX	FAO	* DF7GR	FRB	A
PR52	DB0FSG	FREISING	(DIGI)	JN58VK	FAOR	DL2JA	MCHN	C
PR52	DB0KV	KLEVE	(DIGI)	JO31BS	FAOR	DL2ECY	DSSD	L
PR52	DB slf	SAALFELD	(DIGI)	JO50RP	FAO	* DG0OAJ	EFT	X
PR52	DB0RBS	SCHWIEBERDINGE	(DIGI)	JN48NV	FAOR	DL1SEM	STGT	P
PR52	DB0SUE	SUEDERBRARUP/HAVET	(DIGI)	JO44SQ	FAOR	DL1LAA	KIEL	M
PR52	DB0RSV	SUHL	(BBS)	JO50IO	FAOR	DL4APR	EFT	X
PR53	DB ac.	AACHEN	(DIGI)	JO30BS	FAO	* DL9KAW	KLN	G
PR53	DB0BAL	BALLENSTEDT	(DIGI)	JO51OR	FAOR	DL1HSI	HAL	W
		ZUSATZEINSTIEG: PR21						
PR53	DB0FD	DEISTER	(DIGI)	JO42SH	FAOR	DJ6JC	HAN	H
		ZUSATZEINSTIEG: PR21						
PR53	DB0QS	DINSLAKEN	(DIGI)	JO31JN	FAOR	DD8ED	DSSD	L
		ZUSATZEINSTIEG: RS32						
PR53	DB xdx	ILMENAU	(DXCL)	JO50LQ	FAO	* Y32JK	EFT	X
PR53	DB0IGL	INGOLSTADT	(DIGI)	JN58SR	FAOR	DL4MFR	MCHN	C
PR53	DB0NOC	KATTENDORF	(DXCL)	JO53AU	FAOR	DF7HU	KIEL	M
PR53	DB0SIP	KONSTANZ	(DIGI)	JN47OQ	FAOR	DJ1XK	FRB	A
PR53	DB0LER	LEER	(DIGI)	JO33RG	FAOR	DL2BV	BRM	I/Z
		ZUSATZEINSTIEG: RS37-						
PR53	DB0RBA	MOSBACH	(DIGI)	JN49NH	FAOR	DD7GL	KLRH	A
PR53	DB0FN	SIEGEN	(DIGI)	JO40AU	FAOR	DB5DK	DTMD	O/Z
		ZUSATZEINSTIEG: RS34						
PR54	DB0BRV	BARCHEL/BREMERVOER	(BBS)	JO43ML	FAOR	DL4BBD	BRM	I
PR54	DB0FC	BRAUNSCHWEIG	(DIGI)	JO52GG	FAOR	DF2AU	HAN	H
		ZUSATZEINSTIEG: PR23, RS31-						
PR54	DB0FBB	DORTMUND	(DIGI)	JO31RM	FAOR	DJ4ZS	DTMD	O
		ZUSATZEINSTIEG: RS36						
PR54	DB0AJA	EISINGEN/WUERZBURG	(DXCL)	JN59AS	FAOR	DL6NDG	NBG	B
PR54	DB0HAS	HASLACH	(DIGI)	JN48BG	FAOR	DC5GF	FRB	A/Z
PR54	DB0VFK	KASSEL	(DIGI)	JO41SG	FAOR	DK5ZK	FFM	F/Z
PR54	DB0PKE	KEVELAER	(DIGI)	JO31DO	FAOR	* DL1EER	DSSD	L

KAN	RELAIS	STANDORT		LOC	BEM	VERANT	BAPT	DISTR
PR54	DB0SPC	MAINZ	(DXCL)	JN49CW	FAOR	DJ6RX	KBLZ	K
PR54	DB	MARKTREDWITZ	(DIGI)	JN60BA	FA	* DL3NDS	NBG	B
		ZUSATZEINSTIEG: RS29-						
PR54	DB0MDF	MUEHLDORF/INN	(DIGI)	JN68GF	FAOR	DL4MCD	MCHN	C
PR54	DB0NOE	REIMLINGEN	(DIGI)	JN58GU	FAOR	DB5MPQ	NBG	B
PR54	DB0SDT	SCHWEDT	(DIGI)	JO62WX	FAOR	Y25ZE	BLN	Y
PR54	DB0MVP	SCHWERIN	(DIGI)	JO53RP	FAOR	* DG1SUA	SCHW	V
PR55	DB0UHI	BOCKENEM	(DIGI)	JO52BA	FAOR	DL9OAO	HAN	H
PR55	DB bru	BREMEN	(DIGI)	JO43KC	FAO	* DL6BBP	BRM	I
PR55	DB cux	CUXHAVEN	(DIGI)	JO43IK	FAO	* DL6BI	BRM	I/Z
PR55	DB0END	ENNEPETAL	(DIGI)	JO31QH	FAOR	DB4DU	DTMD	O
		ZUSATZEINSTIEG: RS40						
PR55	DB ddx	GLASHUETTE	(DXCL)	JO60VU	FAO	* DL1VBN	DSDN	S
PR55	DB0HB	HAMBURG-FLUGHAFEN	(BBS)	JO43XP	FAOR	DF4HR	HMB	E
		ZUSATZEINSTIEG: RS30						
PR55	DB0LAQ	LANGQUAID	(DIGI)	JN68AT	FAOR	* DL2RBI	RGSG	U
PR55	DB	LIST/SYLT	(DIGI)	JO45FA	FA	* DL3LK	KIEL	M
PR55	DB0MZG	MERZIG	(DIGI)	JN39GK	FAOR	DK1MG	SBR	Q
PR56	Y51O	BERLIN	(DIGI)	JO62QM	FAOR	Y26WO	BLN	D
PR56	DB0EQ	BRACKENHEIM	(DIGI)	JN49MA	FAOR	DK2ZO	STGT	P/Z
PR56	DB0DSD	DRESDEN	(DIGI)	JO61TB	FAOR	Y23XL	DSDN	S
PR56	DB0KCC	FLINTBEK	(DXCL)	JO54BI	FAOR	DJ7SW	KIEL	M
PR56	DB0GOE	GOETTINGEN	(DIGI)	JO41XO	FAOR	DL8OAI	HAN	H/Z
		ZUSATZEINSTIEG: RS31-						
PR56	DB0QT	MAYEN	(DIGI)	JO30OJ	FAOR	DG2PU	KBLZ	K
PR56	DB0MEL	MELDORF	(DIGI)	JO44MC	FAOR	DJ3KK	KIEL	M
PR56	DB0AAB	MUENCHEN	(BBS)	JN58SD	FAOR	DL8MBT	MCHN	C
PR56	DB rgn	PARCHTITZ/RUEGEN	(DIGI)	JO64QL	FAO	* DG0GM	RST	V
PR56	DB hbn	SAARGRUND	(DIGI)	JO50LJ	FAO	* DK5WN	EFT	X
PR56	DB tgm	TANGERMUENDE	(DIGI)	JO52XN	FAO	* DG6MOG	MGB	W
PR56	DB0EA	TECKLENBURG	(DIGI)	JO32WF	FAOR	DD8QB	MSTR	N/Z
PR56	DB0ACA	UPFLAMOER	(DIGI)	JN48QF	FAOR	DL8GBA	FRB	P
		ZUSATZEINSTIEG: PR36						
PR56	DB0WGS	WEGSCHEID	(DIGI)	JN68VO	FAOR	DH8RAJ	RGSB	U
PR56-	DB	DORTMUND	(TCP)	JO31SM	FA	* DK5DC	DTMD	O
PR57	DB0WTS	BOCHUM/WATTENSCH	(DIGI)	JO31NK	FAOR	* DH4DAI	MSTR	N
		ZUSATZEINSTIEG: RS40						
PR57	DB0BRB	BRANDENBURG	(DIGI)	JO62HK	FAOR	* DL1RNO	PDM	Y
		ZUSATZEINSTIEG: PR23						
PR57	DB	COLLM	(DIGI)	JO61MH	FA	* DL1LQE		

KAN	RELAIS	STANDORT		LOC	BEM	VERANT	BAPT	DISTR
PR57	DB0PRA	ESCHWEILER	(DIGI)	JO30DU	FAOR	DL9KAW	KLN	G
		ZUSATZEINSTIEG: RS34						
PR57	DB0ODW	KREHBERG/ODENWALD	(DIGI)	JN49IQ	FAOR	DJ9FQ	FFM	F/Z
PR57	DB0THE	MOMMELSTEIN	(DIGI)	JO50FR	FAOR	DL1AKY	EFT	X
		ZUSATZEINSTIEG: PR21						
PR57	DB0MWE	MUENCHEN	(BBS)	JN58TE	FAOR	DL2RBI	MCHN	C
PR57	DB0MSC	MUENSTER	(DIGI)	JO31SX	FAOR	* DG6YY	MSTR	N
PR57	DB0RGB	REGENSBURG	(BBS)	JN69BA	FAOR	DG3RBU	RGSB	U
		ZUSATZEINSTIEG: RS36						
PR57	DB0ABZ	SALZGITTER	(DIGI)	JO52DD	FAOR	DD3AQ	HAN	H
PR57	DB0AAL	ULM	(DIGI)	JN48XJ	FAOR	DC8SE	STGT	P
PR57	DB0VER	VERDEN	(DIGI)	JO42OW	FAOR	DB2BG	BRM	I/Z
PR57	DB0HRH	WANNENBERG	(DIGI)	JN47EO	FAOR	DG5GAK	FRB	A/Z
PR58	DB0EV	ALTENSCHNEEBERG	(DIGI)	JN69GK	FAOR	DL4RAL	RGSB	U
PR58	DB0AMU	BERGHEIM	(DIGI)	JO30IW	FAOR	DL9KBP	KLN	G
PR58	DB0SHI	DUENSBERG	(DIGI)	JO40GP	FAOR	DL6FBS	FFM	F
PR58	DB0ESA	EISENACH	(DIGI)	JO51BA	FAOR	* DG0OE	EFT	X
PR58	DB0LUC	GEHREN	(DIGI)	JO61TS	FAOR	DL8UEF	CTB	Y
		ZUSATZEINSTIEG: PR21						
PR58	DB hht	HAMBURG	(TCP)	JO43XO	FAO	* DG4HAM	HMB	E
PR58	DB0KCP	LANGERRINGEN	(BBS)	JN58JD	FAOR	DL4MEA	MCHN	T
PR58	DB0MER	MERSEBURG	(DIGI)	JO51XI	FAOR	DL2HWB	HAL	W
		ZUSATZEINSTIEG: PR23						
PR58	DB0GE	SAARBRUECKEN	(BBS)	JN39MI	FAOR	DC9VY	SBR	Q
		ZUSATZEINSTIEG: RS39-						
PR58	DB0ABC	STEIGERWALD	(DIGI)	JN59GT	FAOR	* DF3NJ	NBG	B
PR58	DB0SHG	SUENTELN	(BBS)	JO42QE	FAOR	DB9AP	HAN	H
PR58	DB0AAU	TUEBINGEN	(DIGI)	JN48MN	FAOR	DJ7KA	STGT	P
PR59	DB0ALG	ALLGAEU	(DIGI)	JN57CR	FAOR	DF8CX	MCHN	T
PR59	DB chz	CHEMNITZ	(DIGI)	JO60LT	FAO	* Y24CN	CHEM	S
PR59	DB0WRN	FALKENHAGEN/WAREN	(DIGI)	JO63IM	FAOR	* DG2NPF	NBBG	V
PR59	DB0HHN	GOETZBERG	(DIGI)	JO53AT	FAOR	DL2LBQ	HMB	E
		ZUSATZEINSTIEG: RS35-						
PR59	DB0HAN	HILDESHEIM	(DIGI)	JO42XC	FAOR	DL8OAD	HAN	H/Z
PR59	DB0JES	JESSEN	(DIGI)	JO61MT	FAOR	DL2HTO	HAL	Y
		ZUSATZEINSTIEG: PR21						
PR59	DB0SWR	KUELSHEIM-STEIN	(DIGI)	JN49SQ	FAOR	* DG6IU	KBLZ	A
PR59	DB0LAN	LANDSHUT	(BBS)	JN68DM	FAOR	DD7RN	RGSB	U
PR59	DB0HOF	LOBENSTEIN/NAILA	(BBS)	JO50TK	FAOR	DH9NAK	RGSB	B
PR59	DB0NOS	OERLINGHAUSEN	(DIGI)	JO41HW	FAOR	* DG6YDZ	MSTR	N

KAN	RELAIS	STANDORT		LOC	BEM	VERANT	BAPT	DISTR
PR59	DB0SPB	SPREMBERG	(DIGI)	JN71EN	FAOR	DL6UOF	....	Y
		ZUSATZEINSTIEG: PR22						
PR59	DB wan	WANNWEIL	(TCP)	JN48OL	FAO	* DL5SAA	STGT	P
PR59+	DB	KAARST	(DIGI)	JO31HF	FA	* DB9JH	DSSD	R
PR59-	DB	SOLINGEN	(BBS)	JO31ME	FAOR	DG2EAT	DSSD	R
PR60	DB0ASF	ASCHAFFENBURG	(DIGI)	JO40NA	FAOR	* DL4NCQ	NBG	B
PR60	DB0ZKA	AUGSBURG	(DIGI)	JN58KI	FAOR	DL3MEW	MCHN	T
PR60	DB0BER	BERLIN	(DIGI)	JO62QL	FAOR	DL7APN	BLN	D/Z
PR60	DB bib	BIBERACH	(DIGI)	JN48VC	FAO	* DL9GCW	STGT	P
PR60	DB0DAU	DAUN	(DIGI)	JO30JF	FAOR	* DF4PD	KBLZ	K
PR60	DB0TUD	DRESDEN-SUED	(BBS)	JO61UA	FAOR	DG2DWL	DSDN	S
PR60	DB jna	JENA	(DIGI)	JO50TW	FAO	* Y22VJ	EFT	X
PR60	DB0EAM	KASSEL	(BBS)	JO41PI	FAOR	DG9FU	FFM	F
PR60	DB0LNA	LANDAU	(BBS)	JN68MU	FAOR	DB6RW	RGSB	U
PR60	DB0II	MOENCHENGLADBACH	(DIGI)	JO31FF	FAOR	DJ2NH	DSSD	R
		ZUSATZEINSTIEG: RS33-						
PR60	DB0SEL	PFORZHEIM	(DIGI)	JN48IV	FAOR	DK6II	KLRH	A
PR60	DB0FRG	SCHAUINSLAND	(DIGI)	JN37WW	FAOR	DG7GF	FRB	A
PR60	DB	SCHIEREN	(DIGI)	JO53EW	FA	* DG2LAN	KIEL	M
PR60	DB0SON	SONNEBERG	(DIGI)	JO50OJ	FAOR	DG0WF	EFT	X
PR60	DB	WERL	(DIGI)	JO31WN	FA	* DL4DBY	DTMD	O
PR61	DB0BID	BIEDENKOPF	(DIGI)	JO40GW	FAOR	DC2ZN	DTMD	O
PR61	DB0WST	BIRK	(DIGI)	JO30PT	FAOR	DJ8IM	KLN	G/Z
		ZUSATZEINSTIEG: RS38						
PR61	DB0HFT	BREMEN	(DIGI)	JO43JB	FAOR	DL5BCD	BRM	I
		ZUSATZEINSTIEG: RS39-						
PR61	DB0ERF	ERFURT	(DIGI)	JO50MX	FAOR	DL3AMI	ERF	X
		ZUSATZEINSTIEG: PR21 bis 31.12.93						
PR61	DB grl	GOERLITZ	(DIGI)	JO71LD	FAO	* DL2DTM	DSDN	S
PR61	DB0HOB	HOCHRIES/ROSENHEIM	(DIGI)	JN67DR	FAOR	DF2MY	MCHN	C
PR61	DB0HOT	HOHENSTEIN	(DIGI)	JO60UU	FAOR	DJ5JTN	CHEM	S
		ZUSATZEINSTIEG: PR21						
PR61	DB0HOM	HOMBURG/SAAR-BEXB	(DIGI)	JN39PJ	FAOR	DF5VO	SBR	Q
PR61	DB0IL	KIEL	(DIGI)	JO54AH	FAOR	DJ7SW	KIEL	M
PR61	DB0CPU	LUDWIGSHAFEN	(DIGI)	JN49FL	FAOR	DJ6II	KBLZ	K
PR61	DB0RT	NUERNBERG-MORITZB	(DIGI)	JN59PL	FAOR	DC5YF	NBG	B
PR62	DB0WAR	ALFELD	(DIGI)	JO41VX	FAOR	* DG7AAR	HAN	H
PR62	DB0BLN	BERLIN	(DIGI)	JO62NK	FAOR	DC7GB	BLN	D/Z
PR62	DB0DQ	FELDBERG/SCHWARZW.	(DIGI)	JN47AU	FAOR	DJ3EN	FRB	A/Z

KAN	RELAIS	STANDORT		LOC	BEM	VERANT	BAPT	DISTR
PR62	DB0DA	GR.FELDBERG/TS.	(DIGI)	JO40FF	FAOR	DJ8BT	FFM	F/Z
		ZUSATZEINSTIEG: RS33-						
PR62	DB0DJ	HAMBG.-BERLINER TOR	(DIGI)	JO53AN	FAOR	DL1LBZ	HMB	E
PR62	DB0AHO	H. PEISSENBERG	(DIGI)	JN57MT	FAOR	DL4MCR	MCHN	C
PR62	DB0ACC	MARL	(DIGI)	JO31NP	FAOR	DK5QY	MSTR	N/Z
PR62	DB0GU	OCHSENKOPF	(DIGI)	JO50VA	FAOR	DK3CZ	NBG	B
PR62	DB0SDX	SACHSENHEIM	(DXCL)	JN48NW	FAOR	DL1SBR	STGT	P
PR62	DB erz	SCHELLERAU	(DIGI)	JO60UV	FAO	* DL1UF	DSDN	S
PR62	DB0HST	STRALSUND	(DIGI)	JO64MH	FAOR	DG0GA	RST	V
PR62	DB0FHK	UNNENBERG/GUMMERSB	(DIGI)	JO31TB	FAOR	DC0KX	KLN	G
PR63	DB bug	BUGK	(DIGI)	JO62XE	FAO	* DK2OC	PDM	Y
PR63	DB esw	HOHER MEISSNER	(DIGI)	JO41WE	FAO	* DK8WY	FFM	F
PR63	DB0BM	JUELICH	(DIGI)	JO30EW	FAOR	DJ2IM	KLN	G
		ZUSATZEINSTIEG: PR36						
PR63	DB0IE	KARLSRUHE	(BBS)	JN49EA	FAOR	DL5UY	KLRH	A
		ZUSATZEINSTIEG: RS34						
PR63	DB0APW	LABER/OBERAMMERGAU	(DIGI)	JN57NO	FAOR	DF5EQ	MCHN	C
PR63	DB0MGB	MAGDEBURG	(DIGI)	JO52TD	FAOR	Y24OG	MGB	W
		ZUSATZEINSTIEG: PR22						
PR63	DB0HSK	MESCHEDE	(DIGI)	JO41DJ	FAOR	DD2DB	DTMD	O/Z
		ZUSATZEINSTIEG: RS39-						
PR63	DB0NWS	MORSBACH	(DIGI)	JO30UU	FAOR	DG1KT	KLN	K
PR63	DB0NER	NEUSTADT/RBRG.	(DIGI)	JO42TP	FAOR	DL8OBX	HAN	H
PR64	DB0GR	BERLIN	(BBS)	JO62RL	FAOR	DL7QG	BLN	D
PR64	DB0GHH	BONN	(DIGI)	JO30MS	FAOR	DD8KY	KLN	G
PR64	DB0AGI	LUENEBURG	(DIGI)	JO53FF	FAOR	DJ4KW	HMB	E
PR64	DB0ZDF	MAINZ	(DIGI)	JN49CX	FAOR	DF4WJ	KBLZ	K
PR64	DB0BAD	MERKUR	(DIGI)	JN48DS	FAOR	* DK4NH	KLRH	A
PR64	DB0NEU	NEUBURG/DONAU	(DIGI)	JN58MS	FAOR	DL9VD	MCHN	T
PR64	DB0NHM	NORTHEIM	(DIGI)	JO51AQ	FAOR	DJ3JW	HAN	H
PR64	DB0HP	PLETTENBERG	(DIGI)	JN48JF	FAOR	DF4UD	FRB	P/Z
PR64	DB0HRO	ROSTOCK	(BBS)	JO64AC	FAOR	DL1KWS	RST	V
		ZUSATZEINSTIEG: PR22						
PR64	DB0THD	SCHMUECKE	(DIGI)	JO50JP	FAOR	DL4APR	EFT	X
PR64	DB0AX	WUENNENBERG	(DIGI)	JO41JN	FAOR	DH4YAV	MSTR	N
PR65	DB0AZ	ASCHBERG	(DIGI)	JO44TK	FAOR	DF5DU	KIEL	M
PR65	DB bos	BOELLSTEIN	(DIGI)	JN49LR	FAO	* DK2NO	FFM	F
PR65	DB0FOV	FRANKFURT/ODER	(DIGI)	JO72GI	FAOR	* Y24SE	BLN	Y/Z
PR65	DB	HERFORD	(DIGI)	JO42HC	FA	* DL6YEJ	MSTR	N
PR65	DB0RPL	HOEHR-GRENZHAUSEN	(DIGI)	JO30UK	FAOR	DD8PI	KLN	K

KAN	RELAIS	STANDORT		LOC	BEM	VERANT	BAPT	DISTR
PR65	DB	KAMMERSTEIN	(DIGI)	JN59MI	FA	* DG3NBH	NBG	B
PR65	DB0LPZ	LEIPZIG	(BBS)	JO61FH	FAOR	DL9WIZ	CHEM	W
		ZUSATZEINSTIEG: PR21						
PR65	DB0PV	MUENCHEN	(BBS)	JN58SC	FAOR	DC4MB	MCHN	C
PR65	DB0DIG	PIRMASENS	(DIGI)	JN39TE	FAOR	DD1IA	KBLZ	K
		ZUSATZEINSTIEG: RS32						
PR65	DB0ID	STUTTGART	(DIGI)	JN48OR	FAOR	DK9SJ	STGT	P
PR65	DB0NID	TORFHAUS/HARZ	(DIGI)	JO51GT	FAOR	DK3NZ	HAN	H
PR65+	DB	DUESSELDORF	(DIGI)	JO31JG	FA	* DB4EU	DSSD	R
PR65-	DB	DUESSELDORF	(DIGI)	JO31JF	FAOR	DG1EAD	DSSD	R
PR--	DB0TEU	BAD IBURG	(DIGI)	JO42AE	FAOR	* DL2MB	BRM	I
PR--	DB0BDX	BERLIN	(DXCL)	JO62QL	FAOR	DL7ALM	BLN	D
PR--	DB0ADF	BOEBLINGEN	(PEIL)	JN48MQ	FAOR	DL1SEL	STGT	P
PR--	DB0SGL	BRACHBACH	(BBS)	JO30XU	FAOR	DC5KL	DTMD	O
PR--	DB kae	BREMEN	(WETT)	JO43JA	FAO	* D....	BRM	I
PR--	DB bro	BROCKEN	(DIGI)	JO51HT	FAO	* DG0CGW	HAL	W/Z
PR--	DB0HAG	DORTMUND	(BBS)	JO31SL	FAOR	DL2DBM	DTMD	O
PR--	DB0EGM	EGMATING	(DXCL)	JN57VX	FAOR	DK2WV	MCHN	C
PR--	DB0PIC	ESSLINGEN	(BBS)	JN48PR	FAOR	DB4SA	STGT	P
PR--	DB sky	FULDA	(SATG)	JO40UN	FAO	* D...	FFM	F
PR--	DB0WZB	GRAMSCHATZER W.	(DIGI)	JN49XV	FAOR	DJ9NM	NBG	B
PR--	DB0HHM	HAMBURG	(DIGI)	JO43XO	FAOR	DJ5HZ	HMB	E/Z
PR--	DB0HBS	HAMBURG-FINKENW	(BBS)	JO43TN	FAOR	* DL8XAW	HMB	E
PR--	DB0RHN	HEIDELSTEIN	(DIGI)	JO50AL	FAOR	DG3NAE	NBG	B/Z
PR--	DB0MKA	HENNEF	(BBS)	JO30PR	FAOR	DL3OE	KLN	G
PR--	DB rot	HERRENALB	(BBS)	JN48FT	FAO	* DL5UY	FRB	A
PR--	DB0LAI	HOHENSTADT	(DIGI)	JN48TM	FAOR	DL6SBV	STGT	P
PR--	DB0HOR	HORNISGRINDE	(DIGI)	JN48CO	FAOR	DC5GF	FRB	A/Z
PR--	DB0DBS	ILMENAU	(BBS)	JO50LQ	FAOR	DK4ZB	EFT	X
PR--	DB ins	INSELSBERG	(DIGI)	JO50FV	FAO	* Y31RI	EFT	X
PR--	DB0OVN	KAARST	(BBS)	JO31IF	FAOR	DB9JH	DSSD	R
PR--	DB0AAI	KALMIT	(DIGI)	JN49BH	FAOR	DJ6II	KBLZ	K
PR--	DB0BCC	LANDSHUT	(DXCL)	JN68DM	FAOR	DL1MAJ	RGSB	U
PR--	DB0AHA	MEPPEN	(BBS)	JO32QR	FAOR	DK2UI	BRM	I
PR--	DBbmi	MICHELSTADT	(BBS)	JN49MQ	FAO	* DK8BH	FFM	F
PR--	DB0UNX	MGLADBACH-RHEYDT	(BBS)	JO31EE	FAOR	DL1EGL	DSSD	R
		UNIX-System						
PR--	DB	MUENCHEN	(DXCL)	JN58TB	FA	* DK2WV	MCHN	C
PR--	DB0DOZ	NORDHELLE	(DIGI)	JO31VD	FAOR	DF8DR	DTMD	O/Z
PR--	DB0OVO	OBERHAUSEN	(BBS)	JO31JN	FAOR	DC4JZ	DSSD	L

KAN	RELAIS	STANDORT		LOC	BEM	VERANT	BAPT	DISTR
PR--	DB0OFB	OFFENBURG/WILLST.	(DIGI)	JN38WN	FAOR	DC5GF	FRB	A/Z
PR--	DB0RDX	RECKLINGHAUSEN	(DXCL)	JO31OP	FAOR	DL9YAJ	MSTR	N/Z
PR--	DB0DIM	ST. MICHAELISDONN	(DIGI)	JO43NX	FAOR	* DJ3KK	KIEL	M
PR--	DB0TOR	TORFHAUS/HARZ	(DIGI)	JO51GT	FAOR	DL8OAI	HAN	H/Z
PR--	DB0AAA	TUEBINGEN	(BBS)	JN48MN	FAOR	DJ7KA	STGT	P
PR--	DB0ULM	ULM	(BBS)	JN58BF	FAOR	DC2SF	STGT	P
PR--	DB0DNI	WOLFENBUETTEL	(BBS)	JO52GD	FAOR	DG2AY	HAN	H
RM19	DB0IY	TECKLENBURG	(DIGI)	JO32WF	FAOR	DD8QB	MSTR	N/Z
RS32	DB rhb	RHEINBACH	(DIGI)	JO30LP	FAO	* DG4KP	KLN	G
RS34	DB0AIS	MOERFELDEN	(BBS)	JN49HX	FAOR	DG3FBL	FFM	F
R66	DB0IT	HAGEN (MULTIMODE-BAKE)		JO31RI	FAOR	DJ8FB	DTMD	O
R67	DB	BLIESKASTEL (MULTIMODE)		JN39OF	FAO	* DC1VC	SBR	Q
R67	DB0NG	RECKLINGHAUSEN	(RTTY)	JO31NS	FAOR	DL5QP	MSTR	N/Z
R67	DB0LQ	REGENSBURG	(RTTY)	JN69AA	FAOR	DJ7LY	RGSB	U
R67	DB0PY	SCHWANB/KITZINGEN	(RTTY)	JN59DR	FAOR	* DK6NV	NBG	B
R68	DB0EK	ITZEHOE-HENNST. (MULTIMODE)		JO44UA	FAOR	DF2LC	KIEL	M/Z
R68	DB0OU	KALMIT	(RTTY)	JN49BH	FAOR	* DG5IY	KBLZ	K
R68	DB0LBB	LABERBERG (MULTIMODE)		JN57NO	FA0R	DL1MCG	MCHN	C
R68	DB0OVM	MUENSTER (MULTIMODE)		JO31TW	FAOR	DG4YBO	MSTR	N
R68	DB0PN	SAARBRUECKEN (MULTIMODE)		JN39LF	FAOR	DC9VY	SBR	Q
R69	DB0SA	DETMOLD-HIDDESEN	(RTTY)	JO41KV	FAOR	DK3RC	MSTR	N
R69	DB0SQ	FELDBERG/TS.	(RTTY)	JO40FF	FAOR	DJ8BT	FFM	F/Z
R69	DB0YZ	GOETTINGEN	(RTTY)	JO41XN	FAOR	DL8OAI	HAN	H/Z
R69	DB0HV	GRUNDREMMINGEN	(RTTY)	JN58FM	FAOR	DJ2FF	MCHN	T
R69	DB0SY	HAMBURG	(RTTY)	JO53AN	FAOR	* DK8HI	HMB	E
R69	DB0ZX	HOCHRIES/ROSENHEIM	(RTTY)	JN67CR	FAOR	* DL2XP	MCHN	C
R69	DB0QF	RHEINBERG	(RTTY)	JO31GN	FAOR	DF3EY	DSSD	L
R96	DB0LL	BARSINGHAUSEN (MULTIMODE)		JO42QH	FAOR	DL1OBH	HAN	H
R96	DB0JY	HAMBG.-MOORFL (MULTIMODE)		JO53BM	FAOR	DK6XU	HMB	E
RT %	DB0CR	GUENZBURG	(RTTY)	JN58DK	FAOR	DL2FX	MCHN	T
RT %	DB0YR	HAMBURG-HEIDENAU	(RTTY)	JO43UH	FAOR	* DL8VX	HMB	E
RT+%	DB0FY	FELDBERG/SCHWARZW	(RTTY)	JN47AU	FAOR	* DJ3EN	FRB	A/Z
RT+%	DB0YF	FELDBERG/TS.	(RTTY)	JO40FF	FAOR	DJ8BT	FFM	F/Z
RT+%	DB0YX	LANDSHUT	(RTTY)	JN68CN	FAOR	DB8RJ	RGSB	U
RT-	DB0QFA	RHEINBERG	(RTTY)	JO31GN	FAOR	DF3EY	DSSD	L
RT-%	DB0RX	BERLIN-FUNKTURM	(RTTY)	JO62PM	FAOR	DL7MO	BLN	D
RT-%	DB0ZY	MUENCHEN	(RTTY)	JN58RF	FAOR	DF2CX	MCHN	C
DVR	DB0DVR	BRAUNSCHWEIG TU		JO52GG	FAOR	DJ5VV	HAN	H
		DIGITAL VOICE REPEATER, IN/OUT 430.475 MHz FM						
DVR	DB	STOLBERG		JO30CS	F	* DH6KQ	KLN	G

KAN	RELAIS	STANDORT	LOC	BEM	VERANT	BAPT	DISTR
		DIGITAL VOICE REPEATER, IN/OUT 430.475 MHz FM					
S8	DB fsr	FREIBERG	JO60QV	FAO	* Y22QN	CHEM	S
		DIGITAL VOICE REPEATER, IN/OUT 145.200 MHz FM					
SA6	DB0YT	GOSHEIM/ROTTWEI (CROSSB.)	JN48JF	FAOR	* DF4UD	FRB	P/Z
ATV	DB0PE	ASPERG	JN49SB	FAOR	DD7SY	STGT	P
		IN 434.25 AM + 2343.00 FM, OUT 1275.00 FM					
ATV	DB0IV	AUGSBURG	JN58JH	FAOR	DB2CC	MCHN	T/Z
		IN 2395.00 FM, OUT 1275.00 FM					
ATV	DB0TS	BAD IBURG	JO42AE	FAOR	DL2MB	BRM	I/Z
		IN 1245.70 FM, OUT 2372.00 FM					
ATV	DB0NC	BAD ZWISCHENAHN	JO43AE	FAOR	DC6CF	BRM	I
		IN 434.25AM+1242.50AM+1245FM,OUT 1278.50AM/FM					
ATV	DB0KK	BERLIN	JO62QL	FAOR	DL7AKE	BLN	D
		IN 1252.50 FM, OUT 1285.OO AM					
ATV	DB rwe	BOTTROP-EIGEN	JO31MM	FAO	* DB6EV	DSSD	L
		IN 2380,00 FM, OUT 1285,40 AM					
ATV	DB0DP	BREMEN	JO43JC	FAOR	* DC0BV	BRM	I
		IN 434.25 AM + 2325.00 FM, OUT 1285.50 AM					
ATV	DB0KN	BROTJACKELRIEGEL	JN68OT	FAOR	DL7RAD	RGBB	U
		IN 434.25 AM + 1252.50 FM, OUT 1285.50 AM					
ATV	DB0TT	DORTMUND	JO31SK	FAOR	DH0DAJ	DTMD	O/Z
		IN 1242.5AM+1276.5FM, OUT 434.25AM+2342.5FM					
ATV	DB0RV	DREILAENDERECK	JN37TO	FAOR	DK9GO	FRB	A
		IN 434.25 AM + 2335.00 FM, OUT 1285.50 AM					
ATV	DB0TV	FELDBERG/TS.	JO40FF	FAOR	* DL4FX	FFM	F/Z
		IN 1252.50, OUT 1285.50					
ATV	DB	GELDERN	JO31..	FAO	* D....	DSSD	L
		IN, OUT					
ATV	DB0CD	GELSENKIRCHEN	JO31MO	FAOR	DH8YAL	MSTR	N
		IN 1276.20 FM, OUT 434.25 AM + 2342.00 FM					
ATV	DB0RIG	GOEPPINGEN	JN48WQ	FAOR	* DC1SO	STGT	P
		IN 2330.00 FM, OUT 1276.00 FM					
ATV	DB0ATV	HAMBURG	JO43XN	FAOR	DK6XR	HMB	E
		IN 1276.00 FM, OUT 2342.50 FM					
ATV	DB0FS	HAMBURG-LOKSTEDT	JO43XO	FAOR	DK6XU	HMB	E
		IN 434.25 AM + 1250.50 AM, OUT 1285.50 AM					
ATV	DB0TY	HOHE WURZEL/WIESBADEN	JO40BC	FAOR	DK8FK	FFM	F/Z
		IN 1247.75 FM, OUT 2405.50 FM					
ATV	DB0KL	KIRCHBERG	JN39QW	FAOR	DL3SR	KBLZ	K
		IN 2341.00 FM, OUT 1275.00 FM					

KAN	RELAIS	STANDORT	LOC	BEM	VERANT	BAPT	DISTR
ATV	DB0KO	KOELN	JO30LV	FAOR	DF9KH	KLN	G
		IN 434.25AM+1247.00FM+10475FM, OUT 1280.00AM					
ATV	DB0NF	KUEHNRIED/CHAM	JN69IH	FAOR	* DB3RN	RGSB	U/AFG
		IN 434.25 AM, OUT 1285.50 AM					
ATV	DB0LO	LEER/OSTFRIESLAND	JO33RF	FAOR	DB8WM	BRM	I
		IN 434.25AM+1242.5AM+1248FM+2417FM,OUT 2335FM					
ATV	DB0GY	MARKDORF/GEHRENBERG	JN47RR	FAOR	DJ8NC	FRB	A
		IN 2343.00 FM, OUT 1285.50 AM					
ATV	DB0MAK	MARKTREDWITZ/HAINGRUEN	JO60BA	FAOR	DJ7EY	NBG	B
		IN 434.25 AM + 1246.00 FM, OUT 1274.00 FM					
ATV	DB0MHR	MUELHEIM/RUHR	JO31KK	FAOR	DK6EU	DSSD	L
		IN 1247.20 FM, OUT 2330.00 FM					
ATV	DB0QI	MUENCHEN	JN58TD	FAOR	DK8CD	MCHN	C
		IN 434.25 AM + 2392.50 FM, OUT 1276.50 FM					
ATV	DB0HH	MUENSTER	JO31UW	FAOR	DL5QT	MSTR	N/Z
		IN 1282.50 FM, OUT 2342.00 FM					
ATV	DB0PW	MURNAU	JN57NO	FAOR	DL1MCG	MCHN	C
		IN 1242.00 AM, OUT 1283.50 AM					
ATV	DB0OV	NORDENHAM	JO43FM	FAOR	DB6XJ	BRM	I
		IN 2335.00 MHz, OUT 1285.50 MHz					
ATV	DB0QP	PFARRKIRCHEN	JN68HI	FAOR	DC6AK	RGSB	U
		IN 434.25 AM, OUT 1285.50 AM					
ATV	DB0NK	PIRMASENS	JN39TE	FAOR	* DD0IJ	KBLZ	K
		IN 1252.50, OUT 1285.50					
ATV	DB0TAV	REES/NIEDERRHEIN	JO31ES	FAOR	* DD9QP	DSSD	L
		IN 1247.20 FM, OUT 2330.00 FM					
ATV	DB0FMS	REUTLINGEN/KUSTERDINGEN	JN48OL	FAOR	DK6TE	STGT	P/Z
		IN 1248.00 FM, OUT 2339,00 FM					
ATV	DB0QJ	SIEGEN	JO40CW	FAOR	DL8KV	DTMD	O
		IN 1246.50 FM, OUT 434.25 AM + 2334.00 FM					
ATV	DB0DN	TEGELBERG/SCHWABEN	JN57JN	FAOR	DL9MDR	MCHN	T
		IN 434.25 AM + 2343.00 FM, OUT 1285.50 AM					
ATV	DB0FTV	VILLINGEN/SCHWENNINGEN	JN48FC	FAOR	DF5GY	FRB	A
		IN 2343.00 FM, OUT 1278.00 FM					
ATV	DB0YQ	WEIDEN	JN69CQ	FAOR	DC9RU	RGSB	U/Z
		IN 1252.50, OUT 1285.50					
R0	DB0SP	BERLIN-SPANDAU	JO62QM	FAOR	DL7HD	BLN	D
R0	DB0WC	BREMERHAVEN	JO43GN	FAOR	DK8BJ	BRM	I/Z
R0	DB0UF	FELDBERG/TS.	JO40FF	FAOR	DL4FX	FFM	F/Z
R0	DB0SH	FLENSBURG	JO44QS	FAOR	DB7LR	KIEL	M

KAN	RELAIS	STANDORT	LOC	BEM	VERANT	BAPT	DISTR
R0	DB0GLZ	GOERLITZ	JO71LD	FAOR	Y42SL	DRSD	S
R0	DB0UH	HAGEN	JO31RI	FAOR	DL4DAM	DTMD	O/Z
R0	DB0XF	HOLLEDAU	JN58TN	FAOR	DL2RI	MCHN	C
R0	DB0QB	KONSTANZ-STADT	JN47OP	FAOR	DC4GP	FRB	A/Z
R0	DB0YN	LINDAU-NORTHEIM/HANN.	JO51AQ	FAOR	DL9AO	HAN	H
R0	DB0YY	LUDWIGSBURG	JN48OV	FAOR	DK3PT	STGT	P
R0	DB0ZL	LUECHOW/ELBE	JO53KB	FAOR	DK6OC	HAN	H
R0	DB0ZB	OCHSENKOPF	JO50VA	FAOR	DJ5KI	NBG	B
R0	DB0SR	SAARBRUECKEN/HOLZ	JN39MI	FAOR	DC9VY	SBR	Q
R0X	DB0WX	TRIBERG	JN48DC	FAORO	DJ8MY	FRB	A
R1	DB0ZA	ASCHBERG (RENDSBURG)	JO44UK	FAOR	DC6UW	KIEL	M
R1	DB0UB	BAMBERG	JN59MU	FAOR	DF1NX	NBG	B
R1	DB0YL	BERLIN-TIERGARTEN	JO62QM	FAOR	DF3YT	BLN	D
R1	DB0WU	BREMEN	JO43JB	FAOR	DC6CA	BRM	I
R1	DB0WT	DETMOLD/BIELSTEIN	JO41JV	FAOR	DK3RC	MSTR	N
R1	DB0MGG	DREI-ANNEN-HOHNE	JO51IT	FAOR	DG6CG	MGB	W
R1	DB0WW	DUISBURG	JO31JK	FAOR	DG7JJ	DSSD	L/Z
R1	DB0ZH	HEIDELBERG	JN49IJ	FAOR	DL1LS	KLRH	A/Z
R1	DB0WV	HOECHSTEN/FRIEDRICHSHAFEN	JN47QT	FAOR	DJ3CH	FRB	P
R1	Y22L	KOTTMAR/OSTSACHSEN	JO71HA	R	* Y21XR	CTB	S
R1	DB0XS	MERZIG/SAAR	JN39FM	FAOR	DK1MG	SBR	Q
R1	DB0NBG	NEUBRANDENBURG	JO63PN	R	DL1NYC	NBBG	V
R1	DB0ANA	POEHLBERG	JO60MN	FAOR	DL1JAA	CHEM	S
R1	DB0WB	WINTERBERG/WALDKRAIBURG	JN68EE	FAOR	DJ4UC	MCHN	C
R2	DB0XA	CUXHAVEN	JO43HU	FAOR	DL5HAP	HMB	E
R2	DB0WE	ESSEN	JO31LJ	FAOR	DL8DAV	DSSD	L
R2	DB0XM	HOHER MEISSNER	JO41WF	FAOR	DB8AS	FFM	F
R2	DB0WY	LUEBBECKE	JO42FG	FAOR	DC6GB	MSTR	N
R2	DB0UN	NUERNBERG-STADT	JN59ML	FAOR	DK1FE	NBG	B
R2	DB0WN	OCHSENWANG	JN48SN	FAOR	DJ2GO	STGT	P
R2	DB0UP	PFORZHEIM	JN48JV	FAOR	DL8TP	KLRH	A
R2	DB0VP	PIRMASENS	JN39TE	FAOR	DJ6EW	KBLZ	K
R2	DB0PCK	SCHWEDT/ODER	JO73BD	FAOR	DG2BQG	BLN	Y
R2	DB0SWO	SCHWERIN	JO53QP	FAOR	DL9SUD	SCHW	V
R2	DB0YS	SIEGEN	JO40AX	FAOR	DL8KV	DTMD	O
R2	DB0SHL	SUHL-STADT/RINGBERGHAUS	JO50IO	FAORO	DL4APR	ERF	X
R3	DB0XN	BREDSTEDT-BORDELUM	JO44LP	FAOR	DL2LAC	KIEL	M/Z
R3	DB0YC	CHAM	JN69JB	FAOR	DG2RI	RGSB	U
R3	DB0DD	DRESDEN-KLOTZSCHE	JO61VC	R	DL5DSY	DSDN	S
R3	DB0WEI	ETTERSBERG/WEIMAR	JO51PA	R	DL3API	EFT	X

KAN	RELAIS	STANDORT	LOC	BEM	VERANT	BAPT	DISTR
R3	DB0WS	GOSLAR-STEINBERG	JO51FV	FAOR	DJ4JI	HAN	H
R3	DB0HGW	GREIFSWALD	JO64QC	R	DL9GMH	RST	V
R3	DB0YH	HOECHENSCHWAND/SCHWARZW.	JN47CR	FAOR	DJ2SP	FRB	A
R3	DB0SD	IDAR-OBERSTEIN	JN39QQ	FAOR	DJ8SL	KBLZ	K
R3	DB0UK	KARLSRUHE	JN48EX	FAOR	DL6UB	KLRH	A
R3	DB0VR	NORDHELLE/SAUERLAND	JO31VD	FAOR	DL4DAM	DTMD	O/Z
R3	DB0UO	OLDENBURG	JO43AE	FAOR	DJ6UA	BRM	I/Z
R3	DB0PDM	POTSDAM	JO62MI	FAOR	DL2RSI	PDM	Y
R3	DB0TF	ULM	JN48XJ	FAOR	DL9SU	STGT	P
R3	DB0WZ	WUERZBURG	JN49WS	FAOR	DK2DT	NBG	B
R3X	DB	BACKNANG	JN49SB	FAO	* DC7TU	STGT	P
R4	DB0RH	BERGEN/CELLE	JO42WU	FAOR	DJ5FT	HAN	H/Z
R4	DB0SB	BONN	JO30OQ	FAOR	DL1KCO	KLN	G
R4	DB0UC	COBURG	JO50LH	FAOR	DC5WW	NBG	B
R4	DB0JLF	GEHREN	JO61TS	FAOR	DL2HUF	HAL	Y
R4	DB0XK	KALMIT	JN49BH	FAOR	DJ2QA	KBLZ	K/Z
R4	DB0SL	LANDAU/DEGGENDORF	JN68MU	FAOR	DL9HG	RGSB	U
R4	DB0WO	LEER/OSTFRIESLAND	JO33SF	FAOR	DL2BV	BRM	I/Z
R4	DB0WM	MUENSTER	JO31UW	FAOR	DF5QR	MSTR	N
R4	DB0XU	RIMBERG	JO40ST	FAOR	DL4FX	FFM	F/Z
R4X	DB0MGD	MAGDEBURG	JO52TC	FAOR	* DL6MGD	MGB	W
R4X	DB0ZW	WEIDEN	JN69EQ	FAORO	DC9RK	RGSB	U
R5	Y21O	BERLIN	JO62SM	R		BLN	D
R5	DB0XY	BOCKSBERG/HARZ	JO51EU	FAOR	DF4OL	HAN	H
R5	DB0QW	HAMBURG-OST	JO53DL	FAOR	DL1HAB	HMB	E
R5	DB0ZK	KOBLENZ	JO30SH	FAOR	DK4PW	KBLZ	K/Z
R5	DB0SM	MEPPEN	JO32QS	FAOR	DF3BV	BRM	I
		ZUSATZEING. 144.640 MHz RTTY, AUSG. R5					
R5	DB0THA	SCHMUECKE	JO50JP	FAORO	DL4APR	EFT	X
R5	DB0ZU	ZUGSPITZE	JN57LK	FAOR	DJ3YB	MCHN	C
R5X	DB0WIT	WITTSTOCK-PRITZWALK	JO63CD	FAOR	* DL2RPC	PDM	Y
R6	DB0XO	BERGHEIM	JO30IX	FAOR	DL5KCD	KLN	G
R6	DB0WF	BERLIN (KUDAMM-KARREE)	JO62PM	FAOR	DL7NL	BLN	D
R6	DB0ZO	DOEHRENBERG/OSNABRUECK	JO42BE	FAOR	DJ7ZS	BRM	I
R6	DB0VF	FRANKFURT-STADT	JO40ID	FAOR	DL4FX	FFM	F/Z
R6	DB0UE	FULDA	JO40UO	FAOR	DJ4BS	FFM	F/Z
R6	DB0YJ	GOETTINGEN	JO41XM	FAOR	DJ3KH	HAN	H/DAF
R6	DB0XH	HAMBURG-MITTE	O43XN	FAOR	DJ8KV	HMB	E
R6	DB0WH	HANNOVER	JO42XC	FAOR	DB3OA	HAN	H/Z
R6	DB0YK	HOMB.-BEXB./HOECHEN→R5X	JN39PJ	FAORO	DF1VK	SBR	Q

KAN	RELAIS	STANDORT	LOC	BEM	VERANT	BAPT	DISTR
R6	DB0ZF	KAISERSTUHL/FREIBURG	JN38UB	FAOR	DJ8PK	FRB	A/Z
R6	DB0WK	KONSTANZ/SIPPLINGER BERG	JN47NT	FAOR	DJ3EM	FRB	A
R6	DB0ZM	MUENCHEN-STADT	JN58RE	FAOR	DK5MZ	MCHN	C/Z
R6	DB0ZN	NUERNBERG-MORITZBERG	JN59PL	FAOR	DF6NC	NBG	B
R6	DB0HAL	PETERSBERG/HALLE/SAALE	JO51XN	FAOR	DL1HQA	HAL	W
R6	DB0TK	REGENSBURG	JN69BB	FAOR	DL2ML	RGSB	U
R6	DB0ROS	ROSTOCK	JO64AD	R	DL6KWN	RST	V
R6	DB0WR	STUTTGART	JN48QS	FAOR	DK9SJ	STGT	P
R7	DB0VQ	BAD BENTHEIM	JO32OH	FAOR	DL2BAU	BRM	I
R7	DB0VB	BOELLSTEIN	JN49LR	FAOR	DL6ZL	FFM	F
R7	DB0XC	ELM	JO52JF	FAOR	DF4AA	HAN	H/Z
R7	DB0UT	ERBESKOPF/TRIER	JN39NR	FAOR	DL2DI	KBLZ	K/Z
R7	DB0FRO	FRANKFURT/ODER (QRM? →R3X)	JO72GI	FAORO	Y24SE	BLN	Y/Z
R7	DB0WG	GOEPPINGEN	JN48WQ	FAOR	DC1SO	STGT	P
R7	DB0XG	GREDING	JN59QB	FAOR	DL1RAJ	RGSB	U
R7	DB0HEI	HEIDE/HOLSTEIN	JO44NE	FAOR	DF2LC	KIEL	M/Z
R7	DB0XE	KASSEL	JO41QH	FAOR	DJ1XJ	FFM	F
R7	DB0VK	KOELN-STADT	JO30LW	FAOR	DC9KJ	KLN	G
R7	DB0WL	LAHR	JN38WI	FAOR	DL9QD	FRB	A
R7	DB0LEI	LEIPZIG	JO61EI	R	Y25QM	LPZG	S
R7	DB0YA	MARKTREDWITZ	JO60BA	FAOR	DF8NZ	NBG	B
R7X	DB0DBD	BRANDENBURG	JO62HK	FAOR	* Y26RD	PDM	Y
R8	DB0WA	AACHEN →R7x	JO30BS	FAOR	DL6IM	KLN	G/Z
R8	DB0UA	AUGSBURG →R1X	JN58LI	FAORO	DK6XH	MCHN	T
R8	DB0YB	BAD HERSFELD →R0X	JO40VU	FAOR	DJ3GU	FFM	F
R8	DB0XB	BAEDERSTRASSE/OSTSEE →R4	JO54JA	FAORO	DK8XN	HMB	E
R8	DB0WD	DEISTER →R7X	JO42SG	FAORO	DJ6JC	HAN	H
R8	DB0ZR	DORTMUND →R5	JO31SL	FAORO	DK1DO	DTMD	O
R8	DB0XR	DREIL.ECK/LOERRACH →R4X	JN37WR	FAORO	DL1GZW	FRB	A
R8	DB0XW	HOHENKIRCHEN/FRIESL. →R7	JO33WQ	FAORO	DL4BCL	BRM	I
R8	DB0VD	MELIBOKUS/DARMSTADT →R2X	JN49HR	FAOR	DK4FF	FFM	F
R70	DB0YV	BAD TOELZ	JN57RS	FAOR	DL9VD	MCHN	C/Z
R70	DB0DS	DORTMUND	JO31RL	FAOR	DJ4VR	DTMD	O/Z
R70	DB0FFO	EISENHUETTENSTADT	JO72GD	FAOR	Y24SE	CTB	Y/Z
R70	DB0SS	HEILBRONN	JN49OD	FAOR	DF3SS	STGT	P
R70	DB0UZ	LUECHOW/ELBE	JO53KB	FAOR	DK6OC	HAN	H
R70	DB0VN	NUERNB.-SCHMAUSENBRUCK	JN59NK	FAOR	DK1FE	NBG	B
R70	DB0OO	OLDENBURG	JO43CD	FAOR	DJ6UA	BRM	I
R70	DBvks	VOELKLINGEN	JN39KG	FAO	* DL8FF	SBR	Q
R70	DB0UJ	WETZLAR-GIESSEN	JO40GP	FAOR	DL9RY	FFM	F

KAN	RELAIS	STANDORT	LOC	BEM	VERANT	BAPT	DISTR
R70	DB wlg	WOLGAST/USEDOM	JO64TA	FAO	* DG0NA	NBBG	V
R71	DB0AO	AUGSBURG	JN58KI	FAOR	DJ8NS	MCHN	T
R71	DB0OI	BRAUNSCHWEIG	JO52FG	FAOR	DJ5VV	HAN	H
R71	DB0RB	BRUCHSAL	JN49HC	FAOR	DB6EY	KLRH	A
R71	DB0EG	COESFELD/SCHOEPPINGEN	JO32OC	FAOR	DL2YCF	MSTR	N/Z
R71	DB0NU	HASSBERGE/LICHTENSTEIN	JO50JE	FAOR	DC9NN	NBG	B
R71	DB kf	KIEL-STADT	JO54BH	FAO	* DK2HF	KIEL	M
R71	DB0MN	MAYEN	JO30OI	FAOR	DB6KH	KBLZ	K
R71	DB msp	NEUSTRELITZ	JO63MI	FAO	* DL7XH	NBBG	V
R71	DB0SAX	OSCHATZ	JO61MH	FAOR	Y22QN	CHEM	S
R71	DB0BW	PASSAU	JN68RN	FAOR	DD0RC	RGSB	U
R72	DB0CSD	CHEMNITZ	JO60LT	FAOR	* Y25LN	CHEM	S
R72	DB0UD	DUISBURG	JO31JK	FAOR	DG7JJ	DSSD	L/Z
R72	DB0YG	GOETTINGEN	JO41XN	FAOR	DL8OAI	HAN	H/Z
R72	DB0XI	HAMBURG-MITTE	JO43XN	FAOR	DJ8KV	HMB	E
R72	DB0TR	HOCHRIES/ROSENHEIM	JN67CU	FAOR	DL2NG	MCHN	C
R72	DB0WJ	KONSTANZ/SIPPLINGER BERG	JN47NT	FAOR	DJ1XK	FRB	A
R72	DB0XT	MERZIG/SAAR	JN39FM	FAOR	DK1MG	SBR	Q
R72	DB0OX	NORDEN	JO33OO	FAOR	DL1BAH	BRM	I
R72	DB0SZ	SCHAUINSLAND/FREIBURG	JN37WW	FAOR	DG7GF	FRB	A
R72	DB0WP	STUTTGART	JN48QS	FAOR	DK9SJ	STGT	P
R73	DB0BC	BERLIN	JO62PM	R	DC7YS	BLN	D
		2. Ein- u. Ausgabe auf 144.485 MHz in SSB					
R73	DB0CY	BOCKSBERG/HARZ	JO51EU	FAOR	DF4OL	HAN	H
R73	DB0BNV	BREMEN/VEGESACK-AUMUND	JO43HE	FAOR	DJ9OD	BRM	I
R73	DB0RZ	DONAU-BUSSEN	JN48SE	FAOR	DL4TD	FRB	P
R73	DB0ND	DONNERSBERG	JN39VP	FAOR	DF1IG	KBLZ	K
R73	DB0EY	KRONACH	JO50PG	FAOR	DL5NP	NBG	B
R73	DB0AK	SIEGEN	JO40AX	FAOR	DL9DBF	DTMD	O
R74	DB0DI	BAD SEGEBERG	JO53CX	FAOR	DC1LF	KIEL	M
R74	DB0DES	DESSAU	JO61CU	FAOR	* Y41RH	HAL	W
R74	DB0VE	FELDBERG/TS.	JO40FF	FAOR	DL4FX	FFM	F/Z
R74	DB0REM	FELLBACH/STUTTGART	JN48PT	FAOR	* DL9SBV	STGT	P
R74	DB0ZV	HAGEN-SCHWERTE	JO31SI	FAOR	DL1DBB	DTMD	O
R74	DB nbb	NEUBRANDENBURG	JO63PN	FAO	* DL1NYC	NBBG	V
R74	DB0TP	NUERNBERG-MORITZBERG	JN59PL	FAOR	DB5NU	NBG	B
R74	DB0YP	WESERBERGLAND/B. PYRMONT	JO41PX	FAOR	DK5EM	MSTR	H
R74	DB0RW	WILHELMSHAVEN	JO43BM	FAOR	DL9BAE	BRM	I
R74	DB0ZI	WINTERBERG/WALDKRAIBURG	JN68DE	FAOR	DJ9BA	MCHN	C
R75	DB rug	BERGEN/INSEL RUEGEN	JO64RK	FAO	* DL3KZA	RST	V

KAN	RELAIS	STANDORT	LOC	BEM	VERANT	BAPT	DISTR
R75	DB0TA	BERLIN-FUNKTURM	JO62PM	FAOR	DC7GJ	BLN	D
R75	DB0CO	DOEHRENBERG/OSNABRUECK	JO42BE	FAOR	DG6BP	BRM	I
R75	DB0BO	ESSLINGEN	JN48PR	FAOR	DB1SS	STGT	P
R75	DB0IDS	IDSTEIN/TAUNUS	JO40DF	FAOR	DK8FK	FFM	F
R75	DB0NI	LUENEBURG	JO53FG	FAOR	DK6OC	HMB	E
R75	DB0NJ	MUENCHEN (DISTR.BAY.-SUED)	JN58SC	FAOR	DD5KI	MCHN	C
R75	DB0TQ	RENCHTAL	JN48AN	FAOR	DC0PP	FRB	A
R75	DB0QL	ROTENBURG	JO40XX	FAOR	DL4FAR	FFM	F
R75	DB0QA	WUERSELEN	JO30BT	FAOR	DG6KI	KLN	G
R76	DB0TB	BIELEFELD (OERLINGHAUSEN)	JO42IB	FAOR	DF6VS	MSTR	N/Z
R76	DB0TD	CRAILSHEIM	JN59BD	FAOR	DL9PW	STGT	P
R76	DB0SJ	DUESSELDORF	JO31LG	FAOR	DF7JV	DSSD	R
R76	DB0XX	ELM	JO52JF	FAOR	DC6XX	HAN	H/Z
R76	DB0TC	FREISING	JN58SK	FAOR	DL2XP	MCHN	C
R76	DB0JEH	HERZBERG	JO61QR	FAOR	* DL8UAD	CTB	Y
R76	DB0RMV	MARLOW	JO64GD	FAOR	DL3KUM	RST	V/Z
R76	DB0UU	MELIBOKUS/DARMSTADT	JN49HR	FAOR	DK4FF	FFM	F
R76	DB0VO	OCHSENKOPF	JO50VA	FAOR	DB8UY	NBG	B
R76	DB0XJ	STADE	JO43RO	FAOR	DK3HQ	HMB	E
R77	DB0QN	BIEDENKOPF	JO40GX	FAOR	DC2ZN	FFM	O
R77	DB0BS	BOCHUM	JO31OM	FAOR	DD1DL	DTMD	O/Z
R77	DB0OZ	BREMEN/UTBREMEN	JO43JC	FAOR	DB2BG	BRM	I/Z
R77	DB0XZ	FLENSBURG	JO44QT	FAOR	DL8LAR	KIEL	M
R77	DB0REN	LEHESTEN/RENNSTEIG/THUER.	JO50RK	FAOR	DC3ND	EFT	X
R77	DB0TL	SAARBRUECKEN/HOLZ	JN39MI	FAOR	DC9VY	SBR	Q
R77	DB0ODE	WAGENSCHWEND/ODENWALD	JN49NL	FAOR	* DF4IY	KLRH	A
R78	DB	COTTBUS	JO71DQ	FAO	* DL6UFB	CTB	Y
R78	DB0WI	HAMBURG-MITTE	JO43XN	FAOR	DF4HR	HMB	E
R78	DB0VV	IDAR-OBERST. →JN39QQ	JN39PQ	FAORA	DJ8SL	KBLZ	K
R78	DB0SF	KAISERSTUHL/FREIBURG	JN38UB	FAOR	DJ8PK	FRB	A/Z
R78	DB0TM	KASSEL	JO41PH	FAOR	DC5FJ	FFM	F/Z
R78	DB0WQ	LUEBBECKE (WIEHENGEBIRGE)	JO42HH	FAOR	DL2QM	MSTR	N/Z
R78	DB0WOL	MAGDEBURG/WOLMIRSTEDT	JO52TC	FAOR	* DL6CIG	MGB	W
R78	DB0NW	WESEL	JO31HP	FAOR	DL4EF	DSSD	L/Z
R78	DB0VY	WUERZBURG	JN49WS	FAOR	DK2DT	NBG	B
R78	DB0ZS	ZUGSPITZE	JN57MK	FAOR	DJ3YB	MCHN	C
R79	DB0CJ	AMBERG	JN59WK	FAOR	DF8RW	RGSB	U
R79	DB0QH	ARNSBERGER WALD	JO41DJ	FAOR	DK3EH	DTMD	O/Z
R79	DB0GL	BERGISCH-GLADBACH	JO30NX	FAOR	DD1KU	KLN	G
R79	DB0QD	BREMEN	JO43JC	FAOR	DC5BQ	BRM	I

KAN	RELAIS	STANDORT	LOC	BEM	VERANT	BAPT	DISTR
R79	DB0DTU	DRESDEN	JO61VA	FAOR	* DL4DTU	DRSD	S
R79	DB0RAM	FRIEDRICHSBRUNN/RAMBERG	JO51MQ	FAOR	* DD8OA	HAL	W
R79	DB0GBW	GRABOW	JO53WH	FAOR	DL2SUB	SCHW	V/Z
R79	DB0XQ	KARLSBAD-ITTERSBACH	JN48HV	FAOR	DJ2OT	KLRH	A
R79	DB0NQ	SCHLUECHTERN/SCHOPPENK.	JO40SI	FAORO	DG8FAC	FFM	F/Z
		Zusatz: dig.Sprachmailbox gekoppelt mit DB0TJ					
R80	DB0VT	BAMBERG	JN59KV	FAOR	DB2NY	NBG	B
R80	DB	BROTTEWITZ	JO61OL	FAO	* Y59WF	CTB	Y
R80	DB0VS	FELDBERG/SCHWARZWALD	JN47AU	FAOR	DJ3EN	FRB	A/Z
R80	DB0UW	GOSLAR/STEINBERG	JO51FV	FAOR	DJ4JI	HAN	H
R80	DB0SO	KOBLENZ-BOPPARD	JO30SH	FAOR	DK4PW	KBLZ	K/Z
R80	DB0XL	LUEBECK	JO53HX	FAOR	DL1HBB	HMB	E
R80	DB heb	PASEWALK/HELPTERBERG	JO63TL	FAO	* DL1NPN	NBBG	V
R80	DB0UR	RECKLINGHAUSEN/HALTERN	JO31NS	FAOR	DK5QP	MSTR	N/Z
R80	DB0RP	REGENSBURG	JN69BA	FAOR	DF7RN	RGSB	U/Z
R80	DB0TE	ULM-WEST	JN48VK	FAOR	DK5TO	STGT	P
R81	DB0ZE	HAMBURG-MOORFLEET	JO53BM	FAOR	DK6XU	HMB	E
R81	DB0CH	HOHER MEISSNER	JO41WF	FAOR	DB8AS	FFM	F
R81	DB0QE	KUEHNRIED/CHAM	JN69IH	FAOR	DB3RN	RGSB	U/AFG
R81	DB0BP	LUDWIGSBURG	JN48OV	FAOR	DC9AN	STGT	P
R81	DB0VX	MOENCHENGLADBACH	JO31FF	FAOR	DC9JO	DSSD	R
R81	DB0BL	NOERDLINGEN-HESSELBERG	JN59GB	FAOR	DL2QQ	MCHN	T
R81	DB0KX	VIERSEN	JO31EH	FAOR	DL1ER	DSSD	R/Z
R82	DB0BOR	BORKEN	JO31KU	FAOR	DL9YBZ	MSTR	N
R82	DB0SW	BREDSTEDT-BORDELUM	JO44LP	FAOR	DL2LAC	KIEL	M/Z
R82	DB0UX	DURLACH	JN48FX	FAOR	DK2DB	KLRH	A
R82	DB0SE	GEMUEND/EIFEL	JO30FN	FAOR	DD7KA	KLN	G
R82	DB huy	HALBERSTADT	JO51LX	FAO	* Y24XG	MGB	W
R82	DB0UI	MARBURG	JO40JT	FAOR	DL4FX	FFM	F/Z
R82	DB0VM	MUENCHEN-STADT	JN58RC	FAOR	DL8AQ	MCHN	C
R82	DB0TI	REUTLINGEN	JN48OL	FAOR	DK6TE	STGT	P/Z
R82	DB	SCHEIBENBERG	JO60KM	FA	* DG0JS	CHEM	S
R82	DB0TJ	SCHWEINFURT	JO50CB	FAOR	DL4NP	NBG	B
		Zusatz: dig.Sprachmailbox gekoppelt mit DB0NQ					
R82	DB sch	SCHWERIN	JO53QP	FAO	* Y21EB	SCHW	V
R82	DB0US	VECHTA	JO42DQ	FAOR	DH1BAL	BRM	I
R83	DB0IO	GROSS UMSTADT	JN49LU	FAOR	DL4FX	FFM	F/Z
R83	DB0ARH	HERRENBERG	JN48KO	FAOR	DL4SEJ	STGT	P
R83	DB0QG	OBERPFAELZER WALD	JN69GK	FAOR	DL4RAL	RGSB	U
R83	DB0PB	PADERBORN/BUEREN	JO41GN	FAOR	DK3GY	MSTR	N

KAN	RELAIS	STANDORT	LOC	BEM	VERANT	BAPT	DISTR
R83	DB0TG	TEUFELSMOOR	JO43JF	FAOR	DL2BB	BRM	I
R83	DB0CA	WUPPERTAL	JO31NH	FAOR	DB5EL	DSSD	R/Z
R84	DB0TN	BRANDENKOPF/HASLACH I.K.	JN48CI	FAOR	DC5GF	FRB	A
R84	DB0VH	HANNOVER	JO42XC	FAOR	DB3OA	HAN	H/Z
R84	DB0UL	KIEL	JO54BH	FAOR	DL8LAO	KIEL	M/Z
R84	DB0SK	KOELN	JO30LW	FAOR	DC9KJ	KLN	G
R84	DB0SC	KOENIGSHOFEN/TAUBERTAL	JN49TR	FAOR	DF8MT	KLRH	A
R84	DB0ZD	MITTAGBERG/ALLGAEU	JN57CN	FAOR	DF6CM	MCHN	T
R84	DB0PD	MUENSTER	JO31TW	FAOR	DF1QE	MSTR	N/Z
R84	DB0HAB	PETERSBERG/HALLE/SAALE	JO51XN	FAOR	* DL1HQA	HAL	W
R84	DB0UQ	RIMBERG	JO40ST	FAOR	DL4FX	FFM	F/Z
R85	DB0QC	BREMERHAVEN	JO43GN	FAOR	DJ9CN	BRM	I
R85	DB0EE	EMMERICH-ELTEN	JO31CV	FAOR	DF5EO	DSSD	L
R85	DB0NY	GUMMERSBACH	JO31TB	FAOR	DC0KX	KLN	G
R85	DB0IF	INSEL FEHMARN/PUTTGARDEN	JO54OM	FAOR	DD9LV	KIEL	M/Z
R85	DB0UY	LICHTENFELS →JO50MD	JO50NC	FAORO	DB1NV	NBG	B
R85	DB0MA	MANNHEIM	JN49GL	FAOR	DB3GK	KLRH	A
R85	DB0UG	PADERBORN/EGGEGEBIRGE	JO41LT	FAOR	DK2KK	MSTR	N
R85	DB0CP	PFAFFENHOFEN A.D.ILM	JN58RM	FAOR	DK7MI	MCHN	C/Z
R85	DB amk	STENDAL/DEQUEDE	JO52UT	FAO	* DC1OF	MGB	W
R86	DB0SG	BAD GODESBERG/DRACHENF.	JO30OQ	FAOR	DL1KCO	KLN	G
R86	DB0SX	BERLIN-KREISEL	JO62PK	FAOR	DL7AUV	BLN	D
R86	DB0SV	ESCHWEGE	JO51AE	FAOR	DK2BV	FFM	F
R86	DB0ST	GOEPPINGEN	JN48WQ	FAOR	DC1SO	STGT	P
R86	DB0QM	HEIDE/HOLSTEIN	JO44NE	FAOR	DF2LC	KIEL	M/Z
R86	DB0AF	LANDAU/DEGGENDORF	JN68MU	FAOR	DL9HG	RGSB	U
R86	DB0VL	LINGEN/EMS	JO32SM	FAOR	DJ8RI	BRM	I
R86	DB0VW	WOLFSBURG	JO52JK	FAOR	DL3AAR	HAN	H
R86	DB0ZT	ZWEIBRUECKEN	JN39OF	FAOR	DK2VD	KBLZ	K
R87	DB0XP	DEISTER	JO42SH	FAOR	DJ6JC	HAN	H
R87	DB0NA	ESSEN	JO31LJ	FAOR	DL4EAP	DSSD	L
R87	DB0HEL	INSEL HELGOLAND	JO34WE	FAOR	DK5HP	HMB	E
R87	DB0CI	PLETTENBERG/BALINGEN	JN48JF	FAOR	DF4UD	FRB	P/Z
R87	DA4FB	SANDKOPF/TRIER	JN39MQ	FAOR	DJ0SL	KBLZ	K
R87	DB0PM	SCHLIERSEE	JN57VT	FAOR	DF3MH	MCHN	C
R87	DB0CM	SELIGENSTADT	JO40LA	FAOR	DF5FJ	FFM	F
R87	DB0RQ	STIFTLAND	JN69ES	FAOR	DL9RM	RGSB	U
R87	DB0WOF	WOLFEN	JO61DQ	FAOR	* DL1HWO	HAL	W
R88	DB0NO	BERGHEIM	JO30IX	FAOR	DL5KB	KLN	G
R88	DB0PC	BUNGSBERG	JO54IF	FAOR	DK6XU	KIEL	M

KAN	RELAIS	STANDORT	LOC	BEM	VERANT	BAPT	DISTR
R88	DB blh	EISLEBEN/MANSFELD	JO51RM	FAO	* Y23OH	HAL	W
R88	DB0PL	HERTEN/WESTERHOLT	JO31NO	FAOR	DD8QK	MSTR	N
R88	DB0ZP	LINSBURG/HANNOVER	JO42PN	FAOR	DK3FU	HAN	H/Z
R88	DB0AV	ROSENHEIM	JN67BU	FAOR	DF7MK	MCHN	C
R88	DB0IW	SCHOTTEN/VOGELSBERG	JO40OM	FAOR	DL4FX	FFM	F/Z
R88	DB0NZ	TUEBINGEN	JN48MN	FAOR	DL4TA	STGT	P
R89	DB0NX	ALTENA	JO31TH	FAOR	DB8DP	DTMD	O
R89	DB0GJ	ERLANGEN	JN59MO	FAOR	DF9NR	NBG	B
R89	DB0RO	LANDAU/PFALZ	JN39VH	FAOR	DD0IB	KBLZ	K
R89	DB0HT	TOSTEDT	JO43UG	FAOR	DL1HCR	HMB	E
R89	DB0AKO	TRAUNSTEIN	JN67HT	FAOR	DF7MW	MCHN	C
R89	DB0KE	WAECHTERSBACH/KINZIGTAL	JO40OE	FAOR	DB2FB	FFM	F
R89	DB0EOO	WITTHOH/TUTTLINGEN	JN47KX	FAOR	DF6UD	FRB	P
R90	DB0LN	BITBURG/PUETZHOEHE/EIFEL	JO30GA	FAOR	DD3PM	KBLZ	K
R90	DB0NAI	DOEBRABERG/FRANKENWALD	JO50TG	FAOR	DG9NCL	NBG	B
R90	DB0LR	MARL-HUELS	JO31NQ	FAOR	DK5QY	MSTR	N/Z
R90	DB0NP	SINSHEIM/KRAICHGAU	JN49KF	FAOR	DF1YD	KLRH	A
R90	DB0NN	VERDEN/ALLER	JO42OW	FAOR	DF9BJ	BRM	I
R91	DB0PJ	BREMERVOERDE	JO43ML	FAOR	DL4BBD	BRM	I
R91	DB0AC	KRONBURG/MEMMINGEN	JN57CW	FAOR	DC9UL	MCHN	T
R91	DB0YE	LOERRACH/BLAUEN	JN37VS	FAOR	DJ8PK	FRB	A/Z
R91	DB0MI	MILTENBERG	JN49PS	FAOR	DD2NK	NBG	B
R91	DB0OR	OSTERODE	JO51ER	FAOR	DG7AO	HAN	H
R91	DB0EN	SPROCKHOEVEL	JO31OH	FAOR	DB4DU	DTMD	O
R92	DB0AA	AALEN/VOLKMARSBERG	JN58BS	FAOR	DL2SAT	STGT	P
R92	DB0THB	GROSSER INSELSBERG/SUHL	JO50FV	FAOR	DL4APR	EFT	X
R92	DB0GHB	GUESTROW/HEIDBERG	JO63CS	FAOR	* DL5SXB	NBBG	V
R92	DB0FUS	HANNOVER	JO42UJ	FAOR	* DG4OAC	HAN	H/Z
R92	DB0MKV	MEINERZHAGEN	JO31VC	FAOR	DJ2DD	DTMD	O
R92	DB0KON	RUINE KUESSABURG	JN47EO	FAORO	DB7GV	FRB	A/Z
R92	DB0NGU	WILSUM/LINGEN	JO32KM	FAOR	DJ6UZ	BRM	I/Z
R92	DB wbg	WITTENBERG	JO61HV	FAO	* DL8HSV	HAL	W
R93	DB ham	HAMM/WESTF.	JO31VP	FAO	* DJ8TM	DTMD	O
R93	DB0BGK	SCHWANBERG/KITZINGEN	JN59DR	FAOR	* DB8NZ	NBG	B
R93	DB0TFM	TEUFELSMUEHLE/MURGTAL	JN48ES	FAOR	DG5GAF	KLRH	A
		Kopplung mit dig.Sprachmailbox Gernsbach gepl					
R94	DB0LBM	MUENCHEN (SPRACHMAILBOX)	JN58SD	FAOR	* DL8MBT	MCHN	C
		dig. Sprachmailbox gekopp. mit Regensbg. 0LBR					
R94	DB lbn	NUERNBERG	JN59NK	FAO	* DD9NW	NBG	B/Z
		dig. Sprachmailbox gek. mit DB0LBM u. DB0LBR					

KAN	RELAIS	STANDORT	LOC	BEM	VERANT	BAPT	DISTR
R94	DB ssm	SALZGITTER	JO52DD	FAO	* DL4AAS	HAN	H
		dig. Sprachmailbox, Diversity mit DB0ANT					
R94	DB ant	WOLFENBUETTEL	JO52GE	FAO	* DF7AY	HAN	H
		dig. Sprachmailbox, Diversity mit DB0SSM					
R95	DB ces	CELLE	JO52BP	FAO	* DL2OAM	HAN	H
		dig. Sprachmailbox, gek. mit SALZG.+WOLFENB.					
R95	DB0LBR	REGENSB. (SPRACHMAILBOX)	JN69BA	FAOR	* DL5RL	RGSB	U
		dig. Sprachmailbox gekopp. mit Muenchen 0LBM					
R97	DB ulr	MUENCHEN STADT	JN58TD	FAO	* DK8CI	MCHN	C
R97	DB0SBA	VILLINGEN/SCHWARZWALD	JN48FB	FAOR	DL1GFM	FRB	A
R97	DB0VA	WIESBADEN/HOHE WURZEL	JO40BC	FAOR	DC9ZB	FFM	F/Z
R98	DB0GZ	ALFELD (LEINE)	JO41WX	FAOR	DB4OF	HAN	H
R98	DB0NR	BAD HERSFELD	JO40VU	FAOR	DD0ZB	FFM	F
R98	DB0DR	DUISBURG	JO31JK	FAOR	DL4ES	DSSD	L/AGAM
R98	DB0LD	KUENZELSAU	JN49TH	FAOR	DL5TQ	STGT	P
R98	DB mel	LEIPZIG	JO61EI	FAO	* DH0LWM	LPZG	S
R98	DB0PR	NEUMUENSTER/ARMSTEDT	JO43WX	FAOR	DL4LAA	KIEL	M
R98	DB0OFF	OFFENBACH	JO40JC	FAOR	DL4FX	FFM	F/Z
R99	DB0CUX	CUXHAVEN-ALTENBRUCH	JO43JU	FAOR	DJ9CR	HMB	E
R99	DB	ERFURT	JO50MX	FAO	* DL3AXI	EFT	X/Z
R99	DB0PX	ESCHBORN	JO40GD	FAOR	DL7FAI	FFM	F
R99	DB dbr	JENNEWITZ/BAD DOBERAN	JO54VC	FAO	* DC5BT	RST	V
R99	DB0PQ	JUELICH	JO30FW	FAOR	DD8ET	KLN	G
R99	DB0OVL	LANDSHUT	JN68BM	FAOR	* DL2RBI	MCHN	U
R99	DB0JP	MINDEN	JO42KG	FAOR	DL3YCN	MSTR	N
R99	DB0HM	PFORZHEIM	JN48IV	FAOR	DJ2RN	KLRH	A
R99	DB0LC	SCHEIDEGG/ALLGAEU	JN47WO	FAOR	DL1GBC	MCHN	T
R..	DB saa	SAALFELD	JO50QP	FA	* DL6ARZ	EFT	X
R.. ?	DB	BAD SALZUNGEN/BERG KISSEL	JO50DV	FA	* DG0PK	EFT	X
R100	DB0ANU	ANSBACH	JN59HH	FAOR	DJ9AT	NBG	B/Z
R100	DB0HW	BAD HARZBURG-TORFHAUS	JO51FT	FAOR	DL8OAI	HAN	H/Z
R100	DB0GRZ	GOERLITZ	JO71LD	FAOR	Y42SL	DSDN	S
R100	DB0DM	GRUENTEN/ALLGAEU	JN57EN	FAOR	DJ7DW	MCHN	T
R100	DB0CT	HANAU	JO40KD	FAOR	DF3FF	FFM	F
R100	DB0RL	KLEINER HECKBERG	JO30QW	FAOR	DL5KL	KLN	G/Z
R100	DB0PG	LAHR	JN38WI	FAOR	DL9QD	FRB	A
R100	DB0EB	LEER/OSTFRIESLAND	JO33SF	FAOR	DL2BV	BRM	I/Z
R101	DB0LZ	BAD SAECKINGEN	JN47AN	FAOR	DK9IG	FRB	A
R101	DB0PI	BERLIN	JO62QM	FAOR	DL7OU	BLN	D/Z
R101	DB0RD	FRANKFURT-WEST	JO40HC	FAOR	DH1FAB	FFM	F

KAN	RELAIS	STANDORT	LOC	BEM	VERANT	BAPT	DISTR
R101	DB0JEN	JENA	JO50TW	FAOR	* Y22VJ	ERF	X
R101	DB0KB	KOETERBERG	JO41PU	FAOR	DF7QM	MSTR	N/Z
R101	DB0LP	PARSBERG	JN59UD	FAOR	DK1RP	RGSB	U
R101	DB0GN	RHEINBACH	JO30LN	FAOR	DL1KCO	KLN	G
R101	DB0GK	VAIHINGEN-ENSINGEN	JN48LX	FAOR	DC9AN	STGT	P
R20	DB0YD	DUISBURG →RS15	JO31JK	FAOR	DG7JJ	DSSD	L/Z
R20	DB0EX	GIESSEN →RS10	JO40IO	FAOR	DL6FBS	FFM	F
R20	DB0EC	SAARBRUECKEN/HOLZ →RS16	JN39MI	FAOR	DC9VY	SBR	Q
R20	DB0MO	STUTTGART →RS10	JN48OR	FAOR	* DK9SJ	STGT	P
R22	DB0QR	ESSEN →RS12	JO31LJ	FAOR	* DL4EAP	DSSD	L
R22	DB0VZ	FELDBERG/TS. →RS08	JO40FF	FAOR	* DL4FX	FFM	F/Z
R22	DB0KD	KARLSBAD-ITTERSBACH →RS23	JN48HV	FAOR	DJ2OT	KLRH	A
R22S	DB0DK	WENDELSTEIN →RS20	JN67AQ	FAOR	DD0YQ	MCHN	C
R24	DB0NT	HAMBURG-MITTE →RS12	JO43XN	FAOR	DF7HI	HMB	E
R24	DB0MD	LANDAU/PFALZ →RS25	JN49AF	FAOR	DD0IB	KBLZ	K
R24	DB0MK	MARBURG →RS14	JO40JT	FAOR	DJ8QV	FFM	F/AFT
R24	DB0PK	MARKTREDWITZ →RS14	JO60BA	FAOR	DG4NCF	NBG	B
R24	DB0BZ	MOENCHENGLADBACH →RS10	JO31FF	FAOR	DL1ER	DSSD	R/Z
R24	DB0YM	MUENSTER →RS14	JO31TX	FAORF	DD0QT	MSTR	N
R24S	DB0HI	TRAUNSTEIN/HOCHBERG →RS14	JN67HT	FAOR	DF7MW	MCHN	C
R26	DB0RJ	BAD GODESBERG →RS20	JO30PR	FAOR	DC3KF	KLN	G
R26	DB0NE	DORTMUND-SCHNEE →RS16	JO31SL	FAOR	DF7DL	DTMD	O/Z
R26	DB0RF	HANAU →RS16	JO40KD	FAOR	DF3FF	FFM	F
R26	DB0GT	HOMB.-BEXB./HOECHEN →RS10	JN39PJ	FAORO	DF1VK	SBR	Q
R26	DB0FZ	KAISERSTUHL/FREIBURG →RS22	JN38UB	FAORO	DJ8PK	FRB	A/Z
R26S	DB0BK	MUENCHEN →RS16	JN58RC	FAOR	DG5CAK	MCHN	C
R28	DB0PH	DONAU-BUSSEN →RS17	JN48QF	FAORO	* DL4TD	FRB	P
R28	DB0TO	HAGEN-SCHWERTE →RS17	JO31SI	FAOR	DJ8FB	DTMD	O
R28	DB0PF	LUEBECK →RS14	JO53IU	FAOR	DL1HBB	HMB	E
R28	DB0PT	WIESBADEN →RS19	JO40DB	FAORF	DC9ZB	FFM	F/Z
R28	DB0EH	WUERZBURG →RS18	JN49WS	FAOR	* DB8NU	NBG	B
R29	DB0LU	KAISERSLAUTERN →RS17	JN39VK	FAOR	* DJ6VS	KBLZ	K/Z
R29	DB0LEV	LEVERKUSEN →RS26	JO31MB	FAOR	DL4KX	KLN	G
R29	DB0LV	PADERBORN/UNIVERSIT. →RS19	JO41JR	FAOR	DF9QK	MSTR	N
R30	DB0BV	BOELLSTEIN →RS20	JN49LS	FAOR	DL6ZL	FFM	F
R30	DB0COE	COESF./SCHOEPPINGEN →RS20	JO32OC	FAOR	DL2YCF	MSTR	N/Z
R30	DB0EU	NIDEGGEN-SCHMIDT →RS14	JO30FQ	FAOR	DF7KF	KLN	G
R31S	DB0KOR	BERLIN →RS17	JO62PN	FAOR	* DL7ADL	BLN	D
R32	DB0NB	FRANKFURT-WEST →RS24	JO40HD	FAOR	DD0ZR	FFM	F
R32	DB0TZ	HALTERN →RS11	JO31NS	FAOR	DK5QP	MSTR	N/Z

KAN	RELAIS	STANDORT	LOC	BEM	VERANT	BAPT	DISTR
R32	DB0XV	HAMBURG-MITTE →RS15	JO43XN	FAOR	DJ8KV	HMB	E
R32	DB0MX	LUDWIGSB./BACKNANG →RS22	JN49SB	FAOR	DK5SH	STGT	P/Z
R32	DB0HR	ROTENBURG →RS20	JO40XX	FAOR	* DL4FAR	FFM	F
R33	DB0BA	BERGISCH-GLADBACH →RS22	JO30NX	FAOR	DD1KU	KLN	G
R34	DB0UM	DURLACH →RS12	JN48FX	FAORA	DK2DB	KLRH	A
R34	DB0FK	KOBLENZ →RS23	JO30SH	FAOR	DK4PW	KBLZ	K/Z
R34	DB0CE	NUERNBERG-MORITZB. →RS25	JN59PL	FAOR	DL5NBZ	NBG	B
R34	DB0STA	STADE →RS25	JO43RO	FAOR	DB8HO	HMB	E
R34	DB0CW	WESEL →RS23	JO31HP	FAOR	DL3QP	MSTR	L
R35	DB0EM	BUEREN →RS25	JO41GN	FAOR	DK3GY	MSTR	N
R35	DB0LT	SINDELFING./BOEBLING. →RS19	JN48KP	FAOR	DL8SBO	STGT	P
R36	DB0SN	GOETTINGEN-WEST →RS26	JO41VL	FAOR	DK5AH	HAN	H
R36	DB0DE	KAARST →RS19	JO31HF	FAOR	DH9EAX	DSSD	R
R36	DB0YU	MELIBOKUS/DARMST. →RS26	JN49HR	FAOR	DK4FF	FFM	F
RS08	DB0GLA	GLADBECK	JO31LN	FAOR	* DF1QM	MSTR	L
RS10	DB0HNW	HAMBURG	JO53DL	FAOR	* DL1HAB	HMB	E
RS10	DB bat	KOERKWITZ/RIBNITZ	JO64EG	FAO	* DL9GST	RST	V
RS11	DB0SAQ	HEILBRONN	JN49MA	FAOR	DL1SAX	STGT	P
RS11	DB0SWQ	REGENSBURG	JN69BA	FAOR	* DK5RQ	RGSB	U
RS11	DB sm	STEINHUDER MEER/RODENB.	JO42QH	FA	* DL2OBX	HAN	H
RS12	DB0RI	BAD PYRMONT	JO41PX	FAOR	* DL6YDH	MSTR	H
RS12	DB th	WALDSTEIN/FICHTELGEBIRGE	JN50WC	FAO	* DL6NAA	NBG	B/Z
RS13	DB0PET	PETERSBERG/HALLE/SAALE	JO51XN	FAOR	* DL1HQA	HAL	W
RS13	DB	WALDMICHELBACH	JN49JN	FAO	* DJ0MAB	FFM	F
RS14	DB0KPA	HELMSTEDT	JO52LF	FAOR	* DJ7GD	HAN	H
RS14	DB0NOD	NORDEN	JO33QQ	FAOR	* DG7BBZ	BRM	I
RS14	DB	OSCHATZ	JO61MH	FA	* Y22QN	CHEM	S/Z
RS14	DB0SBG	SCHWAEBISCH GMUEND	JN48WS	FAOR	* DG3SBI	STGT	P
RS15	DB0DIE	DIEPHOLZ/DAMMER BERGE	JO42CN	FAOR	* DB5WK	BRM	I
RS15	DB0KAI	DONNERSBERG	JN39VP	FAOR	* DF1IG	KBLZ	K
RS15	DB0REU	REUTLINGEN	JN48NM	FAOR	DK6TE	STGT	P/Z
RS15	DB0CHA	ROSSBACH/WALD	JN69ED	FAOR	DL8RX	RGSB	U
RS15	DB0SOL	SOLINGEN →RS28-	JO31NE	FAORO	* DL4JY	MHR	R
RS15	DB aao	WOLFENBUETTEL	JO52GE	FA	* DG2AAO	HAN	H
RS16	DB0BAR	DEISTER/BARSINGHAUSEN	JO42SG	FAOR	* DJ6JC	HAN	H
RS16	DB esb	KOENGEN/NECKAR	JN48QS	FA	* DB1SS	STGT	P
RS16	DB0LIC	LICHTENFELS	JO50NC	FAOR	* DB1NV	NBG	B
RS17	DB0HEF	BAD HERSFELD	JO40VU	FAOR	* DK8WY	FFM	F
RS17	DB trw	WOLFSBURG	JO52IJ	FAO	* DL2MD	HAN	H
RS18	DB0AGS	AUGSBURG	JN58KJ	FAOR	* DD2CG	MCHN	T

KAN	RELAIS	STANDORT	LOC	BEM	VERANT	BAPT	DISTR
RS18	DB0SWF	BADEN-BADEN	JN48DS	FAOR	DK4NH	FRB	A
RS18	DB	BELL	JO30OL	FA	* DB6KH	KBLZ	K
RS20	DB0KIL	KIEL	JO54BH	FAOR	* DL8LAO	KIEL	M/Z
RS20	DB0VED	VERDEN/ALLER	JO42OW	FAOR	* DF9BJ	BRM	I
RS20	DB0RAK	WEIDEN	JN69CQ	FAOR	* DG9RAK	RGSB	U/Z
RS21	DB	GROSS-GERAU	JN49GW	FAO	* DD2ZM	FFM	F
RS21	DB0SWP	RECKLINGHAUSEN	JO31NO	FAOR	* DH1YAG	MSTR	N
RS21	DB ros	ROSSBERG/HERRENBERG	JN48NJ	FA	* DL8SCU	STGT	P
RS21	DB0PRF	TEGELBERG/SCHWABEN	JN57JN	FAOR	DL9MDR	MCHN	T
RS23	DB0KIS	BAD KISSINGEN	JO40XH	FAOR	DL2NDK	NBG	B
RS23	DB0DTL	BORGENTREICH-MANRODE	JO41QN	FAOR	* DK2JA	MSTR	N
RS23	DB sws	TEUFELSMOOR	JO43JF	FAO	* DL2BB	BRM	I
RS24	DB0WAT	BOCHUM	JO31OK	FAOR	* DL5DAN	DTMD	O
RS24	DB	SCHOEMBERG/LANGENBRAND	JN48HT	FA	* DL4SAC	STGT	P/Z
RS24	DB0ET	ZUGSPITZE	JN57LL	FAOR	* DJ3YB	MCHN	C
RS25	DB0OKE	BRAUNSCHWEIG	JO52FG	FAOR	* DB6XS	HAN	H
RS25	DB0EEO	EMMERICH-ELTEN	JO31CV	FAOR	* DF5EO	DSSD	L
RS25	DB	RHEINBACH-TODENFELD	JO30LN	FAOO	* DB6KH	KLN	G
RS25	DB	SCHLUECHTERN/SCHOPPENK.	JO40SI	FAOO	* DF3FM	FFM	F/Z
RS26	DB0BAM	BAMBERG	JN59MU	FAOR	* DL1NAT	NBG	B/Z
RS26	DB0BRE	BREMEN	JO43JB	FAOR	DC5BQ	BRM	I
RS26	DB hus	HUSUM	JO44ML	FAO	* DL3HS	KIEL	M
RS26	DB0LIN	SCHEIDEGG/ALLGAEU	JN47WO	FAOR	* DL1GBC	MCHN	T
RS26	DB0WAL	WALDKRAIBURG	JN68EE	FAOR	* DL1MFH	MCHN	C
RS27	DB	WATTENSCHEID	JO31NL	FA	* DG8DP	DTMD	O
RS28-	DB smb	SALZGITTER dig. Sprachmailbox	JO52DD	FAO	* DL4AAS	HAN	H
R12	DB0HOG	BORGENTREICH-MANRODE	JO41QN	FAOR	* DK2JA	MSTR	N
R12	DB0KY	FILDERSTADT	JN48OP	FAOR	* DF5SL	STGT	P
R12	DB0PS	MELIBOKUS/DARMSTADT	JN49HR	FAOR	DK4FF	FFM	F
R12	DB0LW	OELBERG/SIEBENGEBIRGE	JO30PQ	FAOR	* DG5KI	KLN	G
R12	DB0OAZ	TRAUNSTEIN/HOCHBERG	JN67HT	FAOR	DF7MW	MCHN	C
R13	DB	ESSEN	JO31LJ	F	* DD8EO	MHR	L
R13	DB0ZC	FELDBERG/TS.	JO40FF	FAOR	* DL4FX	FFM	F/Z
R13	DB0AFG	GOETTINGEN	JO41XN	FAOR	* DF8AX	HAN	H
R13	DB ism	ISMANING	JN58UF	FA	* DG2MF	MCHN	C
R13	DB0GHZ	LANDAU/PFALZ	JN49AF	FAOR	DD0IB	KBLZ	K
R13	DB0AKA	LUDWIGSBURG/BACKNANG	JN49SB	FAOR	* DC7TU	STGT	P
R14	DB	WALDMICHELBACH	JN49JN	FAO	* DJ0MAB	FFM	F

7 Wetterfunk

7.1 Allgemeines

Um aktuelle Wetterberichte jederzeit und überall empfangen zu können, arbeiten Sendestationen der Vorhersagezentren überall auf der Welt.

Für die Wetterprognose werden sehr komplexe Großrechner benutzt, um eine annähernd korrekte Prognose zu erstellen. Wurden bislang diese Wetterdaten hauptsächlich über Kurzwelle abgestrahlt, so werden heute immer häufiger Satelliten zur Übermittlung und gleichzeitiger Bildübertragung eingesetzt, die im Bereich von 136-138 MHz senden.

Für die Auswertung dieser Ausstrahlungen werden ein Computer und ein Decoder benötigt. Wenden wir uns jedoch dem einfachen Scanner zu, mit dem wir ohne zusätzliche Gerätschaften folgende Wettermeldungen hören können:

7.2 ATIS

Da gibt es die ATIS-Meldungen, die automatisch Flugplatzwetterinformationen von einem Tonband aussenden. Diese stündlich aktualisierten Meldungen enthalten Name des Flugplatzes, Kennbuchstabe, Start/Landebahnzustand und Betrieb, Uhrzeit, Platzwetter, Einschränkungen usw.

ATIS-Meldungen werden ausgestrahlt von:

Flughafen	Frequenz in MHz
Bremen	117.450
Düsseldorf	115.150
Frankfurt	118.025, 114.200, 108.200
Hamburg	124.275, 113.100, 108.000, 115.100
Hannover	121.850, 115.200
Köln-Bonn	119.025, 112.150
München	118.375
Nürnberg	124.325
Saarbrücken	113.850
Stuttgart	126.125, 109.200, 112.500

7.3 VOLMET

VOLMET-Sendungen werden von internationalen Verkehrsflughäfen ausgestrahlt, welche das Platzwetter für mehrere Flughäfen enthalten. In Deutschland werden diese VOLMET-Sendungen nur in Frankfurt und Bremen ausgestrahlt.

Frankfurt strahlt hierbei zwei VOLMET-Sendungen aus:

Frankfurt I 127.600 MHz	Frankfurt, Brüssel, Amsterdam, Zürich, Genf, Basel, Wien, Prag, Paris
Frankfurt II 135.775 MHz	Frankfurt, Köln-Bonn, Düsseldorf, Stuttgart, Nürnberg, München, Hamburg,Berlin
Bremen 127.400 MHz	Bremen, Hannover, Hamburg, Köln-Bonn, Frankfurt, Berlin, Kopenhagen, Amsterdam

VOLMET-Sendungen enthalten ähnliche Meldungen wie ATIS, was das Wetter betrifft. Jedoch geben sie mehr Aufschluß über die Bewölkung, wie z. B. Wolkentyp, Bedeckungsgrad und Höhe über Grund.

Viele Scanner enthalten eine „WX" Funktion. Mit dieser Taste kann in den Vereinigten Staaten von Amerika direkt auf die abgestrahlten Wetterfrequenzen zugegriffen werden. Leider ist diese Bereichsnutzung in Europa nicht möglich.

8 Flugfunk

8.1 Allgemeines

Dem beweglichen Flugfunkdienst ist folgender Frequenzbereich zugeordnet:

118.000 MHz bis 136.000 MHz

Das Kanalraster beträgt 25 KHz, so daß es insgesamt 720 Kanäle gibt (25 KHz mal 720 ergibt 18 MHz). Als Modulationsart wird *Amplitudenmodulation* (AM) verwendet. Der Scanner muß also auf AM geschaltet werden. Neuere Flugfunkgeräte verfügen jedoch über 760 Kanäle und decken damit den Frequenzbereich von 118.000 MHz bis 136.975 MHz ab. Die Betriebsart ist Wechselsprechen.

Im Anschluß an den zivilen Bereich liegt am oberen Ende der militärische Bereich mit folgenden Grenzen:

138.000 MHz bis 142.000 MHz

Im UHF-Bereich stehen folgende Frequenzen zur Verfügung:

230.000 MHz bis 328.000 MHz	(Notfrequenz: 243.000 MHz)
328.000 MHz bis 336.000 MHz	Navigation
336.000 MHz bis 400.000 MHz	

Die folgende Übersicht enthält einige der wichtigsten englischen Begriffe, die im Funkverkehr immer wieder vorkommen, und deren Bedeutung.

Fachbegriff	Bedeutung
Approach	Anflugkontrolldienst
Departure	Abflugkontrolldienst
Ground	Rollkontrolle
Apron	Vorfeld
Request	Erbitte...
Confirm	Bestätigen Sie
Cleared	Freigabe
Approved	Genehmigt
Report	Melden Sie...
Affirmative	Ja
Negative	Nein
Correct	Richtig
Verify	Überprüfen Sie...
Say again	Wiederholen Sie
Read back	Wiederholen Sie wörtlich
Wilco	Wird ausgeführt
Maintain	Beibehalten
Climb	Steigen
Descend	Sinken
Continue	Fortsetzen
Downwind	Gegenanflug
Base	Queranflug
Final	Endanflug

8.2 Frequenzzuweisungen von 118.000 bis 136.000 MHz

Flugfunk von 118.000 bis 135.975 MHz

Verwendete Abkürzungen:

ACC	Area Control Centre (Bezirkskontrollstelle)
APP	Approach Control (Anflugkontrolle)
ATIS	Automatic Terminal Information System (Automatische Ausstrahlung von Start- und Landeinformationen)
BAR	Belgian Army (Belgisches Heer)
CAF	Canadian Air Force (Kanadische Luftwaffe)
FIS	Flight Information Service (Fluginformationsdienst)
GAF	German Air Force (Deutsche Luftwaffe)
GAM	German Army (Deutsches Heer)
GCA	Ground Controlled Approach (Spez. Anflugverfahren)
GNY	German Navy (Deutsche Marine)
GROUND	Rollkontrolle
PAR	Precision Approach RADAR (Präzisionsanflugradar)
RAF	Royal Air Force (Britische Luftwaffe)
RDO	Radio (Funk)
TWR	Tower (Turm)
VOLMET	MET Information (Wetterinformation)
UAC	Upper Airspace Control (Kontrolle Oberer Luftraum)
USAF	US Air Force (US Luftwaffe)
USAR	US Army (US Heer)

B	Belgien
D	Deutschland
DK	Dänemark
F	Frankreich
N	Niederlande
Ö	Österreich
S	Schweiz
T	Tschechische Republik

118.000	Aigen TWR	Ö
	Dresden TWR/TURM	D
	Prunay INFO	F
	St.Cyr TWR	F
	Zürich APP	S
118.025	Frankfurt ATIS	D
118.050	Tulln APP	Ö
	Hannover APP	D
118.075	Barth INFO	D
	Speyer INFO	D
118.100	Klagenfurt TWR	Ö
	Salzburg TWR	Ö
	Wien TWR	Ö
	Berlin Tempelhof TWR	D
	Kassel TWR	D
	Nürnberg GROUND	D
	Copenhagen Kastrup TWR	DK
	Bron TWR	F
	Vichy TWR	F
	Amsterdam Schiphol TWR	N
	Lembourg TWR	L
	Zürich TWR	S
	Praha TWR	T
118.125	Günzburg-Donauried	D
	Mönchengladbach INFO	D
118.175	Lachen-Speyerdorf INFO	D
	Neumagen-Dhron INFO	D
	Allendorf-Eder INFO	D
	Oldenburg-Hotten INFO	D
118.200	Günzburg TWR	D
	Rothenburg/Tauber	D
	Gratz TWR	Ö

	Friedrichshafen TWR	D
	Siegerland INFO	D
	Weiden INFO	D
	Annency PARAM	D
	Rotterdam TWR	N
118.225	Augsburg TWR	D
118.250	Brussels APP	B
	Freiburg INFO	D
	Wyk/Föhr INFO	D
118.275	Berlin Schönefeld PAR	D
	Aalborg TWR	DK
	Bale-Mulhose TWR	F
	Chambery TWR	F
	Deauville TWR	F
	Erbach INFO	D
	Königsdorf INFO	D
	Paderborn-Lippstadt	D
	Bratislava TWR	T
	Praha PAR	T
118.300	Berlin Schönefeld TWR	D
	Düsseldorf TWR/TURM	D
	Hildesheim INFO	D
	Nürnberg TWR	D
118.325	Hirzenhain INFO	D
	Nabern-Teck INFO	D
118.350	Berlin Tegel AIRPORT	D
	Beilngries INFO	D
	Bielefeld INFO	D
	Saarbrücken TWR	D
	Lille TWR	F
	Sitterdorf RDO	S

118.375	München ATIS	D
118.400	Metz TWR	F
	Amsterdam Schiphol ARR	N
118.425	Eggenfelden INFO	D
	Dachau INFO	D
	Dinkelsbühl INFO	D
	Eudenbach INFO	D
	Lager Hammelburg INFO	D
118.450	Bayreuth TWR	D
	Lembourg APP	L
118.500	Gent INFO	B
	Bremen TWR	D
	Frankfurt APP	D
	Lemmwerder INFO	D
	GAF Neubiberg TWR	D
	Gunzenhausen-Reutberg	D
	Bfort Fontaine TWR	F
118.550	Zeltweg TWR	Ö
118.525	Kulmbach INFO	D
	Tirstrup	DK
118.550	Saarbrücken TWR	D
	Arnbruck INFO	D
	Friedland FIS	D
	Sion TWR	S
118.575	Bremen TURM	D
118.600	Voslau INFO	Ö
	Brussels TWR	B
	Stuttgart RADAR	D
	Chalon PARAM	F
118.625	Ganderkesee INFO	D
	Kirchdorf INFO	D
	Regensburg-Oberhub	D
118.650	Düsseldorf RADAR	D
	Saint Etienne APP	F

118.675	Osnabrück INFO	D
118.700	Zeltweg TWR	Ö
	Oostende TWR	B
	Berlin Tegel TWR	D
	München TWR	D
	Northeim INFO	D
	Sonderborg TWR	DK
	Eelde TWR	N
	Geneva TWR	S
	Bratislava PAR	T
118.725	Altenrhein TWR	S
118.750	Düsseldorf ACC	D
118.775	Egelsbach TWR	D
118.800	Linz TWR	Ö
	Stuttgart TWR	D
	Amsterdam RADAR	N
118.850	Samedan TWR	S
118.900	Tulin TWR	Ö
	Hof TWR	D
	Roskilde TWR	DK
	Loudes INFO	F
	FAF Reims Cham. TWR	F
	Amsterdam Schiphol TWR	N
	Bern TWR	S
118.925	Blomberg-Borghausen	D
	Karlshöfen INFO	D
	Neustadt/Aisch INFO	D
	Nittenau INFO	D
118.950	Innsbruck APP	Ö
	Dortmund TWR	D
118.975	RNAF Woensdrecht TWR	N
	Nürnberg APP	D

119.000	Billund TWR	DK
	Charleville PARAM	F
	Colmar-Houssen TWR	F
	Macon PARAM	F
	Eplatures INFO	S
	Praha APP	T
	Hodenhagen INFO	D
	Reichelsheim INFO	D
119.025	Köln/Bonn ATIS	D
119.050	München RADAR	D
	Amsterdam Schiphol DEP	N
	Les Eplatures RDO	S
119.100	Copenhagen Kastrup APP	DK
	Gap INFO	F
	RNN Dekooy APP	N
	Brno APP	T
119.150	Frankfurt RADAR	D
	St. Peter-Ording INFO	D
	Le Havre TWR	D
119.175	Neubrandenburg INFO	D
	Vilshofen INFO	D
119.200	Stuttgart APP	D
	Stadtlohn INFO	D
	Champol INFO	F
119.250	Bonn-Hangelar INFO	D
	Lyon APP	F
	Strasbourg Neuhof TWR	F
	Midden Zeeland RDO	N
119.275	Liege Bierset APP	B

119.300	Graz APP	Ö
	Berlin Tempelhof APP	D
	Thisted INFO	DK
	Grenoble St. Geoirs TWR	F
	Metz APP	F
	Texel RDO	N
	Lommis RDO	S
119.350	Braunschweig TWR	D
	Copenhagen Kastrup APP	DK
	Bale-Mulhouse APP	F
119.400	Düsseldorf APP	D
	Dole TWR	F
	München TURM	D
119.450	Altenburg-Nobitz INFO	D
	Klagenfurt APP	Ö
	Kortrijk Wevelgem TWR	B
	Bremen APP	D
	Bron APP	F
119.475	Nürnberg APP	D
	RDAF Vaerloese APP	DK
119.500	Brussels Grimbergen TWR	B
	Berlin-Schoenefeld APP	D
	St. Yan APP	F
119.525	Nürnberg APP	D
	Karup TWR	DK
119.550	Oberpfaffenhofen TWR	D
	Copenhagen	DK
	Fricktal Schupfart RDO	S
119.600	Hannover APP	D
	Roenne INFO	DK
	Mende PARAM	F
	Nancy Essey TWR	F

119.650	Hahn TURM/TWR	D
	USAF Ramstein APP	D
	RDAF Skrydstrup APP	DK
119.700	Kapfenberg INFO	Ö
	Wels INFO	Ö
	Zell am See INFO	Ö
	Antwerp TWR	B
	BGA RADAR Semmerzake	B
	Brussels Grimbergen TWR	B
	Charleroi Gosselies APP	B
	Liege Bierset TWR	B
	Spa INFO	B
	St. Hubert RDO	B
	Berlin Schönefeld TURM	D
	Berlin Tegel TURM	D
	CLUT RADAR	D
	RAF Gütersloh APP	D
	RAF Laarbruch APP	D
	RAF Wildenrath TWR	D
	Berlin Schönefeld TWR	D
	Cottbus APP	D
	Dresden APP	D
	Erfurt TURM	D
	Friedland APP	D
	Leipzig APP	D
	Bale-Mulhouse TWR	F
	FAF Colmar APP	F
	Dijon TWR	F
	FAF Leuil TWR	F
	Nancy Ochey TWR	F
	Melun TWR	F
	Metz TWR	F
	Phalsbourg	F
	Strasbourg APP	F
	FAF St. Dizier TWR	F

	FAF Toul Rosieres APP	F
	Beek TWR	N
	Eelde TWR	N
	Rotterdam TWR	N
	RNAF Twenthe APP	N
	Bern TWR	S
	Geneva TWR	S
	Grenchen TWR	S
	Saanen INFO	S
	Zürich TWR	S
	Bratislava APP	T
	Praha TWR	T
119.750	Linz APP	Ö
	Amougies INFO	B
	Essen/Muehlheim INFO	D
	CF Lahr TWR	D
	Sylt TWR Westerland	D
119.775	Muehldorf INFO	D
119.800	Wien APP	Ö
	Hassfurt INFO	D
	Copenhagen APP	DK
	FAF Reims APP	F
119.825	Bremen FIS	D
119.900	Frankfurt TWR	D
	Konstanz INFO	D
	Schwandorf INFO	D
	Copenhagen Kastrup TWR	DK
	Tirstrup GCA	DK
	Geneva TWR	S
119.950	RNAF Twenthe TWR	N
119.975	Kiel-Holtenau INFO	D
	Korbach INFO	D
	Neumarkt/Oberpfalz	D
	Pfarrkirchen INFO	D

120.000	Skive INFO	DK
	Lyon Satolas TWR	F
	Bratislava APP	T
	Parchim-Mecklenburg	D
120.025	RNN Valkenburg TWR	N
120.050	Trausdorf INFO	Ö
	Düsseldorf ACC	D
120.075	Rottweil INFO	D
120.100	Innsbruck TWR	Ö
	Brussels RADAR	B
	Valence TWR	F
	Grenchen TWR	S
120.125	Avno INFO	DK
	FAR Etain APP	F
120.150	Frankfurt RADAR	D
	Esbjerg TWR	DK
	Dinard APP	F
	Meaux TWR	F
120.175	Bamberg INFO	D
	Hannover TWR	D
120.200	München TURM	D
	Epinal-Mirecourt PARAM	F
	Rouen TWR	F
	Beek TWR	N
120.225	Hannover RADAR	D
120.250	Düsseldorf ARRIVAL	D
120.275	Grostenquin INFO	F
120.300	Eelde APP	N
	Geneva APP	S
120.325	Maribo INFO	DK

120.350	St. Johann INFO	Ö
	Bremen ACC	D
	Deauville APP	F
	Speck-Fehraltorf RDO	S
120.400	Genk INFO	B
	Grenoble St. Geoirs APP	F
120.450	Frankfurt ACC	D
120.500	Juist INFO	D
	Köln/Bonn TURM	D
	Norden INFO	D
	München TWR	D
120.550	Amsterdam RADAR	N
120.575	Frankfurt FIS	D
120.600	Oostende APP	B
	Hamburg APP	D
	Hoppstädten-Weiersbach	D
120.650	Hoeven Seppe INFO	N
	München FIS	D
120.700	Morlaix TWR	F
	Perigueux PARAM	F
	Strasbourg APP	F
	RNAF Leeuwarden TWR	N
120.750	Weser RADAR Bremen	D
	Zürich APP	S
120.775	München RADAR	D
120.800	Frankfurt APP	D
	Millau PARAM	F
120.825	Niew Milligen MIL ACC	N

120.900	Roanne PARAM	F
	Bratislava APP	T
	Düsseldorf RADAR	D
	Köln/Bonn RADAR	D
120.950	Paris ACC/UAC	F
121.000	Baden-Baden INFO	D
	Herning RDO	DK
	Elesmes PARAM	F
	Grenoble Le Versoud TWR	F
	Teuge RDO	N
121.025	Anspach/Taunus	D
	Mengeringhausen	D
121.050	Berlin RADAR	D
121.100	Leipzig APP	D
	Odense Bdringe TWR	DK
	Maubeuge PARAM	F
	Melun TWR	F
	Eindhoven TWR	N
121.200	Hohenems-Dornbirn INFO	Ö
	Wien TWR	Ö
	Erfurt TWR	D
	Chambery TWR	F
	Amsterdam Schiphol APP	N
121.250	Bale-Mulhouse FIS	F
121.275	Hamburg TURM	D
121.300	Charleroi Gosselies TWR	B
	Berlin Schoenefeld APP	D
	Hilversum RDO	N
	Geneva DEP	S
121.350	Bremen ACC	D
	Strasbourg TWR	F
121.375	RDAF Skydstrup TWR	DK

121.400	Antwerp TWR	B
	Attendorn INFO	D
	Stauning INFO	DK
	Nancy Essey TWR	F
	Vichy TWR	F
	Praha APP	T
121.500	Intern.Notfreqenz	
121.600	Wien GROUND	Ö
	Brussels CLNC	B
	Frankfurt MIL RAMP	D
	Berlin Schönef. GROUND	D
	Leipzig GROUND	D
	Copenhagen Kastrup RAMP	DK
	Bale-Mulhouse GROUND	F
121.650	Geneva RAMP	S
	Zürich RAMP	S
121.700	Frankfurt APRON	D
	Bron GROUND	F
	Grenoble ST.Geoirs GND	D
	Amsterdam Schiphol GND	N
	Eelde GROUND	N
121.725	München GROUND	D
121.750	Berlin Tegel GROUND	D
	Bremen GROUND	D
	Egelsbach APRON	D
	Geneva RAMP	S
	Zürich RAMP	S
121.800	Antwerpen TAXI	B
	Charleroi Gosselies GND	B
	Frankfurt GROUND	D
	Hamburg GROUND	D
	Berlin Schönefeld GND	D
	Lille GROUND	F

	Lyon Satloas GROUND	F
	Amsterdam Schiphol	N
	Zürich	S
121.825	Sylt APRON	D
	München GROUND	D
121.850	Hannover ATIS	D
	Köln/Bonn GROUND	D
121.875	Brussels GROUND	B
121.900	Ostende GROUND	B
	Berlin Tempelhof GROUND	D
	Düsseldorf GROUND	D
	Frankfurt GROUND	D
	Stuttgart GROUND	D
	Copenhagen Kastrup GND	DK
	Geneva GROUND	S
	Praha GROUND	T
121.950	Hannover GROUND	D
	Melun TWR	F
	St. Cyr GROUND	F
	Rotterdam GROUND	N
122.000	Anklam INFO	D
	Bad Kissingen INFO	D
	Barssel INFO	D
	Brandenburg INFO	D
	Bronkow Info	D
	Chemnitz INFO	D
	Eibau INFO	D
	Eisenhüttenstadt INFO	D
	Finow INFO	D
	Fürstenzell INFO	D
	Görlitz INFO	D
	Greitz INFO	D
	Güstrow INFO	D
	Hölleberg INFO	D

	Jena INFO	D
	Kempten INFO	D
	Kleinmühlingen INFO	D
	Laucha INFO	D
	Lauf INFO	D
	Marl INFO	D
	Nienburg INFO	D
	Nordhausen INFO	D
	Oppenheim INFO	D
	Oschersleben INFO	D
	Roitzschjora INFO	D
	Schwarzheide INFO	D
	SÖmmerda INFO	D
	Trier-Föhren INFO	D
	Westerstede INFO	D
	Wittstock INFO	D
	Lille Marq INFO	D
122.025	Deggendorf INFO	D
	Langeoog INFO	D
	Schameder INFO	D
122.050	Braunschweig Info	D
	Egelsbach APRON	D
	Frankfurt APRON	D
	Jena-Schöngleina	D
	Kamenz INFO	D
	Rheine INFO	D
	Schw.Hall-Weckri. INFO	D
	Mervill TWR	F
	St. Yan GROUND	F
	Porrentury RDO	S
	Triengen RDO	S
122.100	MIL.Wachfrequenz	
	Bad Windsheim INFO	D
	BAF Beauvechain TWR	B

BAF Bevingen TWR	B
USAF Chievres TWR	B
BAV Florennes TWR	B
Götsenhoven TWR	B
BAF Kleine-Brogel TWR	B
BAF Koksijde TWR	B
Liege Bierset TWR	B
GAF Ahlhorn TWR	D
GAR Altenstadt TWR	D
USAHP Ansbach TWR	D
Berlin Gatow TWR	D
Berlin Tempelhof TURM	D
USAF Bitburg TWR	D
Bonn Hardthöhe HELI	D
GAF Bremgarten TWR	D
RAF Brüggen TWR	D
GAF Büchel TWR	D
GAR Bückeburg TWR	D
BAR Butzweilerhof	D
GAR Celle TWR	D
USA Coleman TWR	D
GAF Diepholz TWR	D
GNY Eggebek TWR	D
GAF Erding TWR	D
GAF Fassberg TWR	D
USA Feucht TWR	D
GAR Fritzlar TWR	D
USA Fulda TWR	D
GAF Fürstenfeldbruck	D
NATO Geilenkirchen TWR	D
USA Grafenwöhr TWR	D
Günzburg TWR	D
RAF Gütersloh APP	D
USA Hanau TWR	D
USA Heidelberg TWR	D

USA Hohenfels TWR	D
GAF Hohn TWR	D
GAF Hopsten TWR	D
GAF Husum TWR	D
USA Illesheim TWR	D
GAF Ingolstadt TWR	D
GAR Itzehoe TWR	D
GAF Jever TWR	D
GAF Joke TWR	D
GAF Kaufbeuren TWR	D
GNY Kiel-Holtenau TWR	D
USA Kitzingen TWR	D
RAF Laarbruch TWR	D
CF Lahr TWR	D
GAF Landsberg TWR	D
GAR Laupheim TWR	D
GAF Lechfeld TWR	D
GAF Leck TWR	D
GAF Leipheim TWR	D
USA Ludwigsburg	D
USA Mainz Finthen TWR	D
USAHP Maurice Rose TWR	D
GAF Memmingen TWR	D
GAR Mending TWR	D
Meppen INFO	D
GAF Neubiberg TWR	D
GAF Neuburg TWR	D
GAR Neuhausen o.E. TWR	D
GAR Niederstetten TWR	D
GAF Noervenich TWR	D
GNY Nordholz TWR	D
Oberpfaffenhofen TWR	D
Ochsenfurt TWR	D
GAF Oldenburg TWR	D
GAF Pferdsfeld TWR	D

USAF Ramstein TWR	D
Rheine-Eschendorf TWR	D
GAR Rheine-Bentlage TWR	D
GAR Rotenburg/W. TWR	D
GAR Roth TWR	D
GNY Schleswig TWR	D
USA Schwäbisch Hall TWR	D
GAR Straubing TWR	D
BAR Werl TWR	D
USA Wiesbaden TWR	D
RAF Wildenrath TWR	D
GAF Wittmundhafen TWR	D
GAF Wunstorf TWR	D
Manching INFO	D
Aalborg TWR	DK
RDAF Skrydstrup TWR	DK
FAF Amberieu TWR	F
FAF Colmar TWR	F
Dijon TWR	F
FAF Leuil TWR	F
Metz GROUND	F
Nancy Ochey TWR	F
FAF Reims GROUND	F
FAF St. Dizier TWR	F
Strasbourg TWR	F
FAF Toul Rosieres TWR	F
RNAF Deelen TWR	N
RNN De Kooy TWR	N
RNAF De Peel TWR	N
Eindhoven RADAR	N
RNAF Gilze-Rijen APP	N
RNAF Leeuwarden TWR	N
RNAF Soesterberg TWR	N
RNAF Twenthe TWR	N
RNN Valkenburg APP	N

	RNAF Volkel TWR	N
	RNAF Ypenburg TWR	N
122.150	Mannheim INFO	D
	Chaumont PARAM	F
	Buttwil RDO	S
	Praha ATIS	T
122.175	Hofkirchen FLUGPLATZ	Ö
	Klippeneck INFO	D
	Lauterbach INFO	D
	Lörbach INFO	D
	Oerlinghausen INFO	D
	Teck INFO	D
	Würzburg INFO	D
122.200	Altena Hegenscheid INFO	D
	Amsterdam Schiphol ATIS	N
	Aue/Hattorf INFO	D
	Bad Frankelhausen INFO	D
	Bözen INFO	D
	Günterrode INFO	D
	Klein Gartz INFO	D
	Klix-Bautzen INFO	D
	Oschatz INFO	D
	Pirna INFO	D
	RDAF Vandel TWR	DK
	Renneritz INFO	D
	Schmoldow INFO	D
	Schönebeck INFO	D
	Schwerin INFO	D
	Stölln INFO	D
	USAF Spangdahlem TWR	D
	Waren INFO	D
	Zwickau INFO	D
122.225	Schwaigern/Stetten INFO	D

122.250	Freiballonsport	D
122.275	Klagenfurt VOLMET	Ö
122.300	Aichach INFO	D
	Ausbildung Motorflug	D
	Eisenach-Kindel INFO	D
	Eschenlohe INFO	D
	Garbenheim INFO	D
	Grünstadt INFO	D
	Hagenau	F
	Ithwiesen INFO	D
	Johannisau INFO	D
	Jüterbog INFO	D
	Kaufbeuren INFO	D
	Oberhinkofen INFO	D
	Leoben-Timmersdorf	Ö
	Ottenschlag FLUGPLATZ	Ö
	Peenemünde INFO	D
	Quakenbrück INFO	D
	Schauendahl INFO	D
	Schwann-Conweiler INFO	D
	St. Yan TWR	F
	Tirstrup APP	DK
	Unterwössen INFO	D
	Wershofen INFO	D
	Wilsche INFO	D
	Wismar INFO	D
	Zellhausen INFO	D
	Zierenberg INFO	D
122.350	Bad Dietzenbach INFO	D
	Bad Neuenahr INFO	D
	Giengen INFO	D
	Lemwerder TWR	D
	Montabaur INFO	D
	Pirmasens INFO	D

122.375	Bremerhav. Luneort INFO	D
	Dahlemer Binz INFO	D
	Mainbullau INFO	D
	Mengen INFO	D
	Porta Westfalica INFO	D
122.400	Aalen-Heidenheim INFO	D
	Aventoft INFO	D
	Bad Dürkheim INFO	D
	Eferding FLUGPLATZ	Ö
	Fulda INFO	D
	Harle INFO	D
	Reutte FLUGPLATZ	Ö
	St. Georgen FLUGPLATZ	Ö
	Verden INFO	D
	Wangerooge INFO	D
	Wipperfürth INFO	D
	Zürich FIS	S
122.425	Hettstadt INFO	D
	Iserlohn-Sümmern INFO	D
	Jesenwang INFO	D
	Leverkusen INFO	D
	Schmallenberg INFO	D
122.450	Beromünster TWR	S
	Eindhoven RADAR	N
	Helgoland INFO	D
122.475	Amöneburg INFO	D
	Esslingen INFO	D
	Helmstedt INFO	D
	Heppenheim INFO	D
	Irsingen INFO	D
	Kirchzarten INFO	D
	Langenfeld-Wies. INFO	D
	Rote Wiese Helmstedt	D

	Saal/Saale INFO	D
	Sinsheim INFO	D
	Wustweiler INFO	D
122.500	Aschersleben INFO	D
	Brannenbrug INFO	D
	Fehrbellin INFO	D
	Dobersberg FLUGPLATZ	Ö
	Scharnstein FLUGPLATZ	Ö
	Trieben FLUGPLATZ	Ö
	BAF Beauvechain APP	B
	BAF Bevingen APP	B
	Brussels FIS	B
	BAF Florennes APP	B
	Goetsenhoven APP	B
	BAF Klein-Brogel APP	B
	BAF Koksijde APP	B
	Liege Bierset APP	B
	Aachen-Merzbrück INFO	D
	Arnbruck INFO	D
	Baden-Baden INFO	D
	Bad Winsheim INFO	D
	Bayreuth INFO	D
	Belngries INFO	D
	Bohmte INFO	D
	Bonn Hangelar INFO	D
	BAR Butzweilerhof	D
	Dachau INFO	D
	Dierdorf INFO	D
	Dinkelsbühl INFO	D
	Ebern-Sendelbach INFO	D
	Eisenthal Grafenau INFO	D
	Emden INFO	D
	Essen Mühlheim INFO	D
	Flensburg INFO	D
	Friedrichshafen INFO	D

	Fürstenwalde INFO	D
	Giebelstadt INFO	D
	Gießen INFO	D
	Gotha Ost INFO	D
	Greding INFO	D
	Gundelfingen INFO	D
	Hamm INFO	D
	Hüttenbusch INFO	D
	Karlsruhe INFO	D
	Lager Hammelburg INFO	D
	Landsberg INFO	D
	Leipheim INFO	D
	Lüchow INFO	D
	Marl INFO	D
	Neuburg INFO	D
	Nordenbeck INFO	D
	Oehna INFO	D
	Offenburg INFO	D
	Regensburg INFO	D
	Schwabmünchen INFO	D
	Seedorf INFO	D
	Siegerland INFO	D
	St. Michaelisdon INFO	D
	Thannhausen INFO	D
	Trier Föhren INFO	D
	Wipperfürth INFO	D
	Kristinesmünde INFO	DK
	Krus-Padborg INFO	DK
	Nakskov INFO	DK
	Tonder INFO	DK
	Montreux INFO	S
122.550	Wien VOLMET	Ö
	Lugano TWR	S
122.600	Ahrenlohe INFO	D
	Backnang Hein. INFO	D

	Bad Wörishofen INFO	D
	Breitscheid INFO	D
	Cottbus-Drewitz INFO	D
	Dedelow INFO	D
	Dessau INFO	D
	Donsdorf-Messelb. INFO	D
	Griesau INFO	D
	Grube INFO	D
	Heide Büsum INFO	D
	Linkenheim INFO	D
	Mosenberg INFO	D
	Norderney INFO	D
	Peine INFO	D
	Pfarrkirchen INFO	D
	Pritzwalk INFO	D
	Risa INFO	D
	Rudolstadt INFO	D
	Saarlouis INFO	D
	Schleswig Kropp INFO	D
	Treuchtlingen INFO	D
	Unterschüpf INFO	D
	Weser Wümme INFO	D
	Courchevel PARAM	F
	Saint Etienne APP	F
	Valenciennes PARAM	F
122.625	Hamm INFO	D
	Kührstett INFO	D
122.650	Ried-Kirchheim FLUGPL.	Ö
	Koblenz INFO	D
	Nordhorn INFO	D
122.675	Werdohl INFO	D
	Aschaffenburg INFO	D
122.700	Dinslaken INFO	D
	Grossenhain INFO	D

	Niederöblam FLUGPLATZ	Ö
	Schärding FLUGPLATZ	Ö
	Auerbach INFO	D
	Ballenstedt INFO	D
	Gera INFO	D
	Schönhagen INFO	D
	Stuttgart TURM	D
122.750	Betzdorf-Kirchen INFO	D
	Biberach INFO	D
	RAR Detmold TWR	D
	Kehl INFO	D
	Walldürn INFO	D
	Copenhagen Kastrup ATIS	DK
122.800	Von Bord zu Bord	D
	Neuchatel INFO	S
122.825	Tannheim INFO	D
122.850	Mauterndorf FLUGPLATZ	Ö
	Bergneustadt INFO	D
	Bienenfarm-Nauen	D
	Bopfingen INFO	D
	Brilon INFO	D
	Flensburg INFO	D
	Friedersdorf INFO	D
	Gardelegen INFO	D
	Herzogenaurach INFO	D
	Hüttenbusch INFO	D
	Idar-Oberstein INFO	D
	Krefeld INFO	D
	Landshut INFO	D
	Mosbach Lohrbach INFO	D
	Mühlhausen INFO	D
	Münster Telgte INFO	D
	Ober-Mörlen INFO	D
	Purkshof INFO	D

	Reinsdorf INFO	D
	Salzgitter INFO	D
	Schwenningen INFO	D
	Ülzen INFO	D
	Weissenhorn INFO	D
	Wilhemshaven INFO	D
	Copenhagen Kastrup ATIS	DK
122.875	Aachen-Merzbrück TWR	D
	Langenlonsheim INFO	D
	Leutkirch INFO	D
122.900	Kyritz INFO	D
	Neuhausen INFO	D
	Neustadt-Glewe INFO	D
	Suhl INFO	D
122.925	Borken-Hoxfeld INFO	D
	Mainz Finthen INFO	D
	Plettenberg INFO	D
	Rinteln INFO	D
122.950	Wien ATIS	Ö
	Les Mureaux TWr	F
122.975	Mindelheim INFO	D
123.000	Ahrenlohe INFO	D
	Alkersleben INFO	D
	Ansbach INFO	D
	Bad Gandersheim INFO	D
	Bad Waldsee INFO	D
	Bordelum INFO	D
	Borkum INFO	D
	Eggersdorf-Müncheberg	D
	Eichstätt INFO	D
	Gerstetten INFO	D
	Großrückerswalde INFO	D
	Güttin-Rügen INFO	D
	Kamp INFO	D

	Kirchdorf INFO	D
	Lichtenfels INFO	D
	Marburg INFO	D
	Meschede INFO	D
	Nardt INFO	D
	Nauen INFO	D
	Neumünster INFO	D
	Ottengrüner Heide INFO	D
	Reiselfingen INFO	D
	Rerik INFO	D
	Schmidgaden INFO	D
	Schweighofen INFO	D
	Schweinfurt INFO	D
	Sobernheim INFO	D
	Stade INFO	D
	Stadtlohn INFO	D
	Traben Trarbach INFO	D
	Varrelbusch INFO	D
	Vilsbiburg INFO	D
	Vogtareuth INFO	D
	Wahlstedt INFO	D
	Walldorf INFO	D
	Wenzenbach INFO	D
	Langenthal RDO	S
123.025	Arnsberg INFO	D
	Heubach INFO	D
123.050	Achmer INFO	D
	Ailertchen INFO	D
	Baltrum INFO	D
	Bautzen INFO	D
	Blaubeuren INFO	D
	Blumberg INFO	D
	Gelnhausen INFO	D
	Magdeburg INFO	D
	Mosenberg INFO	D

	Neunkirchen-Bexbach	D
	Oberschleißheim INFO	D
	Paderborn Haxterb. INFO	D
	Pennewitz INFO	D
	Poltringen INFO	D
	Rechlin-Lärz INFO	D
	Schwäbisch Hall INFO	D
	Strausberg INFO	D
	Uetersen INFO	D
	Weissenburg INFO	D
123.100	BAF Koksijde RESCUE	B
123.150	Alte Ems	D
	Babenhausen INFO	D
	Bad Buchau INFO	D
	Baumerlenbach INFO	D
	Bisperode West INFO	D
	Boberg INFO	D
	Braunfels INFO	D
	Düsseld. Wolfsaap INFO	D
	Ellwangen INFO	D
	Emmerich INFO	D
	Hangensteinerhof INFO	D
	Hellenhagen INFO	D
	Hornberg INFO	D
	Hülben INFO	D
	Kell INFO	D
	Oppingen INFO	D
	Pohlheim-Viehheide	D
	Rothenberg/Odenwald	D
	Siegen INFO	D
	Singhofen INFO	D
	Stüde INFO	D
	Tarmstedt INFO	D
	Tauberbischofsheim INFO	D
	Übersberg INFO	D

	Vielbrunn INFO	D
	Waldeck INFO	D
	Welzheim INFO	D
	Biel Kapellen RDO	S
123.175	RNAF Volkel APP	B
123.200	Goetsenhoven APP	B
	Bremen FIS	D
	Frankfurt FIS	D
	Hamburg FIS	D
	Hannover FIS	D
	München FIS	D
	Nürnberg FIS	D
	Melun APP	F
	Lausanne INFO	S
	Porrentruy RDO	S
	Wangen-Lachen RDO	S
123.225	Schwabach INFO	D
123.250	Wien Neustadt TWR	Ö
	Hamburg-Finkenwerder	D
	Herten-Rheinfelden INFO	D
	Kirchheim Hahnw. INFO	D
	Pfullendorf INFO	D
	Rothenburg/OL	D
	RNN De Kooy TWR	N
123.300	NATO APP/GCA allgemein Prag FIS	T
123.350	Segelflugbetrieb	D
	Agathazeller Moos INFO	D
	Aichbach INFO	D
	Am Kreuzberg INFO	D
	Amberg Rammertsd. INFO	D
	Antersberg INFO	D
	Aschendorf INFO	D
	Asslarer Hütte INFO	D
	Auf der Schaufel	D

Aukrug INFO	D
Bad Brückenau INFO	D
Bad Wildungen INFO	D
Bartholomä INFO	D
Bischofsberg INFO	D
Büchel INFO	D
Büchig INFO	D
Bundenthal-Rumbach INFO	D
Büren/Paderborn INFO	D
Burgheim INFO	D
Cham INFO	D
Daun INFO	D
Dobenreuth INFO	D
Dornsode INFO	D
Dorsten INFO	D
Enz INFO	D
Erbendorf INFO	D
Essweiler INFO	D
Friesener Warte INFO	D
Füssen INFO	D
Gießen INFO	D
Gr. Moor Hannover	D
Gr. Wiese Wolfenbüttel	D
Haiterbach-Nagold INFO	D
Hallertau INFO	D
Halver INFO	D
Haßloch INFO	D
Hermuthausen INFO	D
Hersbruck INFO	D
Hornberg INFO	D
Kirchheim Hahnw. INFO	D
Kissleg INFO	D
Kitzingen INFO	D
Konz Könen INFO	D
Kreuzberg INFO	D

	Kusel-Langenbach INFO	D
	Leutendorf INFO	D
	Ludwigshafen-Dannstadt	D
	Malmsheim INFO	D
	Markdorf INFO	D
	Oberems INFO	D
	Paterzell INFO	D
	Peine INFO	D
	Quakenbrück INFO	D
	Roßfeld INFO	D
	Schäfhalde INFO	D
	Soest Salam. INFO	D
	Tröstau INFO	D
	Utscheid INFO	D
	Völkleshofen INFO	D
	Weipertshofen INFO	D
	Zell Haidberg INFO	D
123.375	Bensheim INFO	D
	Der Ring/Schwalmstadt	D
	Große Höhe/Delmenhorst	D
	Hilden-Kesselweier	D
	Hilzingen INFO	D
	Ithweisen INFO	D
	Kirn INFO	D
	Michelbach/Rheingau	D
	Nidda INFO	D
	Siegen-Eisenhardt INFO	D
	Vaihingen INFO	D
123.400	Arnsberg-Ruhrwiese	D
	Hoya INFO	D
	Geitau INFO	D
	Grambeker Heide INFO	D
	Oeventrop-Ruhrwiesen	D
	Segelflug-Rückholer	D
	Steinberg/Wesseln	D

	Sydfyn INFO	DK
	Tasinge INFO	DK
	St. Yan APP	F
123.425	Ultra-Leicht-Schulung	D
123.450	Allgemeine Frequenz	D
	Hengsen-Opherdicke	D
123.475	Bollrich INFO	D
	Butzbach-Pfingstweide	D
	Farrenberg INFO	D
	Fürth-Seckendorf INFO	D
	Gedern INFO	D
	Löchgau INFO	D
	Marpingen INFO	D
	Radevormwald-Leye	D
	Schnuckenheide INFO	D
	Stillberghof INFO	D
	Wächtersberg INFO	D
123.500	Alsfeld INFO	D
	Altenbachtal INFO	D
	Altötting INFO	D
	An den 7 Bergen	D
	Arnsberg/Ruhrwiese	D
	Auf der Schaukel	D
	Bad Langensalza INFO	D
	Bad Zwischenahn INFO	D
	Baldenau INFO	D
	Balen Keyheuvel INFO	B
	Benediktbeuern INFO	D
	Berliner Heide INFO	D
	Berneck INFO	D
	Beverlo Sanicole INFO	B
	Blexen/Nordenham	D
	Bohlenberger Feld	D
	Borghost-Füchten INFO	D

Brokzetel INFO	D
Bückebeurg-Weinberg	D
Burgberg/Witzhausen	D
Degmann INFO	D
Dehausen INFO	D
Der Dingel	D
Der Ring/Schwalmstadt	D
Dornberg-Sontra INFO	D
Dürabuch INFO	D
Eßweiler/Kusel INFO	D
Etting INFO	D
Finsterwalde INFO	D
Geratshof INFO	D
Greding INFO	D
Grifte/Edermünde	D
Heilbronn-Böckingen	D
Hengsen-Opherdicke	D
Hess.-Lichtenau	D
Hellingst INFO	D
Hienheim INFO	D
Holtorfsloh INFO	D
Hoherodskopf INFO	D
Homberg/Ohm	D
Höpen INFO	D
Iserlohn-Rheinermark	D
Karlstadt-Saupurzel	D
Kleve INFO	D
Kronach INFO	D
Langenbach/Hattenbach	D
Lechfeld INFO	D
Leuzendorf INFO	D
Lindlar INFO	D
Lünen-Lippeweide	D
Memmingen INFO	D
Menden-Barge INFO	D

Ottenberg INFO	D
Peißenberg-Fendt INFO	D
Plätzer INFO	D
Pritzwalk-Kammermark	D
Rammertshof INFO	D
Riesa-Canitz INFO	D
Rüdesheim INFO	D
Scheuen INFO	D
Schlechtenfeld INFO	D
Schnuckenheide INFO	D
Schotten INFO	D
Schreckhof INFO	D
Spa INFO	B
Segelflug Sammelfrequ.	D
Stauffenbühl INFO	D
Steinberg/Surwold INFO	D
Stolberg-Diepenlinchen	D
Sundern-Seidfeld	D
Ummern INFO	D
Walsrode-Luisenhöhe	D
Wenzendorf INFO	D
Wangen-Kissleg INFO	D
Warburg INFO	D
Viborg INFO	DK
Besancon la Veze	F
Besancon Thise	F
Dieuze Gueblange	F
Epinal Dogneville	F
Montbeliard	F
Parchim INFO	D
Sarre Union	F
Sarrebourg-Buhl	F
Saverne-Steinbourg	F
Vesoul Frotey	F
Bad Ragatz RDO	S

	Porrentruy RDO	S
123.525	Frankfurt FIS	D
123.550	Hannover TWR	D
	USAF Ramstein TWR	D
	Birrfeld TWR	S
123.600	Seitenstetten FLUGPLATZ	Ö
	Ampfing-Waldkr. INFO	D
	Dingolfing INFO	D
	Elz INFO	D
	Halle-Oppin INFO	D
	Hetzleser Berg INFO	D
	Niederstetten INFO	D
	Saulgau INFO	D
	Weser RADAR	D
	Weinheim INFO	D
	Nevers PARAM	F
	Belmullet INFO	L
	Ascona RDO	S
123.625	Grefrath INFO	D
	Höxter-Holzminden INFO	D
123.650	Ansbach-Petersdorf INFO	D
	Bad Berka INFO	D
	Bad Neustadt INFO	D
	Bergneustadt INFO	D
	Celle Arloh INFO	D
	Giessen-Reiski. INFO	D
	Grefrath INFO	D
	Hockenheim INFO	D
	Köthen INFO	D
	Lauenbrück INFO	D
	Melle INFO	D
	Michelstadt INFO	D
	Moosburg INFO	D
	Nordholz Spieka INFO	D

	Pasewalk INFO	D
	Rendsburg INFO	D
	Saarmund INFO	D
	Thalmässing INFO	D
	Westerstede INFO	D
	Winzeln INFO	D
123.700	Chamberry APP	F
	Amsterdam RADAR	N
123.725	Salzburg APP	Ö
123.750	Hasselt INFO	D
123.800	Roskilde ATIS	DK
	Prag RADAR	T
123.825	Bottenhorn INFO	D
	CF-Lahr APP	D
123.850	Berlin Gatow TWR	D
	Amsterdam RADAR	N
123.875	Aalbourg APP	DK
123.900	München APP	D
123.925	Weser RADAR	D
123.975	Beek APP	N
124.000	Copenhagen ACC	DK
	Holzdorf INFO	D
	Laage-Rostock INFO	D
	Paris ACC	F
	Rostock INFO	D
	Wriezen INFO	D
124.025	Frankfurt ACC	D
124.050	Paris ACC	F

124.075	Weser RADAR	D
124.100	Reims FIS	F
124.200	Frankfurt APP	D
124.225	Hamburg APP	D
124.250	Donaueschingen INFO	D
	Paris ACC	F
124.275	Hamburg ATIS	D
124.300	Amsterdam FIS	N
	Bratislava ACC	T
124.325	Nürnberg ATIS	D
124.350	Hannover RADAR	D
	Bern APP	S
	Hof INFO	D
124.375	Frankfurt ACC	D
124.400	Wien FIS	Ö
	RNAF Deelen TWR	N
124.425	Frankfurt ACC	D
124.450	GAF Hopsten GCA	D
124.475	Frankfurt FIS	D
124.500	RDAF Vaerloese TWR	DK
124.525	Eindhoven RADAR	N
124.550	Wien ACC	Ö
	Copenhagen ACC	DK
	Lugano TWR	S
124.575	Beek ATIS	N
124.600	Worms INFO	D

124.625	Hamburg RADAR	D
	Paris ACC	F
124.650	Bremen ACC	D
	Straubing-Wallmü. INFO	D
124.700	Zürich FIS	S
124.725	Frankfurt FIS	D
124.750	Spa INFO	B
	Offenburg INFO	D
124.775	Nürnberg APP	D
124.800	Bremen ACC	D
124.825	München ACC	D
124.850	Frankfurt TURM	D
	Paris ACC	F
124.875	Amsterdam RADAR	N
124.900	Frankfurt ACC	D
124.950	Berlin Tegel ATIS	D
	Reims ACC	F
124.975	Augsburg-Mühlhausen	D
	Köln/Bonn TWR	D
125.000	Brussels ACC	B
125.050	RNAF Soesterberg TWR	N
125.075	RDAF Vandel APP	DK
125.100	Albstadt Degerfeld INFO	D
125.150	Paris VOLMET	F

125.200	Frankfurt ACC	D
	Moulins PARAM	F
125.250	Mulhouse TWR	F
125.325	RNAF Gilze Rijen TWR	N
125.350	Bremen ACC	D
125.400	Stuttgart FIS	D
125.450	Paris ACC	F
125.550	Genf ACC	S
125.600	Frankfurt ACC	D
	GNY Kiel-Holtenau TWR	D
125.625	Karup APP	DK
125.650	Graz APP	Ö
	Bremen RADAR	D
	Dijon APP	F
125.675	Illertissen INFO	D
125.700	Karlsruhe INFO	D
	Paris FIS	F
	Valence APP	F
	Bratislava ACC	T
125.750	Amsterdam RADAR	N
125.800	Berlin APP	D
	Lyon APP	F
125.850	Borkenberge INFO	D
	Bremen ACC	D

125.900	Berlin Schönefeld ATIS	D
	Metz APP	F
125.950	Zürich DEP	S
126.000	Wien Rauchenw. VOLMET	Ö
126.050	Copenhagen ACC	DK
	Zürich ACC	S
126.100	Paris FIS	F
	Prag FIS	T
126.125	Stuttgart ATIS	D
126.150	Düsseldorf ACC	D
126.200	Amsterdam VOLMET	N
126.325	Köln/Bonn APP	D
126.350	Genf FIS	S
	Berlin FIS	D
126.450	München ACC	D
126.650	Bremen ACC	D
126.725	Gransee INFO	D
126.750	Brussels ACC	B
126.800	Genf VOLMET	S
126.825	Berlin FIS	D
126.850	Hamburg TWR	D
	München ACC	D
	Bordeaux UAC	F
126.900	Brussels FIS	B

126.950	Wiltz	B
	München FIS	D
127.000	Copenhagen VOLMET	DK
127.050	Frankfurt ACC	D
127.075	Copenhagen FIS	DK
127.100	Hertenholm INFO	D
	Prag ACC	T
127.125	Frankfurt ACC	D
127.150	Brussels DEP	B
	Altdorf-Walldorf INFO	D
127.175	Münster ATIS	D
127.200	Zürich VOLMET	S
127.250	FAF St.Dizier APP	F
127.300	Copenhagen METRO	DK
	Genf ACC	S
	Bratislava FIS	T
127.350	Hoogeveen RDO	N
127.400	Bremen VOLMET	D
127.450	Rosenthal INFO	D
	Wolfhagen INFO	D
127.500	Frankfurt ACC	D
127.550	RNAF Volkel TWR	N
	Genf ATIS	S
127.600	Frankfurt VOLMET I	D

127.700	Dresden APP	D
	Altenrhein TWR	S
	Laichingen INFO	D
	Lübeck-Blankensee INFO	D
127.725	Frankfurt ACC	D
127.750	Zürich RADAR	S
127.800	Brussels VOLMET	B
127.850	Paris UAC	F
	Reims UAC	F
127.875	Bale-Mulhouse ATIS	F
127.900	Lille APP	F
	Prag ACC	T
127.925	Frankfurt ACC	D
127.950	München APP	D
127.975	Nürnberg FIS	D
128.000	Lyon Satolas TWR	F
128.025	München APP	D
128.050	Zürich ACC	S
128.075	Berlin FIS	D
128.100	Paris ACC	F
128.150	Copenhagen ACC	DK
	Genf ACC	S
128.200	Wien APP	Ö
	Brussels ACC	B

128.225	RHEIN UAC Karlsruhe	D
128.300	Friedland RADAR	D
	Reims ACC	F
128.350	Niew Milligen ACC	N
128.375	Bruchsal INFO	D
128.400	Berlin Schönef. VOLMET	D
128.450	Brussels ACC	B
128.500	Lyon APP	F
	Peronne PARAM	F
	Eelde APP	N
128.525	Zürich ATIS	S
128.550	Düsseldorf ACC	D
128.600	Prag VOLMET	T
128.650	Düsseldorf ACC	D
	Bratislava ATIS	T
128.700	Wien ACC	Ö
128.750	Copenhagen ACC	DK
128.800	Brussels ACC	B
128.850	Düsseldorf RADAR	D
128.925	Dierdorf-Wienau INFO	D
128.950	Frankfurt ACC	D
128.975	München UAC	D

129.000	CF Söllingen TWR	D
	Brest ACC	F
129.025	Stetten RADAR	D
129.050	Liege Bierset APP	B
	Lauter APP	D
129.100	München ACC	D
129.150	Paris ACC	F
129.175	Düsseldorf ACC	D
129.200	WIen ACC	Ö
129.250	Brandis INFO	D
	Donauwörth-Genderkingen	D
	Liege Bierset TWR	B
129.300	Amsterdam RADAR	N
129.350	Paris ACC	F
129.475	Zeltweg TWR	Ö
	Copenhagen FIS	DK
129.500	Brest UAC	F
129.525	RHEIN UAC Karlsruhe	D
129.550	München ACC	D
129.625	Linz APP	Ö
129.650	Brussels ACC	B
129.675	Frankfurt ACC	D
129.700	Paris FIS	F

	SWR Genf GROUND	S
	SWR Zürich GROUND	S
129.800	Coburg-Steinrücken INFO	D
	Münster TWR	D
	Auxerre PARAM	F
	Phalsbourg Bourscheid	F
129.850	GAF Bremgarten TWR	D
	GAF Ingolstadt TWR	D
	GAF Memmingen TWR	D
	GAF Neuburg TWR	D
	GAF Pferdsfeld TWR	D
	AFR Paris	F
129.900	Garmisch HELI	D
	DRF Stuttgart	D
129.975	Altdorf Hagenh. INFO	D
	Asslar Hütte INFO	D
	Bad Marienberg INFO	D
	Bohlhof INFO	D
	Ernzen INFO	D
	Eutingen INFO	D
	Fischbek INFO	D
	Gammelsdorf INFO	D
	Geilenkirchen INFO	D
	Gruibingen-Nortel INFO	D
	Hierda INFO	D
	Kamen-Heeren INFO	D
	Langenpreising INFO	D
	Langenselbold INFO	D
	Leibertingen INFO	D
	Lüsse INFO	D
	Malsch INFO	D

	Möckmühl-Korb INFO	D
	Mönchsheide INFO	D
	Müllheim INFO	D
	Riedlingen INFO	D
	Uslar INFO	D
	Weinberg INFO	D
	Wilsche INFO	D
130.000	Goetsenhoven TWR	B
130.075	Reutl.-Betzingen HELI	D
130.100	Frankfurt FAG	D
130.125	Am Salzgittersee	D
	Bad Königshofen INFO	D
	Borghorst-Füchten	D
	Dadort INFO	D
	Deckenpfronn INFO	D
	Dillingen INFO	D
	Frechen INFO	D
	Grabenstetten INFO	D
	Hörbach INFO	D
	Hünsborn INFO	D
	Hütten-Hotzenwald INFO	D
	Landau-Ebenberg INFO	D
	Meiersberg INFO	D
	Mülben INFO	D
	Nastätten INFO	D
	Nieresheim INFO	D
	Riedelbach INFO	D
	Salzgitter Lebens. INFO	D
	Stahringen INFO	D
	Völkleshofen-Lichtenb.	D

130.150	Freistadt FLUGPLATZ	Ö
	Wien Neustadt TWR	Ö
	Frankfurt DLH	D
	GNY Nordholz	D
	Genf Terminal	S
130.175	Saarbrücken DLT	D
130.200	Ales PARAM	F
130.250	Untermusbach INFO	D
130.300	Eplatures INFO	S
130.350	Hamburg-Fink. TWR	D
	Kassel-Mittelf. HELI	D
130.475	Innsbruck VOLMET	Ö
130.500	RAF Brüggen GCA	D
	USA Döbraberg	D
	RAF GÜtersloh GCA	D
	RAF Laarbruch GCA	D
130.550	Brussels ABELAG	B
130.600	Binningen INFO	D
	Blaubeuren INFO	D
	Emmendingen-Wind. INFO	D
	Ingelfingen INFO	D
	Meinerzhagen INFO	D
	Nannhausen INFO	D
	Saffig HELI	D

130.650	Grub HELI	Ö
	Linz-Voest HELI	Ö
	Ried-Fischer HELI	Ö
130.775	Burg Feuerstein INFO	D
	Leer Nüttermoor INFO	D
130.800	RAF GÜtersloh APP	D
	RAF Laarbruch APP	D
130.850	AFR Paris Orly	F
130.900	Paris ACC	F
130.950	Amsterdam RADAR	B
131.000	Roskilde TWR	DK
131.050	Linz APP	Ö
	St. Yan ATIS	F
131.100	Brussels ACC	B
131.150	Amsterdam Schiphol APP	N
	Zürich ACC	S
131.200	Lyon Satolas ATIS	F
131.250	Paris UAC	F
131.300	Frankfurt ACC	D
131.350	Wien ACC	Ö
	Paris ACC	F
131.375	Weser RADAR	D
131.400	Diverse Fluggesellschaften bis 131.975	
132.000	Paris UAC	F

132.025	Pegnitz INFO	D
132.050	Herrenteich INFO	D
	Reims UAC	F
132.100	Paris UAC	F
132.125	Brest UAC	F
132.150	RHEIN UAC Karlsruhe	D
132.200	Maastricht UAC	B
132.275	Reims UAC	F
132.325	RHEIN UAC Karlsruhe	D
132.350	Bratislava ACC	T
132.375	Bad Pyrmont INFO	D
	Paris UAC	F
132.400	RHEIN UAC Karlsruhe	D
132.425	Bordeaux UAC	F
132.475	Brussels ATIS	B
132.500	Paris UAC	F
	Reims UAC	F
132.550	München UAC	D
132.600	Wien ACC	Ö
132.625	Paris UAC	F
	Reims UAC	F
132.675	Paris UAC	F
132.725	München UAC	D
132.750	Maastricht UAC	B

132.775	RHEIN UAC Karlsruhe	D
132.800	Prag ACC	T
132.825	Heringsdorf INFO	D
	Paris UAC	F
132.850	Maastricht UAC	B
132.875	München UAC	D
132.950	Wien West FIS	Ö
132.975	Amsterdam Schiphol ATIS	N
133.000	Brest ACC	F
133.050	Zürich ACC	S
133.075	Nördlingen INFO	D
133.100	Bordeaux UAC	F
	Amsterdam FIS	N
133.125	Charleroi Gosselies APP B	
133.150	Copenhagen ACC	DK
	Genf ACC	S
133.225	Bordeaux UAC	F
133.250	Maastricht UAC	B
133.275	RHEIN UAC Karlsruhe	D
133.300	Damme INFO	D
133.350	Maastricht UAC	B
133.400	Tulln TWR	Ö

133.475	Brest UAC	F
133.500	Paris UAC	F
133.550	Bremen FIS	D
133.600	Wien ACC	Ö
133.650	RHEIN UAC Karlsruhe	D
133.675	München UAC	D
133.725	Bremen ACC	D
133.750	München UAC	D
133.800	Wien ACC	Ö
133.825	Reims UAC	F
133.850	Maastricht UAC	B
133.900	Dübendorf TWR	S
	Emmen TWR	S
	Payerne TWR	S
133.925	Paris UAC	F
133.950	Maastricht UAC	B
134.000	Bordeaux UAC	F
	Prag ACC	T
134.150	München ACC	D
134.175	Dortmund-Wickede INFO	D
134.350	Wien ACC	Ö
134.375	Maastricht UAC	B

134.400	Reims UAC	F
134.550	RHEIN UAC Karlsruhe	D
134.600	Zürich ACC	S
134.725	Bordeaux UAC	F
134.800	RHEIN UAC Karlsruhe	D
134.850	Genf ACC	S
134.875	Brest UAC	F
134.900	Coburg-Brandenst.	D
134.950	RHEIN UAC Karlsruhe	D
135.000	Paris ACC	F
135.050	Zeltweg TWR	Ö
135.100	Paris UAC	F
135.150	Maastricht UAC	B
135.200	Tulln APP	Ö
	Bordeaux UAC	F
135.300	Paris UAC	F
135.350	Düsseldorf FIS	D
135.450	Maastricht UAC	B
135.500	Paris UAC	F
	Reims UAC	F
135.550	Bremen FIS	D
135.600	GAF FÜrstenfeldbruck	D

135.650	Brest UAC	F
135.675	Zürich ACC	S
135.700	Bremen FIS	D
135.725	Nürnberg FIS	D
135.775	Frankfurt VOLMET II	D
135.800	Paris UAC	F
135.850	Bordeaux UAC	F
135.900	Paris UAC	F
135.950	RHEIN UAC Karlsruhe	D
135.975	Maastricht UAC	B

8.3 Frequenzzuweisungen außerhalb des VHF-Bereichs

Die nachfolgende Tabelle listet Flughäfen in Deutschland in alphabetischer Reihenfolge auf und gibt Frequenzen an, die oberhalb von 137 MHz oder unterhalb von 118.000 MHz liegen.

Ahlhorn TOWER	141.500
Ahlhorn TOWER	233.300
Ahlhorn TOWER	257.800
Ahlhorn TOWER	315.300
Ansbach TOWER	031.800
Ansbach TOWER	040.800
Ansbach TOWER	139.050
Ansbach TOWER	264.850
Ansbach TOWER	375.150
Ansbach GND CON	141.300
Ansbach GND CON	250.500
Ansbach GND CON	338.750
Altenstadt TOWER	241.150
Altenstadt TOWER	257.800
Augsburg TOWER	338.975
Augsburg Army Heliport	030.600
Augsburg Army Heliport	141.800
Augsburg Army Heliport	399.650
Bad Kreuznach	031.800
Bad Kreuznach	040.200
Bad Kreuznach	141.600
Bad Kreuznach	399.850

Baumholder	033.200
Baumholder	142.900
Baumholder	251.200
Berlin Schönefeld RADAR	356.925
Berlin Schönefeld TOWER	358.600
Berlin Tegel TOWER	243.000
Berlin Tegel TOWER	312.825
Berlin Tegel TOWER	336.275
Berlin Tegel GROUND	337.700
Berlin Tempelhof CONTROL	243.000
Berlin Tempelhof CONTROL	353.800
Berlin Tempelhof CONTROL	357.000
Berlin Tempelhof APPROACH	362.300
Berlin Tempelhof DEPARTURE	372.000
Berlin Tempelhof TOWER	337.300
Berlin Tempelhof TOWER	358.000
Berlin Tempelhof TOWER	356.000
Bitburg TOWER	345.150
Bitburg GND CON	315.600
Bonn Hardthöhe Heliport	257.800
Bonn Hardthöhe Heliport	359.550
Braunschweig TOWER	231.500
Braunschweig TOWER	336.000
Bremen ATIS	243.000
Bremen ATIS	362.300
Bremen INFORMATION	376.700
Bremen INFORMATION	370.100
Bremen RADAR	338.800

Bremen RADAR	290.600
Bremen RADAR	3340.850
Bremen MONITOR	275.400
Bremen MONITOR	309.750
Bremen MONITOR	297.250
Bremen RADAR	258.900
Bremen RADAR	381.200
Bremen RADAR	285.100
Bremen RADAR	362.000
Bremen RADAR	262.900
Bremen RADAR	260.000
Bremen RADAR	275.850
Bremen RADAR	299.850
Bremen APPROACH	277.700
Bremen TOWER	337.750
Bremgarten APPROACH	342.450
Bremgarten APPROACH	362.300
Bremgarten TOWER	257.800
Bremgarten TOWER	341.850
Bruggen APPROACH	384.225
Bruggen DIRECTOR	344.225
Bruggen TOWER	262.875
Bruggen TOWER	313.550
Bruggen GND CON	342.075
Bruggen GND CON	335.750
Büchel TOWER	140.450
Büchel TOWER	360.750
Bückeburg TOWER	140.400
Bückeburg TOWER	270.00
Clutch RADAR	254.200

Coleman ATIS	108.200
Coleman TOWER	142.650
Coleman TOWER	031.800
Coleman TOWER	040.800
Coleman TOWER	291.500
Coleman TOWER	369.750
Coleman GND CON	141.300
Coleman GND CON	250.55
Coleman GND CON	338.750
Diepholz TOWER	140.600
Diepholz TOWER	241.850
Diepholz TOWER	257.800
Dortmund TOWER	315.550
Dortmund TOWER	369.750
Düsseldorf INFORMATION	257.250
Düsseldorf RADAR	359.800
Düsseldorf RADAR	343.550
Düsseldorf RADAR	344.700
Düsseldorf RADAR	275.550
Düsseldorf RADAR	316.900
Düsseldorf RADAR	250.300
Düsseldorf RADAR	254.700
Düsseldorf ARRIVAL	291.650
Düsseldorf ARRIVAL	291.650
Düsseldorf RADAR	315.650
Düsseldorf RADAR	253.500
Düsseldorf TOWER	249.500
Düsseldorf TOWER	337.750
Eifel APPROACH	141.100
Eifel APPROACH	2249.400
Eifel APPROACH	257.100

Eifel APPROACH	290.400
Eifel WEST	370.600
Eifel WEST	384.200
Erding TOWER	241.000
Erding TOWER	257.800
Erding TOWER	356.250
Fassberg TOWER	141.700
Fassberg TOWER	257.800
Fassberg TOWER	277.550
Fassberg TOWER	369.800
Finthen TOWER	031.500
Finthen TOWER	040.500
Finthen TOWER	040.800
Finthen TOWER	139.050
Finthen TOWER	341.800
Finthen GND CON	141.300
Finthen GND CON	315.850
Frankfurt ATIS	114.200
Frankfurt ATIS	362.300
Frankfurt RADAR	283.550
Frankfurt RADAR	233.450
Frankfurt RADAR	338.550
Frankfurt RADAR	281.400
Frankfurt RADAR	270.050
Frankfurt RADAR	386.800
Frankfurt RADAR	315.550
Frankfurt RADAR	336.450
Frankfurt RADAR	341.850
Frankfurt RADAR	259.850
Frankfurt RADAR	356.300
Frankfurt APPROACH	230.300

Frankfurt APPROACH	252.450
Frankfurt APPROACH	359.800
Frankfurt APPROACH	399.550
Frankfurt DEPARTURE	359.800
Frankfurt DEPARTURE	362.400
Frankfurt DEPARTURE	367.150
Frankfurt ARRIVAL	340.600
Frankfurt TOWER	249.500
Frankfurt TOWER	337.750
Frankfurt MIL RAMP	231.300
Frankfurt MIL RAMP	243.600
Friedrichshafen TOWER	336.400
Fritzlar TOWER	283.500
Fulda APPROACH	138.250
Fulda APPROACH	242.550
Fulda APPROACH	276.800
Fulda TOWER	031.800
Fulda TOWER	142.900
Fulda TOWER	252.200
Fulda TOWER	344.800
Fulda GND CON	141.300
Fulda GND CON	259.050
Fulda GND CON	259.750
Fürstenfeldbruck TOWER	234.350
Fürstenfeldbruck TOWER	257.800
Fürstenfeldbruck TOWER	336.350
Fürstenfeldbruck GND CON	307.400
Fürstenfeldbruck GND CON	370.100
Gatow TOWER	360.725

Geilenkirchen TOWER	140.075
Geilenkirchen TOWER	257.800
Geilenkirchen TOWER	360.050
Geilenkirchen TOWER	361.650
Geilenkirchen TOWER	341.750
Geilenkirchen GND CON	380.950
Giebelstadt TOWER	030.100
Giebelstadt TOWER	031.800
Giebelstadt TOWER	138.750
Giebelstadt TOWER	142.050
Giebelstadt TOWER	277.500
Giebelstadt TOWER	314.550
Giebelstadt TOWER	369.300
Giebelstadt GND CON	141.300
Giebelstadt GND CON	242.000
Giebelstadt GND CON	276.550
Gießen Army Heliport	033.700
Gießen Army Heliport	138.600
Gießen Army Heliport	242.450
Grafenwöhr TOWER	031.800
Grafenwöhr TOWER	142.450
Grafenwöhr TOWER	369.800
Grafenwöhr TOWER	386.650
Grafenwöhr GND CON	141.300
Grafenwöhr GND CON	250.500
Grafenwöhr GND CON	338.750
Gütersloh APPROACH	130.800
Gütersloh APPROACH	251.250
Gütersloh APPROACH	362.300
Gütersloh TOWER	257.800
Gütersloh TOWER	276.000
Gütersloh GND CON	240.600

Hamburg RADAR	312.750
Hamburg RADAR	372.650
Hamburg TOWER	337.750
Hamburg-Finkenwerder TOWER	259.150
Hanau TOWER	037.600
Hanau TOWER	031.800
Hanau TOWER	142.450
Hanau TOWER	234.800
Hanau GND CON	141.300
Hanau GND CON	250.550
Hannover RADAR	312.200
Hannover RADAR	299.950
Hannover ARRIVAL	312.200
Hannover TOWER	249.500
Hannover TOWER	337.750
Hannover APPROACH	369.950
Heidelberg GCA	143.100
Heidelberg GCA	378.250
Heidelberg TOWER	031.800
Heidelberg TOWER	033.600
Heidelberg TOWER	142.200
Heidelberg TOWER	245.350
Heidelberg TOWER	257.800
Heidelberg TOWER	314.800
Heidelberg APPROACH	143.750
Heidelberg APPROACH	276.400
Heidelberg APPROACH	314.500
Heidelberg GND CON	141.300
Hohn TOWER	141.700
Hohn TOWER	250.000

Hoppstädten/Weiersbach	142.900
Hoppstädten/Weiersbach	251.200
Hopsten GCA	344.000
Hopsten TOWER	257.800
Hopsten TOWER	364.850
Illesheim TOWER	142.900
Illesheim TOWER	344.800
Illesheim GND CON	138.725
Illesheim GND CON	356.875
Ingolstadt TOWER	292.600
Jever TOWER	344.35
Karlsruhe RHEIN CONTROL	362.300
Karlsruhe RHEIN CONTROL	344.600
Karlsruhe RHEIN CONTROL	255.400
Karlsruhe RHEIN CONTROL	310.300
Karlsruhe RHEIN CONTROL	300.700
Karlsruhe RHEIN CONTROL	379.750
Karlsruhe RHEIN CONTROL	372.400
Karlsruhe RHEIN CONTROL	282.450
Karlsruhe RHEIN CONTROL	342.250
Karlsruhe RHEIN CONTROL	315.400
Karlsrihe RHEIN CONTROL	311.400
Kassel TOWER	231.500
Kiel Holtenau TOWER	255.400
Kiel Holtenau TOWER	256.050
Kiel Holtenau TOWER	257.800

Kitzingen ATIS	111.400
Kitzingen TOWER	031.800
Kitzingen APPROACH	140.750
Kitzingen APPROACH	275.350
Kitzingen APPROACH	357.200
Kitzingen TOWER	142.650
Kitzingen TOWER	245.750
Kitzingen TOWER	386.500
Kitzingen GND CON	141.300
Kitzingen GND CON	250.550
Kitzingen GND CON	338.750
Köln/Bonn APPROACH	253.500
Köln/Bonn ARRIVAL	292.550
Köln/Bonn APPROACH	368.050
Köln/Bonn RADAR	381.100
Köln/Bonn TOWER	249.100
Köln/Bonn TOWER	291.200
Köln/Bonn MIL GND	136.250
Köln/Bonn MIL GND	312.100
Landsberg TOWER	138.400
Landsberg TOWER	290.800
Landstuhl Army Heliport	030.600
Landstuhl Army Heliport	030.750
Landstuhl Army Heliport	138.600
Landstuhl Army Heliport	266.650
Laupheim (Lima) TOWER	275.900
Laupheim TOWER	031.800
Laupheim TOWER	138.750
Laupheim TOWER	242.500
Laupheim TOWER	256.400
Laupheim TOWER	257.800
Laupheim TOWER	342.550

Lechfeld TOWER	139.500
Lechfeld TOWER	285.100
Leipheim TOWER	140.400
Leipheim TOWER	282.400
Leipzig TOWER	376.550
Lemwerder TOWER	282.350
Ludwigshafen/Rhein Unfallklinik Heliport über Coleman TOWER	142.650
Maastricht EUROCONTROL	300.450
Maastricht EUROCONTROL	268.500
Maastricht EUROCONTROL	362.250
Maastricht EUROCONTROL	359.850
Maastricht EUROCONTROL	259.750
Maastricht EUROCONTROL	249.950
Maastricht EUROCONTROL	263.950
Maastricht EUROCONTROL	281.700
Maastricht EUROCONTROL	338.800
Memmingen TOWER	140.600
Memmingen TOWER	249.650
Memmingen TOWER	257.800
Memmingen TOWER	355.350
Mendig TOWER	040.600
Mendig TOWER	242.500
Mendig TOWER	257.800

Mendig TOWER	291.150
Mendig TOWER	363.700
München ATIS	362.300
München INFORMATION	241.950
München RADAR	375.250
München RADAR	299.400
München RADAR	257.000
München RADAR	234.900
München RADAR	270.000
München RADAR	277.550
München RADAR	369.950
München RADAR	386.250
München RADAR	339.950
München RADAR	386.600
München RADAR	230.250
München RADAR	381.150
München RADAR	312.050
München RADAR	372.500
München RADAR	383.400
München RADAR	282.350
München RADAR	249.850
München APPROACH	279.600
München ARRIVAL	376.000
München TOWER	337.750
München TOWER	249.500
Münster TOWER	257.800
Neuburg (Donau) TOWER	269.700
Neuhausen TOWER	042.40
Neuhausen TOWER	340.750

Niederstetten TOWER	291.050
Nordholz TOWER	142.900
Nordholz TOWER	241.900
Nordholz TOWER	257.800
Nordholz TOWER	343.400
Nörvenich TOWER	142.900
Nörvenich TOWER	257.800
Nörvenich TOWER	265.400
Nörvenich TOWER	369.300
Nürnberg INFORMATION	277.600
Nürnberg APPROACH	342.600
Nürnberg RADAR	344.500
Nürnberg ARRIVAL	344.500
Nürnberg TOWER	249.500
Nürnberg TOWER	337.750
Oberpfaffenhofen TOWER	255.850
Oberpfaffenhofen TOWER	292.800
Oberpfaffenhofen TOWER	257.800
Paderborn TOWER	257.800
Pferdsfeld TOWER	141.700
Pferdsfeld TOWER	261.350
Pferdsfeld TOWER	257.800
Pferdsfeld TOWER	364.850
Pirmasens Army Heliport	040.200
Pirmasens Army Heliport	142.900
Pirmasens Army Heliport	251.200
Ramstein TOWER	257.800
Ramstein TOWER	267.600
Ramstein TOWER	277.200

Ramstein TOWER	279.650
Ramstein GND CON	252.100
Ramstein GND CON	375.000
Ramstein GND CON	130.400
Ramstein FIGHTER	278.550
Ramstein DEPARTURE	138.900
Ramstein DEPARTURE	378.400
Ramstein CLEARANCE DEL	250.550
Ramstein CLEARANCE DEL	282.700
Ramstein MAC AIRLIFT	234.400
Ramstein WING COMD POST	315.350
Ramstein WING COMD POST	360.550
Ramstein WING COMD POS	383.150
Ramstein SUPERVISOR	379.500
Ramstein ATIS	292.650
Ramstein ATIS	138.775
Ramstein PTD	261.275
Ramstein APPROACH	358.500
Ramstein APPROACH	378.400
Rheine (Bentlage) TOWER	042.400
Rheine (Bentlage) TOWER	141.700
Rheine (Bentlage) TOWER	240.850
Rheine (Bentlage) TOWER	242.500
Rheine (Bentlage) TOWER	257.800
Rheine (Bentlage) TOWER	290.850
RHEIN RADAR	142.550
RHEIN RADAR	258.900
RHEIN RADAR	277.050
RHEIN RADAR	281.800
RHEIN RADAR	362.300
mit folgenden Sektoren:	
Fulda	251.300

Fulda	297.100
Frankfurt	277.050
Frankfurt	268.000
Nattenheim	258.900
Unfallklinik Heliport	
über Coleman TOWER	132.650
Nattenheim	380.400
Söllingen	300.100
Söllingen	379.300
Tango	251.300
Tango	269.100
Monitor TRA 204	378.150
Monitor TRA 205 E	300.600
Monitor TRA 205 W	356.300
Monitor TRA 304 A	298.300
Monitor TRA 305 b	300.600
Monitor TRA 306 a	381.800
KARLSRUHE UACC mit Sektoren:	
Frankfurt	242.750
Frankfurt	265.650
Fulda	255.800
Fulda	356.650
Nattenheim	259.550
Nattenheim	247.400
Söllingen	234.200
Söllingen	267.500
Söllingen	256.250
Tango	234.200
Tango	232.700
Würzburg	265.650
Würzburg	378.300

Spangdahlem TOWER	257.800
Spangdahlem TOWER	336.900
Spangdahlem TOWER	381.300

Spangdahlem GND CON	279.200
Spangdahlem GND CON	363.800
Spangdahlem CLEARANCE DEL	282.900
Spangdahlem ATIS	367.725
Stetten RADAR	140.750
Stetten RADAR	249.550
Stetten RADAR	143.925
Stetten RADAR	275.350
Stetten RADAR	309.950
Stetten RADAR	357.200
Stetten TOWER	040.600
Stetten TOWER	242.500
Stetten TOWER	257.800
Stetten TOWER	345.000
Stetten TOWER	291.050
Stuttgart RADAR	338.650
Stuttgart RADAR	278.085
Stuttgart ARRIVAL	279.350
Stuttgart TOWER	337.750
Weser RADAR	255.850
Weser RADAR	290.600
Weser RADAR	340.850
Wiesbaden TOWER	030.100
Wiesbaden TOWER	142.350
Wiesbaden TOWER	278.150
Wiesbaden TOWER	369.050
Wiesbaden GND CON	138.550
Wiesbaden GND CON	250.550
Wiesbaden GND CON	338.750
Wiesbaden ATIS	139.525
Wiesbaden ATIS	250.900

Wunstorf TOWER	138.600
Wunstorf TOWER	231.200
Wunstorf TOWER	261.350
Wunstorf TOWER	257.800
Wunstorf TOWER	341.450
Wunstorf TOWER	362.300

9 Spezielle amtliche Funkdienste

9.1 Seefunkdienste

Den Funkdienst zwischen den Schiffen und den Küstenfunkstellen bzw. zwischen den Schiffen untereinander bezeichnet man als Beweglichen Seefunkdienst. Im einzelnen unterscheidet man:

Öffentlicher Seefunkdienst

Eine Telefonverbindung zu einem Schiff.

Nichtöffentlicher Seefunkdienst

Hierzu zählen Revierdienst, Hafenfunkdienst, Ortungsfunkdienst und Schiffslenkungsfunkdienst.

Der UKW-Seefunk arbeitet im Zweimeter-Band auf 57 Kanälen. Es wird im Simplex- und Duplex-Betrieb gearbeitet. Der Kanalabstand beträgt 25 KHz, als Modulationsart wird Frequenzmodulation (FM) verwendet.

Kanaltabelle für den UKW-Seefunk

Die folgende Tabelle listet die Frequenzen in MHz für die Küsten- und Seefunkstellen auf.

Kanalnummer	Seefunkstelle	Küstenfunkstelle
1	156.050	160.650
2	156.100	160.700

Kanalnummer	Seefunkstelle	Küstenfunkstelle
3	156.150	160.750
4	156.200	160.800
5	156.250	160.850
6	156.300	—
7	156.350	160.950
8	156.400	—
9	156.450	156.450
10	156.500	156.500
11	156.550	156.550
12	156.600	156.600
13	156.650	156.650
14	156.700	156.700
15	156.750	156.750
16	156.800	156.800
17	156.850	156.850
18	156.900	161.500
19	156.950	161.550
20	157.000	161.600
21	157.050	161.650
22	157.100	161.700
23	157.150	161.750
24	157.200	161.800
25	157.250	161.850
26	157.300	161.900
27	157.350	161.950
28	157.400	162.000
60	156.025	160.625
61	156.075	160.675
62	156.125	160.725

Kanalnummer	Seefunkstelle	Küstenfunkstelle
63	156.175	160.775
64	156.225	160.825
65	156.275	160.875
66	156.325	160.925
67	156.375	156.375
68	156.425	156.425
69	156.475	156.475
70	156.525	—
71	156.575	156.575
72	156.625	—
73	156.675	156.675
74	156.725	156.725
75	—	—
76	—	—
77	156.875	—
78	156.925	161.525
79	156.975	161.575
80	157.025	161.625
81	157.075	161.675
82	157.125	161.725
83	157.175	161.775
84	157.225	161.825
85	157.275	161.875
86	157.325	161.925
87	157.375	161.975
88	157.425	162.025

Ähnlich wie im Flugfunk gibt es auch beim Seefunk bestimmte Sonderfrequenzen, die für spezielle Zwecke reserviert sind:

Not- und Anruffrequenz	Kanal 16 oder 28
Von Schiff zu Schiff	Kanal 06
Verbindung zu Helikoptern	Kanal 06
Fracht/Fahrgastschiffe	Kanal 08
Wasserschutzpolizei	Kanal 09
Lotsendienste	Kanal 09
Behördenschiffe	Kanal 13
Fischerei	Kanal 10 und 77
Sportboote	Kanal 69 und 72
Such- und Rettungseinsätze	Kanäle 10, 67 und 73

Die deutschen Küstenfunkstellen arbeiten auf folgenden Kanälen:

Norddeich Radio	28, 61, 86
Elbe-Weser Radio	01, 24, 26
Elbe-Weser Radio für den Nord-Ostseekanal	23, 28, 62
Bremen Radio	25, 28
Eiderstedt Radio	25, 64
Flensburg Radio	25, 27, 64

Hamburg Radio	25, 27, 82, 83
Helgoland Radio	03, 27, 88
Kiel Radio	23, 26, 87
Kiel Radio für den Nord-Ostseekanal	24, 78
Lübeck Radio	24, 27, 82, 83
Nordfriesland Radio	05, 26

Die Revier- und Hafenfunkdienste arbeiten auf folgenden Kanälen:

Bereich Ems

Borkum Radar	18
Knock Radar	20
Wybelsum Radar	21
Ems Revier	15, 18, 20 21
Emden Lock	13
Emden Pilot	12
Leer Lock	13
Nesserland Lock	13
Papenburg Lock	13

Bereich Jade und Weser

Alte Weser Radar	22
Blexen Radar	07
Dedesdorf Radar	82
Harriersand Radar	21
Hoheweg Radar	02
Robbenplate Radar	04

Sandstedt Radar	21
Jade Radar	20
Jade Revier	20
Wilhelmshaven Port	11
Wilhelmshaven Lock	13
Bremerhaven Port	12
Bremerhaven Weser Port	14
Bremerh. Weser Revier	02, 04, 07, 16
Bremen Hunte Revier	17
Bremen Port	03, 14
Bremen Radar	12
Bremen Weser Revier	19
Brake Lock	10
Hunte Bridge	10
Elsfleth Bridge	10

Bereich Schleswig Holstein Westküste

Büsum Port	11
Husum Port	11
Eider Lock	14
Helgoland Port	67
Helgoland Pilot	13
Deutsche Bucht Revier	80

Bereich Elbe

Brunsbüttel Pilot	09, 13
Brunsbüttel Elbe Port	11, 14
Brunsbüttel Radar	04
Freiburg Radar	18, 22
Hetlingen Radar	21
Steindeich Radar	05
Cuhaven Radar	19, 21, 22
Neuwerk Radar	05, 18

Belum Radar	03
Cuxhaven Lock	69
Cuxhaven Elbe Port	12, 14
Hamburg Port	14, 73
Hamburg Elbe Port	11, 12
Hamburg Radar	03, 05, 07, 19, 63, 80
Harburg Lock	13
Elbe Pilot	67
Este Lock	10
Süderelbe Revier	13
Rethe Revier	13
Tiefstack Lock	11
Süderelbe Revier	13

Bereich Ostsee

Kiel Port	11
Kiel Pilot	14
Kiel Revier	22
Puttgarden Port	11
Trave Pilot	13
Trave Revier	20
Trave Port	19

Bereich Nord-Ostseekanal

Kiel	02, 03, 09, 12, 13
Kanal Pilot	09, 13
Breiholz Pilot	73
Holtenau Pilot	12
Ostermoor Port	73

Die oben verwendeten Bezeichnungen haben folgende Bedeutung:

Bridge	Verkehrsregelung an Brücken

Kanal	Verkehrsregelung Nord-Ostseekanal
Lock	Verkehrsregelung an Schleusen außerhalb des Nord-Ostseekanals
Port	Hafenabfertigung
Pilot	Lotsendienst
Revier	Verkehrsregelung durch die Wasser- und Schiffahrtsverwaltung
Radar	Radarschiffslenkung

9.2 Rheinfunkdienst

Die folgende Tabelle zeigt die Zuweisung der einzelnen Kanäle für die Rheinschiffahrt und die Schiffahrt auf anderen Binnengewässern:

Von Schiff zu Schiff	10, 13, 73, 77
Von Schiff zu Behörde	11, 12, 13, 14
Nautischer Infodienst	18, 20, 22, 78, 79, 80 81, 82
Öffentl. Nachrichtendienst	07, 23-28, 81-88
An Bord	15, 17
Selektivruf	16

9.3 Zugfunkdienst

Im Siebzigzentimeter-Band sind 35 Kanalpaare für den Zugfunk reserviert. Die Züge senden im Unterband und empfangen im Oberband (Duplexbetrieb). Der Kanalabstand beträgt 25 KHz, die Modulation ist FM (Frequenzmodulation). Die folgende Tabelle zeigt die Zuordnung der Kanalnummern zu den einzelnen Frequenzen.

Kanalnummer	Unterband	Oberband
11	457.450	467.450
12	457.475	467.475
13	457.500	467.500
14	457.525	467.525
15	457.550	467.550
16	457.575	467.575
17	457.600	467.600
18	457.625	467.625
19	457.650	467.650
20	457.675	467.675
21	457.700	467.700
22	457.725	467.725
23	457.750	467.750
24	457.775	467.775
25	457.800	467.800
26	457.825	467.825
27	457.850	467.850
28	457.875	467.875
29	457.900	467.900
30	457.925	467.925
31	457.950	467.950
32	457.975	467.975
33	458.000	468.000

Kanalnummer	Unterband	Oberband
34	458.025	468.025
35	458.050	468.050
36	458.075	468.075
37	458.100	468.100
38	458.125	468.125
39	458.150	468.150
40	458.175	468.175
41	458.200	468.200
42	458.225	468.225
43	458.250	468.250
44	458.275	468.275
45	458.300	468.300

Anhang A

Kanaltabelle für das Siebzigzentimeterband

Frequenzangaben in MHz

Kanalnummer	Oberband	Unterband
690	448,6000	443,6000
691	448,6125	443,6125
692	448,6250	443,6250
693	448,6375	443,6375
694	448,6500	443,6500
695	448,6625	443,6625
696	448,6750	443,6750
697	448,6875	443,6875
698	448,7000	443,7000
699	448,7125	443,7125
700	448,7250	443,7250
701	448,7375	443,7375
702	448,7500	443,7500
703	448,7625	443,7625
704	448,7750	443,7750
705	448,7875	443,7875
706	448,8000	443,8000
707	448,8125	443,8125
708	448,8250	443,8250
709	448,8375	443,8375
710	448,8500	443,8500
711	448,8625	443,8625
712	448,8750	443,8750

Kanalnummer	Oberband	Unterband
713	448,8875	443,8875
714	448,9000	443,9000
715	448,9125	443,9125
716	448,9250	443,9250
717	448,9375	443,9375
718	448,9500	443,9500
719	448,9625	443,9625
720	448,9750	443,9750
721	448,9875	443,9875
722	449,0000	444,0000
723	449,0125	444,0125
724	449,0250	444,0250
725	449,0375	444,0375
726	449,0500	444,0500
727	449,0625	444,0625
728	449,0750	444,0750
729	449,0875	444,0875
730	449,1000	444,1000
731	449,1125	444,1125
732	449,1250	444,1250
733	449,1375	444,1375
734	449,1500	444,1500
735	449,1625	444,1625
736	449,1750	444,1750
737	449,1875	444,1875
738	449,2000	444,2000
739	449,2125	444,2125
740	449,2250	444,2250
741	449,2375	444,2375
742	449,2500	444,2500
743	449,2625	444,2625
744	449,2750	444,2750
745	449,2875	444,2875

Kanalnummer	Oberband	Unterband
746	449,3000	444,3000
747	449,3125	444,3125
748	449,3250	444,3250
749	449,3375	444,3375
750	449,3500	444,3500
751	449,3625	444,3625
752	449,3750	444,3750
753	449,3875	444,3875
754	449,4000	444,4000
755	449,4125	444,4125
756	449,4250	444,4250
757	449,4375	444,4375
758	449,4500	444,4500
759	449,4625	444,4625
760	449,4750	444,4750
761	449,4875	444,4875
762	449,5000	444,5000
763	449,5125	444,5125
764	449,5250	444,5250
765	449,5375	444,5375
766	449,5500	444,5500
767	449,5625	444,5625
768	449,5750	444,5750
769	449,5875	444,5875
770	449,6000	444,6000
771	449,6125	444,6125
772	449,6250	444,6250
773	449,6375	444,6375
774	449,6500	444,6500
775	449,6625	444,6625
776	449,6750	444,6750
777	449,6875	444,6875
778	449,7000	444,7000

Kanalnummer	Oberband	Unterband
779	449,7125	444,7125
780	449,7250	444,7250
781	449,7375	444,7375
782	449,7500	444,7500
783	449,7625	444,7625
784	449,7750	444,7750
785	449,7875	444,7875
786	449,8000	444,8000
787	449,8125	444,8125
788	449,8250	444,8250
789	449,8375	444,8375
790	449,8500	444,8500
791	449,8625	444,8625
792	449,8750	444,8750
793	449,8875	444,8875
794	449,9000	444,9000
795	449,9125	444,9125
796	449,9250	444,9250
797	449,9375	444,9375
798	449,9500	444,9500
799	449,9625	444,9625

Anhang B

Kanaltabelle für das erweiterte Zweimeterband

Frequenzangaben in MHz

Kanalnummer	Oberband	Unterband
101	169,810	165,210
102	169,830	165,230
103	169,850	165,250
104	169,870	165,270
105	169,890	165,290
106	169,910	165,310
107	169,930	165,330
108	169,950	165,350
109	169,970	165,370
110	169,990	165,390
111	170,010	165,410
112	170,030	165,430
113	170,050	165,450
114	170,070	165,470
115	170,090	165,490
116	170,110	165,510
117	170,130	165,530
118	170,150	165,550
119	170,170	165,570
120	170,190	165,590
121	170,210	165,610
122	170,230	165,630
123	170,250	165,650
124	170,270	165,670
125	170,290	165,690

Anhang C

Alphabetische Liste der BOS-Rufnamen/Ortsnamen

Abkürzungen

BEPO	Bereitschaftspolizei
BGS	Bundesgrenzschutz
HELI	Polizei-Helikopter
KP	Kriminalpolizei
PAS	Autobahnpolizei
POL	Polizei
RP	Regierungspräsidium
WSP	Wasserschutzpolizei

Adler	Mannheim	POL
Adler	Hannover	RP
Agger	Gummersbach	POL
Agnes	Straubing, Deggendorf, Regen	POL
Albatros	Neustadt/H.	BGS
Alex	Remscheid, Solingen, Wuppert.	POL
Aller	Osterholz, Rotenburg, Verden	POL
Alore	Halle	POL
Amper	Dachau, Landsberg, Starnberg	POL
Anton	Saarbrücken	POL
Argus	Südpfalz	BGS
Armin	Bielefeld	POL
Arnold	Köln	POL
Asam	Flughafen München FJS	BGS
Atlas	Paderborn	POL

Atoll	Berlin	POL
Auster	Aurich, Emden, Leer	POL
Bachus	Trier	POL
Banjo	Steinfurt	POL
Barbara	Kiel, München	POL
Baron	Bredstedt	BGS
Basalt	Limburg	POL
Bastau	Minden	POL
Berolina	Berlin	POL
Berta	Calw, Mosbach, Baden-Baden	POL
Biene	Bremen	BEPO
Bigge	Lüdenscheid	POL
Birke	Birkenfeld, Bad Kreuznach	POL
Blume	Kassel, Hanau	BEPO
Bodan	Friedrichshafen	WSP
Bodo	Mettmann	POL
Börde	Soest	POL
Brama	Bad Branstedt	BGS
Bremse	Braunschweig	POL
Brücke	Osnabrück	POL
Bussard	Stuttgart	HELI
Cantil	Lübben, Cottbus, Herzberg	POL
Carola	Aue, Chemnitz, Freiberg	POL
Cäsar	Siegburg	POL
Christa	Krefeld	POL
City	Berlin	POL
Clio	Aachen	BGS
Dalke	Gütersloh	POL
David	Mülheim/Ruhr	POL
Deichgraf	Dithmarschen	POL
Delme	Delmenhorst, Brake, Lüchow	POL
Delphi	Emden	ZOLL

Donar	Kaiserslautern	PAS
Donau	Regensburg	RP
Dora	Stuttgart, Heilbronn, Aalen	POL
Drossel	Bautzen, Dresden, Meißen	POL
Drusel	Mainz	PAS
Düne	Westerland, Sylt	POL
Dürer	Nürnberg	PAS
Düssel	Düsseldorf	POL
Ebbe	Eberswalde, Prenzlau	POL
Edelweiß	Neubiberg	HELI
Edwin	Köln	RP
Egge	Höxter	POL
Egon	Duisburg	POL
Eifel	Bitburg, Daun, Wittlich	POL
Einstein	Potsdam, Belzig, Rathenow	POL
Eisvogel	Kiel	ZOLL
Elbe	Hamburg	WSP
Elster	Erfurt	PAS
Ems	Nordhorn	POL
Emu	Eschwege	BGS
Ennepe	Ennepe	POL
Erika	Neumünster	POL
Erna	Gelsenkirchen	POL
Eule	Euskirchen	POL
Eutina	Eutin	BEPO
Falke	Kassel	POL
Fanfare	Kassel	BGS
Fasan	Frankfurt/Oder	POL
Felix	Münster	RP
Florett	Flensburg	BGS
Förde	Flensburg	POL
Frank	Frankfurt/Main	POL
Freischütz	Eutin	POL

Friedrich	Freiburg, Offenburg, Waldshut	POL
Friesland	Husum	POL
Fulda	Fulda	POL
Gabriel	Düsseldorf	POL
Gamma	Berlin	POL
Genius	Wilhemshaven	POL
Georg	Arnsberg	RP
Gerau	Groß-Gerau	POL
Gerhard	Göttingen	POL
Gero	Gera, Greiz, Altenburg	POL
Gießen	Gießen	RP
Gisela	Gießen, Wetzlar	POL
Gitter	Salzgitter, Peine	POL
Goliath	Mülheim	POL
Gregor	Neuss	POL
Greif	München	POL
Grotte	Neuhaus, Lobenstein, Saalfeld	POL
Gruga	Essen	POL
Günther	Karlsruhe	POL
Günz	Günzburg	POL
Habicht	Erfurt	HELI
Hafen	Hamburg	POL
Hagen	Alzey, Worms	POL
Hamlet	Bremen	BGS
Hanno	Hannover	POL
Hansa	Hamburg	ZOLL
Hantel	Bremen	BGS
Harmonia	Hamburg	POL
Hasso	München	POL
Haune	Haunetal	BGS
Heiner	Darmstadt	POL
Heino	Heinsberg	POL
Hellweg	Unna	POL

Hermann	Lippe, Lemgo	POL
Hermes	Hagen	POL
Herta	Bottrop	POL
Herzog	Coburg, Kronach	POL
Hessen	Wiesbaden	RP
Hilde	Hildesheim	POL
Holbein	Augsburg	POL
Horst	Braunschweig	RP
Hügel	Essen	POL
Hummel	Düsseldorf	HELI
Hummer	Hamburg	BEPO
Ikarus	Magdeburg	HELI
Iller	Kempten, Lindau, Sonthofen	POL
Iltis	Ratzeburg	POL
Irma	Bochum	POL
Isar	München	POL
Isolde	Bayreuth, Kulmbach	POL
Itter	Düsseldorf	POL
Jade	Wilhelmshaven	ZOLL
Johann	Saarbrücken	KP
Jura	Lauf, Pegnitz, Roth	POL
Kabel	Kassel	BGS
Kadi	Ludwigshafen	RP
Kaiser	Speyer	POL
Kali	Bad Hersfeld	POL
Kalkberg	Bad Segeberg	POL
Karat	Berlin	POL
Karol	Düren	POL
Kastell	Frankfurt	KP
Kastor	Hamburg	KP
Keiler	Lübeck	BGS
Kilian	Kiel	POL

Kinzig	Main-Kinzig-Kreis	POL
Kleeblatt	Fürth	POL
Klette	Kleve	POL
Kogge	Rostock	ZOLL
Köppel	Bad Ems, Montabaur	POL
Kordon	Ebersberg, Erding, Freising	POL
Kosmos	Erlangen	POL
Kranich	Linken	ZOLL
Kugel	Haßfurt, Schweinfurt	POL
Kurfürst	Aschaffenburg	POL
Küste	Cuxhaven	BGS

Lanze	Berlin	POL
Lärche	Mainz	RP
Läufer	Ludwigshafen/Rhein	PAS
Laura	Landau, Germersheim	POL
Lauter	Alsfeld	POL
Lech	Augsburg	POL
Leina	Eisenach, Erfurt, Gotha	POL
Lenne	Olpe	POL
Leo	Leverkusen	POL
Libelle	Hamburg	HELI
Limes	Bad Homburg	POL
Lisa	Marburg	POL
Loisach	Bad Tölz, Garmisch	POL
Lorelei	Koblenz	RP
Lotse	Rendsburg	POL
Lotte	Itzehoe	ZOLL
Löwe	Leipzig, Torgau	POL
Ludger	Coesfeld	POL
Ludwig	Ludwigshafen	POL
Luna	Lüneburg	RP
Lutra	Kaiserslautern	POL
Lux	Ludwigshafen/Rhein	POL

Magda	Magdeburg	POL
Main	Würzburg	POL
Mambo	Berlin	POL
Mangfall	Miesbach, Rosenheim	POL
Mario	Homburg, St.Wendel, Ottweiler	POL
Markgraf	Ansbach	RP
Markus	Trier	PAS
Martha	Düsseldorf	RP
Martin	Dingolfing, Landshut	POL
Max	Weiden	POL
Merkur	Mainz	POL
Michel	Hamburg	POL
Mitte	Berlin-Mitte	POL
Moritz	Münster	POL
Mosel	Koblenz	RP
Möwe	Kiel	POL
Mulde	Dessau	POL
Nander	Neubrandenburg	POL
Neander	Mettmann	POL
Nebel	Güstrow, Parchim	POL
Neckar	Heidelberg	RP
Neptun	Bremerhaven	WSP
Nero	Wiesbaden	POL
Nette	Bad Neuenahr, Cochem, Mayen	POL
Nidda	Hofheim	KP
Nixe	Berlin	WSP
Nord	Berlin-Wedding/Pankow	POL
Nordland	Elmshorn, Scharbeutz	PAS
Nordost	Berlin-Hellersdorf/Marzahn	POL
Nordsee	Cuxhaven	ZOLL
Odeon	München	RP
Odin	Odenwaldkreis	POL
Oker	Harz, Goslar	POL

Olga	Oberhausen	POL
Onoldia	Ansbach	POL
Orgel	Kyritz, Neuruppin, Pritzwalk	POL
Orion	Oldenburg, Vechta	POL
Osning	Bielefeld	POL
Otto	Oldenburg	RP
Ottokar	Mönchengladbach	POL
Ovid	Offenbach	POL
Pamir	Wilhelmshaven	WSP
Pamas	Plön	POL
Paulus	Hamm	POL
Peene	Greifswald	POL
Pegnitz	Nürnberg	POL
Peter	Mannheim	POL
Pfalzgraf	Kaiserslautern, Westpfalz	POL
Pfänder	Lindau	BGS
Phönix	Hannover	HELI
Pirmin	Pirmasens, Zweibrücken	POL
Pirol	Bundesgrenzschutz	HELI
Pony	Warendorf	POL
Poseidon	Konstanz	WSP
Printe	Aachen	POL
Quitte	Dortmund	POL
Raban	Mainz	PAS
Rappe	Ratzeburg	BGS
Regina	Cham, Regensburg	POL
Reise	Kiel	POL
Remo	Andernach, Boppard, Simmern	POL
Reppin	Schwerin	BEPO
Rex	Ludwigshafen	POL
Rheingold	Koblenz	WSP
Rheinstein	Koblenz	PAS

Rhena	Bergisch-Gladbach	POL
Ries	Donauwörth, Dillingen	POL
Robbe	Rostock	POL
Robert	Aachen	POL
Roland	Bremen	POL
Römer	Frankfurt	POL
Rose	Pinneberg	POL
Ruwer	Trier	POL

Saale	Hof, Wunsiedel	POL
Salze	Schönebeck	POL
Säntis	Lindau	BGS
Schille	Krefeld	POL
Schlei	Scleswig	POL
Schmücke	Suhl, Meiningen	POL
Schutter	Eichstätt, Ingolstadt	POL
Schwan	Schwerin, Wismar	POL
Schwinge	Cuxhaven, Stade	POL
Seide	Krefeld	POL
Siegfried	Heppenheim	POL
Sigurd	Siegburg	POL
Simon	Merzig, Saarlouis	POL
Sole	Lüneburg, Winsen	POL
Sorpe	Meschede	POL
Sperber	Mainz	HELI
Spiegel	Wernigerode	POL
Stachus	München	POL
Steiger	Saarbrücken	POL
Steinburg	Itzehoe	POL
Stephan	Bamberg	POL
Strela	Stralsund	POL
Süd	Berlin-Kreuzberg/Neukölln	POL
Südost	Berlin-Köpenick/Treptow	POL
Südwest	Berlin-Steglitz/Tempelhof	POL
Süntel	Hameln	POL

Therme	Trier	POL
Tibet	Berlin	POL
Tilly	Borken	POL
Toni	Trier	RP
Torpedo	Schweinfurt	POL
Traube	Würzburg	POL
Traun	Altötting, Traunstein	POL
Trave	Lübeck	POL
Tristan	Bayreuth	RP
Uhland	Biberach, Reutl., Ravensburg	POL
Ulan	Berlin	POL
Uni	Bonn	POL
Union	Dortmund	POL
Unstrut	Merseburg, Naumburg	POL
Uran	Stuttgart	POL
Varus	Berlin	POL
Vera	Hamburg	POL
Viktor	Viersen	POL
Ville	Erftkreis	POL
Vils	Amberg, Schwandorf	POL
Waldeck	Korbach	POL
Waspo	Duisburg	WSP
Wedau	Duisburg-Wedau	POL
Weinbiet	Bad Dürkheim, Neustadt/W.	POL
Weintraube	Mainz	BEPO
Welle	Berlin	POL
Werra	Eschwege	POL
Weser	Hannover	RP
Wespe	Wesel	POL
West	Berlin-Spandau/Wilmersdorf	POL
Wesura	Bremen	WSP
Wetter	Friedberg	POL

Wiking	Rhein	WSP
Wied	Neuwied	POL
Wieland	Diepholz, Nienburg, Siegen	POL
Winkel	Winsen	BGS
Wipper	Heiligenstadt, Nordhausen	POL
Witta	Bitterfeld	POL
Wolf	Wolfsburg, Helmstedt, Passau	POL
Wupper	Wuppertal	BEPO
Zeder	Celle, Soltau	POL
Zeisig	Erfurt, Jena	POL
Zenit	Berlin	POL

Andere Dienste

Äskulap	Rotes Kreuz
Christoph	Rettungshubschrauber
Florian	Feuerwehr Viermeterband
Florentine	Feuerwehr Zweimeterband
Heros	Techn. Hilfswerk Viermeterband
Hermine	Techn. Hilfswerk Zweimeterband
Johannes	Johanniter Unfallhilfe Viermeterband
Jonas	Johanniter Unfallhilfe Zweimeterband
Kater	Katastrophenschutz Viermeterband
Katharina	Katastrophenschutz Zweimeterband
Leitstelle	Rotes Kreuz
Leopold	Katastrophenschutz Viermeterband
Leopoldine	Katastrophenschutz Zweimeterband
Malta	Malteserhilfsdienst
Pelikan	DLRG
Sama	Arbeiter-Samariter-Bund Viermeterband
Samuel	Arbeiter-Samariter-Bund Zweimeterband

Anhang D

Alphabetische Liste der Ortsnamen/BOS-Rufnamen

Abkürzungen

BEPO	Bereitschaftspolizei
BGS	Bundesgrenzschutz
HELI	Polizei-Helikopter
KP	Kriminalpolizei
PAS	Autobahnpolizei
POL	Polizei
RP	Regierungspräsidium
WSP	Wasserschutzpolizei

Aachen	Clio	BGS
Aachen	Printe	POL
Aachen	Robert	POL
Aalen	Dora	POL
Alsfeld	Lauter	POL
Altenburg	Gero	POL
Altötting	Traun	POL
Alzey	Hagen	POL
Amberg	Vils	POL
Ammerland	Orion	POL
Annaberg-Buchholz	Carola	POL
Andernach	Remo	POL
Ansbach	Markgraf	RP
Ansbach	Onoldia	POL
Arnsberg	Georg	RP

Arnstadt	Leina	POL
Aschaffenburg	Kurfürst	POL
Aue	Carola	POL
Augsburg	Holbein	POL
Augsburg	Lech	POL
Aurich	Auster	POL
Bad Branstedt	Brama	BGS
Bad Dürkheim	Weinbiet	POL
Bad Ems	Köppel	POL
Bad Hersfeld	Kali	POL
Bad Homburg	Limes	POL
Bad Kissingen	Kugel	POL
Bad Kreuznach	Birke	POL
Bad Neuenahr	Nette	POL
Bad Neustadt/Saale	Kugel	POL
Bad Reichenhall	Traun	POL
Bad Schwalbach	Nero	POL
Bad Segeberg	Kalkberg	POL
Bad Tölz	Loisach	POL
Baden-Baden	Berta	POL
Balingen	Uhland	POL
Bamberg	Stephan	POL
Bautzen	Drossel	POL
Bayreuth	Tristan	RP
Bayreuth	Isolde	POL
Beeskow	Fasan	POL
Belzig	Einstein	POL
Bergisch-Gladbach	Rhena	POL
Berlin	Atoll	POL
Berlin	Berolina	POL
Berlin	City	POL
Berlin	Gamma	POL
Berlin	Karat	POL
Berlin	Lanze	POL

Berlin	Mambo	POL
Berlin	Nixe	WSP
Berlin	Tibet	POL
Berlin	Ulan	POL
Berlin	Varus	POL
Berlin	Welle	POL
Berlin	Zenit	POL
Berlin-Hellersdorf/Marzahn	Nordost	POL
Berlin-Hohenschönhausen	Nordost	POL
Berlin-Prenzlauer Berg	Nordost	POL
Berlin-Weißensee	Nordost	POL
Berlin-Köpenick/Treptow	Südost	POL
Berlin-Lichtenb./Friedr.hain	Südost	POL
Berlin-Kreuzberg/Neukölln	Süd	POL
Berlin-Tempelhof	Süd	POL
Berlin-Mitte/Charlottenburg	Mitte	POL
Berlin-Spandau/Wilmersdorf	West	POL
Berlin-Steglitz/Tempelhof	Südwest	POL
Berlin-Schöneberg	Südwest	POL
Berlin-Wedding/Pankow	Nord	POL
Biberach	Uhland	POL
Bielefeld	Armin	POL
Bielefeld	Osning	POL
Birkenfeld	Birke	POL
Bitburg	Eifel	POL
Bitterfeld	Witta	POL
Böblingen	Dora	POL
Bochum	Irma	POL
Bonn	Uni	POL
Boppard	Remo	POL
Borken	Tilly	POL
Bottrop	Herta	POL
Brake	Delme	POL
Braunschweig	Bremse	POL
Braunschweig	Horst	RP

Bredstedt	Baron	BGS
Bremen	Biene	BEPO
Bremen	Hamlet	BGS
Bremen	Hantel	BGS
Bremen	Roland	POL
Bremen	Wesura	WSP
Bremerhaven	Neptun	WSP
Bundesgrenzschutz	Pirol	HELI
Calw	Berta	POL
Celle	Zeder	POL
Cham	Regina	POL
Chemnitz	Carola	POL
Cloppenburg	Orion	POL
Coburg	Herzog	POL
Cochem	Nette	POL
Coesfeld	Ludger	POL
Cottbus	Cantil	POL
Cuxhaven	Küste	BGS
Cuxhaven	Nordsee	ZOLL
Cuxhaven	Schwinge	POL
Dachau	Amper	POL
Darmstadt	Heiner	POL
Darmstadt	Hessen	POL
Daun	Eifel	POL
Deggendorf	Agnes	POL
Delmenhorst	Delme	POL
Dessau	Mulde	POL
Diepholz	Wieland	POL
Dillingen	Ries	POL
Dingolfing	Martin	POL
Dithmarschen	Deichgraf	POL
Döbeln	Löwe	POL
Donauwörth	Ries	POL
Dortmund	Quitte	POL

Dortmund	Union	POL
Dresden	Drossel	POL
Düren	Karol	POL
Düsseldorf	Düssel	POL
Düsseldorf	Gabriel	POL
Düsseldorf	Hummel	HELI
Düsseldorf	Itter	POL
Düsseldorf	Martha	RP
Duisburg	Egon	POL
Duisburg	Waspo	WSP
Duisburg-Wedau	Wedau	POL
Ebersberg	Kordon	POL
Eberswalde	Ebbe	POL
Eichstätt	Schutter	POL
Eisenach	Leina	POL
Eisenhüttenstadt	Fasan	POL
Elmshorn	Nordland	PAS
Emden	Auster	POL
Emden	Delphi	ZOLL
Emmendingen	Friedrich	POL
Ennepe	Ennepe	POL
Erding	Kordon	POL
Erftkreis	Ville	POL
Erfurt	Elster	PAS
Erfurt	Habicht	HELI
Erfurt	Leina	POL
Erfurt	Zeisig	POL
Erlangen	Kosmos	POL
Eschwege	Emu	BGS
Eschwege	Werra	POL
Essen	Gruga	POL
Essen	Hügel	POL
Esslingen	Dora	POL
Euskirchen	Eule	POL

Eutin	Eutina	BEPO
Eutin	Freischütz	POL
Finsterwalde	Fasan	POL
Flensburg	Florett	BGS
Flensburg	Förde	POL
Forchheim	Stephan	POL
Frankenthal	Lux	POL
Frankfurt	Kastell	KP
Frankfurt	Römer	POL
Frankfurt/Main	Frank	POL
Frankfurt/Oder	Fasan	POL
Freiberg	Carola	POL
Freiburg	Friedrich	POL
Freising	Kordon	POL
Freudenstadt	Berta	POL
Freyung	Wolf	POL
Friedberg	Wetter	POL
Friedrichshafen	Bodan	WSP
Friedrichshafen	Uhland	POL
Fürstenfeldbruck	Amper	POL
Fürstenwalde	Fasan	POL
Fürth	Kleeblatt	POL
Fulda	Fulda	POL
Garmisch-Partenkirchen	Loisach	POL
Gelsenkirchen	Erna	POL
Gera	Gero	POL
Germersheim	Laura	POL
Gießen	Gießen	RP
Gießen	Gisela	POL
Göppingen	Dora	POL
Görlitz	Drossel	POL
Goslar	Oker	POL
Gotha	Leina	POL

Göttingen	Gerhard	POL
Greifswald	Peene	POL
Greiz	Gero	POL
Groß-Gerau	Gerau	POL
Guben	Fasan	POL
Günzburg	Günz	POL
Güstrow	Nebel	POL
Gütersloh	Dalke	POL
Gummersbach	Agger	POL
Hagen	Hermes	POL
Halle	Alore	POL
Hamburg	Elbe	WSP
Hamburg	Hafen	POL
Hamburg	Hansa	ZOLL
Hamburg	Harmonia	POL
Hamburg	Hummer	BEPO
Hamburg	Kastor	KP
Hamburg	Libelle	HELI
Hamburg	Michel	POL
Hamburg	Vera	POL
Hameln	Süntel	POL
Hamm	Paulus	POL
Hanau	Blume	POL
Hannover	Adler	RP
Hannover	Deister	POL
Hannover	Hanno	POL
Hannover	Phönix	HELI
Hannover	Weser	RP
Harz	Oker	POL
Haßfurt	Kugel	POL
Haunetal	Haune	BGS
Heidelberg	Neckar	RP
Heidenheim	Dora	POL
Heilbronn	Dora	POL

Heiligenstadt	Wupper	POL
Heinsberg	Heino	POL
Helmstedt	Wolf	POL
Heppenheim	Siegfried	POL
Herzberg	Cantil	POL
Hildesheim	Hilde	POL
Höxter	Egge	POL
Hofheim	Frank	POL
Hofheim	Nidda	KP
Hof	Saale	POL
Homberg	Schwalm	POL
Homburg	Mario	POL
Hoyerswerda	Drossel	POL
Husum	Friesland	POL
Ingolstadt	Schutter	POL
Itzehoe	Lotte	ZOLL
Itzehoe	Steinburg	POL
Jena	Zeisig	POL
Jever	Genius	POL
Kaiserslautern	Donar	PAS
Kaiserslautern	Lutra	POL
Kaiserslautern/Westpfalz	Pfalzgraf	POL
Karlsruhe	Günther	POL
Kassel	Falke	POL
Kassel	Fanfare	BGS
Kassel	Hessen	PAS
Kassel	Kabel	BGS
Kassel	Blume	BEPO
Kaufbeuren	Iller	POL
Kelheim	Martin	POL
Kempten	Iller	POL
Kiel	Eisvogel	ZOLL

Kiel	Kilian	POL
Kiel	Möwe	POL
Kiel	Reise	POL
Kiel	Barbara	POL
Kirchheimbolanden	Hagen	POL
Kitzingen	Traube	POL
Kleve	Klette	POL
Koblenz	Lorelei	RP
Koblenz	Mosel	RP
Koblenz	Rheingold	WSP
Koblenz	Rheinstein	PAS
Köln	Arnold	POL
Köln	Edwin	RP
Konstanz	Poseidon	WSP
Korbach	Waldeck	POL
Krefeld	Christa	POL
Krefeld	Schille	POL
Krefeld	Seide	POL
Kronach	Herzog	POL
Kulmbach	Isolde	POL
Künzelsau	Dora	POL
Kusel	Lutra	POL
Kyritz	Orgel	POL
Landau	Laura	POL
Landsberg	Amper	POL
Landshut	Martin	POL
Lauf	Jura	POL
Leer	Auster	POL
Leipzig	Löwe	POL
Lemgo	Hermann	POL
Leverkusen	Leo	POL
Lichtenfels	Herzog	POL
Limburg	Basalt	POL
Lindau	Iller	POL

Lindau	Pfänder	BGS
Lindau	Säntis	BGS
Linken	Kranich	ZOLL
Lippe, Lemgo	Hermann	POL
Lobenstein	Grotte	POL
Lörrach	Friedrich	POL
Ludwigsburg	Dora	POL
Ludwigshafen	Kadi	RP
Ludwigshafen	Ludwig	POL
Ludwigshafen	Rex	POL
Ludwigshafen/Rhein	Läufer	PAS
Ludwigshafen/Rhein	Lux	POL
Ludwigslust	Schwan	POL
Lübben	Cantil	POL
Lübben	Einstein	POL
Lübeck	Keiler	BGS
Lübeck	Trave	POL
Lüchow	Delme	POL
Lüdenscheid	Bigge	POL
Lüneburg	Luna	RP
Lüneburg	Sole	POL
Magdeburg	Ikarus	HELI
Magdeburg	Magda	POL
Mainz	Drusel	PAS
Mainz	Lärche	RP
Mainz	Merkur	POL
Mainz	Raban	PAS
Mainz	Sperber	HELI
Mainz	Weintraube	BEPO
Main-Kinzig-Kreis	Kinzig	POL
Mannheim	Adler	
Mannheim	Peter	POL
Marburg	Lisa	POL
Marktoberdorf	Iller	POL

Mayen	Nette	POL
Meiningen	Schmücke	POL
Meißen	Drossel	POL
Memmingen	Günz	POL
Merseburg	Unstrut	POL
Merzig	Simon	POL
Meschede	Sorpe	POL
Mettmann	Bodo	POL
Mettmann	Neander	POL
Miesbach	Mangfall	POL
Miltenberg	Kurfürst	POL
Mindelheim	Günz	POL
Minden	Bastau	POL
Mittweila	Carola	POL
Mönchengladbach	Ottokar	POL
Montabaur	Klöppel	POL
Mosbach	Berta	POL
Mühldorf/Inn	Traun	POL
Mülheim	Goliath	POL
Mülheim/Ruhr	David	POL
München	Barbara	POL
München	Greif	POL
München	Hasso	POL
München	Isar	POL
München	Odeon	RP
München	Stachus	POL
München Flughafen	Asam	BGS
Münster	Felix	RP
Münster	Moritz	POL
Naumburg	Unstrut	POL
Neubiberg	Edelweiß	HELI
Neubrandenburg	Nander	POL
Neuhaus	Grotte	POL
Neuburg	Schutter	POL

Neumarkt	Regina	POL
Neumünster	Erika	POL
Neuruppin	Orgel	POL
Neuwied	Wied	POL
Neuss	Gregor	POL
Neustadt/H.	Albatros	BGS
Neustadt/W.	Weinbiet	POL
Neuwied	Wied	POL
Nienburg	Wieland	POL
Nordhausen	Wipper	POL
Nordhorn	Ems	POL
Nürnberg	Dürer	PAS
Nürnberg	Pegnitz	POL
Nürnberg Land	Jura	POL
Oberhausen	Olga	POL
Odenwaldkreis	Odin	POL
Offenbach	Ovid	POL
Offenburg	Friedrich	POL
Oldenburg	Otto	RP
Oldenburg	Orino	POL
Olpe	Lenne	POL
Oranienburg	Orgel	POL
Osnabrück	Brücke	POL
Osterholz	Aller	POL
Ottweiler	Mario	POL
Paderborn	Atlas	POL
Parchim	Nebel	POL
Passau	Wolf	POL
Pegnitz	Jura	POL
Peine	Gitter	POL
Pfarrkirchen	Wolf	POL
Pforzheim	Berta	POL
Pinneberg	Rose	POL

Pirmasens	Pirmin	POL
Pirna	Drossel	POL
Plauen	Carola	POL
Plön	Pamas	POL
Potsdam	Einstein	POL
Prenzlau	Ebbe	POL
Pritzwald	Orgel	POL
Rastatt	Berta	POL
Rathenow	Einstein	POL
Ratzeburg	Iltis	POL
Ratzeburg	Rappe	BGS
Ravensbur	Uhland	POL
Regen	Agnes	POL
Regensburg	Donau	RP
Regensburg	Regina	POL
Remscheid	Alex	POL
Rendsburg	Lotse	POL
Reutlingen	Uhland	POL
Rhein	Wiking	WSP
Rosenheim	Mangfall	POL
Rostock	Kogge	ZOLL
Rostock	Robbe	POL
Rotenburg	Aller	POL
Roth	Jura	POL
Rottweil	Friedrich	POL
Saalfeld	Grotte	POL
Saarbrücken	Anton	POL
Saarbrücken	Johann	KP
Saarbrücken	Steiger	POL
Saarlouis	Simon	POL
Salzgitter	Gitter	POL
Scharbeutz	Nordland	POL
Schönebeck	Salze	POL

Schwabach	Jura	POL
Schwandorf	Vils	POL
Schweinfurt	Kugel	POL
Schweinfurt	Torpedo	POL
Schwerin	Reppin	BEPO
Schwerin	Schwan	POL
Schleswig	Schlei	POL
Seelow	Fasan	POL
Senftenberg	Cantil	POL
Siegburg	Cäsar	POL
Siegburg	Sigurd	POL
Siegen	Wieland	POL
Sigmaringen	Uhland	POL
Simmern	Remo	POL
Soest	Börde	POL
Soltau	Zeder	POL
Sonthofen	Iller	POL
Speyer	Kaiser	POL
Stade	Schwinge	POL
Starnberg	Amper	POL
Steinfurt	Banjo	POL
Stollberg	Carola	POL
Stralsund	Strela	POL
Straubing	Agnes	POL
Stuttgart	Bussard	HELI
Stuttgart	Uran	POL
Stuttgart	Dora	POL
St. Wendel	Mario	POL
Südpfalz	Argus	BGS
Suhl	Schmücke	POL
Sylt	Düne	POL
Tirschenreuth	Max	POL
Torgau	Löwe	POL
Traunstein	Traun	POL

Trier	Bachus	POL
Trier	Markus	PAS
Trier	Ruwer	POL
Trier	Therme	POL
Trier	Toni	RP
Tuttlingen	Friedrich	POL
Uelzen	Sole	POL
Ulm	Uhland	POL
Unna	Hellweg	POL
Vechta	Orion	POL
Verden	Aller	POL
Viersen	Viktor	POL
Villingen-Schwenningen	Friedrich	POL
Waiblingen	Dora	POL
Waldshut	Friedrich	POL
Warendorf	Pony	POL
Weiden	Max	POL
Weilheim	Loisach	POL
Wernigerode	Spiegel	POL
Wesel	Wespe	POL
Westerland	Düne	POL
Wetzlar	Gisela	POL
Wiesbaden	Hessen	RP
Wiesbaden	Nero	POL
Wilhelmshaven	Jade	ZOLL
Wilhelmshaven	Pamir	WSP
Wilhemshaven	Genius	POL
Winsen	Sole	POL
Wismar	Schwan	POL
Wittlich	Eifel	POL
Wittmund	Genius	POL
Winsen	Winkel	BGS

Wolfenbüttel	Gitter	POL
Wolfsburg	Wolf	POL
Worms	Hagen	POL
Wunsiedel	Saale	POL
Würzburg	Main	POL
Würzburg	Traube	POL
Wuppertal	Alex	POL
Wuppertal	Wupper	BEPO
Zeulenroda	Gero	POL
Zittau	Drossel	POL
Zweibrücken	Pirmin	POL
Zwickau	Carola	POL

Nachwort

Elektromagnetische Verträglichkeit EMV

Ein wesentlicher Teil des Fortschrittes ist in unserem Jahrhundert die Verwendung des elektrischen Stromes. Jedoch ist in letzter Zeit die Elektrizität ins Gerede gekommen. Denn erst seit kurzer Zeit weisen Fachleute auf die Schädlichkeit von hohen Frequenzen in bestimmten Strahlungsleistungen auf den menschlichen Körper hin. Ein Vergleich zur friedlichen Nutzung von Kernenergie in Atomkraftwerken der 70er Jahre drängt sich auf.

Das Schlagwort „Elektrosmog“ wird plötzlich immer häufiger von einigen (meist privaten) TV-Sendern verbreitet. Immer wieder werden Baustopps gegen Mobilfunksender auf freistehenden Masten oder Hochhäusern erwirkt. Ökoverbände sozialisieren sich mit Bürgerinitiativen. Staatlich anerkannte Meßstellen überprüfen alle Strahlungsquellen und bringen immer neue Bestimmungen, über die Einhaltungen von maximalen Strahlungsleistungen heraus.

Grundsätzlich unterscheiden wir zwei Elektrosmog-Bereiche.
Zum ersten der niederfrequente Elektrosmog. Darunter fällt unser 50 Hz Stromversorgungsnetz, das meist über sehr lange Freileitungsnetze zu uns transportiert wird. Streitet man sich hierzulande über die negative Wirkung einer Freileitung, die über ein bewohntes Haus verläuft, so steht es außer Frage, daß in den USA ein Ein- oder Mehrfamilienhaus einen bestimmten Abstand zu einer Freileitung mit mehreren KV einhalten muß.

Unwohlsein bis zu starken Erkrankungen wollen einige „Stromfühlige“ solchen elektrischen Feldern zuweisen. Wenn auch Ärzte und Professoren geteilter Meinung sind, hat die Industrie auf dieses Problem schon reagiert. Sogenannte Stromfreischalter werden auf Wunsch in die Hausstromverteiler eingebaut. Diese Elektronik überwacht dann die Stromleitungen im Schlafzimmer. Wird die Nachttischlampe ausgeschaltet, so schaltet kurz darauf die Elektronik das Stromnetz des Schlafzimmers ab. Wird die Nachttischlampe wieder eingeschaltet, so kehrt der Strom in Sekunden zurück. Natürlich darf in einem solchen Netz ein Radiowecker oder gar eine Heizdecke nicht eingesetzt werden. Jedoch wäre für einen „Stromfühligen" eine Heizdecke mit einem heißen Grillrost zu vergleichen, denn solche Decken sind mit stromführenden Drähten durchzogen.

Die zweite Variante ist der hochfrequente Elektrosmog. Der Frequenzbereich hierzu erstreckt sich von 100 KHz bis gegenwärtig 10 GHz. im Vergleich zum niederfrequenten Elektrosmog lassen sich hier Erkrankungen schnell nachweisen.

Was in einem Mikrowellenherd erwünscht ist, soll von dem menschlichen Körper möglichst fern bleiben. Nicht umsonst gibt es sehr strenge Sicherheitsvorschriften für Mikrowellenherde. Bei Leistungen von 500-1000 W werden bis zu drei Schalter in das Gerät eingebaut, welche gewährleisten, daß die Tür richtig verschlossen ist. Somit soll sichergestellt werden, daß keine Strahlung bei Speisezubereitung aus dem Gerät austreten kann.

Bei den Funktelefonen wurde die abgestrahlte Sendeleistung über die Antenne immer wieder drastisch reduziert. Bei Mobiltelefonen ist ein gewisser Abstand zur Antenne vorgeschrieben, der bei zunehmender Sendeleistung immer größer wird.

CE-Kennzeichnung und EMC-Richtlinien

Wenn ein Hersteller oder Unternehmer ein Produkt in einem Land verkaufen will, so muß er sich den jeweiligen gesetzlichen Bestimmungen anpassen. Diese Richtlinien gelten sowohl für einen Spielzeugteddybären, als auch für einen Handscanner.

Natürlich werden für beide nicht die gleichen Maßstäbe angesetzt. So muß das Fell des Teddybären eine schwere Entflammbarkeit aufweisen. Der Handscanner darf weder aus seinem Gehäuse noch über die Antennenbuchse ein Signal ausstrahlen, daß Fernsehgeräte oder andere elektronische Geräte (z. B. über einen Abstand von 10 m) gestört werden.

Nachweispflichtig für die Einhaltung der CE-Richtlinien ist jeweils der Generalvertrieb oder der Hersteller. Selbstverständlich jedoch auch der Benutzer, der jedoch nur sicherstellen muß, daß er das Gerät wie in der Bedienungsanleitung vorgeschrieben, benutzt hat.

EMC ist die Abkürzung für die elektromagnetische Verträglichkeit (electro-magnetic compatibility). Die europäische Normzuweisung ist die CE-Kennzeichnung (conformité européenne).

Ein Gerät oder Gebrauchsgegenstand, der dieses Zeichen trägt, verweist auf die Herstellung nach europäischer Norm. Das CE-Zeichen ist kein Qualitätskennzeichen, so daß z. B. eine Bohrmaschine zwar nach den europäischen Richtlinien gefertigt wurde, aber keinesfalls auch sehr gut bohren muß.

Die EMC-Verordnungen befassen sich mit allen Geräten, die elektromagnetische Störungen verursachen, oder von solchen beeinflußt werden können.

Ab 1. Januar 1996 müssen Vertreiber und Hersteller die in Verkehrbringung nach EMC-Norm nachweisen. Besonders der Verkauf von HF-Verstärkern und Geräten, wie Antennenmeßgeräte und CB-Funk Artikel, wird dann problematisch sein. Denn gerade diese Produktpalette wurde bislang von Billigprodukten aus Italien überschwemmt.

Große Vertreiberfirmen, wie auch Garagenfabrikanten werden mit Zulassungsverfahren kalkulieren müssen, was das Endprodukt natürlich verteuert.

Die Einhaltung der Normen wird von den dafür zuständigen Stellen, wie dem TÜV überprüft. Kann ein Unternehemn diese Normeinhaltung nicht nachweisen, so kann die überwachende Organisation die Ware auch beschlagnahmen lassen.

Für "Otto-Normalverbraucher" heißt es also, ist ein CE-Kennzeichen an der Ware vorhanden, ist alles ok, lediglich die Betriebsanleitung ist zu beachten.

Bezugsquellennachweis

Scanner und Zubehör

Lancet Funkcenter

67659 Kaiserslautern

Vogelwoogstr. 28

Tel. 0631-97148

CONRAD electronic

Klaus-Conrad-Str. 1

92240 Hirschau

Tel. 09622-30-111

Bogerfunk

88326 Aulendorf

Grundsch 15

Tel. 07525-451

Lange-electronic

59872 Meschede

Klemmenstr. 5

Tel. 0291-2112

Frequenzen in Österreich

Bundesheer in Österreich

33.000	Bundesheer, Hörsching/Linz
33.000	Bundesheer, Aigen/Ennstal
33.000	Bundesheer, Graz
33.000	Bundesheer, Wr. Neustadt
33.250	Bundesheer, Hörsching/Linz
33.250	Bundesheer, Dachstein
33.550	Bundesheer
33.575	Bundesheer
33.775	Bundesheer
34.000	Bundesheer
34.200	Bundesheer, Zeltweg
34.600	Bundesheer, Langenlebarn
34.700	Bundesheer, Hörsching, Linz
34.700	Bundesheer, Aigen/Ennstal
34.700	Bundesheer, Wr. Neustadt
34.850	Bundesheer
34.875	Bundesheer
34.975	Bundesheer
35.000	Bundesheer
38.100	Bundesheer
38.200	Bundesheer
38.300	Bundesheer
38.500	Bundesheer, Hubschrauber
38.600	Bundesheer, Schwaz
38.600	Bundesheer, Klagenfurt,
38.600	Bundesheer, Langenlebarn
39.650	SFOR, bei Durchfahrt durch Österreich (Korridorfrequenz)
39.700	Bundesheer, Luft – Boden
39.800	Bundesheer, Luft – Boden
39.900	Bundesheer, Luft – Boden
40.500	Bundesheer
40.525	Bundesheer
40.550	Bundesheer
40.600	Bundesheer
40.625	Bundesheer
40.875	Bundesheer, Salzburg
40.975	Bundesheer, Salzburg
41.700	Bundesheer, Salzburg
41.725	Bundesheer, Salzburg
41.750	Bundesheer, MIL-Streife zu Panzerfahrzeuge

41.775	Bundesheer, Salzburg
42.000	Bundesheer
43.000	Bundesheer
44.000	Bundesheer
45.500	Bundesheer Zeltweg
46.000	Bundesheer
46.450	Bundesheer, Burgenland
46.625	Bundesheer
46.650	Bundesheer
46.700	Bundesheer
46.725	Bundesheer
46.750	Bundesheer
47.000	Bundesheer
47.200	Bundesheer
47.400	Bundesheer
47.600	Bundesheer
47.800	Bundesheer
48.000	Bundesheer (kein Sendebetrieb bei Sperrzone Jauerling)
48.600	Bundesheer (kein Sendebetrieb bei Sperrzone Jauerling)
51.000	Bundesheer
55.500	Bundesheer (kein Sendebetrieb in den Sperrzonen)
55.575	Bundesheer (kein Sendebetrieb in den Sperrzonen)
65.450	Bundesheer, Salzburg, (CTCSS 151,4 Hz) kein Sendebetrieb bei Sperrzone Jauerling, von TV Kanal 4
68.700	Bundesheer, Kanal G 7, (CTCSS 151,4 Hz)
68.800	Bundesheer, (CTCSS 151,4 Hz)
68.900	Bundesheer, Kanal G 8, (CTCSS 151,4 Hz)
70.075	Bundesheer, Salzburg, Linz, MIL Streife
70.375	Bundesheer, Salzburg, Linz, MIL Streife
71.800	Bundesheer, Linz Land
71.925	Bundesheer, (CTCSS 151,4 Hz)
72.950	Bundesheer, Burgenland
73.000	Bundesheer, (CTCSS 151,4 Hz)
73.060	Bundesheer, (CTCSS 151,4 Hz)
73.090	Bundesheer, (CTCSS 151,4 Hz)
73.120	Bundesheer, (CTCSS 151,4 Hz)
73.150	Bundesheer, (CTCSS 151,4 Hz)
73.210	Bundesheer, (CTCSS 151,4 Hz)
73.450	Bundesheer, (CTCSS 151,4 Hz) Kanal A 3
73.525	Bundesheer, (CTCSS 151,4 Hz)
73.500	Bundesheer, (CTCSS 151,4 Hz)
73.550	Bundesheer, (CTCSS 151,4 Hz) Kanal A 4
73.650	Bundesheer, (CTCSS 151,4 Hz) Kanal D 3
73.700	Bundesheer, (CTCSS 151,4 Hz) Kanal A 5, Fuchsfrequenz

73.750 Bundesheer, (CTCSS 151,4 Hz) Kanal C 3
73.800 Bundesheer, (CTCSS 151,4 Hz) Kanal G 1
73.850 Bundesheer, (CTCSS 151,4 Hz) Kanal D 4
73.900 Bundesheer, (CTCSS 151,4 Hz) Kanal C 4
73.950 Bundesheer, (CTCSS 151,4 Hz) Kanal B 3

74.000 Bundesheer, (CTCSS 151,4 Hz) Kanal D 5
74.050 Bundesheer, (CTCSS 151,4 Hz) Kanal B 4
74.100 Bundesheer, (CTCSS 151,4 Hz) Kanal A 6
74.150 Bundesheer, (CTCSS 151,4 Hz) Kanal C 5
74.250 Bundesheer, (CTCSS 151,4 Hz) Kanal G 2
74.300 Bundesheer, (CTCSS 151,4 Hz) Kanal D 6
74.400 Bundesheer, (CTCSS 151,4 Hz) Kanal B 5
74.500 Bundesheer, (CTCSS 151,4 Hz) Kanal C 6
74.600 Bundesheer, (CTCSS 151,4 Hz) Kanal B 6
74.950 Bundesheer, (CTCSS 151,4 Hz)
74.975 Bundesheer, (CTCSS 151,4 Hz)

290.250 (317.250) Bundesheer, Schneeberg
290.250 (317.250) Bundesheer, Schwechat

317.250 (290.250) Bundesheer, Schneeberg
317.250 (190.250) Bundesheer, Schwechat

ORF Betriebsfunk, Funkmikrofone

36.950 ORF Funkmikrofone

37.300 ORF Funkmikrofone
37.700 ORF Funkmikrofone
37.900 ORF Funkmikrofone

158.450 ORF simplex
158.900 ORF simplex

159.100 ORF simplex Kanal 28, nicht in CH Nähe
159.125 ORF simplex Kanal 29, nicht in OÖ Nähe

159.425 (164.025) ORF Relais
159.450 (164.050) ORF Relais
159.475 (164.075) ORF Relais, Patscherkofel
159.500 (164.100) ORF Relais, Seefeld
159.525 (164.125) ORF Relais, Alpele, VLBG
159.550 (164.150) ORF Relais, Pfänder, VLBG
159.575 (164.175) ORF Relais, Patscherkofel
159.600 (164.200) ORF Relais

164.025 (159.425) ORF Relais auch simplex, 230.300/234.425
164.025 (159.425) ORF Relais in NÖ, Tirol
164.050 (159.450) ORF Relais auch simplex, 230.600/233.725
164.075 (159.475) ORF Relais Patscherkofel auch simplex, 230.900/234.025
164.100 (159.500) ORF Relais Seelfeld auch simplex, 231.200/234.325
164.125 (159.525) ORF Relais Alpele, VLBG auch simplex,
164.150 (159.550) ORF Relais Pfänder, auch simplex,

164.175 (159.575)	ORF Relais Patscherkofel auch simplex,
164.200 (159.600)	ORF Relais auch simplex,
165.075	ORF simplex, Kanal D 1, Sicherheit
165.125	ORF simplex, Kanal D 2, Feuerwehr
170.075	ORF simplex, Landeck
170.525	ORF simplex, Landeck
175.000	ORF Funkmikrofone
221.250	ORF Funkmikrofone
230.300 (164.025)	ORF Reportagesender, 50 W, Kanal 1, Liveübertragungen
230.600 (164.050)	ORF Reportagesender, 50 W, Kanal 2, Liveübertragungen
230.900 (164.075)	ORF Reportagesender, 50 W, Kanal 3, Liveübertragungen
231.200 (164.100)	ORF Reportagesender, 50 W, Kanal 4, Liveübertragungen
233.125	ORF Funkmikrofone
233.425	ORF Reportagesender, 50 W, Kanal 1/5, Liveübertragungen
233.725	ORF Reportagesender, 50 W, Kanal 2/6, Liveübertragungen
234.025	ORF Reportagesender, 50 W, Kanal 3/7, Liveübertragungen
234.325	ORF Reportagesender, 50 W, Kanal 4/8, Liveübertragungen
234.625	ORF Funkmikrofone
237.925	ORF Funkmikrofone
247.100	ORF Funkmikrofone
247.550	ORF Funkmikrofone
449.150	ORF simplex
449.225	ORF simplex
449.575	ORF simplex
449.700	ORF simplex
484.250	ORF Funkmikrofone
484.625	ORF Funkmikrofone
502.250	ORF Funkmikrofone
502.750	ORF Funkmikrofone
550.250	ORF Funkmikrofone
550.750	ORF Funkmikrofone
588.625	ORF Funkmikrofone
662.250	ORF Funkmikrofone
662.750	ORF Funkmikrofone
790.650	ORF Funkmikrofone
791.050	ORF Funkmikrofone
791.500	ORF Funkmikrofone
792.000	ORF Funkmikrofone
792.500	ORF Funkmikrofone
793.150	ORF Funkmikrofone
793.800	ORF Funkmikrofone
794.600	ORF Funkmikrofone
796.150	ORF Funkmikrofone
798.000 – 830.000	Funkmikrofone, drahtlose Mikrofonanlagen
952.000	ORF Funkmikrofone

Österreichischer Schiverband (ÖSV), Radrennen, Organisation

146.775	österreichischer Schiverband, Schispringer Stams
147.300	österreichischer Schiverband, Schispringer Stams, Kanal 1
148.000	tschechischer Schiverband, Schispringer Stams
148.475	österreichischer Schiverband, Schispringer Stams
149.025	österreichischer Schiverband, Schispringer Stams
150.050	schwedischer Schiverband, Schispringer Stams
151.000	tschechischer Schiverband, Schispringer Stams
151.130	deutscher Schiverband, Schispringer Stams
151.150	deutscher Schiverband, Schispringer Stams
151.190	deutscher Schiverband, Schispringer Stams
151.925	englischer Schiverband, Schispringer Stams
152.875	polnischer Schiverband, Schispringer Stams
154.075	tschechischer Schiverband, Schispringer Stams
154.325	schwedischer Schiverband, Schispringer Stams
154.400	französischer Schiverband, Schispringer Stams
154.500	französischer Schiverband, Schispringer Stams
154.700	tschechischer Schiverband, Schispringer Stams
155.500	italienischer Schiverband, Schispringer Stams
156.000	norwegischer Schiverband, Schispringer Stams
156.400	jugoslawischer Schiverband, Schispringer Stams
156.950	jugoslawischer Schiverband, Schispringer Stams
156.950	österreichischer Schiverband, Schispringer Stams
157.000	jugoslawischer Schiverband, Schispringer Stams
159.250	österreichischer Schiverband, (ÖSV) Schispringer Stams, Kanal 1
160.090	Schispringer, Fernsehtechnik (DL)
160.110	Schispringer, Fernsehtechnik (DL)
160.120	Schispringer, Fernsehtechnik (DL)
160.300	östereichischer Schiverband, Organisation Schispringen,
160.575	österreichischer Schiverband, Schispringer Stams, Kanal 2
161.175	österreichischer Schiverband, Organsisation
161.200	polnischer Schiverband, Schispringer Stams,
161.275	österreichischer Schiverband, Schispringer, Radrundfahrt, Kanal 2
161.300	schweizer Schiverband, Schispringer Stams
165.800	schwedischer Schiverband, Schispringer Stams
166.700	österreichischer Schiverband
169.250	österreichischer Schiverband, Schirennen
169.440	italienischer Schiverband, Schispringer Stams
170.390	deutscher Schiverband, Schispringer Stams
170.425	polnischer Schiverband, Schispringer Stams
170.575	tschechischer Schiverband, Schispringer Stams

172.050 österreichischer Schiverband, Schispringer Stams
172.450 polnischer Schiverband, Schispringer Stams
172.650 polnischer Schiverband, Schispringer Stams
172.950 polnischer Schiverband. Schispringer Stams

173.225 schweizer Schiverband, Schispringer Stams, Kanal 1
173.525 schweizer Schiverband, Schispringer Stams
173.550 schweizer Schiverband, Schispringer Stams
173.750 schweizer Schiverband, Schispringer Stams
173.950 schweizer Schiverband, Schispringer Stams
433.025 – 434.775 LPD Schispringer Stams

442.250 englischer Schiverband, Schispringer Stams
442.550 englischer Schiverband, Schispringer Stams
449.775 polnischer Schiverband, Schispringer Stams

Lifte, Bergbahnen, Seilbahnen

72.775 (82.575)	Pitztaler Gletscherbahnen, Mittelberg
82.575 (72.775)	Pitztaler Gletscherbahnen, Mittelberg
146.150	Schischule Kühtai, Ochsengarten
146.500	Lifte, Kühtai, Kanal 2 (169.200 Kanal 1)
147.300	Schischule Ried/Oberinntal
147.375	Lifte, Mieders/Stubaital
149.275	Lifte, Breitenbergbahn
149.525 (154.125)	Lifte, Zams/Venetseilbahn
149.725	Lifte, Brand (VLBG)
150.275 (154.875)	Schischule, Oberinntal
150.425	Lifte, Gerlos
150.425	Lifte, Ellmau
150.425	Lifte, Astberg
150.425	Lifte, Alpbach
150.425	Lifte, Hochzeiger, Jerzens, Pitztal
150.425	Lifte, Stubaital
150.425	Lifte, Lanersbach/Zillertal
150.425	Lifte, Oberperfuss/Rangger Köpfl
150.425	Lifte, Bach/Lechtal
150.875	Lifte, Arlberg
151.375	Lifte, Sölden/Gaislachkogel
154.125 (149.525)	Lifte, Zams/Venetseilbahn
154.875 (150.275)	Schischule, Oberinntal
158.925 (163.525)	Lifte, Kapruner Gletscherbahnen
158.925 (163.525)	Lifte, Hohe Salve/Söll
158.925 (163.525)	Lifte, Hochzeiger/Jerzens
160.575	Schischule, Vent/Ötztal
160.575	Schischule, Verkehrsbüro Seefeld, Mösern
161.275	Lifte, St. Anton
163.525 (158.925)	Lifte, Kapruner Gletscherbahnen, Salzburg
163.525 (158.925)	Lifte, Hohe Salve/Söll
163.525 (158.925)	Lifte, Hochzeiger/Jerzens
165.625 (170.225)	Lifte, Lech/Arlberg
165.625 (170.225)	Lifte, Serfaus
165.625 (170.225)	Lifte, Sölden/Gaislachkogel
165.625 (170.225)	Lifte, Hinterglemm

165.625 (170.225) Lifte, Grossvenediger
165.625 (170.225) Lifte, Zwölferkogel
165.625 (170.225) Lifte, Galtür
165.625 (170.225) Lifte, Fügen/Zillertal
165.625 (170.225) Lifte, Tuxertal
165.625 (170.225) Lifte, Lienz/Osttirol
165.625 (170.225) Lifte, Wildkogel
165.650 (170.250) Lifte, VLBG
165.650 (170.250) Lifte, Ischgl
165.650 (170.250) Lifte, Wildschönau
165.650 (170.250) Lifte, Reutte/Hahnenkamm
165.650 (170.250) Lifte, Axamer Lizum
165.750 (170.350) Lifte, Seefeld/Rosshütte
165.750 (170.350) Schischule
165.750 (170.350) Lifte, St. Anton a. Arlberg
165.750 (170.350) Lifte, Nauders
165.750 (170.350) Lifte, Obergurgl
165.750 (170.350) Lifte, Steinberg/Rofan
165.750 Lifte, Imster Bergbahnen
165.750 (170.350) Lifte, Seefeld/Rosshütte
165.800 (170.400) Lifte
165.825 (170.425) Lifte, Igls/Patscherkofel
165.825 (170.425) Lifte, Obergurgl/Ötztal
165.825 (170.425) Lifte, St. Anton a. Arlberg
165.850 (170.450) Lifte, Zams/Venetseilbahn
165.850 (170.450) Lifte, Innsbruck

166.000 (170.600) Lifte, Finkenberg/Zillertal
166.000 (170.600) Lifte, Sattelberg/Gries
166.000 (170.600) Lifte, Vent/Ötztal
166.250 (170.850) Lifte, Ötz, Hochötz
166.375 (170.975) Lifte, Schlick/Fulpmes
166.375 (170.975) Lifte, Ifen 2000
166.400 (171.000) Lifte, Hochjoch
166.400 (171.000) Lifte, Aurach/Kufstein
166.400 (171.000) Lifte, Sölden/Gaislachkogel
166.750 (171.350) Lifte, St. Anton a. Arlberg

169.200 Lifte, Kühtai Kanal 1, (146.500 Kanal 2)
169.200 Lifte, Sonnenkopf/Klösterle, VLBG

170.225 (165.625) Lifte, Lech/Arlberg
170.225 (165.625) Lifte, Galtür
170.225 (165.625) Lifte, Sölden/Gaislachkogel
170.225 (165.625) Lifte, Fügen/Zillertal
170.225 (165.625) Lifte, Tuxertal
170.225 (165.625) Lifte, Serfaus
170.225 (165.625) Lifte, Lienz/Osttirol
170.225 (165.625) Lifte, Wildkogel
170.225 (165.625) Lifte, Hinterglemm
170.225 (165.625) Lifte, Grossvenediger
170.225 (165.625) Lifte, Zwölferkogel
170.250 (165.650) Lifte, VLBG

170.250 (165.650) Lifte, Wildschönau
170.250 (165.650) Lifte, Ischgl
170.250 (165.650) Lifte, Axamer Lizum
170.250 (165.650) Lifte, Reutte/Hahnenkamm
170.350 (165.750) Schischule
170.350 (165.750) Lifte, St. Anton
170.350 (165.750) Lifte, Obergurgl
170.350 (165.750) Lifte, Nauders
170.350 (165.750) Lifte, Steinberg/Rofan
170.350 (165.750) Lifte, Seefeld/Rosshütte
170.400 (165.800) Lifte
170.425 (165.825) Lifte, Igls/Patscherkofel, Rettungsdienst
170.425 (165.825) Lifte, St. Anton a. Arlberg/Moostal
170.425 (165.825) Lifte, Spielbegbahn/Leogang
170.425 (165.825) Lifte, Hochgurgl
170.425 (165.825) Lifte, Finkenberg
170.450 (165.850) Lifte, Venetseilbahn/Zams
170.450 (165.850) Lifte, Innsbrucker Verkehrsbetriebe
170.450 (165.850) Lifte, Schönleitenlift
170.450 (165.850) Lifte, Fisser Bergbahnen
170.450 (165.850) Lifte, Oberlech
170.450 (165.850) Lifte, Steinplatte
170.450 (165.850) Lifte, Pillersee
170.600 (166.000) Lifte, Finkenberg
170.600 (166.000) Lifte, Sattelberg/Gries
170.600 (166.000) Lifte, Vent/Ötztal
170.975 (166.375) Lifte, Kitzbügler Horn
170.975 (166.375) Lifte, Bichlalm/Wildschönau
170.975 (166.375) Lifte, Wagrainer Bergbahnen
170.975 (166.375) Lifte, Katschberg
170.975 (166.375) Lifte, Mayerhofener Bergbahnen
170.975 (166.375) Lifte, Ifen 2000
170.975 (166.375) Lifte, Schlick/Fulpmes

171.000 (166.400) Lifte, Sölden/Gaislachkogel
171.000 (166.400) Lifte, Uttendorf/Weissensee
171.000 (166.400) Lifte, Hochjoch/Montafon
171.000 (166.400) Lifte, Kufstein/Aurach
171.350 (166.750) Lifte, St. Anton a. Arlberg

Feuerwehr 70-cm Verbindungen, Tirol

426.175	Stille Alarmierung für Brixlegg, (76.250)
426.400	Bezirkskanal Landeck, (76.475) Florian AG,
426.400	Landeskanal 1, (76.375)
426.400	Bezirkskanal Reutte, (76.225)
426.625	Bezirkskanal Landeck, Bergrettung Landeck, Schönwies, (76.425)
427.500	Stille Alarmierung (Pager) für Brixlegg, Kramsach, Rattenberg, Kundl, Wörgl, Scheffau, Ellmau, Söll, Bruckhäusl, Kirchbichl, Florianzentrale 15, (76.250)
427.500	Bezirk Imst, Kanal 2, Relais Sölden/Gaislachkogel (76.300)
445.000	Sirenensteuerung, Relais Sölden/Gaislachkogel (166.900/171.500)
445.450	Feuerwehr Atemschutz, Kanal 71, (Schutzanzug, Handgerät)
445.850	Feuerwehr Arbeitsfunk, Kanal 72, (Schutzanzug, Handgerät)

943.000 – 959.000 MHz GSM-Telefon

943.000	GSM Bregenz
943.400	GSM Nassereith
943.600	GSM Flaurling/Flaurlingerstub'n, MAX MOBIL
943.600	GSM Reith
944.000	GSM Leithen, MAX MOBIL
944.800	GSM Seefeld, A 1
945.400	GSM Silz, A 1
945.600	GSM
945.800	GSM Arzl/Pitztal
945.800	GSM Bregenz
946.000	GSM Tumpen
946.000	GSM Umhausen
946.000	GSM Innsbruck
946.200	GSM Tumpen, MAX MOBIL
946.200	GSM
946.400	GSM Innsbruck
946.600	GSM Innsbruck
946.800	GSM Telfs/St. Georgen Apotheke
946.800	GSM
947.000	GSM Krebsbach, A 1
947.000	GSM Innsbruck

947.200	GSM Rietz/Gemeindeamt, A 1
947.400	GSM Innsbruck
947.400	GSM
947.600	GSM Innsbruck
947.600	GSM VLBG/Bregenz
948.000	GSM VLBG
948.000	GSM Innsbruck
948.000	GSM Zams
948.200	GSM Innsbruck
948.400	GSM Innsbruck Postamt NEU-RUM, A 1
948.400	GSM Bregenz/Umgebung
948.400	GSM Mieming/Wählamt, A 1
948.800	GSM Ötztal
949.000	GSM Zams, A 1
949.200	GSM Innsbruck
949.200	GSM Bregenz
949.400	GSM Leutasch Postamt, A 1
949.400	GSM Bregenz/VLBG
949.400	GSM Hatting
949.600	GSM Ötztal Bhf, A 1
949.600	GSM Bregenz/Umgebung
949.800	GSM Imst/Postamt, A 1
949.800	GSM Längenfeld
949.800	GSM Kühtai
950.000	GSM Obsteig
950.200	GSM Telfs/Postamt, A 1
950.200	GSM Wenns/Wählamt, A 1
950.200	GSM VLBG
950.400	GSM Bregenz/Umgebung
950.400	GSM Ötz
950.600	GSM Schönwies
950.600	GSM
951.200	GSM Ötztal/Wählamt, A 1
951.200	GSM Kronburg/Zams/Parkplatz, MAX MOBIL
951.200	GSM Bregenz/Umgebung
951.400	GSM Innsbruck/Steinbockallee, A 1
951.400	GSM VLBG
951.600	GSM Kühtai
951.800	GSM Innsbruck
951.800	GSM Bregenz
951.800	GSM Leutasch, MAX MOBIL
952.000	ORF Funkmikrofone
952.200	GSM Innsbruck
952.200	GSM Nassereith
952.200	GSM Arzl/Pitztal
952.200	GSM Bregenz/Umgebung
952.400	GSM Innsbruck

952.600	GSM Bregenz
952.800	GSM Innsbruck
953.200	GSM Silz/Holz Marberger, Silo, MAX MOBIL
953.400	GSM Innsbruck
953.400	GSM Längenfeld
953.400	GSM Landeck Perfuchs/Gasthaus Arlberg, MAX MOBIL
953.600	GSM Innsbruck
953.800	GSM Rietz, Bauernhof, MAX MOBIL
954.000	GSM Landeck
954.200	GSM Innsbruck
954.400	GSM Barwies/Tiwag, MAX MOBIL
955.000	GSM Landeck
955.000	GSM Schönwies
955.000	GSM Tarrenz/altes Feuerwehrhaus
955.200	GSM Innsbruck
955.400	GSM Innsbruck
955.400	GSM Imst MAX MOBIL
955.800	GSM Ötztal
955.800	GSM Rietz/Thannrain, Bauernhof, MAX MOBIL
956.600	GSM Sautens/Gasthof Post, MAX MOBIL
956.800	GSM Bregenz/Umgebung
957.000	GSM Mieming
957.000	GSM
958.200	GSM Silz, MAX MOBIL
958.000	GSM Telfs/Fa. Olymp, MAX MOBIL
958.400	GSM Hatting

959.000 – 961.000 MHz Schnurlostelefon 10 mW

Fernsehkanäle ORF

Kanal:	BILD	TON
Kanal 2	48.250	53.750
Kanal 3	55.250	60.750
Kanal 4	62.250	67.750
Kanal 5	175.250	180.750
Kanal 6	182.250	187.750
Kanal 7	189.250	194.750
Kanal 8	196.250	201.750
Kanal 9	203.250	208.750
Kanal 10	210.250	215.750
Kanal 11	217.250	222.750
Kanal 12	224.250	229.750
Kanal 21	471.250	476.750
Kanal 22	479.250	484.750
Kanal 23	487.250	492.750
Kanal 24	495.250	500.750
Kanal 25	503.250	508.750
Kanal 26	511.250	516.750
Kanal 27	519.250	524.750
Kanal 28	527.250	532.750
Kanal 29	535.250	540.750
Kanal 30	543.250	548.750
Kanal 31	551.250	556.750
Kanal 32	559.250	564.750
Kanal 33	567.250	572.750
Kanal 34	575.250	580.750
Kanal 35	583.250	588.750
Kanal 36	591.250	596.750
Kanal 37	599.250	604.750
Kanal 38	607.250	612.750
Kanal 39	615.250	620.750
Kanal 40	623.250	628.750
Kanal 41	631.250	636.750
Kanal 42	639.250	644.750

Kanal 43	647.250	652.750
Kanal 44	655.250	660.750
Kanal 45	663.250	668.750
Kanal 46	671.250	676.750
Kanal 47	679.250	684.750
Kanal 48	687.250	692.750
Kanal 49	695.250	700.750
Kanal 50	703.250	708.750
Kanal 51	711.250	716.750
Kanal 52	719.250	724.750
Kanal 53	727.250	732.750
Kanal 54	736.250	740.750
Kanal 55	743.250	748.750
Kanal 56	751.250	756.750
Kanal 57	759.250	764.750
Kanal 58	767.250	772.750
Kanal 59	775.250	780.750
Kanal 60	783.250	788.750
Kanal 61	791.250	796.750
Kanal 62	799.250	804.750
Kanal 63	807.250	812.750
Kanal 64	815.250	820.750
Kanal 65	823.250	828.750
Kanal 66	831.250	836.750
Kanal 67	839.250	844.750
Kanal 68	847.250	852.750
Kanal 69	855.250	860.750

Sonderkanäle Kabelfernsehen

Kanal	Bildfrequenz	Tonfrequenz
S 1	105.250	110.750
S 2	112.250	117.750
S 3	119.250	124.750
S 4	126.250	131.750
S 5	133.250	138.750
S 6	140.250	145.750
S 7	147.250	152.750
S 8	154.250	159.750
S 9	161.250	166.750
S 10	168.250	173.750
S 11	231.250	236.750
S 12	238.250	243.750
S 13	245.250	250.750
S 14	252.250	257.750
S 15	259.250	264.750
S 16	266.250	271.750
S 17	273.250	278.750
S 18	280.250	285.750
S 19	287.250	292.750
S 20	294.250	299.750
S 21	303.250	308.750
S 22	311.250	316.750
S 23	319.250	324.750
S 24	327.250	332.750
S 25	335.250	340.750
S 26	343.250	348.750
S 27	351.250	356.750
S 28	359.250	364.750
S 29	367.250	372.750
S 30	375.250	380.750
S 31	383.250	388.750
S 32	391.250	396.750
S 33	399.250	404.750
S 34	407.250	412.750
S 35	415.250	420.750
S 36	423.250	428.750
S 37	431.250	436.750

Funktaxi, Busunternehmen

146.175	Funktaxi, Bus, Innsbruck, Kanal 2
146.300	Funktaxi, Bus, Innsbruck
146.350	Funktaxi, Bus, Feldkirch, VLBG
146.425	Funktaxi, Bus, St. Anton a. Arlberg
146.700	Funktaxi, Bus, Innsbruck, Kanal 1
147.350	Funktaxi, Bus, Tipotsch, Ötztal Bhf
149.700 (154.300)	Funktaxi, Bus, VLBG
150.650	Funktaxi, Bus, Mayerhofen

154.300 (149.700) Funktaxi, Bus, VLBG

155.975 Funktaxi, Bus, Innsbruck

156.000 Funktaxi, Bus, Wien
156.150 (160.750) Funktaxi, Bus, Wien
156.250 (160.850) Funktaxi, Bus, Wien
156.300 (160.900) Funktaxi, Bus, Wien
156.525 Funktaxi, Bus, Gebhard, Telfs, (425.925/415.925)

157.725 (162.325) Funktaxi, Bus, Jerzens, Wenns

158.775 Funktaxi, Bus, Wien
158.800 Funktaxi, Bus, Wien,
158.925 Funktaxi, Bus, Wien
158.950 Funktaxi, Bus, Ötztal

159.900 Funktaxi, Bus, Bludenz, VLBG

160.750 (156.150) Funktaxi, Bus, Wien
160.860 (156.250) Funktaxi, Bus, Wien
160.900 (156.300) Funktaxi, Bus, Wien

161.275 Funktaxi, Bus, Seefeld
161.275 Funktaxi, Bus, Ötztal
161.375 Funktaxi, Bus,

163.225 Funktaxi, Bus, Innsbruck
163.325 (158.725) Funktaxi, Bus, Jerzens, Wenns
164.425 Funktaxi, Bus. Innsbruck
164.775 Funktaxi, Bus, Feldkirch, VLB

165.025 Funktaxi, Bus, Landeck,
165.025 Funktaxi, Bus, VLBG
165.025 Funktaxi, Bus, Oberland
165.075 Funktaxi, Bus, Telfs
165.075 Funktaxi, Bus, Innsbruck
165.375 Funktaxi, Bus, Innsbruck
165.400 Funktaxi, Bus, Innsbruck
165.400 Funktaxi, Bus, Feldkirch
165.425 Funktaxi, Bus, Innsbruck
165.475 Funktaxi, Bus, Landeck
165.475 Funktaxi, Bus, Seefeld

166.425 Funktaxi, Bus, Landeck

168.175 Funktaxi, Feldkirch, VLBG
168.450 Funktaxi, Bus, Ötztaler, Ötztal

169.075 Funktaxi, Bus,
169.875 Funktaxi, Bus, Bludenz, VLBG

171.150 Funktaxi, Bus, Innsbruck

413.650 (423.650) Funktaxi, Bus, Innsbruck

415.375 (425.375) Funktaxi, Bus, Götzens
415.400 (425.400) Funktaxi, Bus, Imst, Arzl
415.500 (425.500) Funktaxi, Bus, Innsbruck

415.675 (425.675) Funktaxi, Bus, Hall
415.925 (425.975) Funktaxi, Bus, Gebhard, Telfs, (156.525)
415.950 (425.950) Funktaxi, Bus, Innsbruck
415.975 (425.975) Funktaxi, Bus, Hall, Kratzer

416.000 (426.000) Funktaxi, Bus, Innsbruck

423.650 (413.650) Funktaxi, Bus, Innsbruck

425.375 (415.375) Funktaxi, Bus, Götzens
425.400 (415.400) Funktaxi, Bus, Imst, Arzl
425.500 (415.500) Funktaxi, Bus, Innsbruck
425.675 (415.675) Funktaxi, Bus, Hall
425.925 (415.925) Funktaxi, Bus, Gebhard, Telfs, (156.525)
426.950 (415.950) Funktaxi, Bus, Innsbruck
425.975 (415.975) Funktaxi, Bus, Kratzer, Hall

426.000 (416.000) Funktaxi, Bus, Innsbruck
37,5 kHz Flugschreiber, (Black Box) nach Absturz

280 – 500 khz

VOREINFLUGZEICHEN für Instrumenten-Landesystem
ILS – LOM Kanalraster 1 KHz, Ton mit 400 KHz
Kennung in Morsekode, Leistung zw. 10 Watt und 2 KW
Flugfunkbaken in Österreich:

QRG:	QTH:	CALL:	PO:	LOC:
259.5 kHz	Villach	VIW		N 46 42 / O 013 55
290 kHz	Graz	GRZ		N 46 55 / O 015 28
293 kHz	Steinhof	STE		N 48 13 / O 016 15
303 kHz	Rattenberg	RTT	200	N 47 26 / O 011 56
303 kHz	Wien	WO		N 48 09 / O 016 28
313 kHz	Absam	AB	25	N 47 17 / O 011 30
313 kHz	Klagenfurt	KI		N 46 38 / O 014 23
327 kHz	Linz	LNZ		N 48 14 / O 014 19
341 kHz	Altenrhein	ALT		N 47 29 / O 009 34
356 kHz	Salzburg	SU	100	N 47 53 / O 012 57
358 kHz	Tulln	TUN		N 48 19 / O 015 59
374 kHz	Klagenfurt	KFT		N 46 38 / O 014 32
382 kHZ	Salzburg	SBG	100	N 47 58 / O 012 54
405 kHz	Klagenfurt	KW		N 46 40 / O 014 13
408 kHz	Wien	BRK		N 48 04 / O 016 43
410 kHz	Salzburg	SI		N 47 49 / O 012 59
413 kHz	Kühtai	KTI	200	N 47 13 / O 011 02
418 kHz	Zeltweg	ZW		N 47 12 / O 014 45
420 kHz	Innsbruck	INN	200	N 47 14 / O 011 24

457 kHz Lawinenpiepser (Suchgerät)

13.560 Fernwirk Funkanlagen, (Übertragung Mess-, Daten-, Steuersignale)

19.995 MIR, Spaceshuttle
20.007 MIR, Spaceshuttle

CB Funk in Deutschland und Österreich

CB-Funk in Deutschland

26.565	CB Kanal 41, vorgesehen für neue Technologien
26.575	CB Kanal 42, vorgesehen für neue Technologien
26.585	CB Kanal 43, vorgesehen für neue Technologien
26.595	CB Kanal 44, vorgesehen für neue Technologien
26.605	CB Kanal 45, vorgesehen für neue Technologien
26.615	CB Kanal 46, vorgesehen für neue Technologien
26.625	CB Kanal 47, vorgesehen für neue Technologien
26.635	CB Kanal 48, vorgesehen für neue Technologien
26.645	CB Kanal 49, vorgesehen für neue Technologien
26.655	CB Kanal 50, vorgesehen für neue Technologien
26.665	CB Kanal 51
26.675	CB Kanal 52, digitale Übertragung (Paket Radio)
26.685	CB Kanal 53, digitale Übertragung (Paket Radio)
26.695	CB Kanal 54
26.705	CB Kanal 55
26.715	CB Kanal 56
26.725	CB Kanal 57
26.735	CB Kanal 58
26.745	CB Kanal 59
26.755	CB Kanal 60
26.765	CB Kanal 61
26.775	CB Kanal 62
26.785	CB Kanal 63
26.795	CB Kanal 64
26.805	CB Kanal 65
26.815	CB Kanal 66
26.825	CB Kanal 67
26.835	CB Kanal 68
26.845	CB Kanal 69
26.855	CB Kanal 70
26.865	CB Kanal 71
26.875	CB Kanal 72
26.885	CB Kanal 73
26.895	CB Kanal 74
26.905	CB Kanal 75
26.915	CB Kanal 76

26.925 CB Kanal 77
26.935 CB Kanal 78
26.945 CB Kanal 79
26.955 CB Kanal 80

CB Funk in Österreich

26.965 CB Kanal 01
26.975 CB Kanal 02
26.985 CB Kanal 03
26.995 ISM Kanal, Fernsteueranlagen
27.005 CB Kanal 04
27.015 CB Kanal 05
27.025 CB Kanal 06
27.035 CB Kanal 07
27.045 ISM Kanal, Fernsteueranlagen, Babyfon
27.055 CB Kanal 08
27.065 CB Kanal 09
27.075 CB Kanal 10
27.085 CB Kanal 11
27.095 ISM Kanal, Fernsteueranlagen
27.105 CB Kanal 12
27.115 CB Kanal 13
27.125 CB Kanal 14
27.135 CB Kanal 15
27.145 ISM Kanal, Fernsteueranlagen, Babyfon
27.155 CB Kanal 16
27.165 CB Kanal 17
27.175 CB Kanal 18
27.185 CB Kanal 19
27.195 ISM Kanal, Fernsteueranlagen, Babyfon
27.205 CB Kanal 20
27.215 CB Kanal 21
27.225 CB Kanal 22 Babyfonanlagen, Kanal 1
27.235 CB Kanal 23
27.245 CB Kanal 24
27.255 CB Kanal 25 Babyfonanlagen, Kanal 2
27.265 CB Kanal 26
27.275 CB Kanal 27
27.285 CB Kanal 28
27.295 CB Kanal 29
27.305 CB Kanal 30
27.315 CB Kanal 31
27.325 CB Kanal 32
27.335 CB Kanal 33
27.345 CB Kanal 34
27.355 CB Kanal 35
27.365 CB Kanal 36
27.375 CB Kanal 37
27.385 CB Kanal 38

27.395	CB Kanal 39
27.405	CB Kanal 40
27.525 – 27.595	Führungsfunkanlagen, Motorradfahrschüler (DL)
27.525 / 37.825	Führungsfunkanlagen, duplex, simplex (DL)
27.535 / 37.835	Führungsfunkanlagen, duplex, simplex (DL)
27.545 / 37.845	Führungsfunkanlagen, duplex, simplex (DL)
27.555 / 37.855	Führungsfunkanlagen, duplex, simplex (DL)
27.565 / 37.865	Führungsfunkanlagen, duplex, simplex (DL)
27.575	Führungsfunkanlagen, simplex (DL)
27.585	Führungsfunkanlagen, simplex (DL)
27.595	Führungsfunkanlagen, simplex (DL)

28.000 – 29.400 Funkamateur 10 m Band

32.350	Personenrufanlagen, Klinik Innsbruck, (Pager)
32.500	Personenrufanlagen, Klinik Innsbruck, (Pager)
32.550	drahtlose Mikrofonanlagen, innerhalb von Gebäuden (DL)
32.800	Personenrufanlage, Linz Urfahr
32.850	drahtlose Mikrofonanlagen, innerhalb von Gebäuden (DL)
33.000	Bundesheer, Aigen,
33.000	Bundesheer, Hörsching,
33.000	Bundesheer, Graz/Thondorf,
33.000	Bundesheer, Wr. Neustadt
33.250	Bundesheer, Hörsching,
33.250	Bundesheer, Dachstein

33.400 + / – 500 kHz ist geschützte ZF für Fernsehrundfunkempfänger

33.550	Bundesheer
33.575	Bundesheer
33.775	Bundesheer
33.950	drahtlose Mikrofonanlagen, innerhalb von Gebäuden (DL)
34.000	Bundesheer
34.200	Bundesheer, Zeltweg
34.250	drahtlose Mikrofonanlagen, innerhalb von Gebäuden (DL)
34.550	drahtlose Mikrofonanlagen, innerhalb von Gebäuden (DL)
34.600	Bundesheer, Klagenfurt,
34.600	Bundesheer, Langenlebarn
34.700	Bundesheer, Aigen, Hörsching,
34.700	Bundesheer, Graz/Thorndorf,
34.700	Bundesheer, Wr. Neustadt
34.850	Bundesheer
34.850	drahtlose Mikrofonanlagen, innerhalb von Gebäuden (DL)
34.875	Bundesheer
34.975	Bundesheer
35.000	Bundesheer

Fernsteuerungsanlagen von Flugmodellen 35 MHz: (anmelde- und geb.pflichtig)

35.010	Kanal 61, Modellfernsteuerungen
35.020	Kanal 62, Modellfernsteuerungen
35.030	Kanal 63, Modellfernsteuerungen
35.040	Kanal 64, Modellfernsteuerungen
35.050	Kanal 65, Modellfernsteuerungen
35.060	Kanal 66, Modellfernsteuerungen
35.070	Kanal 67, Modellfernsteuerungen
35.080	Kanal 68, Modellfernsteuerungen
35.090	Kanal 69, Modellfernsteuerungen
35.100	Kanal 70, Modellfernsteuerungen
35.110	Kanal 71, Modellfernsteuerungen
35.120	Kanal 72, Modellfernsteuerungen
35.130	Kanal 73, Modellfernsteuerungen
35.140	Kanal 74, Modellfernsteuerungen
35.150	Kanal 75, Modellfernsteuerungen
35.150	drahtlose Mikrofonanlagen, innerhalb von Gebäuden (DL)
35.160	Kanal 76, Modellfernsteuerungen
35.170	Kanal 77, Modellfernsteuerungen
35.180	Kanal 78, Modellfernsteuerungen
35.190	Kanal 79, Modellfernsteuerungen
35.200	Kanal 80, Modellfernsteuerungen
35.450	drahtlose Mikrofonanlagen, innerhalb von Gebäuden (DL)
35.750	drahtlose Mikrofonanlagen, innerhalb von Gebäuden (DL)
35.920 – 35.990	Führungsfunkanlagen (DL)
35.920	Führungsfunkanlagen, simplex (DL)
35.930	Führungsfunkanlagen, simplex (DL)
35.940	Führungsfunkanlagen, simplex (DL)
35.950	Führungsfunkanlagen, simplex (DL)
35.960	Führungsfunkanlagen, simplex (DL)
35.970	Führungsfunkanlagen, simplex (DL)
35.980	Führungsfunkanlagen, simplex (DL)
35.990	Führungsfunkanlagen, simplex (DL)
36.640	drahtlose Mikrofonanlagen. Museumsführungen (DL)
36.680	drahtlose Mikrofonanlagen, Museumsführungen (DL)
36.700	drahtlose Mikrofonanlagen, breitbandige Übertragung (DL)
36.710	drahtlose Mikrofonanlagen, breitbandige Übertragung (DL)
36.720	Führungsfunkanlagen (DL)
36.760	Führungsfunkanlagen (DL)
36.800	Funkmikrofone
36.850	Funkmikrofone
36.950	ORF Funkmikrofone,
36.950	drahtlose Mikrofonanlagen, innerhalb von Gebäuden (DL)
37.040	Führungsfunkanlagen (DL)
37.080	Führungsfunkanlagen (DL)
37.100	Funkkopfhörer, (Conrad Electronic)
37.100	Funkmikrofone in Kirchen
37.120	Führungsfunkanlagen (DL)
37.160	Führungsfunkanlagen (DL)

37.300	ORF Funkmikrofone
37.450	Funkmikrofone
37.500	Funkmikrofone
37.550	Funkmikrofone

37.500 – 38.250 MHz Radio-Astronomie-Satelliten

37.700	ORF Funkmikrofone
37.750	drahtlose Mikrofonanlagen, innerhalb von Gebäuden (DL)
37.825 / 27.525	Führungsfunkanlagen, duplex, simplex (DL)
37.835 / 27.535	Führungsfunkanlagen, duplex, simplex (DL)
37.845 / 27.545	Führungsfunkanlagen, duplex, simplex (DL)
37.855 / 27.555	Führungsfunkanlagen, duplex, simplex (DL)
37.865 / 27.565	Führungsfunkanlagen, duplex, simplex (DL)
37.900	Führungsfunkanlagen (DL)
37.900	ORF Funkmikrofone, drahtlose Mikrofonanlagen
37.900	drahtlose Mikrofonanlagen, breitbandige Übertragung (DL)
37.940	Führungsfunkanlagen (DL)
37.980	Führungsfunkanlagen (DL)
38.050	drahtlose Mikrofonanlagen, innerhalb von Gebäuden (DL)
38.100	Bundesheer
38.200	Bundesheer
38.300	Bundesheer
38.500	Bundesheer, Hubschrauber
38.600	Bundesheer, Klagenfurt,
38.600	Bundesheer, Langenlebarn
38.600	Bundesheer, Schwaz

38.900 + / – 500 kHz ist geschützte ZF für Fernsehrundfunkempfänger

39.650	SFOR Truppen, bei Durchfahrt durch Österreich, (Korridorfrequenz)
39.700	Bundesheer Luft-Boden
39.800	Bundesheer Luft-Boden
39.900	Bundesheer Luft-Boden

39.986 – 40.020 MHz Weltraumforschungs-Satelliten

40.500	Bundesheer
40.525	Bundesheer
40.550	Bundesheer
40.600	Bundesheer
40.625	Bundesheer

Fernsteuerungsanlagen: 40 MHz von Flugmodellen, Schiffsmodellen

40.665	Kanal 50,	Modellfernsteuerungen,
40.665		Personenrufanlagen, KIKA Eugendorf
40.665		Personenrufanlagen, Rehabzentrum Groß Gmain/Salzburg
40.665		Personenrufanlagen, LKH Salzburg
40.675	Kanal 51,	Modellfernsteuerungen,
40.675		Personenrufanlagen, Salzburg
40.675		Personenrufanlagen, OKA Riedersbach
40.675		Personenrufanlagen, OKA Riedersbach

40.675		Funkfernsteuern – Garagentore,
40.675		Babyfon, 10 mW
40.685	Kanal 52,	Modellfernsteuerungen,
40.685		Personenrufanlagen, Krankenhaus Zams
40.685		Personenrufanlagen, Krankenhaus Feldkirch/VLBG
40.685		Funkkopfhörer, FM breit,
40.685		Personenrufanlagen, AGRARTEC Itzling/Salzburg
40.690	Kanal 53,	Personenrufanlagen, Voith Wien
40.695	Kanal 53,	Modellfernsteuerungen,
40.695		Personenrufanlagen, Mercedes, Georg Pappas (Sbg. 161.637,5)
40.695		Personenrufanlagen, LKH Linz
40.695		Personenrufanlagen, Unfallkrankenhaus Salzburg
40.695		Personenrufanlagen, Altenheim/Linz
40.700		Personenrufanlagen, Attnang Puchheim
40.695		Funkbabysitter,
40.715	Kanal 54,	Modellfernsteuerungen
40.725	Kanal 55,	Modellfernsteuerungen
40.735	Kanal 56,	Modellfernsteuerungen
40.765	Kanal 57,	Modellfernsteuerungen
40.775	Kanal 58,	Modellfernsteuerungen
40.785	Kanal 59,	Modellfernsteuerungen
40.815	Kanal 81,	Modellfernsteuerungen
40.825	Kanal 82,	Modellfernsteuerungen
40.835	Kanal 83,	Modellfernsteuerungen
40.865	Kanal 84,	Modellfernsteuerungen
40.875	Kanal 85,	Modellfernsteuerungen
40.875		Bundesheer, Salzburg
40.885	Kanal 86,	Modellfernsteuerungen
40.915	Kanal 87,	Modellfernsteuerungen
40.925	Kanal 88,	Modellfernsteuerungen
40.935	Kanal 89,	Modellfernsteuerungen
40.965	Kanal 90,	Modellfernsteuerungen
40.975		Bundesheer, Salzburg
40.975	Kanal 91,	Modellfernsteuerungen
40.985	Kanal 92,	Modellfernsteuerungen
41.700		Bundesheer, Salzburg
41.725		Bundesheer, Salzburg
41.750		Bundesheer, Salzburg
41.775		Bundesheer, Salzburg
42.000		Bundesheer
43.000		Bundesheer
44.000		Bundesheer
44.550		Funkmikrofon, 2 mW
45.000		Funkmikrofon, 2 mW
45.500		Bundesheer, Zeltweg, Tower
46.000		Bundesheer
46.450		Bundesheer, Burgenland

46.625 Bundesheer
46.650 Bundesheer
46.700 Bundesheer
46.725 Bundesheer
46.750 Bundesheer

47.000 Bundesheer
47.200 Bundesheer
47.400 Bundesheer
47.600 Bundesheer
47.800 Bundesheer
48.000 Bundesheer (kein Sendebetrieb in Sperrzone Jauerling)
48.600 Bundesheer (kein Sendebetrieb in Sperrzone Jauerling)

47.000 – 68.000 MHz Fernsehband 1 (Kanal 2-5) Tonträger

53.750 (48.250) Kanal 2, Jauerling/Niederösterreich
60.750 (55.250) Kanal 3, Birkenfeld/Breitenstein, Steiermark
60.750 (55.250) Kanal 3, Kalwang/Stellerberg, Steiermark
60.750 (55.250) Kanal 3, Tauplitz/Furthberg, Steiermark
67.750 (62.250) Kanal 4, Innsbruck/Patscherkofel,
67.750 (62.250) Kanal 4, Hüttau, Sonneck
67.750 (62.250) Kanal 4, Saalbach/Schattberg
67.750 (62.250) Kanal 4, Taxenbach

50.000 – 52.000 MHz Funkamateur, 6 m Band

51.000 Bundesheer
55.500 Bundesheer, kein Sendebetrieb in den Sperrzonen
55.575 Bundesheer, kein Sendebetrieb in den Sperrzonen

56.000 Bundesheer

65.450 Bundesheer, Salzburg, (CTCSS 151,4 Hz),
kein Sendebetrieb in den Sperrzonen von TV Kanal 4

66.675 Betriebsfunk, Tankwagen, Linz

67.750 Tonträger TV Kanal 4

68.700 Bundesheer, Kanal G7, (CTCSS, 151,4 Hz)
68.800 Bundesheer, (CTCSS, 151,4 Hz)
68.900 Bundesheer, Kanal G8, (CTCSS, 151,4 Hz)

68.925 Betriebsfunk, Elektrofirma, Linz Urfahr
68.925 Betriebsfunk, Elektrofirma, Braunau, (CTCSS, 151,4 Hz)
69.450 Tierarzt Dr. Erich Laner, Kirchberg
69.925 Betriebsfunk Linz/Land

70.075 Bundesheer, MIL-Streife, Salzburg,
70.075 Bundesheer, Linz
70.375 Bundesheer, MIL-Streife, Salzburg,
70.375 Bundesheer, Linz

71.625 ORF Liveübertragung, Sportveranstanltung, Schispringer Stams
71.775 (81.575) VKW Kraftwerke, VLBG
71.800 Betriebsfunk, Linz/Land
71.875 Betriebsfunk Innsbruck

71.875		Betriebsfunk Innsbruck
71.900		Betriebsfunk Innsbruck
71.900		Bodner Bau, Wörgl
71.925		Bundesheer, (CTCSS, 151,4 Hz)
72.000		Betriebsfunk Innsbruck
72.125		STEWAG, Knittelfeld
72.200		Betriebsfunk
72.225		Betriebsfunk
72.325		TIWAG,
72.350		Betriebsfunk
72.350	(82.150)	VKW Kraftwerke, VLBG
72.400	(82.200)	VKW Kraftwerke, VLBG
72.450		TIWAG,
72.475	(82.275)	VKW Kraftwerke, VLBG
72.500		TIWAG,
72.525	(82.325)	VKW Kraftwerke, VLBG
72.575	(82.375)	VKW Kraftwerke, VLBG
72.650		Spedition Weiss, Linz
72.775	(82.575)	Pitztaler Gletscherbahn
72.900	(82.700)	VKW Kraftwerke, VLBG
72.950		Bundesheer, Burgenland

Bundesheer in Österreich:

73.000	Bundesheer,	(CTCSS, 151,4 Hz)	
73.060	Bundesheer,	(CTCSS, 151,4 Hz)	
73.090	Bundesheer,	(CTCSS, 151,4 Hz)	
73.120	Bundesheer,	(CTCSS, 151,4 Hz)	
73.150	Bundesheer,	(CTCSS, 151,4 Hz)	
73.210	Bundesheer,	(CTCSS, 151,4 Hz)	
73.450	Bundesheer, Kanal A 3,	(CTCSS, 151,4 Hz)	Glanegg/Salzburg
73.500	Bundesheer,	(CTCSS, 151,4 Hz)	
73.525	Bundesheer,	(CTCSS, 151,4 Hz)	
73.550	Bundesheer, Kanal A 4,	(CTCSS, 151,4 Hz)	
73.650	Bundesheer, Kanal D 3,	(CTCSS, 151,4 Hz)	
73.700	Bundesheer, Kanal A 5,	(CTCSS, 151,4 Hz)	Fuchsfrequenz,
73.750	Bundesheer, Kanal C 3,	(CTCSS, 151,4 Hz)	
73.800	Bundesheer, Kanal G 1,	(CTCSS, 151,4 Hz)	
73.850	Bundesheer, Kanal D 4,	(CTCSS, 151,4 Hz)	
73.900	Bundesheer, Kanal C 4,	(CTCSS, 151,4 Hz)	
73.950	Bundesheer, Kanal B 3,	(CTCSS, 151,4 Hz)	
74.000	Bundesheer, Kanal D 5,	(CTCSS, 151,4 Hz)	
74.050	Bundesheer, Kanal B 4,	(CTCSS, 151,4 Hz)	
74.100	Bundesheer, Kanal A 6,	(CTCSS, 151,4 Hz)	
74.150	Bundesheer, Kanal C 5,	(CTCSS, 151,4 Hz)	
74.250	Bundesheer, Kanal G 2,	(CTCSS, 151,4 Hz)	
74.300	Bundesheer, Kanal D 6,	(CTCSS, 151,4 Hz)	
74.400	Bundesheer, Kanal B 5,	(CTCSS, 151,4 Hz)	
74.500	Bundesheer, Kanal C 6,	(CTCSS, 151,4 Hz)	

74.575	Datenfunk, Salzburg
74.600	Bundesheer, Kanal B 6, (CTCSS, 151,4 Hz)
74.750	Betriebsfunk, Innsbruck

Flugsicherung:

74.850	Flugsicherung	
74.950	Bundesheer	
74.975	Bundesheer	
75.000	VOREINFLUGZEICHEN (ILS) Ton: 400 Hz	OM Instrumenten-Landesystem
	HAUPTEINFLUGZEICHEN (ILS) Ton: 1300 Hz	MM Instrumenten-Landesystem
	LANDEBAHNMARKER (ILS) Ton: 3000 Hz	IM Instrumenten-Landesystem

Rettungsleitstellen in Österreich:

75.000	Kühtai, Kennung: K (Wiesberglift/Dach)
75.000	Rum/Innsbruck, Kennung: R max. 10 W (Fa. Eisner)
75.000	Salzburg,
75.150	Flugsicherung
75.350	Betriebsfunk, Innsbruck
75.475	Rettung,
75.475	Bergwacht, Niederösterreich
75.525	Bergrettung Judenburg (Steiermark)
75.575	Betriebsfunk, digital, Imst
75.600	Rettung, Telfs,
75.600	Rettung, Lienz,
75.600	Zivilschutz, Innsbruck, Kanal 1
75.600	Rettung, Lilienfeld
75.650	Rettung, Matrei/Osttirol,
75.650	Zivilschutz, Innsbruck, Kanal 2
75.675	Alpenvereinshütten, Bezirk Landeck, Hüttenfunk,
75.675	Alpenvereinshütten St. Anton,
75.700	Rettung, Zirl, Steinlach, Oberperfuß, Hall, Leitstelle
75.700	Rettung, Sillian,
75.700	Zivilschutz, Innsbruck, Kanal 3
75.725	Stadtgemeinde Imst, (147.075 Stadtwerke Imst)
75.725	Stadtpolizei Imst, (147.075 Stadtwerke Imst)
75.725	Müllabfuhr, Innsbruck
75.725	Baubezirksamt Kufstein
75.750	Rettung, Innsbruck,
75.750	Zivilschutz, Innsbruck, Kanal 4
75.750	Rettung,
75.800	Rettung,
75.800	Zivilschutz, Innsbruck, Kanal 5
75.850	Rettung
75.875	Rettung, Seefeld,
75.875	Rettung, Imst, Mötz, Landeck,
75.875	Rettung, Steinach, Kanal 1,

75.875	Rettung, Imst, Christopherus 1,
75.875	Rettung, Telfs-Innsbruck (76.625, 77.175, 363.775, 363.800)
75.875	Arzt, Kanal 3
75.900	Bergwacht, Bezirk Kufstein
75.900	Rettung,
75.950	Rettung, Bezirksstelle Innsbruck/Stadt
75.975	Stadtpolizei Kufstein
75.975	Rettung,
76.025	Rettung, Niederösterreich,
76.025	Rettung, Neunkirchen
76.025	Rettung, Purkersdorf
76.025	Rettung, Hollabrunn
76.025	Rettung, St. Valentin
76.025	Rettung, Waidhofen/Thaya
76.025	Rettung, Ziersdorf
76.025	Rettung, Baden
76.025	Rettung, Hainburg
76.050	Rettung
76.125	Rettung, Niederösterreich,
76.125	Rettung, Pöggstall
76.125	Rettung, St. Peter-Au
76.125	Rettung, Scheibbs
76.125	Rettung, Bruck/Leitha
76.125	Rettung, Brunn/Gebirge
76.175	Rettung, (Kanal 5)
76.175	Rettung, Innsbruck, Christopherus 5,
76.175	Rettung, Imst, Mötz,
76.175	Rettung, Seefeld, Katastropheneinsatz,
76.225	Feuerwehr, Bezirk Reutte
76.225	Feuerwehr, Reutte, Ehrwald, Lermoos, Bichlbach
76.225	Rettung,
76.225	Feuerwehr, Tulln, Zwettl,
76.225	Feuerwehr, Landesfrequenz Steiermark (1 A)
76.225	Feuerwehr, Flachgau, Salzburg
76.225	Feuerwehr, Pongau, Salzburg
76.225	Feuerwehr, Salzburg
76.225	Feuerwehr, Flughafenfeuerwehr, Salzburg
76.225	Feuerwehr, Landesfeuerwehrkommando, Salzburg
76.250	Feuerwehr, Stille Alarmierung, Pager, Bezirk Imst,
76.250	Feuerwehr, Stille Alarmierung, Pager, Innsbruck Land,
76.250	Feuerwehr, Kufstein,
76.250	Feuerwehr, Jenbach
76.250	Feuerwehr, St. Pölten,
76.250	Feuerwehr, Weiz
76.250	Feuerwehr, Pinzgau
76.250	Feuerwehr, Steiermark
76.250	Feuerwehr, Niederösterreich
76.275	Feuerwehr, Bezirk Kufstein,
76.275	Feuerwehr, Kitzbühel,
76.275	Feuerwehr, Lienz
76.275	Rettung,

76.275	Feuerwehr, Amstetten, Wr. Neustadt,
76.275	Feuerwehr, Waidhofen/Ybbs,
76.275	Landesfeuerwehrschule, Lebring
76.275	Feuerwehr, Salzburg
76.300	Feuerwehr, Bezirk Imst,
76.300	Feuerwehr, Leibnitz
76.325	Feuerwehr, Kitzbühel
76.325	Feuerwehr, Lienz,
76.325	Feuerwehr, Salzburg Stadt, (86.125),
76.325	Feuerwehr, Verbindungskanal Stadt/Feuerwehr Innsbruck,
76.325	Feuerwehr, Bezirk Landeck
76.325	Feuerwehr, Graz,
76.325	E-Werk Hopfgarten/Brixental
76.350	Feuerwehr, Fürstenfeld, Mürzzuschlag
76.350	Feuerwehr, Salzburg
76.375	Feuerwehr, Landeskanal 1
76.375	Feuerwehr, Florian Gendarmerie Imst, Feuerwehr Telfs,
76.375	Feuerwehr, Florian Gendarmerie Kematen,
76.375	Rettung, Mödling
76.375	Feuerwehr Judenburg, Radkersburg
76.375	Feuerwehr, Salzburg
76.400	Feuerwehr, Feldbach/Steiermark
76.425	Feuerwehr, Katastrophenkanal,
76.425	Bergwacht, Kanal 3, Gendarmerie,
76.425	Rotes Kreuz, Mötz,
76.425	Gendarmerie,
76.425	Schutzhütten, Bezirk Landeck, St. Anton
76.425	Christopherus C 5, Rettung Landeck,
76.425	Bergwacht, Mötz,
76.425	Alplhaus, Telfs
76.425	Feuerwehr, Voitsberg
76.450	Feuerwehr, Bezirk Innsbruck-Land, Katastrophenkanal,
76.450	Gendarmerie,
76.450	Krankenhaus,
76.450	Bergrettung
76.450	Feuerwehr, Flachgau, (86.250), Relais Haunsberg
76.450	Feuerwehr, Pinzgau, (86.250) Relais Schmittenhöhe
76.450	Zivilschutz, Tirol, Kanal 6
76.475	Feuerwehr, Bezirk Landeck,
76.475	Feuerwehr, Bezirk Innsbruck-Land Kanal 2,
76.475	Feuerwehr, Landesfeuerwehrkommando
76.475	Feuerwehr, Amstetten,
76.500	Rettung, Innsbruck Land,
76.500	Feuerwehr, Tennengau, (86.300) Relais Trattberg
76.500	Feuerwehr, Lungau, (86.300) Relais Aineck
76.525	Feuerwehr, Schwaz,
76.525	Feuerwehr, Pongau, Salzburg
76.575	Feuerwehr, Hallein, Salzburg
76.600	Rettung,
76.600	Feuerwehr, Pongau, (86.400) Relais Gernkogel
76.600	Feuerwehr, Salzburg, (86.400) Relais Mönchsberg

76.612,5	Rettung, Mödling
76.612,5	Rettung, Schwechat
76.625	Rettung, Imst,
76.625	Rettung, Landeck,
76.625	Rettung, Innsbruck, Christopherus 5,
76.625	Rettung, Nassereith, Mötz
76.625	Rettung, Sölden, Längenfeld,
76.625	Rettung, Obergurgl, Rietz,
76.625	Rettung, St. Leonhard/Pitztal
76.625	Sektorstreife im Bezirk Imst, Gendarmerie
76.625	Rettung, Waidhofen/Ybbs
76.625	Rettung, Wr. Neustadt
76.625	Rettung, Zistersdorf
76.625	Rettung, Gänserndorf
76.625	Rettung, Allentsteig
76.637,5	Rettung, Bernhardsthal
76.637,5	Rettung, Allentsteig
76.637,5	Rettung, Mistelbach
76.637,5	Rettung, Mödling
76.637,5	Rettung, Neulengbach
76.637,5	Rettung, Poysdorf
76.637,5	Rettung, St. Veit/Tr.
76.637,5	Rettung, Wolkersdorf
76.637,5	Rettung, Gerasdorf
76.737,5	Rettung, Zwettl
76.650	Rettung, Seefeld, (75.875)
76.650	Rettung, Reutte,
76.650	Rettung, Zirl,
76.650	Rettung, Kufstein 1,
76.650	Rettung, St. Pölten
76.650	Rettung, St. Valentin
76.662,5	Rettung, Melk/D.
76.662,5	Rettung, Tulln
76.662,5	Rettung, Gr. Enzersdorf
76.675	Stadtbauamt, Innsbruck
76.675	Rettung, Amstetten
76.675	Rettung, St. Valentin
76.687,5	Rettung, Sollenau
76.687,5	Rettung, St. Pölten
76.687,5	Rettung, Ybbs/D.
76.687,5	Rettung, Aspang
76.687,5	Rettung, Gloggnitz
76.700	Rettung, Kalsdorf
76.700	Betriebsfunk
76.725	Rettung, Landeck,
76.725	Rettung, Kitzbühel
76.725	Rettung, Lienz,
76.725	Rettung, Reutte
76.775	Stadtwerke, Salzburg, (86.575)
76.800	Gaswerk Innsbruck
76.825	Bergrettung, Kanal 2,

76.850	Betriebsfunk
76.875	Bergrettung, Notfallkanal
76.925	Stadtwerke, Linz
77.000	Stadtwerke, Linz (86.800)
77.025	Betriebsfunk
77.025	Rettung, Murau,
77.025	Rettung, Voitsberg,
77.025	Rettung, Eisenerz,
77.025	Rettung, Hartberg,
77.025	Rettung, Leoben,
77.025	Rettung, Liezen,
77.025	Rettung, Graz, Blutspendedienst
77.025	Rettung, Bad Aussee,
77.025	Rettung, Schladming,
77.025	Rettung, Bad Mitterndorf,
77.050	Betriebsfunk
77.050	Rettung, Weiz,
77.050	Rettung, Trieben,
77.075	Betriebsfunk
77.075	Rettung, Leibnitz,
77.075	Rettung, Rottenmann,
77.125	Rettung, Steinach,
77.125	Rettung, Mürzzuschlag,
77.125	Rettung, Graz,
77.125	Rettung, Judenburg,
77.125	Rettung, Knittelfeld,
77.125	Rettung, Stainach,
77.150	Rettung, Fulpmes,
77.150	Rettung, Bad Radkersburg,
77.150	Rettung, Graz Umgebung,
77.150	Rettung, Frohnleiten,
77.150	Rettung, Fürstenfeld
77.150	Rettung, Gröbming
77.150	Rettung, Feldbach,
77.150	Rettung, Kapfenberg
77.150	Rettung, Judenburg
77.175	Rettung, Gratkorn,
77.175	Rettung, Deutschlandsberg,
77.175	Rettung, Kapfenberg
77.175	Rettung, Trieben,
77.175	Rettung, Hall,
77.175	Christopherus C 1, (77.650, 77.200), Kanal 5
77.175	Rettung, Deutschlandsberg
77.175	Rettung, Graz, Blutspendedienst
77.200	Rettung, Schwaz, (Kanal 11)
77.200	Rettung, Mayrhofen,
77.200	Rettung, Imst, Einsatzleitung Bergwacht
77.200	Rettung, Mariazell,
77.200	Rettung, Bruck/Mur
77.225	Rettung, Steiermark,
77.225	Rettung, Innsbruck 1, Kanal 1

77.225	Rettung, Seefeld, Leitstelle, Kanal 1,
77.225	Rettung, Mariazell,
77.225	Rettung, Weiz,
77.225	Rettung, Bad Radkersburg,
77.225	Rettung, Bruck/Mur,
77.225	Rettung, Murau,
77.225	Rettung, Mürzzuschlag,
77.225	Rettung, Voitsberg,
77.225	Rettung, Graz,
77.225	Rettung, Deutschlandsberg,
77.225	Rettung, Eisenerz,
77.225	Rettung, Feldbach,
77.225	Rettung, Fürstenfeld,
77.225	Rettung, Hartberg,
77.225	Rettung, Judenburg,
77.250	Rettung, Innsbruck, Kanal 2
77.275	Wasserrettung,
77.650	Rettung, Imst,
77.650	Bergwacht Mötz, Wasserrettung,
77.700	Betriebsfunk Funkexpress, Salzburg
77.725	Bezirkshauptmannschaft, Rettung
77.750	Betriebsfunk
77.775	Rettung, Tyrolean
77.800	Rettung, Innsbruck,
77.825	Rettung, Kufstein 2,
77.850	Rettung, Zirl, Seefeld, Ärztefunkkanal
77.875	Rettung, Kufstein 2,
77.875	Ärztefunkkanal,
77.940	Betriebsfunk
78.325	Lifte, Glungezer
78.350	Betriebsfunk, Innsbruck
78.425	Zustelldienst, Linz
78.625	Betriebsfunk, Relais
79.300	Landeswarnzentrale, Bezirkshauptmannschaft Innsbruck, Bezirkshauptmannschaft Landeck, Gemeindeamt See, Rettung Landeck, Gemeindeamt Ischgl, Gemeindeamt Galtür, Florian Reutte, Gemeindeamt Spiss, Relais Grahberg (360.650, 360.700, 360.775)
79.375	Betriebsfunk, Relais
79.450	Landeswarnzentrale, Bezirkshauptmannschaft Innsbruck, Bezirkshauptmannschaft Landeck, Gemeindeamt See, Rettung Landeck, Gemeindeamt Ischgl, Gemeindeamt Galtür, Florian Reutte, Gemeindeamt Spiss, Relais Seegrube (360.650, 360.700, 360.775)
79.725	Landeswarnzentrale, Bezirkshauptmannschaft Innsbruck, Bezirkshauptmannschaft Landeck, Gemeinde See, Rettung Landeck, Gemeindeamt Ischgl, Gemeindeamt Galtür, Florian Reutte, Gemeindeamt Spiss, Relais Haimingerberg (360.650, 360.700, 360.775) (Innsbruck 11 = Funktechniker Tel. 0512 508 2267)

ÖBB-Verschubfunk 4m-Band

Wird in Zukunft durch Bündelfunk (70 cm Band) ersetzt.
In Betrieb: Kufstein, Wörgl, Kundl, Brixlegg, Jenbach, Hall, Innsbruck Hbf, Innsbruck Westbf, Innsbruck Frachtenbf.
Transiteur Innsbruck, Fahrdienstleiter, Landeck, Wiener Bahnhöfe,

79.825 ÖBB Verschub
Innsbruck Frachtenbahnhof 3. ReserveKanal 01

79.850	ÖBB Verschub	Innsbruck Westbahnhof, Feldkirch	Kanal 02
79.875	ÖBB Verschub	Innsbruck Hbf Stw. 1	Kanal 03
79.900	ÖBB Verschub	Hall 3. Reserve	Kanal 04
79.925	ÖBB Verschub	Fahrverschub Hall – Fritzens	Kanal 05
79.950	ÖBB Verschub	Brenner Transiteur, Feldkirch	Kanal 06
79.975	ÖBB Verschub	Innsbruck Hbf	Kanal 07
79.975	ÖBB Verschub	Feldkirch	Kanal 07
79.975	ÖBB Verschub	Innsbruck West 2. Reserve	Kanal 07
80.000	ÖBB Verschub		Kanal 08
80.025	ÖBB Verschub		Kanal 09
80.050	ÖBB Verschub	Innsbruck Hbf. Stellwerk	Kanal 10
80.075	ÖBB Verschub		Kanal 11
80.100	ÖBB Verschub		Kanal 12
80.125	ÖBB Verschub	Fahrverschub – Matrei	Kanal 13
80.125	ÖBB Verschub	Fahrverschub Hall – Schwaz	Kanal 13
80.150	ÖBB Verschub	Innsbruck Hbf	Kanal 14
80.175	ÖBB Verschub	Fahrverschub Wörgl – Brixlegg	Kanal 15
80.200	ÖBB Verschub	Fahrverschub Schwaz	Kanal 16
80.225	ÖBB Verschub	Fahrverschub Wörgl – Kundl	Kanal 17
80.225	ÖBB Verschub	Fahrverschub – Steinach	Kanal 17
80.250	ÖBB Verschub		Kanal 18
80.275	ÖBB Verschub		Kanal 19
80.300	ÖBB Verschub		Kanal 20
80.325	ÖBB Verschub	Hall 1. Reserve	Kanal 21
80.325	ÖBB Verschub	Landeck	Kanal 21
80.350	ÖBB Verschub		Kanal 22
80.375	ÖBB Verschub	Fahrverschub Landeck – Schönwies	Kanal 23
80.400	ÖBB Verschub		Kanal 24
80.425	ÖBB Verschub	Fahrverschub Ötztal – Silz	Kanal 25
80.425	ÖBB Verschub	Fahrverschub Landeck – Roppen	Kanal 26
80.450	ÖBB Verschub	Fahrverschub Wörgl – Kirchbichl	Kanal 26
80.475	ÖBB Verschub	Hall 3. Reserve, Wolfurt 3. Reserve	Kanal 27
80.500	ÖBB Transiteur	Innsbruck Frachtenbahnhof	Kanal 28
80.500	ÖBB Verschub	Fahrverschub Wörgl – Hopfgarten	Kanal 28
80.500	ÖBB Verschub	Fahrverschub Wörgl – Kirchberg	Kanal 28

80.525	ÖBB Verschub	Fahrverschub Innsbruck West – Zirl	Kanal 29
80.550	ÖBB Verschub	Kitzbühel	Kanal 30
80.575	ÖBB Verschub	Innsbruck Frachtenbahnhof	Kanal 31
80.600	ÖBB Verschub	Fahrverschub Saalfelden-Fieberbrunn	Kanal 32
80.600	ÖBB Verschub	Wien West,	Kanal 32
80.625	ÖBB Verschub	Bregenz, Bludenz	Kanal 33
80.650	ÖBB Verschub	Fahrverschub Kematen – Silz	Kanal 34
80.650	ÖBB Verschub	Bahnhof Stams,	Kanal 34
80.650	ÖBB Verschub	Weichenschmierer Silz	Kanal 34
80.650	ÖBB Verschub	Fahrverschub Saalfelden – Leogang	Kanal 34
80.650	ÖBB Verschub	Fahrverschub Saalfelden - Hochfilzen	Kanal 34
80.675	ÖBB Verschub	Bregenz, Feldkirch	Kanal 35
80.700	ÖBB Verschub		Kanal 36
80.725	ÖBB Verschub	Fahrverschub Ibk West – Hötting	Kanal 37
80.750	ÖBB Verschub		Kanal 38
80.775	ÖBB Verschub		Kanal 39
80.800	ÖBB Verschub		Kanal 40

81.000	Betriebsfunk
81.575 (71.775)	VLBG Kraftwerke, VKW
81.700 (71.900)	Betriebsfunk, Braunau
82.075 (72.275)	OKA Steyr
82.100 (72.300)	OKA Vöcklabruck
82.100 (72.300)	OKA Leitstelle, Timelkam
82.150 (72.350)	VKW Kraftwerke, VLBG
82.175 (72.375)	OKA Gmunden
82.200 (72.400)	VKW Kraftwerke, VLBG
82.225 (72.425)	OKA Braunau
82.225 (72.425)	OKA Leitstelle, Riedersbach
82.225 (72.425)	OKA St. Johann Walde
82.250 (72.450)	OKA Schärding
82.250 (72.450)	OKA Leitstelle, Schärding
82.275 (72.475)	VKW Kraftwerke, VLBG
82.325 (72.525)	VKW Kraftwerke, VLBG
82.325 (72.525)	OKA Schärding,
82.325 (72.525)	OKA Steyr
82.350 (72.550)	OKA Linz Urfahr
82.350 (72.550)	OKA Rohrbach
82.375 (72.575)	VKW Kraftwerke, VLBG
82.375 (72.575)	OKA Ried/Innkreis
82.575 (72.775)	Lifte, Pitztaler Gletscherbahn
82.575 (72.775)	ÖMV Wien
82.700 (72.900)	VKW Kraftwerke, VLBG
82.825 (73.025)	VKW Kraftwerke, VLBG
83.025 (73.225)	NIOGAS, Niederösterreich
84.575 (74.775)	Ferngas, Braunau, Oberösterreich
84.575 (74.775)	Ferngas, Tannberg
84.575 (74.775)	Energieversorgung, Niederösterreich
86.025 (76.225)	Feuerwehr, Tennengau, Tunnelfunk,
86.025 (76.225)	Feuerwehr, Pongau, Tunnelfunk

86.025 (76.225) Feuerwehr, Pinzgau, Tunnelfunk
86.025 (76.225) Feuerwehr, Lungau, Tunnelfunk
86.075 (76.375) Feuerwehr, Salzburg, Relais Mönchsberg
86.125 (76.325) Feuerwehr, Innsbruck, Verbindungskanal, Innsbruck
86.125 (76.325) Feuerwehr, Salzburg, Relais Mönchsberg
86.125 (76.325) Feuerwehr, Salzburg, Datenfunk, Salzburg
86.250 (76.450) Feuerwehr, Flachgau, Relais Haunsberg
86.250 (76.450) Feuerwehr, Pinzgau, Relais Schmittenhöhe
86.275 (76.475) Feuerwehr, Innsbruck, Kanal 1
86.300 (76.500) Feuerwehr, Tennengau, Relais Trattberg
86.300 (76.500) Feuerwehr, Lungau, Relais Aineck
86.300 Feuerwehr, Innsbruck, (Reserve)
86.400 Feuerwehr, Innsbruck, Kanal 5
86.400 (76.600) Feuerwehr, Pongau, Relais Gernkogel
86.400 (76.600) Feuerwehr, Salzburg, Relais Mönchsberg
86.475 (77.675) Stadtbauamt, Innsbruck
86.475 Abschleppdienst
86.575 (76.775) Stern & Haferl, Grünau/Almtal
86.600 Betriebsfunk, Innsbruck
86.625 Feuerwehr, Innsbruck
86.625 (76.825) Fernheizwerk 1, Salzburg
86.675 (76.875) E-Werke, Wien
86.700 (76.900) E-Werke, Wien
86.725 (76.925) Stadtwerke, Linz
86.800 (77.000) Stadtwerke, Linz
86.875 (77.075) Stadtwerke, Salzburg
86.950 Feuerwehr, Innsbruck, Kanal 2

BOS-Funkdienst (Bayern)

84.235 (74.435) Polizei München, K 358, (DL)
84.315 (74.515) Polizei München Flughafen , K 362, (DL)

85.035 (75.235) Bergwacht Hochland, Weilheim, K 398, (DL)
85.055 (75.255) Bergwacht Chiemgau, K 399, (DL)
85.155 (75.355) Rettungsdienst München, K 404, (DL)
85.215 (75.415) Rettungsdienst Weilheim, K 407, (DL)
85.255 (75.455) Polizei München, K 409, (DL)
85.275 (75.475) Rettungsdienst Rosenheim, K 410, (DL)
85.295 (75.495) Rettungsdienst München, K 411, (DL)
85.295 (75.495) Rettungshubschrauber, K 411, (DL)
85.315 (75.515) Rettungsdienst Fürstenfeldbruck, K 412, (DL)
85.355 (75.555) Polizei München, K 414, (DL)
85.375 (75.575) Polizei München, K 415, (DL)
85.395 (75.595) Polizei Rosenheim, K 416, (DL)
85.435 (75.635) Polizei Weilheim, K 418, (DL)
85.495 (75.695) Polizei München, K 421, (DL)
85.575 (75.775) Polizei Weilheim. K 425, (DL)
85.595 (75.775) Polizei München, K 426, (DL)
85.615 (75.815) Polizei München, K 427, (DL)
85.655 (75.855) Polizei München, K 429, (DL)

85.695 (75.895) Polizei Rosenheim, K 431, (DL) (selten)
85.715 (75.915) Polizei München, K 432, (DL)
85.895.(76.095) Polizei Rosenheim, K 441, (DL)

86.075 (76.275) Polizei München, K 450, (DL)
86.155 (76.355) Polizei München, K 454, (DL)
86.215 (76.415) Rettungsdienst Garmisch, K 457, (DL)
86.215 (76.415) Rettung Weilheim, K 457, (DL)
86.235 (76.435) Rettung Garmisch, München, K 458, (DL)
86.315 (76.515) Feuerwehr München Stadt, K 462, (DL)
86.375 (76.575) Feuerwehr München, K 465, (DL)
86.395 (76.595) Feuerwehr Garmisch, K 466 (DL)
86.415 (76.615) Feuerwehr München Stadt, K 467, (DL)
86.435 (76.455) Feuerwehr Starnberg – Land, K 468, (DL)
86.455 (76.655) Feuerwehr München – Land, K 469, (DL)
86.815 (77.015) Feuerwehr Rosenheim K 487, (DL)
86.875 (77.075) Katastrophenschutz München, K 490, (DL)
86.915 (77.115) Katastrophenschutz München, K 492, (DL)
86.935 (77.135) Katastrophenschutz München, K 493, (DL)
86.955 (77.155) Katastrophenschutz München, K 494, (DL)
86.975 (77.175) Katastrophenschutz Starnberg, K 495, (DL)

87.015 (77.215) Katastrophenschutz Bad Tölz, K 497, (DL)
87.075 (77.275) Katastrophenschutz Geretsried, K 500, (DL)
87.095 (77.295) Katastrophenschutz Garmisch, K 501 (DL)
87.115 (77.315) Katastrophenschutz München, K 502, (DL)
87.155 (77.355) Katastrophenschutz Rosenheim, K 504, (DL)
87.175 (77.375) Katastrophenschutz München, K 505, (DL)
87.235 (77.435) Feuerwehr Weilheim, K 508, (DL)

UKW Funkrufdienst Eurosignal (wurde ab 01.04.1998 abgeschalten)

Rundfunk 87.500 – 108.000 MHz

ORF Tirol/Vorarlberg

Bestehende und projektierte UKW Anlagen
Tiroler/Osttiroler/Vorarlberger Frequenzen:

	Name:		Leistung (Watt):
87.600	Seegrube/Innsbruck	Ö 1 Tel. 0512/292216	50
87.600	Angerberg	Ö 1	10
87.600	Dünserberg/VLBG	Ö 1	
87.600	Hollbruck	Ö 3 Tel. 04848/5215	10
87.800	Hahnenkamm/Reutte	Ö 1 Tel. 0663/9796541	100
87.900	Moosalm/Leutasch	Ö 1 Tel. 0663/97965545	40
88.000	Gerloskögerl	Ö 3 Tel. 05282/2451	60
88.000	Golm/VLBG	Ö 3	
88.000	Brunnerberg	Ö 3 Tel. 04872/5292	50
88.100	Hohe Salve/Söll	Ö 3 Tel. 053352448	100
88.100	Vent	Ö 3	10
88.200	Kappl/Paznaun	Ö 3	20
88.300	Hochegg	Ö 1	5
88.300	St. Leonhard/Pitztal	Ö 3	10
88.500	Patscherkofel	Ö 3 Tel. 0512/377100	3000
88.500	Lienz	Ö 2	1
88.500	Galzig/St. Anton	Ö 3	50
88.500	Obertilliach	Ö 3	5
88.600	Gischlangs/VLBG	Ö 3	
88.700	Windeck/Sölden	Ö 3	10
88.700	Gerlos	Ö 3	5
88.900	Kreuzbühel/VLBG	Ö 3	
88.900	Ehrwald	Ö 1	5
88.900	Lercherwald	Ö 3	10
89.000	Burgstall/Arzl	Ö 3 Tel. 05412/3118	10
89.000	Tannheim	Ö 1	10
89.000	Hechenbichl	Ö 3	4
89.000	Benglerwald/Kufstein	Ö 1	5
89.100	Dalaas/VLBG	Ö 3	
89.100	Prägraten	Ö 1	2
89.200	Burgschrofen	Ö 3 Tel. 05472/6345	10
89.200	Waidring	Ö 3	15
89.200	Lech/VLBG	Ö 3	
89.300	Rauchkofel	Ö 1	500
89.400	Berghof	Ö 3	2

89.400	Giggl	Ö 1	5
89.600	St. Jodok/Brenner	Ö 1	10
89.600	Pfänder/VLBG	Ö 3	
89.800	Navis	Ö 2	4
89.800	Villgraten	Ö 3	5
89.800	Wildschönau	Ö 1	5
90.000	Längenfeld/Ötztal	Ö 1	10
90.000	Oberpeischlach	Ö 1 Tel. 04872/5377	5
90.200	Grahberg/Landeck	Ö 1 Tel. 05442/63669	90
90.200	Wattens	Ö 1	5
90.200	Gaschurn/VLBG	Ö 1	
90.300	Heisenmahd/Ausserfern	Ö 1	30
90.400	Gschwandkopf/Seefeld	Ö 1 Tel. 05212/2949	50
90.400	Niederndorf	Ö 1	17
90.400	Dobratsch	Ö 3 Tel. 0463/5330254	8000
90.500	Galtür	Ö 1	5
90.600	St. Leonhard/Pitztal	Ö 1	10
90.600	Nauders	Ö 1	10
90.600	Gerlos	Ö 1	5
90.700	Klaunzerberg	Ö 1 Tel. 04875/6248	10
90.800	Schlatt/Ötz	Ö 1	100
90.800	Vorderälpele/VLBG	Ö 1	
90.900	Hollbruck	Ö 1 Tel. 04848/5215	10
90.900	Reitherkogel	Ö 1	10
91.000	Kappl/Paznaun	Ö 1	20
91.000	Damüls/VLBG	Ö 1	
91.200	Burgschrofen/Paznaun	Ö 1 Tel. 05472/6345	10
91.200	Achenkirch/Achensee	Ö 1	10
91.200	Lercherwald	Ö 1	10
91.400	Gundkopf/VLBG	Ö 1	
91.400	Golm/VLBG	Ö 1	
91.500	Steinach/Brenner	Ö 1	5
91.500	Hechenbichl/Kufstein	Ö 1	4
91.600	Zugspitze	Ö 1 Tel. 05673/2400	60
91.600	Wald/VLBG	Ö 1	
91.600	Baumgarten/VLBG	Ö 1	
91.800	Wangalpe	Ö 1 Tel. 05287/237	10
91.800	Hohe Salve/Söll	Ö 1 Tel. 05335/2448	100
91.900	Zwölferkopf/Achental	Ö 1	10
91.900	St. Gallenkirch/VLBG	Ö 1	
91.900	Brunnerberg	Ö 1 Tel. 04872/5292	50
92.000	Burgstall/Arzl	Ö 1 Tel. 05412/3118	10
92.000	Obertilliach	Ö 1	5
92.100	Galzig/St. Anton	Ö 1	50
92.100	Kreuzbühel/VLBG	Ö 1	
92.100	Berghof	Ö 1	2
92.100	Galzig	Ö 1 Tel. 05446/2724	50
92.200	Piösmes/Pitztal	Ö 1	2
92.200	Waidring	Ö 1	15
92.200	Prägraten	Ö 2	2

92.300	Dormitz	Ö 1	2
92.300	Wildschönau	Ö 2	5
92.400	Villgraten	Ö 1	5
92.500	Patscherkofel/Innsbruck	Ö 1 Tel. 0512/377100	3000
92.600	Kobl/Paznaun	Ö 1	10
92.600	Kals	Ö 1	5
92.700	Dalaas/VLBG	Ö 1	
92.800	Windeck/Sölden	Ö 1	10
92.800	Dobratsch	Ö 1 Tel. 0463/5330254	8000
92.900	Gerloskögerl	Ö 1 Tel. 05282/2451	60
92.900	Wenns/Pitztal	Ö 1	10
92.900	Lech/VLBG	Ö 1	
92.900	Gischlangs/VLBG	Ö 1	
93.200	Angerberg	Ö 2	10
93.200	Oberpeischlach	Ö 2 Tel. 04872/5337	5
93.300	St. Jodok/Brenner	Ö 2	10
93.300	Zwölferkopf/Achental	Ö 2	10
93.300	Pfänder	Ö 1	
93.300	Thiersee	Ö 1	5
93.300	Vent	Ö 1	10
93.400	Gschwandkopf/Seefeld	Ö 2 Tel. 05212/2949	50
93.500	Gerlos	Ö 2	5
93.500	Galtür	Ö 2	5
93.600	Längenfeld/Ötztal	Ö 2	10
93.600	Nauders/Paznaun	Ö 2	10
93.700	Kreuzbühel/VLBG	Ö 2	
93.800	Rauchkofel	Ö 2	500
93.900	Grahberg/Landeck	Ö 2 Tel. 05442/63669	90
94.000	Wattens	Ö 2	5
94.100	Hohe Salve/Söll	Ö 2 Tel. 05335/2448	100
94.100	St. Gallenkirch/VLBG	Ö 2	
94.300	Piösmes/Pitztal	Ö 2	2
94.300	Waidring	Ö 2	15
94.300	Gundkopf/VLBG	Ö 2	
94.400	Lercherwald	Ö 2	10
94.500	Schlatt/Ötz	Ö 2	100
94.500	Gischlangs/VLBG	Ö 2	
94.500	Dalaas/VLBG	Ö 2	
94.600	Seegrube/Innsbruck	Ö 2 Tel. 0512/292216	50
94.600	Hahnenkamm/Reutte	Ö 2	
94.600	Baumgarten	Ö 2	
94.600	Hollbruck	Ö 2 Tel. 04848/5215	10
94.700	Kobl/Paznaun	Ö 2	10
94.700	Giggl	Ö 2	5
94.700	Hahnenkamm	Ö 2 Tel. 0663/9796541	100
94.800	Gaschurn/VLBG	Ö 2	
94.800	Berghof	Ö 2	2
94.900	Reitherkogel	Ö 2	10
95.000	Klaunzerberg	Ö 2 Tel. 04875/6248	10
95.100	Galzig/St. Anton	Ö 2	50

95.100	Hochegg	Ö 2	5
95.100	Niederndorf	Ö 2	17
95.200	Achenkirch/Achensee	Ö 2	10
95.300	Zugspitze	Ö 2 Tel. 05673/2400	60
95.300	Kals	Ö 2	5
95.400	Kitzbühler Horn	Ö 2 Tel. 05336/2512	500
95.600	Moosalm/Leutasch	Ö 2 Tel. 0663/9796545	40
95.600	Windeck/Sölden	Ö 2	10
95.600	Hahnenkamm/Reutte	Ö 2 Tel. 0663/9796541	100
95.600	Damüls/VLBG	Ö 2	
95.600	Benglerwald	Ö 2	5
95.900	Wenns/Pitztal	Ö 2	10
95.900	Rauchkofel	Ö 2	500
96.000	Kappl/Paznaun	Ö 2	20
96.000	Dünserberg/VLBG	Ö 2	
96.100	Hechenbichl/Kufstein	Ö 2	4
96.200	Dormitz	Ö 2	2
96.200	Prägraten	Ö 3	2
96.400	Patscherkofel	Ö 2 Tel. 0512/377100	3000
96.400	Burgschrofen/Paznaun	Ö 2 Tel. 05472/6345	10
96.500	Lech/VLBG	Ö 2	
96.600	Ehrwald	Ö 2	5
96.700	Golm/VLBG	Ö 2	
96.700	Vent/Ötztal	Ö 2	10
96.800	Burgstall/Arzl	Ö 2 Tel. 05412/3118	10
96.800	Heisenmahd/Ausserfern	Ö 2	30
96.800	Baumgarten/VLBG	Ö 3	
96.800	Wildschönau	Ö 3	5
96.900	Wald a. Arlberg/VLBG	Ö 2	
97.000	Wangalpe	Ö 2 Tel. 05287/237	10
97.000	Brunnerberg	Ö 2 Tel. 04872/5292	50
97.100	Zugspitze	Ö 3	
97.300	Vorderälpele/VLBG	Ö 2	
97.300	Dormitz	Ö 3	2
97.300	Obertilliach	Ö 2	5
97.400	Navis	Ö 2	4
97.400	See	Ö 1	5
97.500	Kitzbühler Horn	Ö 1 Tel. 05356/2512	500
97.500	St. Gallenkirch/VLBG	Ö 3	
97.500	Benglerwald	Ö 3	5
97.600	Damüls/VLBG	Ö 3	
97.700	St. Leonhard/Pitztal	Ö 2	10
97.800	Steinach/Brenner	Ö 2	5
97.800	Angerberg	Ö 3	10
97.800	Längenfeld/Ötztal	Ö 3	10
97.800	Dobratsch	Ö 2 Tel. 0463/5330254	8000
98.000	Gschwandkopf	Blue Danube Radio	50
98.000	Niederndorf	Ö 3	17
98.100	Kals	Ö 3	5
98.200	Wattens	Ö 3	5

98.200	Pfänder/VLBG	Ö 2	
98.200	Villgraten	Ö 2	5
98.400	Grahberg	Blue Danube Radio	90
98.500	Heisenmahd/Ausserfern	Ö 3	30
98.500	Wald a. Arlberg/VLBG	Ö 3	
98.600	Piösmes/Pitztal	Ö 3	2
98.600	Klaunzerberg	Ö 3 Tel. 04875/6248	10
98.700	Wangalpe	Ö 3 Tel. 05287/237	10
98.800	Moosalm/Leutasch	Ö 3 Tel. 0663/9796545	40
98.800	Dünserberg/VLBG	Ö 3	
98.900	St. Jodok/Brenner	Ö 3	10
99.000	Ehrwald	Ö 3	5
99.100	Navis	Ö 3	4
99.100	Reitherkogel	Ö 3	10
99.200	Nauders/Paznaun	Ö 3	10
99.300	Wenns/Pitztal	Ö 3	10
99.300	Thiersee	Ö 3	5
99.300	Rauchkofel	Ö 3	500
99.400	Achenkirch/Achensee	Ö 3	
99.500	Seegrube/Innsbruck	Ö 3 Tel. 0512/292216	50
99.500	Vorderälpele/VLBG	Ö 3	
99.600	Schlatt/Ötz	Ö 3	100
99.600	Gundkopf/VLBG	Ö 3	
99.700	Hahnenkamm	Ö 3 Tel. 0663/9796541	100
99.800	Giggl	Ö 3	5
99.900	Kitzbühler Horn	Blue Danube Radio	500
100.000	Steinach/Brenner	Ö 3	5
100.100	Gschwandkopf/Seefeld	Ö 3 Tel. 05212/2949	50
100.300	Gerloskögerl	Ö 2 Tel. 05282/2451	60
100.700	Galtür	Ö 3	5
100.700	Zugspitze	Ö 3 Tel. 05673/2400	60
101.100	Rauchkofel	Blue Danube Radio	500
101.200	See	Ö 2	5
101.400	Patscherkofel	Blue Danube Radio	3000
101.800	Hahnenkamm/Reutte	Ö 3	
101.800	Thiersee	Ö 2	5
102.100	Pfänder/VLBG	Blue Danube Radio	
102.400	Tannheim	Ö 2	10
102.500	Seegrube	Blue Danube Radio	50
102.600	Grahberg/Landeck	Ö 3 Tel. 05442/63669	90
102.800	Vorderälpele/VLBG	Blue Danube Radio	
102.900	Dobratsch	Blue Danube Radio	8000
103.000	Zwölferkopf/Achental	Ö 3	10
103.100	Kobl/Paznaun	Ö 3	10
103.200	Oberpeischlach	Ö 3 Tel. 04872/53377	5
103.600	See	Ö 3	5
103.900	Kitzbühler Horn	Ö 3 Tel. 05356/2512	500
106.000	Tannheim	Ö 3	10

Privatsender in Österreich:

ANTENNE TIROL – PRIVATRADIO
Mielestr. 2, 6020 Innsbruck, Tel. 0512/24422-777
(Programmübermittlung über Satellit Kopernikus, digital)
seit 01.04.1998 auf Sendung

89.900	Reutte/Hahnenkamm
101.800	Ranggen/Rangger Köpfl
102.000	Wörgl
103.400	Innsbruck/Patscherkofel
104.400	Lienz
105.000	Kufstein
105.400	Haiming/Haiminger Alm
106.000	Landeck/Grahberg
106.800	Kitzbühel/Kitzbühler Horn
107.400	Jenbach

STADTRADIO INNSBRUCK (seit 01.04.1998 auf Sendung)

105.100	Innsbruck

WELLE 1 OBERLAND

88.200 Ranggen/Rangger Köpfl
103.900 Haiming/Haiminger Alm
104.700 Innsbruck/Patscherkofel
107.100 Landeck/Grahberg

ANTENNE VORARLBERG
Gutenbergstr. 1, 6858 Schwarzach, Tel.: 05572/501-601
seit 01.06.1998 auf Sendung

104.100	D	40 Watt
105.100	Feldkirch/Vorderälpele	200 Watt
106.500	Bregenz/Pfänder	50000 Watt

RADIO UNTERLAND, U1
Wörgl, Telnr.: 05332/73738

89.200	Jenbach
100.500	Wattens
100.900	Wörgl
102.600	Mayerhofen
102.600	Kufstein

MUSIC RADIO VORARLBERG

95.500	Bregenz
104.600	Bludenz

(Kabel 89.300 Feldkirch)
(Kabel 104.700 Bregenz)

EHRWALD EXPRESS

98.800

RADIO MELODY FM SALZBURG

87.600	Saalfelden
87.700	Gasteinertal
88.900	Obertauern
101.800	Untersberg

ANTENNE STEIERMARK

88.900	Murau

LIVE RADIO

102.200	Kathrin/Bad Ischl
102.600	Schardenberg/Schärding
102.600	Unterach

ANTENNE 1

104.900	Schardenberg/Schärding

WELLE 1 SALZBURG

106.200	Gaisberg

Flugfunk 108.000 – 136.000 MHz AM

Flugnavigationsdienst (ILS)

108.000 – 112.000 Landekurssender (ILS)
Instrumentenlandesystem LOCALIZER GLIDEPATH

108.100	334.700	110.100	334.400
108.150	334.550	110.150	334.250
108.300	334.100	110.300	335.000
108.350	333.950	110.350	334.850
108.500	329.900	110.500	329.600
108.550	329.750	110.550	329.450
108.700	330.500	110.700	330.200
108.750	330.750	110.750	330.050
108.900	329.300	110.900	330.800
108.950	329.150	110.950	330.650
109.100	331.400	111.100	331.700
109.150	331.250	111.150	331.550
109.300	332.000	111.300	332.300
109.350	331.850	111.350	332.150
109.500	332.600	111.500	332.900
109.550	332.450	111.550	332.750
109.700	333.200	111.700	333.500
109.750	333.050	111.750	333.350
109.900	333.800	111.900	331.100
109.950	333.650	111.950	330.950

FLUGNAVIGATIONSDIENST (VOR) 112.000 – 118.000 Voreinflugzeichen (ILS), Instrumentenlandesystem OM

	X-KANAL-GRUPPEN:			Y-KANAL-GRUPPEN:		
Kanal	VOR Frequ.	DME (MHZ) Abfragefrequ.	DME (MHZ) Antwortfreque.	VOR Frequ.	DME Abragefrequ.	DME Antwortfrequ.
1	-	1025	962	-	1025	1088
2	-	1026	963	-	1026	1089
3	-	1027	964	-	1027	1090
4	-	1028	965	-	1028	1091
5	-	1029	966	-	1029	1092
6	-	1030	967	-	1030	1093

Frequenzen in Österreich

Kanal	VOR Frequ.	DME (MHZ) Abfragefrequ.	DME (MHZ) Antwortfreque.	VOR Frequ.	DME Abragefrequ.	DME Antwortfrequ.
7	-	1031	968	-	1031	1094
8	-	1032	969	-	1032	1095
9	-	1033	970	-	1033	1096
10	-	1034	971	-	1034	1097
11	-	1035	972	-	1035	1098
12	-	1036	973	-	1036	1099
13	-	1037	974	-	1037	1100
14	-	1038	975	-	1038	1101
15	-	1039	976	-	1039	1102
16	-	1040	977	-	1040	1103
17	108.000	1041	978	108.050	1041	1104
18	108.100	1042	979	108.150	1042	1105
19	108.200	1043	980	108.250	1043	1106
20	108.300	1044	981	108.350	1044	1107
21	108.400	1045	982	108.450	1045	1108
22	108.500	1046	983	108.550	1046	1109
23	108.600	1047	984	108.650	1047	1110
24	108.700	1048	985	108.750	1048	1111
25	108.800	1049	986	108.850	1049	1112
26	108.900	1050	987	108.950	1050	1113
27	109.000	1051	988	109.050	1051	1114
28	109.100	1052	989	109.150	1052	1115
29	109.200	1053	990	109.250	1053	1116
30	109.300	1054	991	109.350	1054	1117
31	109.400	1055	992	109.450	1055	1118
32	109.500	1056	993	109.550	1056	1119
33	109.600	1057	994	109.650	1057	1120
34	109.700	1058	995	109.750	1058	1121
35	109.800	1059	996	109.858	1059	1122
36	109.900	1060	997	109.950	1060	1123
37	110.000	1061	998	110.050	1061	1124
38	110.100	1062	999	110.150	1062	1125
39	110.200	1063	1000	110.250	1063	1126
40	110.300	1064	1001	110.350	1064	1127
41	110.400	1065	1002	110.450	1065	1128
42	110.500	1066	1003	110.550	1066	1129
43	110.600	1067	1004	110.650	1067	1130
44	110.700	1068	1005	110.750	1068	1131
45	110.800	1069	1006	110.850	1069	1132
46	110.900	1070	1007	110.950	1070	1133
47	111.000	1071	1008	111.050	1071	1134
48	111.100	1072	1009	111.150	1072	1135
49	111.200	1073	1010	111.250	1073	1136
50	111.300	1074	1011	111.350	1074	1137
51	111.400	1075	1012	111.450	1075	1138
52	111.500	1076	1013	111.550	1076	1139
53	111.600	1077	1014	111.650	1077	1140
54	111.700	1078	1015	111.750	1078	1141
55	111.800	1079	1016	111.850	1079	1142
56	111.900	1080	1017	111.950	1080	1143
57	112.000	1081	1018	112.050	1081	1144
58	112.100	1082	1019	112.150	1082	1145
59	112.200	1083	1020	112.250	1083	1146
60	-	1084	1021	-	1084	1147
61	-	1085	1022	-	1085	1148
62	-	1086	1023	-	1086	1149
63	-	1087	1024	-	1087	1150
64	-	1088	1151	-	1088	1025
65	-	1089	1152	-	1089	1026
66	-	1090	1153	-	1090	1027
67	-	1091	1154	-	1091	1028
68	-	1092	1155	-	1092	1029

Kanal	VOR Frequ.	DME (MHZ) Abfragefrequ.	DME (MHZ) Antwortfreque.	VOR Frequ.	DME Abragefrequ.	DME Antwortfrequ.
69	-	1093	1156	-	1093	1030
70	112.300	1094	1157	112.350	1094	1031
71	112.400	1095	1158	112.450	1095	1032
72	112.500	1096	1159	112.550	1096	1033
73	112.600	1097	1160	112.650	1097	1034
74	112.700	1098	1161	112.750	1098	1035
75	112.800	1099	1162	112.850	1099	1036
76	112.900	1100	1163	112.950	1100	1037
77	113.000	1101	1164	113.050	1101	1038
78	113.100	1102	1165	113.150	1102	1039
79	113.200	1103	1166	113.250	1103	1040
80	113.300	1104	1167	113.350	1104	1041
81	113.400	1105	1168	113.450	1105	1042
82	113.500	1106	1169	113.550	1106	1043
83	113.600	1107	1170	113.650	1107	1044
84	113.700	1108	1171	113.750	1108	1045
85	113.800	1109	1172	113.850	1109	1046
86	113.900	1110	1173	113.950	1110	1047
87	114.000	1111	1174	114.050	1111	1048
88	114.100	1112	1175	114.150	1112	1049
89	114.200	1113	1176	114.250	1113	1050
90	114.300	1114	1177	114.350	1114	1051
91	114.400	1115	1178	114.450	1115	1052
92	114.500	1116	1179	114.550	1116	1053
93	114.600	1117	1180	114.650	1117	1054
94	114.700	1118	1181	114.750	1118	1055
95	114.800	1119	1182	114.850	1119	1056
96	114.900	1120	1183	114.950	1120	1057
97	115.000	1121	1184	115.050	1121	1058
98	115.100	1122	1185	115.150	1122	1059
99	115.200	1123	1186	115.250	1123	1060
100	115.300	1124	1187	115.350	1124	1061
101	115.400	1125	1188	115.450	1125	1062
102	115.500	1126	1189	115.550	1126	1063
103	115.600	1127	1190	115.650	1127	1064
104	115.700	1128	1191	115.750	1128	1065
105	115.800	1129	1192	115.850	1129	1066
106	115.900	1130	1193	115.950	1130	1067
107	116.000	1131	1194	116.050	1131	1068
108	116.100	1132	1195	116.150	1132	1069
109	116.200	1133	1196	116.250	1133	1070
110	116.300	1134	1197	116.350	1134	1071
111	116.400	1135	1198	116.450	1135	1072
112	116.500	1136	1199	116.550	1136	1073
113	116.600	1137	1200	116.650	1137	1074
114	116.700	1138	1201	116.750	1138	1075
115	116.800	1139	1202	116.850	1139	1076
116	116.900	1140	1203	116.950	1140	1077
117	117.000	1141	1204	117.050	1141	1078
118	117.100	1142	1205	117.150	1142	1079
119	117.200	1143	1206	117.250	1143	1080
120	117.300	1144	1207	117.350	1144	1081
121	117.400	1145	1208	117.450	1145	1082
122	117.500	1146	1209	117.550	1146	1083
123	171.600	1147	1210	117.650	1147	1084
124	117.700	1148	1211	117.750	1148	1085
125	117.800	1149	1212	117.850	1149	1086
126	117.900	1150	1213	117.950	1150	1087

Ausrü: DME Transponder MHZ:

107.900	Innsbruck	Kennung:	OEJ		
108.100	Wien	Kennung:	OEN	VOR/DME 334.700	N 48 01 / O 016 37
108.500	Wien	Kennung:	OEZ	VOR/DME 329.900	N 48 11 / O 016 33
108.800	Fischamend	Kennung:	FMD	VOR/DME	
109.300	Linz	Kennung:	OEL	VOR/DME 332.000	N 48 14 / O 014 19
109.700	Schwechat	Kennung:	OEX	VOR/DME 333.200	N 48 04 / O 016 43
109.900	Salzburg	Kennung:	OES	VOR/DME 333.800	N 47 53 / O 012 57
110.300	Schwechat	Kennung:	OEW	VOR/DME 335.000	N 48 09 / O 016 28
110.400	Fischamend	Kennung:	FMD	VOR/DME 1065/1002/41X	N 48 06 / O 016 38
110.900	Graz	Kennung:	GRZ	VOR/DME 330.800	N 46 55 / O 015 28
110.100	Klagenfurt	Kennung:	OEK	VOR/DME 334.400	N 46 37 / O 014 27
111.100	Innsbruck	Kennung:	OEV	VOR/DME 331.700	
111.400	Tulln	Kennung:	TUN	VOR/DME 1075/1012/51X	N 48 19 / O 015 59
112.200	Wagram	Kennung:	WGM	VOR/DME 1083/1020/ 59X	N 48 20 / O 016 30
112.200	Ried	Kennung:	RID	VOR/DME 1083/1020/59X	N 49 47 / O O08 33
112.200	Ried	Kennung:	RID	VOR/DME 1083/1020/59X	N 49 47 / O 008 33
112.900	Villach	Kennung:	VIW	VOR/DME 1100/1163/76X	N 46 41 / O 013 55
113.000	Stockerau	Kennung:	STO	VOR/DME 1101/1164/77X	N 48 25 / O 016 01
113.800	Salzburg	Kennung:	SBG	VOR/DME 1109/1172/85X	N 48 00 / O 012 54
113.100	Klagenfurt	Kennung:	KFT	VOR/DME 1102/1165/78X	N 46 36 / O 014 34
113.800	Salzburg	Kennung:	SBG	VOR/DME 1109/1171/85X	N 48 00 / O 012 54
115.500	Sollenau	Kennung:	SNU	VOR/DME 1126/1189/102X	N 47 53 / O 016 17
116.200	Graz	Kennung:	GRZ	VOR/DME 1133/1196/109X	N 46 57 / O 015 27
116.600	Linz	Kennung:	LNZ	VOR/DME 1137/1200/113X	N 48 14 / O 014 06

VOR = UKW-Drehfunkfeuer
DME = Entfernungsmessgerät
VORTAC = Kombination VOR/TACAN
TACAN = UHF Taktische Funknavigationshilfe

Flugfunk in Österreich

118.000	Aigen, MIL Tower
118.050	Tulln, APP
118.100	Klagenfurt, TWR
118.100	Salzburg, TWR
118.100	Wien, Tower
118.200	Graz, Tower
118.250	TYROLEAN, Innsbruck
118.450	Schwechat, TWR
118.500	Zeltweg, ASKÖ, Aeroclub
118.550	Zeltweg, Tower
118.600	Vöslau, Flugplatz
118.700	Zeltweg, MIL TWR
118.725	Wien, Tower
118.800	Linz, Tower
118.900	Tulln, Tower
118.950	Innsbruck, APP

119.300	Graz, APP
119.400	Wien, APP
119.450	Klagenfurt, APP
119.700	Regionale, Wachfrequenz
119.700	Kapfenberg, INFO
119.700	Wels, INFO
119.700	Zell/See, INFO
119.750	Linz, APP Radar
119.800	Wien, APP
120.050	Trausdorf, INFO
120.100	Innsbruck, Tower
120.350	St. Johann, INFO
120.500	Zeltweg, Tankwagen MIL
120.975	Ultraleichtflieger (DL)
121.125	MIR, SOYUS M-16
121.200	Hohenems, INFO
121.200	Wien, TOWER
121.275	Segelflieger
121.500	NOTFREQUENZ INTERNATIONAL
121.600	Wien, GND
121.625	MIR/SOYUZ
121.750	MIR/SOYUZ, M-16
121.875	Rettungshubschrauber C 1, C 5, alle Hubschrauberplätze
121.875	Maria Zell, Flugplatz
121.900	Innsbruck, (Boden)
121.900	Bergwacht, Bayern, (DL)
121.950	Bergwacht, Bayern, (DL)
122.100	Mariazell
122.125	Wien, Delivery
122.175	Hofkirchen, Flugplatz
122.250	Ballonfahrer, Begleitfahrzeuge
122.275	Klagenfurt, VOLMET
122.300	Leoben, Ottenschlag Flugplatz
122.350	Langkampfen/Kufstein Flugplatz
122.400	Reutte/Höfen Flugplatz
122.400	St. Johann, INFO
122.400	Eferding, Flugplatz
122.400	Michaeldorf, Flugplatz
122.400	Nötsch, Flugplatz
122.400	St. Georgen, Flugplatz
122.500	Lienz, Flugplatz
122.500	Dobersberg, Flugplatz
122.500	Scharnstein, Flugplatz
122.500	Trieben, Flugplatz
122.550	Wien, VOLMET
122.650	Ried, Kirchheim Flugplatz
122.650	Vösendorf, Flugplatz
122.650	Wiener Neustadt, Flugplatz
122.700	Erla, Flugplatz
122.700	Feldkirchen, Flugplatz

122.700	Fürstenfeld, Flugplatz
122.700	Krems, Flugplatz
122.700	Niederöblarn, Flugplatz
122.700	Schärding, Flugplatz
122.700	Spitzenberg, Flugplatz
122.800	Bord-Bord Frequenz
122.850	Pinkafeld, Flugplatz
122.800	Mayerhofen, Flugplatz
122.800	Pinkafeld, Flugplatz
122.900	Bundesministerium für Inneres/Flugeinsatz
122.900	Graz, Flugrettung
122.950	Wien, ATIS (von 7.00 – 22.00 Uhr)
123.100	Christopherus Landeck, Alpine Flugrettung
123.200	Punitz, Flugplatz
123.250	Wiener Neustadt, Tower
123.350	Segelflugzeuge (DL)
123.450	Bord – Bord, weltweit
123.500	Zeltweg, Segelflug
123.600	Friesach/Hirt, Flugplatz
123.600	Ferlach, Flugplatz
123.600	Gmunden, Flugplatz
123.600	Seitenstetten, Flugplatz
123.600	Zell/See, Flugplatz
123.725	Salzburg, APP
124.400	Wien, INFORMATION
124.550	Wien, ACC
125.475	Segelflieger
125.650	Graz APP
125.725	Salzburg, ATIS (von 8.00 – 17.00 Uhr)
126.000	Wien, VOLMET
126.025	Innsbruck, ATIS Flugwetterbericht Vorhersage für: Innsbruck, Salzburg, Linz, Wien, Klagenfurt, München, Frankfurt, Stuttgart, Zürich, Mailand
126.125	Graz, ATIS (von 9.00 – 20.00)
126.275	Wien, Radar
126.450	München, ACC/UACRadar Alternative Frequenz
126.675	Innsbruck, Verbindungskanal – Feuerwehr – Flugdienst
126.875	Innsbruck, Verbindungskanal – Rettung – Flugdienst
126.900	IATA Bord – Bord
126.950	IATA Bord – Bord
128.125	Linz, ATIS (von 5.30 – 23.00 Uhr)
128.200	Wien, APP
128.700	Wien, ACC
129.150	Zeltweg, MIL APP
129.200	Wien, ACC
129.475	Zeltweg, Tower
129.575	Schöckl, Flughafen Hagelabwehr
129.625	Linz, APP ATIS

130.000	Hofkirchen, Flugplatz
130.100	Bord – Bord, Polizei (DL)
130.150	Freistadt, Flugplatz
130.150	Wiener Neustadt, Tower
130.165	MIR, SOYUZ, Telemetrie
130.167	SOYUS – M 16
130.200	MIR,
130.325	Hohenems, Rheintalflug
130.475	VOLMET ZUGSPITZE Digitale Sprache, Vorhersage für: Innsbruck, Salzburg, München, Friedrichshafen, Zürich, Kufstein St. Johann, Zell/See, Gerlos, Hohenems, Bozen.
130.650	Innsbruck Heli-AIR Air Cargo Innsbruck
130.650	Linz, Vöest Heli
130.650	Ried, Fischer Heli
130.800	Bord, Bord Polizei (DL)
131.025	MIL Flugfunk, Feldkirch, VLBG
131.050	MIL Flugfunk, Feldkirch, VLBG
131.050	Linz, APP
131.350	Wien, ACC
131.500	MIL Flugfunk VLBG
131.525	Datenübertragung ACARS, 2400 Baud
131.625	AUA Linz, München, Klagenfurt
131.725	Datenübertragung ACARS, 2400 Baud
131.700	AUA Wien
131.725	Datenübertragung ACARS, 2400 Baud
131.750	Kabelfernsehen (Ton) 126.250 (Bild) Kanal S 4
131.775	AUA
131.775	Lauda Air, Salzburg
131.775	TYROLEAN AIR
131.800	AUA, Graz
131.800	Bord – Bord Frequenz Atlantik
131.825	Datenübertragung ACARS, 2400 Baud
131.875	Rheintalflug, Innsbruck
131.925	DLH Wien
132.600	Wien, APP
132.650	Zeltweg (MIL)
132.950	Wien, FIC
133.400	Tulln, MIL Tower
133.600	Wien, ACC
133.800	Wien, ACC
134.350	Wien, ACC/UAC
135.050	Zeltweg, MIL APP
135.050	Wien, Radar
135.200	Tulln, MIL APP
135.375	Zeltweg, MIL
136.425	Zeltweg, MIL
136.675	Zeltweg, MIL

Wettersatelliten, Navigationssatelliten:

sonnensynchron, 40 kHz Bandbreite, in FAX, FM.
Höhe zw. 800 und ca. 2000 KM Höhe

135.555	ATS-1, Kommunikationssatellit
135.575	ATS-1, Kommunikationssatellit
135.600	ATS-1, Kommunikationssatellit
135.625	ATS-1, Kommunikationssatellit
135.645	ATS-1, Kommunikationssatellit
135.925	Kunstflugstaffel Frankreich (Leader) ADECCO TEAM
136.380	GOES-1, Wettersatellit
136.380	GOES-2, Wettersatellit
136.380	GEOS-3, Wettersatellit
136.620	NOAA-7, Wettersatellit
136.650	ATS-1, Navigationssatellit
136.860	Explorer IUE
136.770	NOAA-10, Wettersatellit
136.770	NOAA-12, Wettersatellit
137.080	Meteosat 1/2 ESA, Wettersatellit
137.110	ATS 6, USA, Wettersatellit
137.170	Wettersatellit Marots, F, Wettersatellit (geostationär)
137.208	MIR
137.300	Meteor 2-18, USSR, Wettersatellit
137.300	Meteor 3-5, USSR, Wettersatellit
137.300	Meteor 3-4, USSR, Wettersatellit
137.300	Meteor 3-3, USSR, Wettersatellit
137.350	ATS-1, Kommunikationssatellit
137.370	ATS-3, Kommunikationssatellit
137.400	Meteor 3-2, USSR, Wettersatellit
137.400	Cosmos 1500, Ozeanographics, Wettersatellit
137.400	Okean 1-7, Wettersatellit
137.500	NOAA-10, USA, Wettersatellit, Bake 136.770/137.770
137.500	NOAA-12, USA, Wettersatellit, Bake 136.770/137.770
137.500	NOAA-8, USA, Wettersatellit
137.500	NOAA-12, Wettersatellit
137.620	NOAA-9, USA, Bake 136.770/137.770
137.620	NOAA-11,USA, Bake 136.770/137.700
137.620	NOAA-14, Wettersatellit
137.770	NOAA-11, Wettersatellit
137.770	NOAA-14, Wettersatellit
137.800	FY-1B, Wettersatellit
137.850	Meteor 2-19, USSR, Wettersatellit, Bake 136.770/137.770
137.850	Meteor 3-3, USSR, Wettersatellit
137.850	Meteor 2-20, USSR, Wettersatellit
137.860	Landsat-4, Wettersatellit
137.980	Explorer 50, NASA, Wettersatellit
138.000	Hilat 1, USAF, Wettersatellit

138.000 – 144.000 MHz Militär/Flugfunk

138.050	Zeltweg, MIL
138.325	Kunstflugstaffel, Frankreich (Leader) ADECCO TEAM
138.450	Kunstflugstaffel, Frankreich (Leader) ADECCO TEAM
139.100	Zeltweg, MIL
139.205	MIR
139.208	SOYUS M-16
140.250	Kabelfernsehen (Bild) 145.750 (Ton) Kanal S 6
140.500	Zivilanflug, MIL
140.500	Braunschweiger Hütte (auch 160.700)
140.625	MIL, Hubschrauber
141.000	Hubschrauber Leitstelle, MIL
141.050	Feldkirch, MIL VLBG
141.900	Zeltweg, MIL
141.900	Feldkirch, MIL, VLBG
141.900	Zeltweg, MIL
141.963	Peilsender für Tiere
141.973	Peilsender für Tiere
142.000 - 143.825 MHz	**MIR**, (Zugeteilter Bereich für Voice)
142.423	SOYUZ
142.500	Hubschrauber Leitstelle, MIL
142.500	Zeltweg, MIL
142.500	Weisskugelhütte
143.100	Kunstflugstaffel Frankreich (Leader) Patrouille de France
143.200	MIR
143.500	MIR
143.625	MIR-Controll
143.650	MIR, SOYUS M-16
143.850	Schischule, Schikurs
144.150	Schutzhaus Westfalenhaus
144.600	Schutzhaus Schöne Aussicht

Amateurfunk: 144.000 – 146.000 MHz

ÖVSV PR-Umsetzer in Österreich
PACKET RADIO, gültig ab 01.07.97

144.124 Bake OE3XAA Hoher Lindkogel, 0.2 Watt,834 m

PR 00	144.800	OE1XRU	Bisamberg	JN88EG	OE3IP	358 m
PR 01	144.812,5	OE3XKR				
PR 01	144.812,5	OE7XWR	Scheipenhof	JN57QE	OE7EKJ	1800 m
PR 02	144.825	OE3XSR	Sternberg	JN79MA	OE3IGW	602 m
PR 02	144.825	OE6XSR	Stöckl	JN77SE	OE6DJG	1445 m
PR 02	144.825	OE7XNR	Zillertal	JNXF	OE7ABH	2540 m
PR 02	144.825	OE1XCR	Nordbahnstraße	JN88EF	OE1NHU	120 m
PR 03	144.837,5	OE6XAR	Gaberl/Plankogel	JN77LC	OE6POD	1597 m
PR 04	144.850	OE1XVR	Eisvogelgasse	JN88EE	OE1MOS	182 m

PR 04	144.850	OE1XLR	Laaerberg	JN88ED	OE3DZW	252 m
PR 04	144.850	OE2XMR	Speiereck	JN67TC	OE2TZL	800 m
PR 04	144.850	OE5XBR	Froschberg	JN78DH	OE5PFL	310 m
PR 04	144.850	OE6XPE	Leibnitz	JN76ST	OE6OWG	.....
PR 04	144.850	OE7XLR	Innsbruck	JN57QG	OE7EKJ	700 m
PR 05	144.862,5					
PR 06	144.875	OE1XIR	Obere Donaustraße	JN88EF	OE1DMW	158 m
PR 06	144.875	OE3XER	Frauenstaffel	JN78Qt	OE3KMA	691 m
PR 06	144.875	OE7XJR	St. Oswald	JN66FR	OE7JTK	1364 m
PR 06	144.875	OE7XRR	Gerlosberg	JN57XF	OE7BKH	1740 m
PR 06	144.875	OE7XPR	Hochzeiger	JN57JE	OE7HNT	2380 m
PR 07	144.887,5	OE2XUM	Untersberg	JN67MK	OE2AXL	1800 m
PR 07	144.887,5	OE5XCR	Kremsmünster	JN78BB	OE5HBL	345 m
PR 08	144.900	OE1XGR	Gassergasse	JN88EE	OE3GDA	212 m
PR 08	144.900	OE5XBL	Braunau	JN68PC	OE5DXL	700 m
PR 08	144.900	OE6XHG	Graz	JN77SB	OE6OWG	750 m
PR 08	144.900	OE7XFR	Schwaz	JN57UH	OE7SRI	1880 m
PR 08	144.900	OE9XFR	Schellenberg, VLBG	JN47TF	OE9WLJ	690 m
PR 09	144.912,5	OE4XDB	Parndorf	JN....	OE4ESW	....
PR 10	144.925	OE3XAR	Amstetten	JN78KD	OE3GJW	275 m
PR 10	144.925	OE3XZR	Zwettl	JN78OO	OE3DJB	570 m
PR 10	144.925	OE5XDR	Braunau	JN68PC	OE5DXL	360 m
PR 10	144.925	OE6XPR	Gleisdorf	JN77UC	OE6TMG	500 m
PR 10	144.925	OE7XAR	Aschenbrennerlift	JN67BN	OE7HRI	1128 m
PR 10	144.925	OE7XIR	Rauthütte	JN57UB	OE7FMH	1600 m
PR 10	144.925	OE9XPI	Pfänder 2, VLBG	JN47VM	OE9RSH	1020 m
PR 11	144.937,5	OE5XSR	Sternstein	JN78DN	OE5KPN	1100 m
PR 12	144.950	OE2XOM	Haunsberg	JN67MW	OE2TZL	800 m
PR 12	144.950	OE3XLR	Muckenkogel	JN77TX	OE3YSS	1313 m
PR 12	144.950	OE6XHR	Demmerkogel	JN76RE	OE6OWG	530 m
PR 12	144.950	OE7XER	Markbachjoch	JN67BK	OE7SRI	1454 m
PR 12	144.950	OE7XMR	Dölsach	JN66JT	OE7JTK	665 m
PR 12	144.950	OE7XOR	Roppen/Ötztal	JN57JF	OE7HNT	698 m
PR 12	144.950	OE7XTR	Reutte	JN57II	OE7SRJ	1793 m
PR 13	144.962,5	OE3XPR	Mönikirchen	JN87AM	OE3RPU	890 m
PR 14	144.975	OE1XCR	Nordbahnstraße	JN88EF	OE1NHU	120 m
PR 14	144.975	OE5XZL	Gmunden	JN67VW	OE5RDL	790 m
PR 14	144.975	OE6XWR	Rennfeld	JN77QJ	OE6IWG	1600 m
PR 14	144.975	OE7XHR	Hoadl	JN57PE	OE7SRI	2323 m
PR 14	144.975	OE8XPR	Kopain	JN66XM	OE8NPK	850 m
PR 14	144.975	OE9XPR	Pfänder 2, VLBG	JN47VM	OE9HLH	1020 m
PR 15	144.987,5	OE3XDR	Groß Siegharts	JN78QS	OE3BSS	562 m

ÖVSV Relaisfunkstellen, Amateurfunkrelais in Österreich:

145.200	MIR Amateur Uplink		
145.370	INFOBOX Innsbruck, 1750 Hz, derzeit nicht in Betrieb		
145.387,5	Relais Hühnerspiel/Italien (Eingabe 435.650)		
145.575 CR 1)	OE7XZI Zugspitze Crossband-Relais	JN57LK1980m	432.575

145.600	(R 0)	RV 48	OE8XKK Dobratsch	JN66UO	2166m	OE8MNK
145.600	(R 0)	RV 48	OE5XLL Linz/Lichtenberg	JN78CJ	926m	OE5MKL
145.600	(R 0)	RV 48	OE6XTG Graz/Schöckl	JN77RE1	1445m	OE6OCG
145.600	(R 0)	RV 48	OE7XTI Innsbruck/Patscherkofel	JN57RF	2240m	OE7DA
145.612,5	(R0X)	RV 49	OE2XNL Speiereck/Lungau	JN67TC	2411m	OE2TRM
145.625	(R 1)	RV 50	OE1XCA Wien	JN88ED	250m	OE1BAD
145.625	(R 1)	RV 50	OE8XMK Klagenfurt/Magdalensberg	JN76FR	1066m	OE8HJK
145.637,5	(R1X)	RV 51	OE3XNW Nebelstein	JN78JQ	1017m	OE3ACA
145.637,5	(R1X)	RV 51	OE7XHT Pillberg/Schwaz	JN57UH	792m	OE7ANH
145.650	(R 2)	RV 52	OE2XHL Kitzsteinhorn	JN67HD	3035m	OE2UE
145.650	(R 2)	RV 52	OE3XPA St. Pölten/Kaiserkogel	JN78SB	726m	OE3EFS
145.650	(R 2)	RV 52	OE6XEG Bruck Mur/Rennfeld	JN77QJ	1600m	OE6RUG
145.650	(R 2)	RV 52	OE8XOK Goldeck	JN66RS	2020m	OE8HAK
145.650	(R 2)	RV 52	OE9XVI Frastanz/Vorder Älpele	JN47TF	1300m	OE9BBH
145.662,5	(R2X)	RV 53	OE7XWH Grünberg/Obsteig	JN57LG	1497m	OE7BCI
145.675	(R 3)	RV 54	OE6XPG Schladming/Planai	JN67UI	1821m	OE6SFG
145.675	(R 3)	RV 54	OE7XZH Bruggerberg/Zillertal	JN57WJ	850m	OE7WWH
145.687,5	(R3X)	RV 55	OE2XSL Salzburg/Gaisberg	JN67NT	1200m	OE2PML
145.687,5	(R3X)	RV 55	OE9XVH Valluga/ St. Anton	JN57CD	2815m	OE7PWI
145.700	(R 4)	RV 56	OE7XRT Reutte/Hahnenkamm	JN57LJ	1700m	OE7WRH
145.700	(R 4)	RV 56	OE3XSA Sandl/Krems	JN78RL	710m	OE3WLS
145.700	(R 4)	RV 56	OE6XKG Schönbergkopf	JN77EG	1920m	OE6KIG
145.700	(R 4)	RV 56	OE7XNT Mutterer Alm/Innsbruck	JN....	1500m	OE7HHJ
145.712,5	(R4X)	RV 57	OE5XKL Obertraun/Krippenstein	JN67UM	2100m	OE5TBL
145.725	(R 5)	RV 58	OE3XHW Wr. Neustadt/Hohe Wand	JN87AT	1065m	OE3GWC
145.737,5	(R5X)	RV 59	OE8XLK Koralpe	JN76LS	1820m	OE8HIK
145.750	(R 6)	RV 60	OE1XVA Wien 10 LINK mit R 70	JN88ED	250m	OE3NSC
145.750	(R 6)	RV 60	OE5XGL Ebensee/Feuerkogel	JN67TT	1595m	OE5RDL
145.750	(R 6)	RV 60	OE7XTT Penkenjoch/Zillertal	JN57VE	2095m	OE7WWH
145.750	(R 6)	RV 60	OE7XLI Lienz/Hochstein	JN66JT	2023m	OE7OPJ
145.787,5	(R6X)	RV 61	OE2XJL St. Johann/Gernkogel	JN67OH	1780m	OE2PML
145.775	(R 7)	RV 62	OE7XKI Kufstein/Hohe Salve	JN67CL	2134m	OE7SLI
145.775	(R 7)	RV 62	OE6XLG Gaberl/Wiedneralm	JN77LC	1600m	OE6PZG
145.775	(R 7)	RV 62	OE4XUB Brentenriegel	JN87EP	605m	OE4JHW
145.775	(R 7)	RV 62	OE5XUL Ried/Geiersberg	JN68SE	555m	OE5MLL
145.787,5	(R7X)	RV 63	OE7XGI Wurmkogel/Sölden	JN56LX	3088m	OE7AKH
145.787,5	(R7X)	RV 63	OE3XES Frauenstaffel/Waidhofen	JN78QT	695m	OE3KMA

145.800	MIR Amateur Downlink
145.810	AMSAT OSCAR 10, CW
145.825	DOVE OSCAR 17, FM
145.827	UOSAT OSCAR 11, FM
146.025	Betriebsfunk, Baufirma, VLBG
146.025	Baufirma, (LKW Peter)
146.025	E-Werk,
146.025	Ziegelwerk Hopfgarten
146.025	Taxi, Bus, Entleitner, Wörgl
146.025	Elektrofirma, Flachgau, Salzburg
146.050	Wasserwerk, Bad Ischl
146.075	Betriebsfunk, Innsbruck
146.075	Spedition Quehenberger, Bergheim
146.100	Baufirma, Imst
146.100	TAXI Windberger, Kufstein
146.100	Entsorgungsfirma, Vöcklabruck
146.125	Betriebsfunk, Service, VLBG
146.125	Betriebsfunk, Unterinntal
146.125	Welser Kieswerke, Gunskirchen
146.125	Gemeinde, Neumarkt
146.150	Betriebsfunk, Baufirma

146.150	Ölvertriebsfirma Waldhard, Telfs
146.150	Schischule Kühtai, Ochsengarten
146.150	Taxi, Bus, Nowak, Zeltweg
146.150	Pühringer Hütte, Bad Ischl
146.175	Taxi, Bus, Innsbruck, Kanal 2, (146.700 Kanal 1)
146.175	Taxi, Bus, digital, Innsbruck
146.175	Sand & Kies, Salzburg, Datenfunk
146.175	Sand & Kies, Pfaffstätt
146.200	Betriebsfunk, VLBG
146.200	Gemeinde, Bad Aussee
146.200	Installateur, Notdienst, Pager, Salzburg
146.225	Lufthansa Schwechat, Abfertigung
146.225	Betriebsfunk
146.250	Ötztal Baufirma
146.250	Betriebsfunk, VLBG
146.250	Betriebsfunk, Innsbruck
146.275	Betriebsfunk
146.275	Container, Salzburg
146.300	Betriebsfunk, Innsbruck
146.300	Taxi, Bus, Innsbruck
146.300	Elektrofirma Wien
146.300	Strassenbau, Salzburg
146.300	Wasserwerk, Enns
146.300	Bauhof, Maxglan, Salzburg
146.325	Transporte Parth, Imst
146.325	Betriebsfunk, Innsbruck
146.325	POCSAG Funkrufdienst , VLBG
146.325	Gemeinde, Bad Goisern
146.325	Pointinger, Russbach
146.325	Parkwächter, Hallstatt
146.350	Baufirma Fröschl Hall, Innsbruck, Kanal 1 (147.300 Kanal 2)
146.350	Taxi, Bus, Feldkirch, VLBG
146.350	Kanal Höller, Salzburg
146.375	Transporte, Ried/Innkreis
146.400	Tierarzt, Salzburg Land
146.425	Baufirma Karlinger Ötztal
146.425	Taxi, Bus St. Anton
146.450	Betriebsfunk, VLBG
146.475	Betriebsfunk, VLBG
146.475	KLM Schwechat
146.475	Flughafen, Salzburg
146.475	Betriebsfunk
146.500	Hintergrathütte
146.500	Lifte Kühtai, Kanal 2, (169.200 Lifte Kühtai Kanal 1)
146.500	Dellacher, VLBG
146.525	Protectas Werttransporte
146.550	STUAG Roppen, Imst, Zams
146.575	Betriebsfunk
146.575	Würstelstand, Bad Ischl
146.600	Betriebsfunk, VLBG
146.600	Taxi, Bus, Stoll, Söll

146.600	Baufirma Stoll, Söll
146.600	ORF Landesstudio, Linz
146.625	Baufirma SWIETELSKY
146.650	Betriebsfunk, Mischanlage Zirl, Landeck
146.675	Betriebsfunk, VLBG
146.675	Spedition, Vöcklabruck
146.700	Taxi, Bus Innsbruck, Kanal 1
146.700	Sicherheitsdienst, Salzburg
146.700	Sicherheitsdienst, Haustechnik, Salzburg
146.725	Bahnbaufirma (Siemens)
146.725	Strassenmeister Hopfgarten
146.775	Betriebsfunk, VLBG
146.775	Betriebsfunk, Transporte, VLBG
146.775	Betriebsfunk
146.775	österreichischer Schiverband, Schispringer Stams (ÖSV)
146.775	ÖAMTC, Pinkafeld
146.775	Rufdienst Wien
146.775	Baufirma, Salzburg
146.775	Taxi, Bus, Seekirchen
146.775	Baufirma Schwaighofer, Salzburg
146.800	Betriebsfunk, Innsbruck
146.800	Autofirma Wien
146.800	Betriebsfunk, Salzburg
146.825	Betriebsfunk, Bad Ischl
146.850	Bewachungsgesellschaft der Industrie (Wien)
146.925	Baufirma Ötztal,
146.925	Baufirma Innsbruck (Stubaital)
146.925	Betriebsfunk, VLBG
146.925	Stadtwerke Judenburg
146.950	Betriebsfunk, Elektrofirma
146.950	Betriebsfunk, Wels
146.950	Betriebsfunk, Salzburg
147.025	Betriebsfunk, Müllfirma,
147.025	Betriebsfunk, Baufirma
147.025	Betriebsfunk, Stadtwerke Telfs, Bauamt,
147.050	Betriebsfunk
147.075	Stadtwerke, Imst (75.725 Gemeinde Imst, Stadtpolizei Imst)
147.100	Betriebsfunk, Innsbruck
147.125	Betriebsfunk
147.175	Perlmooser AG, Kaiserwerke (Stromversorgung)
147.150	Stadtwerke Wörgl
147.275	Wachdienst, Wien
147.300	Schischule Ried/Oberinntal,Schilehrer
147.300	Betriebsfunk
147.300	Gimpelhaus
147.300	Fröschl, Kanal 2, (146.350 Kanal 1)
147.300	österreichischer Schiverband, Schispringer Stams (ÖSV) K 1
147.300	Flugschule Wildschönau, (Markbachjoch)
147.300	Österreich-Ring Zeltweg, Sicherheitsdienst
147.300	Sportfrequenz, Zuteilung für Bedarfsträger
147.300	Elektrodenwerk Steg/Hallstadt

147.300 ASKÖ, Bad Goisern
147.300 Bewachung, Braunau
147.300 Vermessung, Salzburg
147.300 Universal Zentrallager, Bergheim, Salzburg
147.300 Flughafen, Hangar, Salzburg
147.300 GROUP 4, Securitas, Airportcenter Salzburg
147.300 Salzburgring, Hof/Salzburg
147.300 Cineplex, Kinocenter, Wals/Salzburg
147.325 Ezeb Brot/Zillertal
147.350 Taxi, Bus, Tipotsch, Ötztal
147.350 Transporte Berta Nagele, Ötztal Bahnhof
147.350 Transporte Haslwanter
147.350 Betriebsfunk, Bayern, (DL)
147.350 Festspiele Salzburg
147.375 Lifte Mieders, Stubai
147.400 POCSAG Funkrufdienst, Bregenz, VLBG,
147.400 POCSAG Funkrufdienst, Tirol
147.400 Abfallentsorgung, Hallein
147.425 Sanatorium Rum bei Innsbruck
147.475 Wiener Stadtwerke, Bestattung
147.500 Betriebsfunk, Innsbruck
147.525 Gemeinde, Schneeräumung, Mattighofen
147.550 Betriebsfunk
147.575 Wach und Schließgesellschaft, Graz
147.575 ÖWD, Salzburg
147.575 ÖWD, Wels
147.650 Betriebsfunk, Innsbruck
147.675 Betriebsfunk, Salzburg 147.650 Betriebsfunk, Braunau
147.675 AUA Service Station, Schwechat
147.725 Perlmooser AG/Kirchbichl, Zementwerke
147.750 Betriebsfunk
147.750 Heidelberger Hütte
147.750 Baufirma, Braunau
147.775 Betriebsfunk
147.900 Betriebsfunk, verschlüsselt, VLBG
147.925 Landeskrankenhaus Salzburg
147.925 Betriebsfunk, Bad Ischl
147.950 Betriebsfunk, Salzburg Land

148.000 tschechischer Schiverband, Schispringer Stams
148.050 Betriebsfunk
148.050 AUA Technik, Schwechat
148.075 Bundesforste, Steiermark
148.075 PANAM-Schwechat
148.210 Betriebsfunk, Bayern, (DL)
148.290 französischer Schiverband, Schispringer Stams
148.330 Betriebsfunk, Bayern, (DL)

148.410 – 149.170 Funktelefon B – Netz (seit Mai 95 abgeschalten) Eingabe
153.010 – 153.770 Funktelefon B – Netz (seit Mai 95 abgeschalten) Ausgabe

148.370 Schiffsfunk Königssee, (19 Schiffe) Berchtesgaden (DL)
148.475 österreichischer Schiverband, Schispringer Stams (ÖSV)

149.025 österreichischer Schiverband, Schispringer Stams,
149.050 Betriebsfunk, Filmcrew, (DL) Geräte, Mieming
149.070 Betriebsfunk
149.150 Bergführer, Ötztal
149.150 Westfalenhaus
149.170 Betriebsfunk, Bayern, (DL)
149.250 Betriebsfunk
149.275 Lifte Breitenbergbahn
149.375 (153.975) Magistrat MA 34, Laaerberg
149.400 (154.000) Magistrat MA 34, Laaerberg
149.425 (154.025) Strassenmeister, Völs
149.425 (154.125) Lifte Hahnenkamm/Kitzbühel
149.450 (154.050) Tunnelwarte Landeck, Strassenmeister Zams,
149.475 (154.075) Strassenmeister Umhausen, Nassereith
149.475 (154.075) Magistrat MA 34, Laaerberg
149.500 Justizanstalt, Innsbruck, Kanal 1 (150.875 Kanal 2)
149.500 Justizanstalt, Wien, Landesgericht 1, Landesgericht 2
149.500 Justizanstalt, Eisenstadt,
149.500 Justizanstalt, Gerasdorf,
149.500 Justizanstalt, Göllersdorf,
149.500 Justizanstalt, Hirtenberg,
149.500 Justizanstalt, Krems,
149.500 Justizanstalt, Stein,
149.500 Justizanstalt, Stockerau,
149.500 Justizanstalt, Wr. Neustadt
149.500 Justizanstalt, Salzburg (Mozart)
149.500 (154.100) Strassenmeister, Pinzgau/Salzburg
149.525 (154.125) Strassenmeister, Schwarzach/St. Veit/Salzburg,
149.525 (154.125) Venetseilbahn Zams, (auch 170.450)
149.570 Babyfon (27.195)
149.575 (154.175) TIWAG Landeck, Warte Imst, Innsbruck Kanal 1, (420.375)
149.575 (154.175) Relais Grahberg,
149.600 (154.200) TIWAG, Warte Imst, Kanal 2, Relais Ötztal, (410.050)
149.625 (154.225) TIWAG, Kanal 3, (420.025, 410.025, 429.675)
149.650 (154.250) TIWAG, Innsbruck, Kanal 4,
149.650 (154.250) Strassenmeister VLBG
149.675 (154.275) Strassenmeister Zirl, (360.475)
149.675 (154.275) VLBG Kraftwerke
149.675 (154.275) Magistrat MA 34, Laaerberg
149.700 (154.300) Taxi, Bus, VLBG
149.725 (154.325) Strassenmeister Landeck, Tunnelwarte, Perjen,
149.725 Lifte Brand, VLBG
149.750 (154.350) TIWAG,
149.775 (154.375) TIWAG,
149.800 (154.400) TIWAG, Ötztal
149.800 Elektroverbund Steiermark (Selecall)
149.800 Betriebsfunk, Salzburg
149.825 (154.425) TIWAG, auf Band, Kanal 3, (420.375/410.375)
149.850 (154.450) TIWAG,
149.850 (154.450) Verbundgesellschaft, Salzburg

149.900	Paragleiter, Bad Ischl
149.925	Austrian Airlines, Wien Schwechat
149.900 – 150.050	NAVIGATIONSSATELLITEN (Sperrbereich)
149.910	Cosmos, Navigation
149.987.5	OSCAR-20 Navigation
149.987.5	NOVA-1, Navigation
149.987.5	NOVA-3, Navigation
149.990	Cosmos, Navigation
150.000	Cosmos, 1791, Navigationssatellit
150.025	Navigationssatellit,
150.025 (154.625)	Betriebsfunk
150.050 (154.650)	Tunnelwarte Landeck, Relais Krahberg
150.050	Norwegischer Schiverband, Schispringer Stams
150.050	Betriebsfunk, Salzburg
150.070	Schirennen, Schischule, Seefeld, (DL Geräte)
150.075 (154.675)	POST/TELEKOM, Relais
150.075 (154.675)	POST/TELEKOM, Wien, Funküberwachung
150.100 (154.700)	POST/TELEKOM, Relais Ötztal, Mieming,
150.100 (154.700)	POST/TELEKOM, Landeck
150.125	Betriebsfunk, digital, VLBG
150.125 (154.725)	Betriebsfunk, Relais
150.125	Lamsenjochhütte
150.150 (154.750)	POST/TELEKOM,
150.200 (154.800)	POST/TELEKOM, Kabelbau Innsbruck
150.200 (154.800)	POST/TELEKOM, Wien
150.200 (154.800)	POST/TELEKOM, Wien, Funküberwachung
150.225 (154.825)	POST/TELEKOM, Relais, Mieming
150.225 (154.825)	POST/TELEKOM, Wien, Funküberwachung
150.225	Rettung, Bundes-Katastrophenkanal, Kanal 13
150.225	KAT-Kanal
150.250 (154.850)	POST/TELEKOM, Postbus Lech, Landeck,
150.250 (154.850)	POST/TELEKOM, Axams
150.275 (154.875)	Betriebsfunk
150.275 (154.875)	Schischule, Schilehrer, Oberland
150.300 (154.900)	POST/TELEKOM, Wipptal,
150.300 (154.900)	POST/TELEKOM, Landeck
150.300 (154.900)	Betriebsfunk, VLBG
150.325 (154.925)	Strassenmeister Telfs, Matrei, Schönberg, Völs,
150.325 (154.925)	Strassenmeister Zirl, Steinach
150.350 (154.950)	Strassenmeister St. Johann, Pass Thurn,
150.350 (154.350)	Tunnelwarte Landeck
150.350	AUA-Werft, Planung, Koordinierung
150.350	Betriebsfunk Bayern (DL)
150.375 (154.975)	Strassenmeister Nassereith, Umhausen (360.275/350.275)
150.375 (154.975)	Strassenmeister Matrei,
150.375 (154.975)	Strassenmeister Kufstein,
150.375 (154.975)	Strassenmeister Arlberg
150.425	Lifte Gerlos,
150.425	Lifte Ellmau,

150.425	Lifte Astberg,
150.425	Lifte Alpbach,
150.425	Lifte Hochzeiger/Pitztal,
150.425	Lifte Stubai,
150.425	Lifte Lanersbach,
150.425	Lifte Rosskogel/Oberperfuss,
150.425	Lifte Bach/Ausserfern,
150.425	Lifte Zillertaler Gletscher
150.425	Lifte Filzsteinlift/Krimml
150.425	Lifte Hochstubai/Stubaital
150.425	Pistendienst, Gosau, Hallstadt
150.475	Fernwirken, Salzburg
150.500 (155.100)	Tormann, Abschleppdienst, Wien
150.525 (155.125)	Betriebsfunk
150.530	Betriebsfunk, Bayern, (DL)
150.575	Betriebsfunk
150.575	DAG, Gosau
150.650	Taxi, Bus, Mayerhofen
150.650	Betriebsfunk, Transportbeton, Ötztal
150.650	Rotes Kreuz, Wien, Kanal 11, Kanal 30
150.650	Baufirma, Salzburg Land
150.675	Transporte, Sistrans
150.675	Betriebsfunk, Gemüseanbau, Hall, Thaur
150.675	Betriebsfunk, Obertrum, Salzburg
150.700 (155.300)	Betriebsfunk
150.800	Betriebsfunk
150.850	Betriebsfunk
150.875	Justizanstalt, Innsbruck, Kanal 2, (149.500 Kanal 1)
150.875	Justizanstalt, Asten,
150.875	Justizanstalt, Garsten,
150.875	Justizanstalt, Linz,
150.875	Justizanstalt, Salzburg,
150.875	Justizanstalt, Suben,
150.875	Justizanstalt, Wels
150.875	Justizanstalt, Ried
150.875	Lifte, Arlberg
150.925 (155.525)	Betriebsfunk
150.925	Taxi, Bus, Braunau
150.975 (155.575)	Grenzwacht Schweiz, Oberzolldirektion
150.975	Baufirma Kieninger, Bad Ischl
151.000	Polnischer Schiverband, Schispringer Stams
151.050	Betriebsfunk, digital, Landeck
151.050	Baustellenampeln, (Manchastercodierung), 100 mW
151.110	Dreharbeiten "Bergdoktor", Mieming Kanal 1, SAT 1, (beendet)
151.110	Seilbahnbau
151.130	Dreharbeiten "Bergdoktor", Mieming Kanal 2, SAT 1, (beendet)
151.130	deutscher Schiverband, Schispringer Stams
151.150	deutscher Schiverband, Schispringer Stams
151.150	Schirennen, Veranstaltungen
151.175	Betriebsfunk
151.190	deutscher Schiverband, Schispringer Stams

151.225	Betriebsfunk
151.225	AIR-Canada, Wien
151.375	Elektro Stehno, Telfs,
151.375	Baufirma, Innsbruck,
151.375	Mautstelle Timmelsjoch Hochalpenstrasse/Sölden
151.375	Baufirma Thurner Ötz, Roppen, Imst,
151.375	Spenglerei Unterinntal
151.375	Lifte, Sölden/Gaislachkogel
151.375	Widmoser Müllabfuhr, Kirchbichl
151.375	Taxi, Bus, Nowak, Zeltweg
151.400	Baumeister Fritz, Oberhofen
151.400	Taxi, Bus, Braunau
151.450	Betriebsfunk, Bayern, (DL)
151.625 (156.225)	Betriebsfunk
151.675	Betriebsfunk
151.775	französischer Schiverband, Schispringer Stams
151.925	englischer Schiverband, Schispringer Stams,
152.075	Betriebsfunk STRABAG, Salzburg
152.150	Betriebsfunk, Baufirma Landeck
152.150	Wachdienst, Sicherheitsdienst, Salzburg
152.175	Betriebsfunk
152.200	Wachdienst, Parkraumbewirtschaftung, Innsbruck
152.200	Wachdienst, Parkraumbewirtschaftung, Salzburg
152.200	Fernwärme Gesmbh, Kufstein
152.200	Wachdienst, Parkraumbewirtschaftung, Wels
152.250	Baufirma, Braunau
152.375	Betriebsfunk, Salzburg
152.400	Betriebsfunk, Salzburg
152.450	Betriebsfunk
152.475	Betriebsfunk
152.650	Betriebsfunk
152.650	Strassenmeister, Verkehrsregelung, Flachgau/Salzburg
152.675	Rehabzentrum Gross Gmain/Salzburg
152.775	Taxi, Bus, (1715), Datenfunk, Salzburg
152.850	Panorama Tours, Tourismus, Salzburg
152.875	Polnischer Schiverband, Schispringer Stams
152.950	Betriebsfunk
153.010 – 153.770	FUNKTELEFON, B Netz, Ausgabe, seit MAI 1995 abgeschalten
148.410 – 149.170	FUNKTELEFON, B Netz, Eingabe, seit MAI 1995 abgeschalten
153.250	Betriebsfunk
153.375	Österreichische Kontrollbank
153.825	Betriebsfunk
153.900	Fernsteuern, Salzburg
153.975 (149.375)	Magistrat, MA 34, Laaerberg
153.975 (149.375)	Rettungsdienst, Wien
154.000	Wachdienst, ÖWD, Innsbruck
154.000 (149.400)	Magistrat, MA 34, Laaerberg

154.000 (149.400) Rettungsdienst, Wien
154.025 (149.425) Strassenmeister, Innsbruck Land (360.475/350.475)
154.050 (149.450) Strassenmeister, VLBG,
154.050 (149.050) Strassenmeister, Landeck, Nassereith, Tunnelwarte,
154.050 (149.050) Strassenmeister, St. Anton
154.050 (149.450) Strassenmeister, Imst, (154.475/149.875)
154.050 (149.450) Strassenmeister, Zams,
(154.975/150.375, 360.275/350.275)
154.050 (149.450) Betriebsfunk
154.050 (149.450) Betriebsfunk, VLBG
154.050 (149.450) Strassenmeister, Rohrbach
154.050 (149.450) Strassenmeister, Schärding
154.075 (149.475) Strassenmeister, Nassereith, Umhausen
(154.475/149.875,
154.075 (149.075) Strassenmeister, Nassereith
(154.975, 360.275/350.275)
154.075 (149.475) tschechischer Schiverband, Schispringer Stams
154.075 (149.475) Magistrat, MA, 34, Laaerberg
154.125 (149.525) Strassenmeister, Schwarzach St. Veit (Sbg)
154.125 (149.525) Venetseilbahn Zams, Relais Grahberg, auch 170.450
154.175 (149.575) TIWAG, Landeck, Warte Imst, Relais Grahberg, (420.375)
154.175 (149.575) TIWAG, Innsbruck, Kanal 1,
154.175 (149.575) Strassenmeister, Linz Urfahr
154.200 (149.600) TIWAG, Imst, K. 2, Relais Ötztal, (410.050/420.050)
154.200 (149.600) TIWAG, Kirchbichl,
154.200 (149.600) Verbundgesellschaft, Linz
154.200 (149.600) Tauernkraftwerke, Kaprun
154.225 (149.625) TIWAG, Kanal 3, (420.025/410.025, 429.675)
154.225 (149.625) Strassenmeister, Oberösterreich
154.225 (149.625) Donaukraftwerke, Ybbs/Persenbeug
154.250 (149.650) TIWAG, Kanal 4, Innsbruck, Ötztal,
154.250 (149.650) TIWAG, Kitzbühel,
154.250 (149.650) Strassenmeister, Oberösterreich
154.250 (149.650) Donaukraftwerke, Altenwört
154.275 (149.675) Strassenmeister, Zirl, (360.475/350.475)
154.275 (149.675) Vorarlberger Kraftwerke VKW,
154.275 (149.675) Strassenmeister, St. Anton a. A., Streudienst
154.275 (149.675) Magistrat, Ma 34, Laaerberg
154.300 (149.700) Taxi, Bus, VLBG
154.300 (149.700) Strassenmeister, Salzburg
154.325 (149.725) Tunnelwarte, Perjen, Bauhof Landeck, Relais Haimingeralm
154.325 (149.725) Strassenmeister, Imst, Streudienst Autobahn,
154.325 schwedischer Schiverband, Schispringer Stams
154.325 (149.725) Strassenmeister, Wels
154.325 (149.725) Strassenmeister, St. Johann, Braunau
154.350 (149.750) TIWAG,
154.350 ausländischer Schiverband, Schispringer Stams
154.375 (149.775) TIWAG,
154.375 (149.775) Strassenmeister, Linz Land
154.400 (149.800) TIWAG,
154.400 (149.800) Verbundgesellschaft, Niederösterreich

154.400 französischer Schiverband, Schispringer Stams
154.400 Elektroverbund, Steiermark
154.425 (149.825) TIWAG, Kanal 3, Relais Haimingerberg (420.375/410.375)
154.425 (149.825) TIWAG, Relais Reitherkogel
154.425 (149.425) Verbundgesellschaft, Flachgau
154.450 (149.850) Betriebsfunk, VLBG
154.450 (149.850) TIWAG
154.450 (149.850) Verbundgesellschaft Salzburg
154.475 (149.875) Betriebsfunk Innsbruck
154.475 (149.875) Strassenmeister, Landeck, Fliess, Umhausen, Nassereith
154.475 (149.875) Strassenmeister, (154.075, 154.975, 363.400/353.400)
154.475 (149.875) Strassenmeister, Tunnelwarte (154.075/149.475, 360.275)
154.475 (149.875) Strassenmeister, Bezirk Kufstein
154.475 (149.875) Strassenmeister, Wels
154.500 Betriebsfunk Baufirma
154.500 französischer Schiverband, Schispringer Stams
154.525 Betriebsfunk, Innsbruck
154.525 Betriebsfunk, Salzburg
154.575 Tierarzt, Obertrumm
154.575 Tierarzt, Braunau
154.600 (150.000) Betriebsfunk
154.625 (150.025) Betriebsfunk
154.625 (150.025) Strassenmeister, Oberösterreich
154.650 (150.050) Betriebsfunk
154.675 (150.075) POST/TELEKOM, Wien, Funküberwachung
154.700 (150.100) POST/TELEKOM, (Relais Mieming, Ötztal)
154.700 (150.100) Betriebsfunk, VLBG
154.700 Tschechischer Schiverband, Schispringer Stams
154.700 (150.100) Strassenmeister, Schärding
154.725 (150.125) Müllabfuhr, Linz, Umgebung
154.725 (150.125) Strassenmeister, Hallein
154.750 (150.150) POST/TELEKOM
154.750 (150.150) Strassenmeister, Flachgau
154.775 (150.175) POST/TELEKOM, Mieming, Ötztal,
154.800 (150.200) POST/TELEKOM, Kabelbau, Innsbruck
154.800 (150.200) POST/TELEKOM, Wien, Funküberwachung
154.825 (150.225) POST/TELEKOM, Mieming, Ötztal,
154.825 (150.225) POST/TELEKOM, Wien, Funküberwachung
154.850 (150.250) POSTBUS Landeck, St. Anton a. A.,
154.850 (150.250) POSTBUS Ischgl, Relais Grahberg
154.850 (150.250) POSTBUS Axams
154.850 (150.250) POSTBUS Dornbirn
154.850 (150.250) Strassenmeister, Oberösterreich
154.875 (150.275) Schischule, Schilehrer Oberland
154.875 (150.275) Strassenmeister, Bad Aussee
154.875 (150.875) Strassenmeister, Flachgau
154.900 (150.300) POST/TELEKOM Wipptal,
154.900 (150.300) Tunnelwarte, Strassenmeister Ried, (154.975, 360.275)
154.900 (150.300) Tunnelwarte, Relais Krahberg
154.900 (150.300) Betriebsfunk, VLBG
154.900 (150.300) Tierkörperverwertung, Regau, Oberösterreich

154.925 (150.325) Strassenmeister Völs, Zirl, Telfs, Matrei, Steinach
154.925 (150.325) Strassenmeister Bezirk Kufstein
154.925 (150.325) Taxi, Bus, (8111) Datenfunk, Salzburg
154.925 (150.325) Strassenmeister, Pongau
154.950 (150.350) TIWAG Bludenz, VLBG
154.950 (150.950) Tunnelwarte Landeck,
154.950 (150.950) Strassenmeister St. Johann, Pass Thurn
154.950 (150.350) Stadtwerke Linz
154.950 (150.350) Strassenmeister, Vöcklabruck
154.950 (150.350) Strassenmeister, Gmunden
154.950 (150.350) Strassenmeister, Ebensee, Relais Feuerkogel
154.975 (150.375) Strassenmeister, Nassereith, Umhausen (360.275/350.275)
154.975 (150.375) Strassenmeister, (154.075, 154.475)
154.975 (150.375) Strassenmeister, Walserberg, Autobahn,

155.000 Betriebsfunk, Baufirma, VLBG
155.025 Lagermax, Salzburg
155.050 Betriebsfunk, VLBG
155.050 (150.450) Holzarbeiten, Weilhartsforst, Braunau
155.075 Betriebsfunk
155.075 Fernsteuerung, Salzburg
155.100 (150.500) Tomann, Abschleppdienst, Wien
155.125 (150.525) Betriebsfunk
155.200 Betriebsfunk, Bregenz
155.200 (150.600) Strassenmeister, Kirchdorf/Krems
155.200 (150.600) Strassenmeister, Linz
155.225 (150.625) Strassenmeister, Linz – Traun
155.275 (150.625) Taxi, Bus, (8111) Datenfunk, Salzburg
155.250 Betriebsfunk, Baufirma
155.250 Betriebsfunk, Flachgau
155.275 Transporte Wagner, Silz
155.275 Taxi, Bus, Judenburg
155.275 Betriebsfunk, Flachgau
155.300 (150.700) Betriebsfunk
155.300 (150.700) Strassenmeister, Linz Land
155.325 Betriebsfunk, Innsbruck
155.325 (150.725) Strassenmeister, Waidhofen/Thaya
155.350 (150.750) SECURITY, Geldtransport, Linz
155.375 Betriebsfunk
155.375 (150.775) Strassenmeister, Scheibbs, Niederösterreich
155.375 (150.775) Strassenmeister, Haag, Niederösterreich
155.375 (150.775) Strassenmeister, Wr. Neustadt
155.375 (150.375) Strassenmeister, Tennengau, A 10
155.400 (150.800) Strassenmeister, Mödling,
155.400 (150.800) Strassenmeister, Schwechat,
155.400 (150.800) Strassenmeister, Neulengbach A 1,
155.425 (150.825) Gesundheitsamt, Oberösterreich
155.425 (150.825) Strassenmeister, Schwanenstadt
155.450 Installateur, Innsbruck
155.450 Betriebsfunk, VLBG
155.450 (150.850) Strassenmeister, Freistadt,
155.500 Italienischer Schiverband, Schispringer Stams

155.525 (150.925) Betriebsfunk
155.525 (150.925) Taxi, Bus, Zustelldienst, Salzburg
155.575 Betriebsfunk
155.575 (150.975) Grenzwacht Schweiz, Oberzollamt, Relais Landeck
155.600 Baufirma
155.625 Müllfirma Innsbruck
155.625 Entsorgungsfirma, Hausruckviertel
155.625 Taxi, Bus, Bad Ischl
155.650 Transporte, Flachgau
155.675 Taxi, Bus, Kolantschitz, Linz
155.725 Betriebsfunk Telfs, Transporte
155.725 Taxi, Bus, Knittelfeld
155.725 Installateur, Salzburg
155.725 Taxi, Bus, Zustelldienst, Linz Land
155.750 Betriebsfunk
155.750 Spedition Knoll, Salzburg
155.775 (151.175) Datenfunk, Hallstadt, (460.050)
155.825 Zementlieferungen, Kanal 1 (156.000 Kanal 2)
155.825 Österreichische Bundesforste, Steiermark
155.825 Betriebsfunk, Flachgau
155.900 (151.300) SAVE Gaswerke, Oberndorf, Flachgau
155.975 Taxi, Bus, Innsbruck
155.975 Container, Welz, Klessheim/Salzburg

156.000 Betriebsfunk, Kanal 2 (155.825 Kanal 1)
156.000 Taxi, Bus, Wien
156.000 Betriebsfunk, VLBG
156.000 norwegischer Schiverband, Schispringer Stams
156.000 Taxi, Bus, Leoben
156.000 Baufirma Salzburg
156.000 Strassenmeister, Lienz, Trautenfels
156.000 Elektrofirma, Oberndorf, Salzburg
156.050 Feuerwehr, Flughafen Salzburg, 1750 Hz,
156.050 Flughafen, Winterdienst, Flughafen Salzburg
156.150 (160.750) Taxi, Bus, Wien

156.050 – 157.425 **Seefunk, Binnenschiffahrt**, Bodensee, Eingabe, simplex
160.650 – 162.025 **Seefunk, Binnenschiffahrt**, Bodensee, Ausgabe, simplex

156.050 (160.650) Duplex-Telefon, Berghütte Haller Anger Alm/Karwendel
156.100 (160.700) Duplex-Telefon, Berghütte
156.120 Schischule, Schilehrer, (DL Geräte)
156.125 (160.725) Duplex-Telefon, Berghütte
156.150 (160.750) Duplex-Telefon, Berghütte
156.175 (160.775) Duplex-Telefon, Berghütte
156.200 (160.800) Duplex-Telefon, Berghütte
156.225 (160.825) Duplex-Telefon, Krahberg, Tulfes, Innsbruck
156.250 (160.850) Duplex-Telefon, Berghütte
156.250 (160.850) Taxi, Bus, Wien
156.275 (160.875) Duplex-Telefon, Innsbruck, Mieming,

156.300 (160.900) Duplex-Telefon, Berghütte
156.300 (160.900) Taxi, Bus, Wien
156.325 (160.925) Duplex-Telefon, Berghütte
156.350 (160.950) Funküberwachung Graz
156.350 (160.950) Duplex-Telefon, Berghütte
156.375 (160.975) Duplex-Telefon, Berghütte
156.400 (161.000) Bundesamt für Zivilluftfahrt
156.400 jugoslawischer Schiverband, Schispringer Stams
156.450 Betriebsfunk, Relais
156.450 Bungee Jumping, Arzler Brücke/Pitztal, Fa. Raich
156.475 (161.075) Duplex-Telefon, Berghütte
156.475 (161.075) Ärztezentrale Wien
156.500 (161.100) Duplex-Telefon, Berghütte
156.525 Baumeister Doser, Silz,
156.525 Taxi, Bus, Gebhard, Telfs,
156.525 Verkehrsbüro Seefeld,
156.525 Baufirma,
156.525 Betriebsfunk, VLBG
156.525 Betriebsfunk, Salzburg
156.525 Taxi, Bus, Gmunden
156.550 Baufirma
156.550 (161.150) Fernheizwerk, Wien
156.575 Betriebsfunk, VLBG
156.625 Baufirma Innsbruck,
156.625 Müllentsorgung
156.625 Transporte, VLBG
156.625 Betriebsfunk Müllentsorgung Arzl, Wenns
156.625 Taxi, Bus, St. Anton
156.625 Gemeinde Bad Häring
156.625 Schwarzenberger, Wörgl
156.525 Taxi, Bus, Salzburg
156.650 Betriebsfunk, Salzburg
156.675 Betriebsfunk, Salzburg
156.680 Schirennen (DL Geräte)
156.700 DSG Bootsfunk, Leitstelle, Linz
156.750 Betriebsfunk
156.775 Betriebsfunk
156.800 Bundesheer, Fährübungen, Aschach/Donau
156.950 jugoslawischer Schiverband, Schispringer Stams
156.975 Betriebsfunk, Salzburg

157.000 jugoslawischer Schiverband, Schispringer Stams
157.025 (161.225) Betriebsfunk, VLBG
157.050 Betriebsfunk, Sachverständiger, Flachgau
157.175 Transporte, VLBG
157.200 Elektrofirma, Hallein
157.250 Betriebsfunk, VLBG
157.350 Landessportschule, Veranstaltung Innsbruck
157.400 Taxi, Bus, Salzburg
157.475 POST/TELEKOM, Wien, Kabelbau, Wien
157.500 POST/TELEKOM, Wien, Funküberwachung
157.550 POST/TELEKOM, Kanal 1, simplex

157.550 POST/TELEKOM, Linz
157.550 POST/TELEKOM, Graz
157.575 POST/TELEKOM, Kanal 2, simplex
157.600 POST/TELEKOM, Kanal 3, simplex
157.625 POST/TELEKOM, Kanal 4, simplex
157.650 POST/TELEKOM, Kanal 5, simplex
157.650 POST/TELEKOM, Graz
157.650 POST/TELEKOM, Graz, Funküberwachung
157.650 POST/TELEKOM, Wien, Funküberwachung
157.700 Sportveranstaltung, Salzburg
157.700 POST/TELEKOM, Wien
157.725 (162.325) Taxi, Bus, Jerzens, Wenns
157.775 POST/TELEKOM, Graz, Funküberwachung
157.775 POST/TELEKOM, Wien, Funküberwachung
157.825 (162.425) POST/TELEKOM, Paketdienst, Salzburg
157.850 POST/TELEKOM, Graz, Funküberwachung
157.900 (162.500) Höhlenrettung, Salzburg
157.900 (162.500) Bergrettung, Salzburg, Kanal 1
157.950 (162.550) Rotes Kreuz, Salzburg

158.125 Betriebsfunk
158.175 POCSAG Pagingdienst, Wien
158.200 Egger/Wörgl
158.300 POCSAG Pagingdienst, Wien
158.325 Betriebsfunk
158.350 Betriebsfunk, VLBG
158.350 Betriebsfunk, Braunau
158.400 Betriebsfunk
158.425 (163.025) ARBÖ Wien, St. Pölten,
158.425 (163.025) ARBÖ Amstetten, Ybbs, Wr. Neustadt
158.430 Bauunternehmen (DL Geräte)
158.450 ORF simplex
158.450 (163.050) ARBÖ Wien, St. Pölten,
158.450 (163.050) ARBÖ Amstetten, Ybbs, Wr. Neustadt
158.475 Wr. Trabrennverein, Richterturm
158.525 Betriebsfunk
158.625 Strassenaufsicht, Parkplatzwächter, Innsbruck
158.625 REGA, Kanal 9
158.575 Betriebsfunk, VLBG
158.750 Betriebsfunk, VLBG
158.750 Rettung Bruneck, Schlanders (Südtirol), Kanal 24
158.775 Taxi, Bus, Wien
158.775 Rettung, Sterzing, Meran (Südtirol), Kanal 25
158.800 Taxi, Bus, Wien
158.825 Rettung, Bozen, Cortina (Südtirol), Kanal 26
158.900 ORF simplex,
158.900 Betriebsfunk, VLBG
158.900 Betriebsfunk, Linz Urfahr
158.925 Taxi, Bus, Wien
158.925 (163.525) Lifte Hohe Salve/Söll
158.925 EL AL, Israeli Airlines, Wien
158.925 Betriebsfunk

158.950	Busdienst Ötztal,
158.950	österreichischer Schiverband, Schispringer Stams, ÖSV
158.950	Baufirma Ötztal, Mischanlage
158.950	Parkplatzwächter St. Anton a. A., (nur Wintersaison)
158.950	Vermessung
158.950	KAINDL Werk, (Holzlager), Salzburg
159.025	Betriebsfunk, VLBG
159.025 (163.625)	ÖAMTC Linz, Ebensee
159.050	Rettung, Brixen (Südtirol) Kanal 27
159.050	Betriebsfunk Baufirma
159.050	Betriebsfunk, VLBG
159.075	Wach- und Schliessgesellschaft, Wien
159.100	ORF Kanal 28, Kanal 9, nicht in CH-Nähe
159.125	ORF Kanal 29, Kanal 10, nicht in OÖ
159.150 (163.975)	ARBÖ Linz, Pfarrkirchen,
159.175	Tierarzt Pittl Martin Telfs, Olympstr. 6
159.175	Taxi, Bus, Innsbruck
159.175	Tierarzt Frewein, Knittelfeld
159.175	Beriebsfunk, Bergheim, Salzburg
159.175	Tierarzt, Wals, Salzburg
159.250	österreichischer Schiverband, Radrennen, Kanal 1
159.250	österreichischer Schiverband, Schispringer Stams, (ÖSV)
159.275	Botendienst, Fahrtendienst, Innsbruck
159.275	Gemeinde Seeham, Flachgau
159.375	Taxi, Bus, Linz

ORF Umsetzer:

159.425 (164.025)	ORF Relais	Kanal 1/Kanal 41
159.450 (164.050)	ORF Relais, Gaberl (STMK)	Kanal 2/Kanal 42
159.450 (164.050)	ORF Relais, Salzburg	Kanal 2/Kanal 42
159.475 (164.075)	ORF Relais, Patscherkofel	Kanal 3/Kanal 43
159.475 (164.075)	ORF Relais, Mugel (STMK)	Kanal 3/Kanal 43
159.500 (164.100)	ORF Relais, Seefeld	Kanal 4/Kanal 44
159.525 (164.125)	ORF Relais, Alpele (VLBG)	Kanal 5/Kanal 45
159.550 (164.150)	ORF Relais, Pfänder (VLBG)	Kanal 6/Kanal 46
159.575 (164.175)	ORF Relais	Kanal 7/Kanal 47
159.600 (164.200)	ORF Relais	Kanal 8/Kanal 48

159.625	Betriebsfunk Innsbruck
159.650	Wucher + Heli Air/Tirol,
159.650	Heilkopterunternehmen, VLBG
159.700	Betriebsfunk, VLBG
159.700 (164.300)	Wiener Verkehrbetriebe, Notruf Gumpendorf
159.725	Entsorgungsfirma, Salzburg
159.750	Rotex, Hubschraubertransporte Tirol, VLBG,
159.775 (164.375)	Albus, Busfirma, Salzburg
159.800	Betriebsfunk, Mischanlage
159.850 (164.450)	Kommunalbetriebe, Wasserwerke Innsbruck
159.850	österreichische Bundesforste, Weissenbach, Kärnten

159.875	Aistleitner, Steiermark
159.900	Lieferbetonfirma,
159.900	Betriebsfunk, Mayreder
159.900	Taxi, Bus, Bludenz, VLBG
159.975 (164.575)	Wiener Verkehrsbetriebe, U-Bahn Bau
160.000	Betriebsfunk, VLBG
160.090	Schispringen, FS Technik (DL)
160.100 (164.700)	Wiener Verkehrbetriebe
160.110	Schispringen, FS Technik (DL)
160.125 (164.725)	Wiener Verkehrsbetriebe
160.130	Schispringen, FS Technik (DL)
160.150 (164.750)	Kommunalbetriebe, (Stadtwerke) Innsbruck
160.270	Deutsche Botschaft BRD, Wien
160.300	Betriebsfunk, Motorola
160.300	österreichischer Schiverband, Organisation Schispringen,
160.300	Ordnungsdienst bei Open Airs, Festen, Sport, (DL)
160.300	Versuche, Leihgeräte
160.300	ELIN, Vorführ und Leihgeräte, Salzburg
160.300	Kappacher, Leihgeräte, Salzburg
160.300	Funkzentrum Liefering, Leihgeräte, Salzburg
160.325	Betriebsfunk, Baufirma
160.325	österreichische Bundesforste
160.350	Ordnungsdienst bei Open Airs, Festen, Sport, (DL)
160.400	Elektrofirma Feldkirch, VLBG
160.400	Transportfirma, Flachgau
160.400	Betriebsfunk, Gmunden
160.425	Baufirma, VLBG
160.475	Zustelldienst, linz
160.475	Baufirma Ragginger, Wals/Salzburg
160.525	Lieferbetonfirma
160.525	Ordnungsdienst bei Open Airs, Festen, Sport, (DL)
160.525	Sägewerk, Perwang, Braunau
160.575	Sportfrequenz, allgemeine Zuteilung
160.575	österreichischer Schiverband (ÖSV), Schispringer Stams,
160.575	Schischule Vent,
160.575	Chemnitzerhütte,
160.575	Schischule, Seefeld, Mösern
160.600	Betriebsfunk, Innsbruck
160.600	Amerikanische Botschaft, Wien
160.600	Datenfunk, Wels
160.625	Betriebsfunk

160.650 – 162.025 MHz Seefunk – Bodensee, Donau, Binnenschiffahrt

57 Kanäle, FM, duplex und simplex

Kanal	1	156.050	160.650
Kanal	2	156.100	160.700
Kanal	3	156.150	160.750

Kanal 4	156.200	160.800	
Kanal 5	156.250	160.850	
Kanal 6	156.300	---------	Schiff/Schiff, Hubschrauber
Kanal 7	156.350	160.950	Öffentliche Nachrichten
Kanal 8	156.400	---------	Fracht-, Fahrgastschiffe, Schiff/Schiff
Kanal 9	156.450	156.450	Wasserschutzpolizei, Lotsendienste,
Kanal 10	156.450	156.500	Such-, Rettungseinsatz, Schiff/Schiff
Kanal 11	156.550	156.550	Schiff/Behörde
Kanal 12	156.600	156.600	Schiff/Behörde
Kanal 13	156.650	156.650	Behördenschiffe, Schiff/Schiff
Kanal 14	156.700	156.700	Schiff/Behörde
Kanal 15	156.750	156.750	an Bord
Kanal 16	156.800	156.800	Not-Anruffrequenz, Selektivruf
Kanal 17	156.850	156.850	an Bord
Kanal 18	156.900	161.500	Nautischer Dienst, Schleusen
Kanal 19	156.950	161.550	
Kanal 20	157.000	161.600	Nautischer Dienst, Schleusen
Kanal 21	157.050	161.650	
Kanal 22	157.100	161.700	Nautischer Dienst, Schleusen
Kanal 23	157.150	161.750	Öffentliche Nachrichten
Kanal 24	157.200	161.800	Öffentliche Nachrichten
Kanal 25	157.250	161.850	Öffentliche Nachrichten
Kanal 26	157.300	161.900	Öffentliche Nachrichten
Kanal 27	157.350	161.950	Öffentliche Nachrichten
Kanal 28	157.400	162.000	Not/Anruffrequenz, öffentliche Nachrichten
Kanal 60	156.025	160.625	
Kanal 61	156.075	160.675	
Kanal 62	156.125	160.725	
Kanal 63	156.175	160.775	
Kanal 64	156.225	160.825	
Kanal 65	156.275	160.875	
Kanal 66	156.325	160.925	
Kanal 67	156.375	156.375	Such-, und Rettungseinsätze
Kanal 68	156.425	156.425	
Kanal 69	156.475	156.475	Sportboote
Kanal 70	156.525	-------	
Kanal 71	156.575	156.575	
Kanal 72	156.625	-------	Sportboote
Kanal 73	156.675	156.675	Such-Rettungseinsätze, Schiff/Schiff
Kanal 74	156.725	156.725	
Kanal 75	-------	-------	(156.775 gesperrt)
Kanal 76	-------	-------	(156.525 gesperrt)
Kanal 77	156.875	-------	Fischerei, Schiff/Schiff
Kanal 78	156.925	161.525	Nautischer Dienst, Schleusen
Kanal 79	156.975	161.575	Nautischer Dienst, Schleusen
Kanal 80	157.025	161.625	Nautischer Dienst, Schleusen
Kanal 81	157.075	161.675	Nautischer Dienst, Schleusen
Kanal 82	157.125	161.725	Nautischer Dienst, Schleusen
Kanal 83	157.175	161.775	Öffentliche Nachrichten
Kanal 84	157.225	161.825	Öffentliche Nachrichten
Kanal 85	157.275	161.875	Öffentliche Nachrichten

Kanal 86 157.325 161.925 Öffentliche Nachrichten
Kanal 87 157.375 161.975 Öffentliche Nachrichten
Kanal 88 157.425 162.025 Öffentliche Nachrichten

160.650 (156.050) Duplex-Telefon, Berghütte
160.675 Betriebsfunk
160.675 Österreich-Ring, Zeltweg, Fahrerdaten
160.700 (156.100) Duplex-Telefon, Berghütte
160.700 Braunschweiger Hütte (auch 140.500)
160.700 (156.100) Gjaid-Alm, Hallstadt
160.700 (156.100) Krippenstein Hotel, Hallstadt
160.725 (156.125) Duplex-Telefon, Berghütte
160.750 (156.150) Duplex-Telefon, Berghütte
160.750 (156.150) Taxi, Bus, Wien
160.775 (156.175) Duplex-Telefon, Berghütte
160.775 Amerikanische Botschaft, Wien
160.775 (156.175) Duplex-Telefon, Salzburg
160.800 (156.200) Duplex-Telefon, Berghütte
160.800 (156.200) Duplex-Telefon, Gmunden
160.825 Pager, digital, Innsbruck
160.825 (156.225) Duplex-Telefon, Berghütte
160.825 Betriebsfunk, VLBG
160.850 (156.250) Duplex-Telefon, Berghütte
160.850 (156.250) Taxi, Bus, Wien
160.875 (156.275) Duplex-Telefon, Berghütte
160.900 Taxi, Bludenz, VLBG
160.900 (156.300) Taxi, Bus, Wien
160.925 (156.325) Duplex-Telefon, Berghütte
160.925 (156.325) Duplex-Telefon, Berghütte, Salzkammergut
160.925 (156.325) Untersbergbahn, Berghütte, Salzburg
160.950 (156.350) Duplex-Telefon, Berghütte
160.950 (156.350) POST/TELEKOM, Funküberwachung Graz
160.975 (156.375) Duplex-Telefon, Berghütte
160.975 (156.375) Datenfunk, 9600 Bd, Pinzgau

161.000 (156.400) Bundesamt für Zivilluftfahrt, Wien
161.025 (156.425) Duplex-Telefon, Berghütte Salzkammergut
161.050 (156.450) Duplex-Telefon, Schutzhaus Krippenstein, Hallstadt
161.075 Betriebsfunk
161.075 (156.475) Ärtzezentrale Wien
161.125 Betriebsfunk
161.125 Computerfirma, Flachgau
161.150 (156.550) Betriebsfunk, Innsbruck
161.150 (156.550) Fernwärme Gesmbh, Kufstein
161.150 (156.550) Fernheizwerke Wien
161.175 Betriebsfunk Innsbruck
161.175 Betriebsfunk, VLBG
161.175 Schispringer Stams
161.175 Elektrofirma, Braunau
161.175 Taxi, Bus, Linz Land
161.175 Containerfirma, Salzburg
161.175 Salzburger Nachrichten, Vertrieb, Salzburg

161.175	Spedition, Schwanenstadt
161.200	polnischer Schiverband, Schispringer Stams
161.200	Deutscher Alpenverein,
161.200	Heidelberger Hütte
161.200	Betriebsfunk, Osttirol
161,200 (156.600)	Duplex-Telefon, Berghütte, Pinzgau
161.225	Baufirma Wattens,
161.225	Betriebsfunk VLBG
161.250	Ordnungsdienst bei Open Airs, Festen, Sport, (DL)
161.225	Betriebsfunk, VLBG
161.225	Funktechnik Seissl, Schwoich/Kufstein
161.225	Taxi, Bus, Hallein
161.225	Gemeinde, Flachgau
161.225	Fa. Fuller, Wels
161.250	Motorboot-Schule, St. Gilgen/Wolfgangsee
161.275	Taxi, Bus, Seefeld,
161.275	Lifte, Schirennen, St. Anton a. A.
161.275	Müllfirma,
161.275	Schenker, Spedition
161.275	österreichischer Schiverband, Schispringer Stams, ÖSV, K 2
161.275	Betriebsfunk, VLBG
161.275	Mastbaufirma für Hochspannungsmasten (ELIN)
161.275	Taxi, Bus, Ötztal
161.275	Vermessung
161.275	Baufirma, Flachgau
161.300	schweizer Schiverband, Schispringer Stams
161.325	Betriebsfunk
161.375	Taxi, Bus
161.400	Pistenpräparierung, Igls/Patscherkofel
161.400	Personenrufanlage, LKH Salzburg
161.400	Personenrufanlage, Busbetrieb, Salzburg
161.425	Baufirma Oitner, Perwang/Grabensee
161.500	Betriebsfunk, Linz, Land
161.525	Polizei, Feldkirch
161.575	Lifte, Gmunden
161.600	Betriebsfunk Innsbruck
161.600 (157.000)	Donaukraftwerke, Ottensheim
161.600 (157.000)	Donaukraftwerke, Schleusenfunk, Ottensheim
161.637,5	Personenrufanlage, Pager, Krankenhaus Zams
161.637,5	Leykam, Bruck, (439.210)
161.637,5	Georg Pappas, Mercedes, (40.695)
161.662,5	MM Karton, Reichenau
161.775	Polizei, Feldkirch
161.775 (157.175)	Datenfunk, Salzburg
161.875 (157.275)	Datenfunk, Salzburg
161.975	Polizei, Bregenz
161.975 (157.375)	Datenfunk, Braunau
161.975 (157.375)	Datenfunk, Luftgütemessung, Braunau
162.025 (157.425)	ARBÖ Pannenhilfe, Oberösterreich
162.050	POCSAG Funkrufdienst, PAGER, Innsbruck
162.075	POCSAG Funkrufdienst, PAGER, Innsbruck

162.075 POCSAG Funkrufdienst, PAGER, Landeck
162.100 Polizei, Bregenz
162.100 (157.500) POST/TELEKOM, Funkmessdienst
162.150 (157.550) POST/TELEKOM, Funkmessdienst, Linz
162.150 (157.550) POST/TELEKOM, Funkmessdienst, Salzburg
162.200 (157.600) POST/TELEKOM, Funkmessdienst, Salzburg
162.300 Sportveranstaltung, Alpenstrasse, Salzburg
162.325 (157.725) Taxi, Bus, Jerzens, Wenns
162.375 Betriebsfunk, Braunau
162.400 (157.800) POSTBUS, Gmunden
162.425 (157.825) POST/TELEKOM, Paketservice, Salzburg
162.475 POCSAG Funkrufdienst, PAGER, Innsbruck
162.475 POCSAG Funkrufdienst, PAGER, Bregenz, VLBG
162.500 Wetterdienst
162.500 (157.900) Höhlenrettung, Hallein, Salzburg, Kanal 4
162.500 (157.900) Bergrettung, Salzburg,
162.550 (157.950) Rotes Kreuz, Salzburg, Kanal 8, Relais Gaisberg
162.650 (158.050) Betriebsfunk, Oberösterreich
162.650 (158.050) Strassenmeister, Radstadt
162.725 (158.125) Betriebsfunk, Salzburg
162.750 (158.150) Betriebsfunk, Pongau
162.775 (158.175) Betriebsfunk, Relais Pfänder, VLBG
162.850 Betriebsfunk
162.875 Betriebsfunk

163.000 Eisberg Hohenems, VLBG
163.000 Betriebsfunk
163.025 (158.425) ARBÖ, Wien
163.050 (158.450) ARBÖ, Wien,
163.050 (158.450) ARBÖ, Amstetten,
163.050 (158.450) ARBÖ, Ybbs,
163.050 (158.450) ARBÖ, St. Pölten,
163.050 (158.450) ARBÖ, Wr. Neustadt
163.125 Betriebsfunk, Oberösterreich
163.200 Grünes Kreuz Grinzens, Kapellenweg 2, 05234/68590
163.200 Betriebsfunk, VLBG
163.200 Betriebsfunk, Salzburg
163.225 Taxi, Bus, Innsbruck
163.225 Tierschutzverein, Wien
163.250 Betriebsfunk, VLBG, verschlüsselt
163.250 (158.650) Stadtwerke, Gaswerke, Salzburg
163.275 (158.675) RAG, Datenfunk, Tannberg/Braunau
163.275 (158.675) RAG, Bohrstelle, Berndorf, Salzburg Land
163.275 (158.675) RAG, Gasverteiler, Pfaffstätt, Braunau
163.300 Betriebsfunk
163.325 (157.725) Taxi, Bus, Jerzens, Wenns
163.350 Betriebsfunk, Salzburg Land
163.450 Betriebsfunk, VLBG
163.450 Betriebsfunk, Gmunden
163.475 Betriebsfunk, VLBG
163.500 Betriebsfunk, VLBG
163.475 (158.875) Duplex-Telefon, Gmunden

163.525 (158.925)	Lifte, Hohe Salve,
163.525	Lifte, Kapruner Gletscherbahn (SBG)
163.525	Lifte, Landeck
163.525	Lifte, Scheffau,
163.525	Lifte, Sonnberg,
163.525	Lifte, Söll/Tirol
163.525 (158.925)	RAG, Braunau, Relais Tannberg
163.575 (158.975)	RAG, Datenfunk, Relais Steiglberg/Braunau
163.575 (158.975)	RAG, Datenfunk, Ried/Innkreis
163.600	Betriebsfunk Eisberg, VLBG
163.625 (159.025)	ÖAMTC, Linz,
163.625 (159.025)	ÖAMTC, Ebensee,
163.675 (159.075)	Magistrat Salzburg
163.700	Betriebsfunk
163.725 (159.125)	RAG, Vöcklabruck, Wels Land
163.750 (159.150)	ARBÖ, Linz
163.775	Tierarzt Wilhelm Jakob, Haiming, Kalkofenstr. 23
163.775	Tierarzt Greiter Josef, Ried/Oberinntal, Lindenpl. 13
163.775	Tierarzt Judenburg
163.775 (159.175)	RAG, Oberösterreich
163.775	Duplex-Telefon, Landesnervenklinik Salzburg
163.800	DAG, Obertraun
163.825 (159.225)	RAG, Steiglberg/Braunau, (163.725)
163.825 (159.225)	RAG, Vöcklabruck
163.875 (159.275)	RAG, Oberösterreich
163.950 (159.350)	ARBÖ, Kuratorium für Verkehrssicherheit
163.950 (159.350)	ARBÖ, Linz
163.950 (159.350)	ARBÖ, Salzburg
163.975 (159.375)	ARBÖ, Linz, Pfarrkirchen
163.975 (159.375)	ARBÖ, Wels
163.975 (159.375)	ARBÖ, Bad Ischl
164.000 (159.600)	ARBÖ, Wien, Niederösterreich

ORF RELAIS:

Reportagesender:

164.025 (159.425)	ORF Salzburg	K 1/K 41, 230.300/233.425
164.025 (159.425)	ORF	K 1/K 41, NÖ, Tirol 230.300/233.425
164.050 (159.450)	ORF Wien	K 2/K 42, 230.600/233.725
164.075 (159.475)	ORF Innsbruck	K 3/K 43, Patscherkofel 230.900/234.025
164.075 (159.475)	ORF Mugel (STMK)	K 3/K 43, 230.900/234.025
164.100 (159.500)	ORF Innsbruck	K 4/K 44, 231.200/234.325
164.100 (159.500)	ORF Linz	K 4/K 44,
164.100 (159.500)	ORF Salzburg	K 4/K 44,
164.125 (159.525)	ORF Dornbirn	K 5/K 45, Pfänder
164.125 (159.525)	ORF Innsbruck	K 5/K 45, Patscherkofel
164.125 (159.525)	ORF Salzburg	K 5/K 45, Gaisberg
164.150 (159.550)	ORF Dornbirn	K 6/K 46, Pfänder

164.150 (159.550) ORF Linz K 6/K 46,
164.175 (159.575) ORF Innsbruck K 7/K 47,
164.175 (159.575) ORF Oberösterr K 7/K 47,
164.200 (159.600) ORF Salzburg K 8/K 48,

164.225 Betriebsfunk, Baufirma Innsbruck
164.250 Helikopterunternehmen, VLBG
164.250 Betriebsfunk, Baufirma
164.250 (159.650) Funktelefon, Gmunden
164.275 Betriebsfunk, Flachgau
164.300 (159.700) Wiener Verkehrbetriebe, Notruf Gumpendorf
164.325 Baufirma Streng, Landeck,
164.325 (159.725) Magistrat, Salzburg
164.330 Betriebsfunk, Bayern, (DL)
164.350 Betriebsfunk Baufirma, Innsbruck,
164.350 Betriebsfunk, Sölden
164.350 Kanal, Entsorgung, Fuchs, Salzburg, (1750 Hz)
164.375 (159.775) Albus, Busfirma, Salzburg
164.400 Betriebsfunk, Sölden
164.400 Wiener Verkehrbetriebe, (Lautsprecherdurchsagen)
164.425 Taxi, Bus, Innsbruck
164.425 Taxi, Bus, Leonding
164.425 (159.825) Stadtwerke Wels
164.450 (159.850) Kommunalbetriebe Innsbruck, Relais Patscherkofel
164.450 (159.850) österreichische Bundesforste, Weissenbach, Kärnten
164.450 (159.850) Strassenmeister Linz
164.450 (159.850) Stadtwerke Salzburg, (Abwasser)
164.500 (159.900) Datenfunk, Linz
164.500 (159.900) RAG, Datenfunk, Oberösterreich
164.525 POCSAG, Pager
164.550 Betriebsfunk
164.550 Betriebsfunk, VLBG
164.575 (159.975) Wiener Verkehrsbetriebe, U-Bahn Bau
164.600 Betriebsfunk, digital
164.600 (160.000) RAG, Oberösterreich
164.625 (160.025) Wiener Verkehrsbetriebe,
164.650 (160.050) Stadtwerke Ried/Innkreis
164.700 (160.100) Wiener Verkehrsbetriebe,
164.725 (160.125) Wiener Verkehrsbetriebe,
164.750 (160.150) Kommunalbetriebe Innsbruck, Relais Patscherkofel
164.750 (160.150) Bus, O-Bus, Strassenbahn, Leitfunk, Linz
164.775 Taxi, Bus, Feldkirch, VLBG
164.775 (160.175) E-Werk, Wels
164.850 Betriebsfunk, Innsbruck,
164.850 Ordnungsdienst bei Open Airs, Festen, Sport, (DL)
164.850 Betriebsfunk, Bludenz, VLBG
164.850 Stadtwerke Wörgl
164.850 (160.250) VIP Taxi-Service, (Festspiele), Salzburg
164.900 Betriebsfunk
164.900 Ordnungsdienst bei Open Airs, Festen, Sport, (DL)
164.900 Betriebsfunk, Salzburg
164.925 Transportfirma

164.925 (160.325)	Bundesforste, Tirol
164.925 (160.325)	Bundesforste, Gmunden
164.925 (160.325)	Bundesforste, St. Pölten
164.925 (160.325)	Bundesforste, Bad Ischl
164.925 (160.325)	Bundesforste, Bad Aussee
164.950	Ordnungsdienst bei Open Airs, Festen, Sport, (DL)
165.000	Betriebsfunk
165.000	Taxi, Bus, 6969, Linz
165.025	Taxi, Bus, Innsbruck,
165.025	Taxi, Bus, Landeck
165.075	Taxi, Bus, Telfs,
165.075	Taxi, Bus, Innsbruck
165.075	ORF Betriebsfunk, Sicherheit, Kanal 1
165.075	Taxi, Bus, Linz
165.075 (170.675)	ÖAMTC, Wien,
165.075 (170.675)	ÖAMTC, Burgenland
165.075 (170.675)	ÖAMTC, Landeck,
165.075 (170.675)	ÖAMTC, Imst,
165.075 (170.675)	ÖAMTC, Schwaz
165.100	Taxi, Bus, (1715), Wels
165.125	Betriebsfunk Vorarlberg
165.125	ORF, Betriebsfunk, Feuerwehr, Kanal 2
165.125	ORF, Betriebsfunk, Salzburg
165.150	Betriebsfunk
165.150	Taxi, Bus, Wien
165.175	Betriebsfunk
165.175	Taxi, Bus, Wien
165.175	Ordnungsdienst bei Open Airs, Festen, Sport, (DL)
165.200	Betriebsfunk
165.200	Taxi, Bus, Wels
165.225	Taxi, Bus, linz
165.275	Betriebsfunk
165.275	Taxi, Bus, Wien
165.300	Betriebsfunk
165.300	Transporte, Braunau
165.300	Taxi, Bus, Salzburg
165.325	Schispringer, ÖSV, Bad Goisern
165.350	Betriebsfunk, Innsbruck
165.350	Taxi, Bus, Wien
165.375	Taxi, Bus, Innsbruck
165.375	Taxi, Bus, Wien,
165.400	Taxi, Bus, Innsbruck,
165.400	Taxi, Bus, Feldkirch, VLBG
165.400	Taxi, Bus, Wien,
165.425	Betriebsfunk
165.425	Taxi, Bus, Innsbruck
165.425	Taxi, Bus, Wien,
165.475	Taxi, Bus, Landeck
165.475	Taxi, Bus, Innsbruck, Seefeld
165.500	Betriebsfunk
165.525	Betriebsfunk, Ötztal

165.525 Taxi, Bus, Wien,
165.550 Betriebsfunk, Innsbruck
165.575 Betriebsfunk
165.575 (170.175) Taxi, Bus, Wien
165.600 (170.200) Stubaitalbahn, Eingabe
165.625 ÖBB Sicherungsdienst
165.625 (170.225) Lifte, Arlberg,
165.625 Lifte, Serfaus,
165.625 Lifte, Sölden,
165.625 Lifte, Hinterglemm,
165.625 Lifte, Grossvenediger,
165.625 Lifte, Zwölferkogel
165.650 (170.250) Lifte, Imst, Ratracfahrer
165.650 Lifte, Ischgl
165.650 Lifte, Wildschönau,
165.650 Lifte, Axams
165.675 (170.275) Igler Bahn, Innsbruck-Igls
165.675 (170.275) Murtalbahn, Steiermark
165.675 Betriebsfunk, Innsbruck
165.700 ÖBB Sicherungsdienst
165.725 ÖBB Sicherungsdienst, Roppen,
165.750 (170.350) Autophon
165.750 Lifte, IMST, Rosshütte Seefeld
165.750 (170.350)
165.775 ÖBB Sicherungsdienst, Stams, Silz, Kanal 5
165.800 (170.400) Lifte,
165.800 ÖBB Sicherungsdienst, Telfs, Stams, Silz, Kanal 6
165.800 schwedischer Schiverband, Schispringer Stams
165.825 (170.425) ÖBB Sicherungsdienst,
165.825 (170.425) Lifte, Arlberg
165.825 Lifte, Lachtal, Steiermark
165.850 (170.450) IVB Innsbruck (Innsbrucker Verkehrsbetriebe)
165.850 (170.450) Lifte, Zams/Venetseilbahn, Relais Grahberg
165.850 (170.450) Lifte, Innsbruck
165.850 Bergrettung, Murau, Steiermark
165.875 ÖBB Sicherungsdienst,
165.900 ÖBB Sicherungsdienst,
165.925 (170.525) ÖAMTC Knittelfeld, Murau, Rel. Schönbergkopf
165.975 ÖBB Sicherungsdienst,

166.000 SOYUZ + Progreß M, Telemetrie
166.000 Lifte, Finkenberg,
166.000 Lifte, Sattelberg/Gries Brenner
166.000 Lifte, Vent/Ötztal
166.000 Lifte, Biberwier
166.000 Lifte, Kaiserlift/Kufstein
166.000 Lifte, Hochzillertal
166.000 Lifte, Kirchberg
166.000 Lifte, Kaltenbach/Zillertal
166.000 Lifte, Gerlos/Königsleiten
166.000 Lifte, Dorfgastein
166.025 ÖBB Kraftwerkzentrale, Kanal 7/17

166.050 ÖBB Sicherungsdienst
166.075 (170.675) ÖAMTC Imst/Ötztal, Schwaz, Relais Haimingeralm
166.075 (170.675) ÖAMTC Wien, Burgenland
166.075 (170.675) ÖAMTC Leoben, Mürzzuschlag
166.100 ÖBB Sicherungsdienst, Ötztal,
166.125 ÖBB Fahrdienstleiter, Innsbruck Hauptbhf, Kanal 3/14
166.125 (seit OKT 98 wegen Bündelfunk nicht mehr in Betrieb)
166.130 MIR
166.150 ÖBB Sicherungsdienst Ötztal, Kanal 4/15
166.175 ÖBB Elektrostreckenleitung, Kanal 5/16
166.200 ÖBB Kraftwerkzentrale, Kanal 6/17
166.225 ÖBB Kraftwerkzentrale, Kanal 18
166.250 Lifte, Ötz, Hochötz
166.250 Lifte, Steinach/Brenner
166.250 Lifte, Fieberbrunn
166.250 Lifte, Gerlosstein
166.250 Lifte, Hippach/Ramsberg
166.250 Lifte, Saalfelden
166.250 Lifte, Westendorf
166.250 Lifte, Rifflsee/Mandarfen
166.250 Lifte, See/Paznaun
166.250 Lifte, Holzgau
166.250 Lifte, Kössen
166.250 Lifte, Achensee
166.250 Lifte, Scharnitz/Mühlberglifte
166.250 Lifte, Nesslwängle/Krineralpe
166.300 ÖBB Sicherungsdienst, Kanal 19
166.325 ÖBB Kraftwerkzentrale, Kanal 8/20
166.350 (170.950) ÖAMTC Wien, Burgenland
166.375 (170.975) Lifte, Schlick
166.375 Lifte, IFEN 2000
166.400 (171.000) Lifte, Hochjoch
166.400 (171.000) Zillertalbahn,
166.400 Lifte, Aurach,
166.400 (171.000) Betriebsfunk
166.400 Lifte, Wagstöttllift
166.400 ÖBB Kraftwerkzentrale
166.425 ÖBB Sicherungsdienst
166.425 Taxi, Bus, Landeck
166.450 ÖBB Kraftwerkzentrale
166.450 Betriebsfunk
166.475 ÖBB Sicherungsdienst
166.500 Betriebsfunk
166.500 ÖBB Sicherungsdienst
166.525 (171.125) ÖAMTC VLBG
166.525 (171.125) Wien, Burgenland
166.550 ÖBB Sicherungsdienst
166.550 Betriebsfunk
166.575 (171.175) ÖAMTC, Innsbruck
166.575 (171.175) ÖAMTC, Vorarlberg
166.575 (171.175) ÖAMTC, Wien, Niederösterreich,

166.575 (171.175) ÖAMTC, Steiermark
166.600 ÖBB Sicherungsdienst
166.625 ÖBB Sicherungsdienst
166.675 (171.275) ÖAMTC, Relais Hohe Salve/Söll,
166.675 (171.275) ÖAMTC, Innsbruck
166.675 (171.275) ÖAMTC, Wien,
166.675 (171.275) ÖAMTC, Linz
166.700 ÖBB Elektrostreckenleitung, Kanal 1/29
166.700 Turmwagen, Telfs, Ötztal
166.700 Österreichischer Schiverband ÖSV
166.700 österreichischer Schiverband, ÖSV
166.712,5 Personenrufanlage, Johnson & Johnson, Hallein
166.725 ÖBB Elektrostreckenleitung, Kanal 2/30
166.725 ÖBB Turmwagen, Silz, Stams, Ötztal, Roppen, Imst,
166.725 ÖBB Turmwagen, Unterwerk Matrei/Brenner, Kanal 30
166.750 ÖBB Elektrostreckenleitung, Kanal 3/31
166.775 ÖBB Elektrostreckenleitung, Stams, Ötztal, Kanal 4/32

166.800 – 167.775 Gendarmerie, Polizei, Eingabe, simplex

171.400 – 172.375 Gendarmerie, Polizei, Ausgabe, 40 Kanäle

166.800 (171.400) Kanal 1 Gendarmerie VLBG, Relais Hochjoch
166.800 (171.400) Kanal 1 Polizei Innsbruck, Relais Seegrube
166.800 (171.400) Kanal 1 Gendarmerie Friedberg, Hartberg
166.825 (171.425) Kanal 2 Gendarmerie VLBG
166.825 (171.425) Kanal 2 Polizei Innsbruck, Sondereinsatzkanal
166.850 (171.450) Kanal 3 Gendarmerie Bezirk Innsbruck Land: Neustift
166.850 (171.450) Kanal 3 Hall, Natters, Wattens, Telfs, Zirl, Kematen,
166.850 (171.450) Kanal 3 Lans, Seefeld, Schönberg, Fulpmes, Mutters
166.850 (171.450) Kanal 3 Matrei, Steinach, Gries, Rum, Axams,
166.850 (171.450) Kanal 3 Gendarmerie VLBG, Relais Schwarzkopf
166.850 (171.450) Kanal 3 Gendarmerie Tamsweg, Leibnitz, Graz, Spielfeld
166.875 (171.475) Kanal 4 Polizei, Innsbruck
166.900 (171.500) Kanal 5 Gendarmerie Bezirk Imst: Imst Berta, Ötz, Silz
166.900 (171.500) Kanal 5 Mieming, Längenfeld, Sölden, Wenns, Nassereith,
166.900 (171.500) Kanal 5 Gendarmerie VLBG, Bezau,
166.925 (171.525) Kanal 6 Gendarmerie Innsbruck, Terminal
166.950 (171.550) Kanal 7 Gendarmerie Bezirk Schwaz: Achenkirch, Schwaz
166.975 (171.575) Kanal 8 Polizei, Innsbruck Stadt, Datenfunk Einsatzwagen
167.000 (171.600) Kanal 9 Autobahngendarmerie Imst – Kematen, Wiesing,
167.000 (171.600) Kanal 9 Polizei, VLBG, Relais Pfänder
167.000 (171.600) Kanal 9 Gendarmerie Badgastein, St. Johann, Bischofshofen
167.025 (171.625) Kanal 10 Polizei, Innsbruck Stadt
167.025 (171.625) Kanal 10 Polizei, Klagenfurt, Linz
167.050 (171.650) Kanal 11 Gendarmerie Bezirk Innsbruck Land: Neustift,
167.050 (171.650) Kanal 11 Natters, Hall, Wattens, Telfs, Zirl, Kematen,
167.050 (171.650) Kanal 11 Lans, Seefeld, Schönberg, Fulpmes, Mutters,
167.050 (171.650) Kanal 11 Steinach, Gries, Axams, Matrei, Rum,
167.050 (171.650) Kanal 11 Gendarmerie VLBG, Arlbergtunnel, Relais Galzig
167.050 (171.650) Kanal 11 Gendarmerie Bezirk Innsbruck Land: Neustift,
167.050 (171.650) Kanal 11 Hall, Natters, Wattens, Telfs, Zirl, Kematen,
167.050 (171.650) Kanal 11 Lans, Seefeld,. Schönberg, Fulpmes, Mutters,

167.050 (171.650) Kanal 11 Matrei, Steinach, Gries, Axams, Rum,
167.050 (171.650) Kanal 11 Gendarmerie Bezirk Landeck: St. Anton, Flirsch
167.050 (171.650) Kanal 11 Pfunds, Nauders, Kappl, Ischgl, Pfunds, Ried,
167.050 (171.650) Kanal 11 (171.800, 171.875)
167.050 (171.650) Kanal 11 Gendarmerie Zell/See, Saalfelden, Lofer
167.075 (171.675) Kanal 12 Gendarmerie
167.100 (171.700) Kanal 13 Gendarmerie Bezirk Imst: Imst Berta, Ötz, Silz,
167.100 (171.700) Kanal 13 Mieming, Längenfeld, Sölden, Wenns, Nassereith,
167.100 (171.700) Kanal 13 (171.500, 171.925)
167.100 (171.700) Kanal 13 Gendarmerie VLBG
167.100 (171.700) Kanal 13 Gendarmerie Bezirk Schwaz
167.100 (171.700) Kanal 13 Gendarmerie Aflenz, Bruck/Mur, Mürzzuschlag
167.125 (171.725) Kanal 14 Gendarmerie
167.150 (171.750) Kanal 15 Gendarmerie Bezirk Landeck: Landeck, Ried,
167.150 (171.750) Kanal 15 Pfunds, Nauders, Flirsch,
167.150 (171.750) Kanal 15 Gendarmerie Bezirk Zillertal: Jenbach, Mayerhofen
167.150 (171.750) Kanal 15 Gendarmerie Bezirk Kufstein, Relais Pendling
167.175 (171.775) Kanal 16 Polizei, Innsbruck Stadt
167.175 (171.775) Kanal 16 Gendarmerie Bezirk Schwaz: Schwaz
167.200 (171.800) Kanal 17 Gendarmerie Bezirk Landeck: Landeck, Ried, Flirsch
167.200 (171.800) Kanal 17 Pfunds, Nauders, (171.650, 171.875, 427.950)
167.200 (171.800) Kanal 17 Gendarmerie Bezirk Reutte: Reutte, Lermoos, Vils, Bichlbach
167.225 (171.825) Kanal 18 Polizei, Innsbruck Stadt
167.225 (171.825) Kanal 18 Gendarmerie VLBG
167.250 (171.850) Kanal 19 Gendarmerie Bezirk Reutte: Reutte, Lermoos, Vils
167.250 (171.850) Kanal 19 Bichlbach,
167.250 (171.850) Kanal 19 Gendarmerie Hallein, Golling
167.275 (171.875) Kanal 20 Gendarmerie Bezirk Innsbruck Land: Neustift, Axams, Rum, Steinbach
167.275 (171.875) Kanal 20 Natters, Hall, Wattens, Telfs, Zirl, Kematen,
167.275 (171.875) Kanal 20 Lans, Seefeld, Schönberg, Fulpmes, Mutters,
167.275 (171.875) Kanal 20 Gendarmerie Bezirk Landeck: Landeck, Ried, Nauders, Flirsch, Pfunds
167.300 (171.900) Kanal 21 simplex, Radarmessung, Imst, Roppen
167.300 (171.900) Kanal 21 Polizei Dornbirn, VLBG
167.325 (171.925) Kanal 22 simplex, Sölden
167.325 (171.925) Kanal 22 Autobahngendarmerie Telfs – Wiesing, Schönberg,
167.325 (171.925) Kanal 22 Gendarmerie Bezirk Imst: Imst Berta, Ötz, Silz,
167.325 (171.925) Kanal 22 Mieming, Längenfeld, Sölden, Wenns, Nassereith,
167.350 (171.950) Kanal 23 simplex, Sondereinsätze bei Veranstaltungen,
167.350 (171.950) Kanal 23 simplex, Kufstein
167.375 (171.975) Kanal 24 Gendarmerie VLBG, Relais Alpele
167.375 (171.975) Kanal 24 simplex,
167.400 (172.000) Kanal 25 Gendarmerie VLBG, Relais kleines Walsertal
167.400 (172.000) Kanal 25 simplex, Radarmessung, Christopherus C 5,
167.425 (172.025) Kanal 26 Gendarmerie VLBG, Relais Rüfikopf
167.425 (172.025) Kanal 26 simplex, Radarmessung, Imst, Sölden, Telfs
167.425 (172.025) Kanal 26 simplex, Kramsach
167.450 (172.050) Kanal 27 simplex, Radarmessung
167.450 (172.050) Kanal 27 Polizei Feldkirch,
167.475 (172.075) Kanal 28 simplex, Radarmessung

167.500 (172.100) Kanal 29 simplex, Seefeld
167.525 (172.125) Kanal 30 Polizei Innsbruck, digital,
167.525 (172.125) Kanal 30 simplex,
167.550 Kanal 31 simplex,
167.550 (172.150) Kanal 31 Gendarmerie Bludenz
167.575 Kanal 32 simplex, Reutte, Vils
167.600 Kanal 33 simplex, Axams, Mutters,
167.625 Kanal 34 simplex, Kripo
167.625 Kanal 34 simplex, Kripo
167.650 Kanal 35 simplex, Radarmessung, Innsbruck,
167.675 (172.275) Kanal 36 Kripo
167.700 Kanal 37 simplex, Radarmessung,
167.725 Kanal 38 simplex,
167.750 Kanal 39 simplex, Radarmessung, Roppen, Imst
167.775 Kanal 40 simplex,

167.800 (172.400) Zoll, MÜG, Zugspitze
167.800 (172.400) Zoll, MÜG, Galtür,
167.800 (172.400) Zoll, MÜG, Nauders,
167.800 (172.400) Zoll. MÜG, Zollamt Spiss,
168.800 (172.400) Zoll, MÜG, Wien,
167.800 (172.400) Zoll, MÜG, Gmünd,
167.800 (172.400) Zoll, MÜG, Hainburg,
167.800 (172.400) Zoll, MÜG, Laa/Thaya, Nickelsburg
167.800 (172.400) Zoll, MÜG, Pitzkopf/Achental,
167.800 (172.400) Zoll, MÜG, Ischgl, (360.100/350.100)
167.825 (172.425) Zoll, MÜG, Feldkirch,
167.825 (172.425) Zoll, MÜG, Wien, Gmünd,
167.825 (172.425) Zoll, MÜG, Hainburg,
167.825 (172.425) Zoll, MÜG, Laa/Thaya,
167.825 (172.425) Zoll, MÜG, Nickelsburg
167.850 (172.450) Zoll, MÜG, Pendling/Kufstein,
167.850 (172.450) Zoll, MÜG, Kranshorn/Erl,
167.850 (172.450) Zoll, MÜG, Kramsach
167.875 (172.475) Zoll, MÜG, Sillianerhütte/Sillian
167.900 (172.500) Zoll, MÜG, Padaunerberg/Brenner,
167.900 (172.500) Zoll, MÜG, Laa/Thaya,
167.900 (172.500) Zoll, MÜG, Hainburg,
167.900 (172.500) Zoll, MÜG, Dürnkrut,
167.900 (172.500) Zoll, MÜG, Güssing,
167.925 (172.525) Zoll, MÜG, Wien,
167.925 (172.525) Zoll, MÜG, Dürnkrut,
167.925 (172.525) Zoll, MÜG, Hainburg,
167.925 (172.525) Zoll, MÜG, Mörbisch,
167.925 (172.525) Zoll, MÜG, Neusiedl,
167.950 (172.550) Zoll, MÜG, Hafelekar/Innsbruck,
167.950 (172.550) Zoll, MÜG, Sölden/Gaislachkogel
167.975 (172.575) Zoll, MÜG, Wien,
167.975 (172.575) Zoll, MÜG, Neusiedl, Hainburg

168.000 (172.600) Zoll, MÜG, Wien,
168.000 (172.600) Zoll, MÜG. Dürnkrut,

168.000 (172.600) Zoll, MÜG, Gmünd,
168.000 (172.600) Zoll, MÜG, Laa/Thaya,
168.025 Zivilschutz/Bundesheer, Verbindungskanal
168.050 (172.650) Feuerwehr, Klagenfurt
168.050 Feuerwehr, Sirenensteuerung, Oberösterreich
168.050 Feuerwehr, Sirenensteuerung, Salzburg
168.075 Feuerwehr, Kärnten, Pager, Pieps
168.075 Feuerwehr, Linz, Pager
168.100 Feuerwehr, Sirenensteuerung, Oberösterreich
168.100 (172.700) Feuerwehr, Relais Krippenstein
168.125 Feuerwehr, Linz, Landesfeuerwehrkanal
168.125 Feuerwehr, Sirenensteuerung, Niederösterreich
168.125 Feuerwehr, Sirenensteuerung, Amstetten
168.150 Feuerwehr, Sirenensteuerung, Gmunden
168.175 Taxi, Bus, Feldkirch, VLBG
168.200 (172.800) Feuerwehr, Linz
168.200 (172.800) Feuerwehr, Sirenensteuerung, Linz
168.225 Rotes Kreuz, Leitstelle, Katastrophenkanal
168.225 Rotes Kreuz, Oberwart
168.225 Arbeiter Samariterbund
168.225 Rotes Kreuz, Salzburg
168.225 Samariter Bund, Salzburg, Kanal 3
168.250 Feuerwehr, Sirenensteuerung, Ried
168.275 Feuerwehr, Wien
168.275 Feuerwehr, Sirenensteuerung, Braunau
168.300 Feuerwehr, Burgenland Süd
168.300 (172.900) Feuerwehr, Linz
168.325 Feuerwehr, Wien
168.325 (172.925) Feuerwehr, Sirenensteuerung, Vöcklabruck
168.350 Feuerwehr, Sirenensteuerung, Kremsmünster
168.375 Feuerwehr, Villach,
168.375 Feuerwehr, Wien
168.375 Stadtwerke Judenburg, Steiermark
168.400 Bergrettung, Oberösterreich
168.400 Bergrettung, Salzburg
168.400 Schirennen, Kanal 1
168.400 Höhlenrettung, Salzburg
168.425 Vermessungsbüro Friedl,
168.450 Ötztaler, Busunternehnmen, Ötztal (Sölden/Innsbruck)
168.450 Wasserrettung, Oberösterreich
168.450 Wasserrettung, Hallstadt/Gmunden
168.475 Strassenmeister, Villach
168.475 Bergrettung, Niederösterreich
168.475 Streudienst, Linz
168.475 (173.075) O-Bus, Bus, Leitstelle, Salzburg
168.500 Betriebsfunk
168.500 Strassenverwaltung, Klagenfurt, Kanal 1
168.525 Strassenverwaltung, Hermagor, Kanal 3
168.525 Strassenverwaltung, Wolfsberg, Kanal 3
168.550 Strassenverwaltung, Kärnten, Kanal 2
168.575 O-Bus, Reperaturen, Salzburg

168.600	Wasserrettung, VLBG
168.600	Rotes Kreuz, Dornbirn, VLBG
168.625	Rotes Kreuz, Landeskanal Vorarlberg, Kanal 17
168.625	Rotes Kreuz, Dornbirn, VLBG
168.650	Rotes Kreuz, Hallein
168.675	Rotes Kreuz, Ärztenotruf Wels,
168.675	Rotes Kreuz, Linz,
168.675	Rotes Kreuz, Freistadt
168.700	Rotes Kreuz, Linz, Krankentransporte
168.700	Samariterbund, Wien
168.700	Malteser, Salzburg
168.725	Rotes Kreuz, Landesverband, Kanal 1
168.725 (173.325)	Rotes Kreuz, Lienz
168.725	Rotes Kreuz, Eisenstadt
168.725	Rotes Kreuz, Mattersburg
168.725	Rotes Kreuz, Klagenfurt
168.725	Rotes Kreuz, Kirchdorf/Krems
168.725	Rotes Kreuz, Perg
168.725	Rotes Kreuz, Wien
168.725	Rotes Kreuz, Steyr
168.725	Rotes Kreuz, Schärding
168.750	Rotes Kreuz, Landeskanal Oberösterreich, Kanal 6
168.750 (173.350)	Rotes Kreuz, Telfs,
168.750	Rotes Kreuz, Bludenz, VLBG
168.750	Rotes Kreuz, Egg, VLBG
168.750	ÖAV Hüttenfrequenz
168.750	Rotes Kreuz, Neusiedl/See
168.750	Rotes Kreuz, Linz
168.750	Bergrettung, Kärnten
168.775	Rotes Kreuz, Landeskanal Wien, Kanal 7
168.775	Rotes Kreuz, Linz/Stadt
168.775	Rotes Kreuz, Braunau, Kanal 3
168.775	Rotes Kreuz, Güssing
168.775	Rotes Kreuz, Villach
168.775	Rotes Kreuz, Wolfsberg
168.775	Rotes Kreuz, Jennersdorf
168.775	Rotes Kreuz, Rohrbach
168.775	Rotes Kreuz, Schärding
168.775	Rotes Kreuz, Steyr
168.775	Rotes Kreuz, Wien
168.800	Rotes Kreuz, Landeskanal, Kanal 3
168.800	Rotes Kreuz, Tamsweg
168.800	Rotes Kreuz, Hallein,
168.800	Rotes Kreuz, Golling – Abtenau
168.800	Rotes Kreuz, St. Johann/Pongau
168.800	Rotes Kreuz, Salzburg
168.800	Rotes Kreuz, Landesverband
168.800	Rotes Kreuz, Zell/See
168.800	Betriebsfunk Mischanlage,
168.800	Rotes Kreuz, Feldkirch, VLBG
168.800	Rotes Kreuz, Wels,

168.800	Rotes Kreuz, Linz
168.800	Rotes Kreuz, Lambach, Kanal 6
168.800	Rotes Kreuz, VLBG
168.800	Rotes Kreuz, Völkermarkt
168.800	Rotes Kreuz, Radstadt
168.800	Rotes Kreuz, Strobl
168.800	Gendarmerie, Verbindungskanal, Salzburg
168.800	Samariterbund, Wien
168.800	Wasserrettung, Salzburg
168.825	Rotes Kreuz, Hermagor
168.825	Rotes Kreuz, Freistadt, Linz
168.825	Rotes Kreuz, Grieskirchen, Kanal 4 (446.575)
168.825	Rotes Kreuz, Strasswalchen
168.825	Malteser Hilfsdienst, Wien
168.825	Rotes Kreuz, Ried, Blutspendedienst, Kanal 4
168.825	Rotes Kreuz, St. Veit/Glan
168.825	Rotes Kreuz, Zell/See
168.825	Rotes Kreuz, Salzburg
168.850	Rotes Kreuz, Landeskanal Kärnten, Burgenland, K 5
168.850	Rotes Kreuz, Eferding,
168.850	Rotes Kreuz, Linz Urfahr,
168.850	Rotes Kreuz, Bad Leonfelden, Kanal 7
168.850	Rotes Kreuz, Hallein
168.850	Rotes Kreuz, Klagenfurt
168.850	Rotes Kreuz, Hermagor
168.850	Rotes Kreuz, Spittal/Drau
168.850	Rotes Kreuz, St. Veit/Glan
168.850	Rotes Kreuz, Villach
168.850	Rotes Kreuz, Völkermarkt
168.850	Rotes Kreuz, Wolfsberg
168.850	Rotes Kreuz, Landesverband Burgenland
168.850 (173.450)	Rotes Kreuz, Innsbruck, Landeskanal, Kanal 10
168.850	Rotes Kreuz, Strobl
168.850	Wasserrettung, Seeham, Salzburg
168.875	Rotes Kreuz, Vorarlberg, Kanal 2
168.875	Rotes Kreuz, Bludenz, VLBG
168.875	Rotes Kreuz, Bregenz, VLBG
168.875	Rotes Kreuz, Dornbirn, VLBG
168.875	Rotes Kreuz, Feldkirch, VLBG
168.875 (173.475)	Rotes Kreuz, Kufstein
168.875	Rotes Kreuz, Gmunden,
168.875	Rotes Kreuz, Linz
168.875	Rotes Kreuz, Vöcklabruck, Kanal 5
168.875	Rotes Kreuz, Spittal/Drau
168.875	Rotes Kreuz, Egg, VLBG
168.875 (173.475)	Stubaier Verkehrsbetriebe, Relais Patscherkofel
168.900	Rotes Kreuz, Oberpullendorf, Burgenland
168.900	Rotes Kreuz, Linz
168.900	Betriebsfunk, VLBG
168.925	Rotes Kreuz, Ärztenotruf Eferding,
168.925	Rotes Kreuz, Grieskirchen, Kanal 9

168.925	Rotes Kreuz, Vöcklabruck
168.950	Johanniter, Wien
168.975	Rotes Kreuz, Ärztenotruf Braunau,
168.975	Rotes Kreuz, Gmunden,
168.975	Rotes Kreuz, Linz, Kanal 8
168.975	Rotes Kreuz, Schärding
169.000	Betriebsfunk
169.000 (173.600)	Feuerwehr, Burgenland
169.025	Betriebsfunk
169.050	Betriebsfunk
169.050 (173.650)	ÖMV, Gaswerke
169.075	Taxi, Bus,
169.075	Betriebsfunk Baufirma,
169.075	Betriebsfunk VLBG
169.075	Betriebsfunk, Salzburg
169.075	Bauhof, Bad Aussee
169.075	Betriebsfunk, Hallstadt
169.100	Betriebsfunk Feldkirch, VLBG
169.100	Betriebsfunk Dornbirn, VLBG
169.100 (173.780)	ÖMV, Gaswerke
169.125	Betriebsfunk Innsbruck
169.125	Taxi, Bus, Wien
169.125 (173.725)	ÖMV, Gaswerke
169.150	Stadtpolizei Bregenz, VLBG
169.150	Arzt, Dr. Stadlinger, Munderfing/Braunau
168.150	Tierarzt, Feldkirchen/Braunau
168.150	Tierarzt, Linz Land
169.200	Lifte, Kühtai, Kanal 1, (146.500 Kanal 2)
169.200	Sonnenkopflifte Klösterle, VLBG
169.225	Betriebsfunk, ASB Kanal 1
169.225	Rotes Kreuz, Oberwart
169.225	Samariterbund, Eferding
169.225	Samariterbund, Salzburg, Kanal 1
169.225	Samariterbund, Oberwart/Burgenland
169.250	Österreichischer Schiverband, Schispringer Stams,
169.250 (159.250)	Weisshornhütte
169.275	Militär Spital, Kanal 1
169.325	Rotes Kreuz, Zirl
169.350	Samariterbund, Salzburg, Kanal 2
169.350	Betriebsfunk, Linz Land
169.375	Rotes Kreuz, Imst,
169.375	Transporte Zillertal,
169.375	Baufirma Ötztal, Transportbeton
169.375	Betriebsfunk, VLBG
169.375	Heizungsbau, Mattighofen
169.375	Transporte Salzburg
169.375	Schneeräumung, Bergheim, Salzburg
169.400	Telekabel, Wien
169.425	POCSAG Funkrufdienst, digital, VLBG
169.425	POCSAG Funkrufdienst, digital, Innsbruck
169.440	italienischer Schiverband, Schispringer Stams

169.450	Pistenrettung, alpine Notrufsäulen, Tirol
169.475	Ärztenotruf, Salzburg, K 14
169.475	Rotes Kreuz, Salzburg, Kanal 5
169.475	Rotes Kreuz, Mattsee
169.475	Rotes Kreuz, Ärztenotdienst, Lamprechtshausen
169.475	Rotes Kreuz, Ärztenotdienst, Strasswalchen
169.500	Rotes Kreuz, Strobl,
169.500	Rotes Kreuz, St. Martin/Pinzgau
169.500	Rotes Kreuz, Salzburg
169.500	Rotes Kreuz, Bad Gastein
169.500	Feuerwehr, Landesfeuerwehrkommando, Salzburg
169.525	Feuerwehr, Pager, Niederösterreich
169.525	Betriebsfunk, VLBG
169.600	Betriebsfunk
169.625	Betriebsfunk Bregenzerwald, VLBG
169.700	POCSAG Funkrufsystem, digital, VLBG
169.700	POCSAG Funkrufsystem, digital, Innsbruck
169.850	Group 4, Sicherheitsdienst, Verkehrsüberwachung
169.875	Taxi, Bus, Bludenz, VLBG
169.950	Betriebsfunk
169.950	Taxi, Bus, Wien
169.975	Taxi, Bus, Wien
170.000	ÖBB Sicherungsdienst, Kanal 5/49
170.000	Taxi, Bus, Wien
170.000	Rettungsdienst
170.000	Feuerwehr, Oberösterreich
170.000	Feuerwehr, Braunau, Kanal 3
170.000	Feuerwehr, Linz
170.025	Betriebsfunk VLBG
170.025	Schischule St. Anton a. A.
170.025	Betriebsfunk, Innsbruck,
170.025	Betriebsfunk, Telfs,
170.025	Rudolfshütte
170.025	Kronenzeitung, Wien
170.025	Gemeinde Knittelfeld (Selecall)
170.025	Sarstein Alm, Gmunden
170.025	Taxi, Bus, Gmunden
170.025	Zustelldienst, Salzburg
170.050	Vermessung
170.050	Schirennen, Organisation
170.050	Betriebsfunk, VLBG,
170.050	Baufirma Riener Telfs,
170.050	Detektivbüro, Innsbruck, Kanal 1
170.050	Betriebsfunk, Innsbruck,
170.050	Wiesbadnerhütte
170.050	Wasserrettung, Salzburg
170.050	Taxi, Bus, Gmunden
170.050	Taxi, Bus, Mattighofen
170.050	Wasserrettung, Seeham/Salzburg, Kanal 5
170.050	Wasserrettung, Wallersee
170.050	Wasserrettung, Strobl

170.050	Wasserrettung, St. Gilgen
170.075	Miele, Rum/Innsbruck
170.075	Miele, Salzburg
170.075	Müllfirma, Innsbruck,
170.075	Transporte Kleinheinz, Landeck
170.075	Detektivbüro Innsbruck, Kanal 2,
170.075	Betriebsfunk, VLBG
170.075	Kronenzeitung, Wien
170.075	Taxi, Bus, Vöcklabruck
170.100	Betriebsfunk, Linz
170.125	Betriebsfunk
170.125	Taxi, Bus, Wien
170.125 (165.525)	Salzburger Lokalbahn, Bahnexpress, Salzburg
170.125 (165.525)	Lokalbahn, Salzburg, Lautsprecherdurchsagen
170.175	Betriebsfunk Baufirma
170.175	Taxi, Bus, Wien
170.200 (165.600)	Stubaitalbahn/Innsbruck, Relais
170.225	ÖBB Sicherungsdienst, Bad Goisern
170.225 (165.625)	Hilti Landeck,
170.225 (165.625)	Lifte, Sölden/Gaislachkogel,
170.225 (165.625)	Lifte, Galtür,
170.225 (165.625)	Lifte, Fügen/Zillertal,
170.225 (165.625)	Lifte, Tuxertal,
170.225 (165.625)	Lifte, Serfaus/Komperdell
170.225 (165.625)	Lifte, Lienz/Osttirol,
170.225 (165.625)	Lifte, Wildkogel/Neunkirchen
170.225 (165.625)	Lifte, Lech a. A. VLBG
170.225 (165.625)	Lifte, Zwölferkogel/Hinterglemm
170.250 (165.650)	Lifte, Ischgl,
170.250 (165.650)	Lifte, Axamer Lizum,
170.250 (165.650)	Lifte, Reutte/Hahnenkamm,
170.250 (165.650)	Lifte, Vorarlberg
170.275	ÖBB Sicherungsdienst, Salzburg
170.275 (165.675)	IVB, Stubaitalbahn, Innsbruck
170.300	ÖBB Linienbusse, Wien
170.300	Betriebsfunk
170.325	ÖBB Sicherungsdienst, Innsbruck, Kanal 5/35
170.350 (165.750)	Schischule, Bergbahn
170.350 (166.750)	Lifte, St. Anton,
170.350 (165.750)	Lifte, Obergurgl/Ötztal,
170.350 (165.750)	Lifte, Nauders,
170.350 (165.750)	Lifte, Rofan,
170.350 (165.750)	Lifte, Arlberg,
170.350 (165.750)	Lifte, Seefeld,
170.350	ORF Landeck, simplex
170.350 (165.750)	Life, Skigebiet Loser, Oberösterreich
170.375	Betriebsfunk
170.375	ÖBB Sicherungsdienst, Linz
170.375	ÖBB Sicherungsdienst, Salzburg
170.390	deutscher Schiverband, Schispringer Stams
170.400	ÖBB Sicherungsdienst, Wels

170.425 (165.825)	Lifte Ötztal
170.425	Rettungsdienst,
170.425 (165.825)	Lifte, Sölden,
170.425 (165.825)	Lifte, Mutters,
170.425 (165.825)	Lifte, Patscherkofel,
170.425 (165.425)	Rettungsdienst, Patscherkofel,
170.425 (165.825)	Lifte, Nordkette/Innsbruck,
170.425 (165.825)	Lifte, Finkenberg
170.425 (165.825)	Lifte, Moostal/Arlberg
170.425 (165.825)	Lifte, Hochgurgl
170.425 (165.825)	Lifte, Spielbergbahn/Leogang
170.425	polnischer Schiverband, Schispringer Stams
170.425 (165.825)	Lifte, Postalm, Salzburg Land
170.450 (165.450)	Lifte, Venetseilbahn, Zams
170.450 (165.850)	Lifte, Innsbruck,
170.450 (165.850)	IVB Innsbruck
170.450 (165.850)	Lifte, Schönleitenlift
170.450 (165.850)	Lifte, Fisser Bergbahnen
170.450 (165.850)	Lifte, Oberlech/VLBG
170.450 (165.850)	Lifte, Steinplatte
170.450 (165.850)	Lifte, Pillersee
170.475	ÖBB Sicherungsdienst, Innsbruck, Ötztal, Kanal 6/39
170.525	Betriebsfunk
170.525	ORF Landeck, simplex
170.525 (165.925)	ÖAMTC Murau, Knittelfeld, Judenburg, Rel. Schönbergkopf
170.525 (165.925)	ÖAMTC Wien
170.550	Betriebsfunk
170.575	tschechischer Schiverband, Schispringer Stams
170.575	ÖBB Sicherungsdienst, Hallwang, Kanal 41
170.600	ÖBB Sicherungsdienst, Kanal 42
170.625	ÖBB Sicherungsdienst, Kanal 43
170.650	ÖBB Sicherungsdienst, Innsbruck, Kanal 1/44
170.675 (166.075)	ÖAMTC, Bezirk Imst K 1, Landeck,
170.675 (166.075)	ÖAMTC, Schwaz
170.675 (166.075)	ÖAMTC, Wien,
170.675 (166.075)	ÖAMTC, Linz,
170.675 (166.075)	ÖAMTC, Burgenland
170.675 (166.075)	ÖAMTC, Ebensee/Gmunden, Relais Feuerkogel
170.765 (166.075)	ÖAMTC, Leoben, Mürzzuschlag, Rel. Mugel
170.700	ÖBB Sicherungsdienst, Stams, Ötztal, Kanal 45
170.725	ÖBB Sicherungsdienst, Innsbruck, Imst, Stams Kanal 2/46
170.750	ÖBB Sicherungsdienst, Bludenz, VLBG Kanal 47,
170.775	ÖBB Sicherungsdienst, Kanal 48
170.800	ÖBB Sicherungsdienst, Kanal 49
170.825	ÖBB Sicherungsdienst, Kanal 50
170.850	ÖBB Sicherungsdienst, Kanal 51, Salzburg
170.850	Betriebsfunk,
170.875	ÖBB Sicherungsdienst, Imst, Roppen, Silz. Kanal 52
170.900	ÖBB Sicherungsdienst, Innsbruck, Imst, Kanal 3/53
170.900	ÖBB Sicherungsdienst, Imst, Stams, Ötztal, Kanal 3/53
170.925	ÖBB Sicherungsdienst, Innsbruck, Imst, Roppen, Kanal 4/54

170.950 Betriebsfunk
170.950 (166.350) ÖAMTC, Wien,
170.950 (166.350) ÖAMTC, Burgenland,
170.950 (166.350) ÖAMTC, Steiermark
170.950 (166.350) ÖAMTC, Niederösterreich
170.950 ÖBB Sicherungsdienst
170.975 Lifte, Schlick,
170.975 Lifte, Hochjoch/VLBG,
170.975 (166.375) Lifte, Kitzbühler Horn/Kitzbühel
170.975 (166.375) Lifte, Bichlalm, Wildschönau
170.975 (166.375) Lifte, Wagrainer Bergbahnen
170.975 (166.375) Lifte, Mayerhofner Bergbahnen
170.975 Betriebsfunk VLBG

171.000 Betriebsfunk
171.000 (166.400) Lifte, Sölden/Gaislachkogel
171.000 (166.400) Lifte, Uttendorf/Weissee
171.000 (166.400) Lifte, Hochjoch/Montafon
171.000 (166.400) Zillertalbahn, Zugfunk
171.000 (166.400) Salzburger Lokalbahn, Zugleitfunk, Relais Oberndorf
171.025 ÖBB Sicherungsdienst, Stams, Kanal 2/55
171.050 ÖBB Sicherungsdienst,
171.075 ÖBB Sicherungsdienst, Telfs, Kanal 6/56, (Kanal 1)
171.100 ÖBB Stellwerk Innsbruck, K 2/57
171.100 ÖBB Sicherungsdienst, Kanal 3/58
171.125 ÖBB Sicherungsdienst, Kanal 3/58
171.125 ÖAMTC, Dornbirn, VLBG
171.125 ÖAMTC, Wien,
171.125 (166.525) ÖAMTC, Burgenland,
171.125 (166.525) ÖAMTC, Linz
171.150 ÖBB Sicherungsdienst, Kanal 4/59
171.150 Taxi, Bus, Innsbruck
171.175 (166.575) ÖAMTC, Innsbruck, Relais Patscherkofel
171.175 (166.575) ÖAMTC, Landeck, Kanal 4, Relais Grahberg
171.175 (166.575) ÖAMTC, Wien,
171.175 (166.575) ÖAMTC, Steiermark
171.175 (166.575) ÖAMTC, Niederösterreich
171.175 (166.575) ÖAMTC, Dornbirn
171.175 (166.575) ÖAMTC, Linz
171.200 ÖBB Sicherungsdienst, Kanal 45/60
171.225 ÖBB Sicherungsdienst, Kanal 46/61
171.250 ÖBB Sicherungsdienst, Kanal 47/62
171.275 Betriebsfunk
171.275 (166.675) ÖAMTC, Wien,
171.275 (166.675) ÖAMTC, Linz
171.275 (166.675) ÖAMTC, Steiermark
171.275 (166.675) ÖAMTC, Tirol
171.300 ÖBB, Sicherungsdienst, Salzburg
171.350 (166.750) Lifte St. Anton a. A., Schirennen
171.375 ÖBB, Sicherungsdienst, Salzburg

171.400 – 172.375MHz Gendarmerie, Polizei, Relaisausgabe

166.800 - 167.775 Gendarmerie, Polizei, Relaiseingabe, 40 Kanäle
171.400 (166.800) Kanal 1 Gendarmerie, VLBG, Relais Hochjoch
171.400 (166.800) Kanal 1 Polizei, Innsbruck Stadt, Relais Seegrube
171.400 (166.800) Kanal 1 Gendarmerie: Innviertel
171.400 (166.800) Kanal 1 Gendarmerie, Riedau, Aurolzmünster, Waizkirchen
171.400 (166.800) Kanal 1 Antiesenhofen, Schärding, Raab, Suben,
171.400 (166.800) Kanal 1 Andorf, Ried, Mistelbach,
171.400 (166.800) Kanal 1 Gendarmerie, Hollabrunn, Retz, Laa/Thaya,
171.400 (166.800) Kanal 1 Wolkersdorf, Gänserndorf,
171.400 (166.800) Kanal 1 Marchegg, Relais Buschberg
171.400 (166.800) Kanal 1 Gendarmerie Friedberg, Hartberg
171.425 (166.825) Kanal 2 Polizei, Innsbruck Stadt, Sondereinsatzkanal
171.425 (166.825) Kanal 2 Gendarmerie, VLBG
171.450 (166.850) Kanal 3 Gendarmerie, Innsbruck Land: Neustift, Axams,
171.450 (166.850) Kanal 3 Telfs, Mutters, Steinach,
171.450 (166.850) Kanal 3 Zirl, Kematen, Rum, Lans, Wattens, Seefeld,
171.450 (166.850) Kanal 3 Natters, Hall, Schönberg, Fulpmes, Gries,
171.450 (166.850) Kanal 3 Gendarmerie, VLBG, Relais Schwarzkopf
171.450 (166.850) Kanal 3 Gendarmerie, Relais Schafberg
171.450 (166.850) Kanal 3 Gendarmerie, Steyr, Sierning, Perg, Weyer
171.450 (166.850) Kanal 3 Gendarmerie, Mödling, Perchtoldsdorf,
171.450 (166.850) Kanal 3 Guntramsdorf, Berndorf,
171.450 (166.850) Kanal 3 Laxenburg, Traiskirchen, Baden, Bad Vöslau,
171.450 (166.850) Kanal 3 Seibersdorf, Hainburg, Vösendorf, Relais Anninger
171.450 (166.850) Kanal 3 Gendarmerie, Tamsweg, Relais Grosseck
171.450 (166.850) Kanal 3 Gendarmerie Tamsweg, Leibnitz, Graz, Spielfeld
171.475 (166.875) Kanal 4 Polizei, Innsbruck Stadt, Schulung (Heinrich)
171.475 (166.875) Kanal 4 Polizei, Adamgasse (Rudolf)
171.475 (166.875) Kanal 4 Polizei, Langstr. (Peter)
171.475 (166.875) Kanal 4 Polizei, Direktion Wels,
171.475 (166.875) Kanal 4 Polizei, Salzburg, Datenfunk
171.500 (166.900) Kanal 5 Gendarmerie, Bezirk Imst: Imst Berta, Nassereith,
171.500 (166.900) Kanal 5 Ötz, Längenfeld, Sölden, Greko Timmelsjoch, Wenns
171.500 (166.900) Kanal 5 Silz, Mieming, Relais Haimingerberg
171.500 (166.900) Kanal 5 Gendarmerie, Längenfeld (171.700, 171.925)
171.500 (166.900) Kanal 5 Gendarmerie, VLBG
171.500 (166.900) Kanal 5 Gendarmerie, Relais Sternstein
171.500 (166.900) Kanal 5 Gendarmerie, Freistadt, Kirchdorf, Pregarten,
171.500 (166.900) Kanal 5 Urfahr, Ulrichsberg, Aspang,
171.500 (166.900) Kanal 5 Gendarmerie, Windischgarsten, Neufelden,
171.500 (166.900) Kanal 5 Gendarmerie, Semmering, Gloggnitz, Ternitz,
171.500 (166.900) Kanal 5 Pitten, Leobersdorf, Relais Sonnwendstein
171.525 (166.925) Kanal 6 Polizei, Innsbruck Stadt, (Terminal)
171.525 (166.925) Kanal 6 Polizei, Steyr,
171.550 (166.950) Kanal 7 Gendarmerie, Achenkirch, Schwaz,
171.550 (166.950) Kanal 7 Gendarmerie, Hausruck, Salzkammergut
171.550 (166.950) Kanal 7 Gendarmerie, Ansfelden, Aschach, Bad Goisern,
171.550 (166.950) Kanal 7 Bad Ischl, Gosau,
171.550 (166.950) Kanal 7 Braunau, Ebensee, Eferding, Enns, Gmunden,

171.550 (166.950) Kanal 7 Grieskirchen, Hörsching, Laakirchen, Leonding,
171.550 (166.950) Kanal 7 Mondsee, Schärding,
171.550 (166.950) Kanal 7 Feuerbach, Raab, Ries, Sattledt, St. Wolfgang,
171.550 (166.950) Kanal 7 Horn, Geras, Eggenburg, Relais Pernegg
171.575 (166.975) Kanal 8 Polizei, Innsbruck Stadt, Datenfunk Einsatzwagen
171.575 (166.975) Kanal 8 Polizei, Wels
171.575 (166.975) Kanal 8 Polizei, Salzburg
171.600 (167.000) Kanal 9 Gendarmerie, Autobahn Landeck – Telfs

171.600 (167.000) Kanal 9 Sicherheitsdirektion, VLBG, Relais Alpele,
171.600 (167.000) Kanal 9 Polizei, Linz
171.600 (167.000) Kanal 9 Lilienfeld, St. Pölten, Herzogenburg,
171.600 (167.000) Kanal 9 Neulengbach, Hainfeld,
171.600 (167.000) Kanal 9 Altlengbach, Relais Muckenkogel
171.600 (167.000) Kanal 9 Gendarmerie; Werfen, Bad Gastein, St. Johann/Pg.
171.600 (167.000) Kanal 9 Radstadt, Bischofshofen, Werfen, Relais Luxkogel
171.600 (167.000) Kanal 9 Gendarmerie Badgastein, St. Johann, Bischofshofen
171.625 (167.025) Kanal 10 Polizei, Innsbruck Stadt (Siegfried, Friedrich,
171.625 (167.025) Kanal 10 Markus, Walter, Heinrich, Rudolf)
171.625 (167.025) Kanal 10 Polizei Klagenfurt, Linz
171.650 (167.050) Kanal 11 Gendarmerie, VLBG, Relais Galzig
171.650 (167.050) Kanal 11 Gendarmerie, Bezirk Landeck: Ried, Flirsch, Pfunds
171.650 (167.050) Kanal 11 Nauders, Kappl, Ischgl, St. Anton, Relais Albona
171.650 (167.050) Kanal 11 Gendarmerie, Innsbruck Land: Neustift, Axams,
171.650 (167.050) Kanal 11 Telfs, Mutters, Seefeld,
171.650 (167.050) Kanal 11 Zirl, Kematen, Rum, Lans, Wattens,
171.650 (167.050) Kanal 11 Natters, Hall, Schönberg, Fulpmes, Gries, Steinach
171.650 (167.050) Kanal 11 Gendarmerie, Zwettl, Ottenschlag, Waidhofen/Thaya
171.650 (167.050) Kanal 11 Litschau, Gmünd, Weitra, Relais Binderberg
171.650 (167.050) Kanal 11 Gendarmerie, Lofer, Zell/See, Saalfelden,
171.650 (167.050) Kanal 11 Pinzgau, Relais Schmittenhöhe
171.650 (167.050) Kanal 11 Gendarmerie Zell/See, Saalfelden, Lofer
171.675 (167.075) Kanal 12 Gendarmerie,

171.700 (167.100) Kanal 13 Gendarmerie, Bezirk Imst: Imst Berta, Nassereith,
171.700 (167.100) Kanal 13 Ötz, Längenfeld, Sölden, Greko Timmelsjoch, Wenns
171.700 (167.100) Kanal 13 Silz, Mieming, (171.500, 171.925)
171.700 (167.100) Kanal 13 Gendarmerie, Bezirk Schwaz, Relais Erfurterhütte
171.700 (167.100) Kanal 13 Gendarmerie, Maurach, Eben, Achenkirch
171.700 (167.100) Kanal 13 Gendarmerie, Krems, Spitz, Persenbeug, Ybbs, Melk,
171.700 (167.100) Kanal 13 Langenlois, Pöggstall, Relais Jauerling
171.700 (167.100) Kanal 13 Gendarmerie Aflenz, Bruck/Mur, Mürzzuschlag
171.725 (167.125) Kanal 14 Gendarmerie
171.750 (167.150) Kanal 15 Gendarmerie, Kufstein, Relais Pendling
171.750 (167.150) Kanal 15 Gendarmerie, Mayerhofen, Relais Penken/Mayerhofen
171.750 (167.150) Kanal 15 Gendarmerie, Scheibbs, St. Valentin, Amstetten,
171.750 (167.150) Kanal 15 Waidhofen/Ybbs, Haag, Purgstall, Relais Jauerling
171.775 (167.175) Kanal 16 Gendarmerie, Bezirk Schwaz
171.775 (167.175) Kanal 16 Polizei, Innsbruck Stadt
171.775 (167.175) Kanal 16 Polizei, Schwechat
171.800 (167.200) Kanal 17 Gendarmerie, Bezirk Landeck: Ried, Flirsch, Pfunds,
171.800 (167.200) Kanal 17 Nauders, Kappl, Ischgl, St. Anton, Relais Krahberg

171.800 (167.200) Kanal 17 Gendarmerie, Feldkirch, Lauterach,
171.800 (167.200) Kanal 17 Bregenz, Hörbranz,
171.800 (167.200) Kanal 17 Bludenz, Sonntag, Bezau, Schruns, Dallas, Langen,
171.800 (167.200) Kanal 17 Bregenzerwald, Dalaas, Lech,
171.800 (167.200) Kanal 17 Warth, Relais Muttersberg
171.800 (167.200) Kanal 17 Gendarmerie, Bezirk Reutte:
171.800 (167.200) Kanal 17 Gendarmerie, Krems, Purkersdorf, Korneuburg, Melk

171.800 (167.200) Kanal 17 Rax, Altlengbach, Stockerau, Relais Hermannkogel
171.800 (167.200) Kanal 17 Gendarmerie Bezirk Kitzbühel: Brixen, Westendorf,
171.800 (167.200) Kanal 17 Gendarmerie, Relais Kitzbühler Horn
171.825 (167.225) Kanal 18 Gendarmerie, VLBG, Relais Albona
171.825 (167.225) Kanal 18 Polizei, Innsbruck
171.850 (167.250) Kanal 19 Gendarmerie, Bezirk Reutte: Lermoos, Bichlbach,
171.850 (167.250) Kanal 19 Vils, Reutte Berta, Reutte, Grän, Relais Hahnenkamm
171.850 (167.250) Kanal 19 Gendarmerie, Feldkirch, Frastanz, Götzis, Rankweil
171.850 (167.250) Kanal 19 Bregenz, Altach, Lustenau, Hohenems, Relais Albona
171.850 (167.250) Kanal 19 Gendarmerie, Korneuburg, Stockerau, Tulln,
171.850 (167.250) Kanal 19 Weidling, Kirchberg/Wagram,
171.850 (167.250) Kanal 19 Klosterneuburg, Relais Hermannkogel
171.850 (167.250) Kanal 19 Oberndorf, Wals, Bergheim, Anif, Glasenbach, Hof,
171.850 (167.250) Kanal 19 Hallein, Eugendorf, Mattsee,
171.850 (167.250) Kanal 19 Gendarmerie Golling, Hallein, Relais Gaisberg
171.875 (167.275) Kanal 20 Gendarmerie, Innsbruck Land, Relais Gschwandtkopf
171.875 (167.275) Kanal 20 Polizei, Dornbirn, Relais Hoher Kasten, VLBG
171.875 (167.275) Kanal 20 Gendarmerie, Bezirk Landeck: Ried, Flirsch, Pfunds
171.875 (167.275) Kanal 20 Nauders, Kappl, Ischgl, St. Anton
171.875 (167.275) Kanal 20 Autobahn Altlengbach, Melk,
171.875 (167.275) Kanal 20 Amstetten, Rel. Hegersberg
171.900 (167.300) Kanal 21 Polizei, Dornbirn, VLBG
171.925 (167.325) Kanal 22 Autobahngendarmerie, Telfs – Wiesing,
171.925 (167.325) Kanal 22 Autobahngendarmerie, Rheintal, VLBG, Relais Alpele
171.925 (167.325) Kanal 22 Gendarmerie, Bezirk Imst: Imst Berta, Nassereith,
171.925 (167.325) Kanal 22 Ötz, Längenfeld, Sölden, Greko Timmelsjoch, Wenns
171.925 (167.325) Kanal 22 Silz, Mieming, (171.500, 171.700)
171.925 (167.925) Kanal 22 Gendarmerie, Autobahn Melk, Autobahn Amstetten,
171.925 (167.925) Kanal 22 Breitenau, Relais Hengstberg
171.950 (167.350) Kanal 23 Gendarmerie,
171.975 (167.375) Kanal 24 Polizei, Relais Patscherkofel
171.975 (167.375) Kanal 24 Polizei, VLBG, Sicherheitsdirektion, Relais Alpele
172.000 (167.400) Kanal 25 Gendarmerie, VLBG, Relais kleines Walsertal
172.025 (167.425) Kanal 26 Gendarmerie, VLBG, Relais Rüfikopf
172.025 (167.425) Kanal 26 Kripo, Innsbruck
172.050 (167.450) Kanal 27 Polizei, Feldkirch, VLBG
172.050 österreichischer Schiverband, Schispringer Stams
172.075 (167.475) Kanal 28 Gendarmerie
172.100 (167.500) Kanal 29 Gendarmerie
172.125 Kanal 30 Gendarmerie
172.150 Kanal 31 Gendarmerie Bludenz, VLBG
172.150 (167.150) Kanal 31 Gendarmerie Bezirk Gmunden, Relais Krippenstein
172.175 (167.575) Kanal 32 Polizei, Dornbirn, Feuerwehr, VLBG
172.200 (167.800) Kanal 33 Gendarmerie

172.225 Kanal 34 Gendarmerie
172.250 Kanal 35 Gendarmerie
172.250 (167.850) Kanal 35 Gendarmerie Amstetten
172.275 Kanal 36 Polizei, Sicherheitsdirektion für Tirol
172.275 (167.875) Kanal 36 Polizei, Linz
172.300 (167.700) Kanal 37 Gendarmerie
172.325 Kanal 38 Gendarmerie
172.350 Kanal 39 Gendarmerie
172.350 (167.350) Kanal 39 Gendarmerie Linz Urfahr, Linz Land
172.375 (167.775) Kanal 40 Polizei, Feldkirch, VLBG

172.400 (167.800) Zoll, MÜG, Relais Zugspitze,
172.400 (167.800) Zoll, MÜG, Relais Wannegrat/Nauders,
172.400 (167.800) Zoll, MÜG, Relais Galtür,
172.400 (167.800) Zoll, MÜG, Relais Nauders,
172.400 (167.800) Zoll, MÜG, Relais Ischgl,
172.400 (167.800) Zoll, MÜG, Relais Pitzkopf/Achental,
172.400 (167.800) Zoll, MÜG, Relais Spiss, (360.100/350.100)
172.400 (167.800) Zoll, MÜG, Relais Wien,
172.400 (167.800) Zoll, MÜG, Relais Gmünd,
172.400 (167.800) Zoll, MÜG, Relais Hainburg,
172.400 (167.800) Zoll, MÜG, Relais Laa/Thaya,
172.400 (167.800) Zoll, MÜG, Relais Nickelsburg,
172.400 (167.800) Zoll, MÜG; Relais Salzburg
172.425 (167.825) Zoll, MÜG, Relais Wien,
172.425 (167.825) Zoll, MÜG, Relais Gmünd,
172.425 (167.825) Zoll, MÜG, Relais Hainburg,
172.425 (167.825) Zoll, MÜG, Relais Laa/Thaya,
172.425 (167.825) Zoll, MÜG, Relais Nickelsburg,
172.425 (167.825) Zoll, MÜG, Relais Feldkirch, VLBG
172.425 (167.825) Zoll, MÜG, Relais Salzburg
172.450 polnischer Schiverband, Schispringer Stams
172.450 (167.850) Zoll, MÜG, Relais Bregenz VLBG,
172.450 (167.850) Zoll, MÜG, Relais Pendling/Kufstein, Kanal 34
172.450 (167.850) Zoll, MÜG, Relais Kronshorn/Erl
172.450 (167.850) Zoll, MÜG, Relais Sonnenwendjoch/Kramsach,
172.450 (167.850) Zoll, MÜG, Relais Salzburg
172.475 (167.875) Zoll, MÜG, Relais Sillianerhütte/Sillian,
172.475 (167.875) Zoll, MÜG, Relais Hermannskogel (NÖ)
172.500 (167.900) Zoll, MÜG, Relais Padaunerberg/Brenner,
172.500 (167.900) Zoll, MÜG, Relais Laa/Thaya,
172.500 (167.900) Zoll, MÜG, Relais Hainburg,
172.500 (167.900) Zoll, MÜG, Relais Dürnkrut
172.500 (167.900) Zoll, MÜG, Relais Güssing,
172.500 (167.900) Zoll, MÜG, Relais Linz
172,525 (167.925) Zoll, MÜG, Relais Wien,
172.525 (167.925) Zoll, MÜG, Relais Dürnkrut,
172.525 (167.925) Zoll, MÜG, Relais Hainburg,
172.525 (167.925) Zoll, MÜG, Relais Mörbisch,
172.525 (167.925) Zoll, MÜG, Relais Neusiedl,
172.525 (167.925) Zoll, MÜG, Relais Salzburg
172.525 Ordnungsdienst bei Open Airs, Festen, Sport, DL

172.550 (167.950) Zoll, MÜG, Relais Sölden/Gaislachkogel,
172.550 (167.950) Zoll, MÜG, Relais Hafelekar/Innsbruck,
172.550 (167.950) Zoll, MÜG, Relais Salzburg, Fernschreiben
172.575 (167.975) Zoll, MÜG, Relais Wien,
172.575 (167.975) Zoll, MÜG, Relais Neusiedl,
172.575 (167.975) Zoll, MÜG, Relais Hainburg,
172.600 (168.000) Zoll, MÜG, Relais Wien,
172,600 (168.000) Zoll, MÜG, Relais Dürnkrut,
172.600 (168.000) Zoll, MÜG, Relais Gmünd,
172.600 (168.000) Zoll, MÜG, Relais Laa/Thaya

172.600 (168.000) Feuerwehr, Salzburg, Kanal 1, Landeskanal
172.600 (168.000) Feuerwehr, Linz, Taucher Linz
172.600 (168.000) Feuerwehr, Gmunden, Relais Gmundnerberg
172.600 (168.000) Feuerwehr, Oberösterreich, Relais Kogl
172.625 (168.025) Feuerwehr, Region Bregenz, VLBG,
172.625 (168.025) Feuerwehr, Bezirk Eferding
172.625 (168.025) Feuerwehr, St. Veit/Glan
172.625 (168.025) Bundesheer, Zivilschutz
172.625 (168.025) Feuerwehr, Linz Urfahr
172.650 polnischer Schiverband, Schispringer Stams
172.650 (168.050) Feuerwehr, St. Florian, Ried/Innkreis
172.650 (168.050) Feuerwehr, Linz Land
172.650 (168.050) Feuerwehr, Klagenfurt
172.650 (168.050) Bundesheer, Zivilschutz
172.675 (168.075) Feuerwehr, Dornbirn, Hard, VLBG
172.675 (168.075) Feuerwehr, Bezirk Freistadt
172.675 (168.075) Feuerwehr, Villach/Stadt
172.675 (168.075) Feuerwehr, Wien
172.675 (168.075) Feuerwehr, Völkermarkt
172.700 (168.100) Feuerwehr, Katastrophenkanal
172.700 (168.100) Feuerwehr, Spittal/Drau
172.700 (168.100) Feuerwehr, Oberösterreich
172.725 (168.125) Feuerwehr, Bludenz, VLBG
172.725 (168.125) Feuerwehr, Linz
172.725 (168.125) Feuerwehr, Niederösterreich
172.725 (168.125) Feuerwehr, Villach/Land
172.725 (168.125) Feuerwehr, Gmunden, Schärding
172.725 (168.125) Feuerwehr, Pager, Wien
172.750 (168.150) Bergrettungdienst, Mittelberg, VLBG
172.750 (168.150) Feuerwehr, Landesfrequenz, VLBG
172.750 (168.150) Feuerwehr, Wels
172.750 (168.150) Feuerwehr, Linz
172.750 (168.150) Feuerwehr, St. Pölten
172.750 (168.150) Feuerwehr, Wolfsberg
172.775 (168.175) Feuerwehr, Kanal 3
172.775 (167.175) Feuerwehr, Flughafen Wien
172.800 (168.200) Feuerwehr, Klagenfurt
172.800 (168.200) Feuerwehr, Linz, Berufsfeuerwehr
172.825 (168.225) Feuerwehr, Grieskirchen
172.825 (168.225) Feuerwehr, St. Pölten
172.850 (168.250) Feuerwehr, Burgenland

172.850 (168.250) Feuerwehr, Braunau
172.850 (168.250) Feuerwehr, Steyr
172.875 (168.275) Feuerwehr, Feldkirch, Bregenz, VLBG
172.875 (168.275) Feuerwehr, Linz
172.875 (168.275) Feuerwehr, Wien, Kanal 1
172.900 (168.300) Feuerwehr, Linz, Sirenensteuerung
172.900 (168.300) Feuerwehr, Burgenland-Süd
172.900 (168.300) Feuerwehr, Hermagor,
172.900 (168.300) Feuerwehr, Graz
172.925 (168.325) Feuerwehr, Dornbirn, VLBG
172.925 (168.325) Feuerwehr, Region Bregenz, VLBG
172.925 (168.325) Feuerwehr, Bezirk Urfahr
172.925 (168.325) Feuerwehr, Wien, Kanal 2, bei Katastrophen
172.925 (168.325) Feuerwehr, Klagenfurt/Land
172.950 (168.350) Feuerwehr, Bregenz Stadt, VLBG
172.950 polnischer Schiverband, Schispringer Stams
172.950 (168.350) Feuerwehr, Bezirk Linz
172.950 (168.350) Feuerwehr, Vöcklabruck
172.975 (168.375) Feuerwehr, Wien, Kanal 3
172.975 (168.375) Feuerwehr, Villach
172.975 (168.375) Feuerwehr, Linz, VÖEST, Betriebsfeuerwehr
172.975 (168.375) Feuerwehr, Wien, Kanal 3

173.000 (168.400) Chemie Linz, Betriebsfeuerwehr, (1750 Hz)
173.000 Feuerwehr, Oberes Lavanttal, Rosental
173.000 (168.400) Städt. Betriebe, Wien
173.025 (168.425) Polizei, Innsbruck
173.025 Feuerwehr, Unteres Lavanttal, Klagenfurt
173.025 (168.425) Wasserwerk, Salzburg
173.025 (168.425) MA 48 Wien
173.050 Feuerwehr, Göfis, VLBG
173.050 Betriebsfunk
173.050 Wasserrettung, Landesverband Oberösterreich
173.050 jugoslawischer Schiverband, Schispringer Stams,
173.050 (168.450) Salzburger Verkehrsbetriebe, O-Bus
173.075 (168.475) Austria Wochenschau/Presseagentur, Wien
173.075 (168.475) Bus, O-Bus Leitstelle, Salzburg, Durchsagen
173.075 (168.475) Feuerwehr, Gunskirchen, 1750 Hz
173.100 (168.500) Stadtwerke, Linz
173.100 (168.500) Wasserwerke, Salzburg
173.150 (168.550) Bauhof, Linz
173.150 (168.550) Müllabfuhr, Salzburg
173.150 (168.550) Strassenräumung, Salzburg
173.200 (168.600) Stadwerke, Linz
173.200 (168.600) Magistrat, Graz
173.225 (168.625) Strassenreinigung, linz
173.225 (168.625) Stadtwerke, Wels
173.225 Landeswarnzentrale Steiermark,
173.225 Feuerwehr Knittelfeld
173.225 (168.625) Magistrat, MA 30, Wien
173.225 schweizer Schiverband, Schispringer Stams, Kanal 1
173.225 schweizer Schiverband,

173.250	Landeswarnzentrale Steiermark
173.275 (168.675)	Stubaier Verkehrsbetriebe, Relais Patscherkofel
173.275	Landeswarnzentrale, Steiermark
173.275 (168.675)	O-Bus Telemetrie, Salzburg
173.300	Stadtamt Graz
173.325	Rotes Kreuz, Braunau
173.325 (168.725)	Rotes Kreuz, Lienz
173.325	Flugambulanz, Wien
173.350 (168.750)	Rotes Kreuz, Innsbruck
173.400	Hauptschule Haiming, Funkmikrofon
173.425	Rotes Kreuz
173.450 (168.850)	Stadtamt Graz
173.450 (168.850)	Rotes Kreuz, Innsbruck, Einsatzleitung,
173.475 (168.875)	Rotes Kreuz, Kufstein
173.475 (168.875)	Ärztlicher Notdienst, Wien
173.550	schweizer Schiverband, Schispringer Stams,
173.550 (168.950)	Strassenmeister, Kapfenberg, Judenburg, Murau
173.575 (168.975)	Strassenmeister, Steiermark, Relais Mugel
173.575 (168.975)	Betriebsfunk, Innsbruck, Relais
173.600	Feuerwehr Burgenland
173.625	Justizwache, Innsbruck
173.625 (169.025)	Strassenverwaltung, Steiermark, Relais Schönbergkopf
173.675 (169.075)	Strassebverwaltung, Steiermark, Relais Sonnwendstein
173.750	schweizer Schiverband,
173.775 (169.175)	Bergrettung, VLBG
173.800 (169.200)	Lifte, Seilbahn
173.800 (169.200)	Lifte, Kühtai
173.800 (169.200)	Lifte, Resterhöhe
173.800 (169.200)	Lifte, Christlum Hochalmlift
173.825	Sanitätspersonal bei Open Airs, Festen, Sport, (DL)
173.825	Personenrufanlage, Böhlerwerk, Leoben
173.900 (167.300)	Transporte Lustenau VLBG
173.900	VELOFAX, Botendienst, Salzburg
173.925	Verkehrsregelung bei Open Airs, Festen, Sport, (DL)
173.950	schweizer Schiverband,
173.950	Verkehrsregelung bei Open Airs, Festen, Sport, (DL)
174.250	drahtlose Mikrofone der Rundfunkanstalten

174.000 – 230.000 MHz Fernsehband 3, (K: E5 – E12)

Fernsehen: bestehende und projektierte Tiroler/Vorarlberger Frequenzen

173.750 Kanal 4	Patscherkofel	FS 1, 3500
	Klaunzerberg	FS 1, 10
180.750 Kanal 5	Grahberg/Landeck	FS 1, 100
	Kitzbühler Horn	FS 1, 500
	Pfänder (VLBG)	
	Steinach	FS 1, 5
	Windeck	FS 1, 5
	Mayerhofen	FS 1, 5
	Hahnenkamm/Reutte	FS 1, 45

Frequenz	Standort	Programm, Leistung
	Kals	FS 1, 5
	Hochegg	FS 2, 5
	Prägraten	FS 1, 5
187.750 Kanal 6	Gschwandkopf/Seefeld	FS 1, 80
	Dalaas (VLBG)	
	Thiersee	FS 1, 5
	Schmirn	FS 1, 2
	Piösmes	FS 1, 4.5
	Wildschönau	FS 2, 5
194.750 Kanal 7	Aschau	FS 1, 2
	Ehrwald	FS 1, 5
	Huben	FS 1, 1.5
	Reitherkogel	FS 1, 30
	Vent	FS 1, 5
	Rauchkofel	FS 1, 100
201.750 Kanal 8	Schlatt/Ötz	FS 1, 50
	Thiersee	FS 2, 5
	Brandenberg	FS 1, 2
	Nauders	FS 1, 5
	Piösmes	FS 2, 4.5
	Kals	FS 2, 5
	Wildschönau	FS 1, 5
	Prägraten	FS 2, 5
208.750 Kanal 9	Gerloskögerl	
	Kitzbühel	FS 1, 5
	Dünserberg (VLBG)	
	Steinberg/Rofan	FS 1, 5
	Burgschrofen	FS 1, 200
	Plattenschrofen	FS 1. 5
	Kappl	FS 1, 25
	Argenzipfel (VLBG)	
	Gerloskögerl	FS 1, 50
	Aschau	FS 2, 2
	Hochegg	FS 1, 5
	Lercherwald	FS 1, 10
215.750 Kanal 10	Niederthai	FS 1, 2
	St. Gallenkirch (VLBG)	
	Gischlangs (VLBG)	
	Am Rohr (VLBG)	
	Galzig	FS 1, 25
	Dobratsch	FS 1, 9600
221.250	Funkmikrofone	
222.750 Kanal 11	Ehrwald	FS 2, 5
	Brunnerberg	FS 1, 10
	Telnr.04872/5292	
	Huben	FS 2, 1.5
	Vent	FS 2, 5
	Golm (VLBG)	

	Giggl	FS 1, 5
	Wangalpe	
	Zwölferkopf	FS 1, 5
	Brandenberg	FS 2, 2
	Steinach	FS 2, 5
	Hollbruck	FS 1, 10
223.168-224.704	Digital Radio (DAB), Kanal 12 A, Oberösterreich	
223.168-224.704	Digital Radio (DAB), Kanal 12 A, Vorarlberg	
224.880-226.416	Digital Radio (DAB), Kanal 12 B, Niederösterreich	
224.880-226.416	Digital Radio (DAB), Kanal 12 B, Salzburg	
226.592-228.128	Digital Radio (DAB), Kanal 12 C, Steiermark	
226.592-228.128	Digital Radio (DAB), Kanal 12 C, Tirol	
228.304-229.840	Digital Radio (DAB), Kanal 12 D, Kärnten	
224.000-229.000	Fernsehkanal 12 wird in Zukunft für DAB (Digital Radio verwendet)	
229.750 Kanal 12	Burgstall/Arzl	FS 1, 100
	St. Gallenkirch (VLBG)	
	Vorderälpele (VLBG)	
	Baumgarten (VLBG)	
	Niederthai	FS 2, 2
	Schmirn	FS 2, 2
	Hohe Salve/Söll	FS 1, 10
	St. Ulrich/Pillersee	FS 1, 2
	Hechenbichl	FS 1, 5
	Heisenmahd	FS 1. 5
	Kobl	FS 1, 10
	Kappl	FS 2, 25
	Steinberg	FS 2, 5
230.000-328.000	Flugfunk in Deutschland	
230.300	ORF Reportagesender, 50 W, K 1, Livesendungen, RX (164.025)	
230.600	ORF Reportagesender, 50 W, K 2, Livesendungen, RX (164.050)	
230.900	ORF Reportagesender, 50 W, K 3, Livesendungen, RX (164.075)	
231.000	MIR	
231.200	ORF Reportagesender, 50 W, K 4, Livesendungen, RX (164.100)	
233.000	MIR	
233.125	Funkmikrofone, Salzburg	
233.425	ORF Reportagesender, 50 W, K 1/K 5, Livesendungen, TX	
233.725	ORF Reportagesender, 50 W, K 2/K 6, Liveübertragungen, TX	
234.025	ORF Reportagesender, 50 W, K 3/K 7, Livesendungen, TX	
234.325	ORF Reportagesender, 50 W, K 4/K 8, Liveübertragungen, TX	
234.625	Platzsprecher, Sprungschanze Stams, bei Liveübertragungen	
234.625	Funkmikrofone, Schloßhotel, St. Wolfgang	
237.925	ORF Funkmikrofone	
242.650	Kunstflugstaffel Frankreich (Leader) Patrouille de France	
243.000	Internationale Notfrequenz	
243.000	CRASH Sender, für Flugzeuge	
243.450	Kunstflugstaffel England (Leader) Red Arrows	

243.750 Kabelfernsehen (Ton) 238.250 (Bild) Kanal S 12

243.850 Kunstflugstaffel Frankreich (Überführungsflug)

243.945 – 244.250 U.S. MIL SATELLIT, Downlink, AFSATCOM

247.000 MIR
247.100 Funkmikrofone
247.550 Funkmikrofone
249.000 MIR

250.350 – 250.650 U.S. MIL Satellit, Downlink, FLTSATCOM

252.500 Kunstflugstaffel Spanien (Leader) Partrulla Aguilla
259.700 NASA SPACE SHUTTLE,

260.300 – 262.550 U.S. MIL SATELLIT, Downlink, FLTSATCOM

267.000 – 272.000 SATELLITEN Weltraum – Erde

267.900 MIL Bord – Bord, Nordeuropa
270.000 NASA SPACE SHUTTLE

272.000 – 273.000 SATELLITEN, DOWNLINK

279.000 NASA SPACE SHUTTLE,

288.850 Kunstflugstaffel Schweiz (Leader) Patrouille Suisse

290.250 (317.250) Bundesheer, Schneeberg, Niederösterreich
290.250 (317.250) Bundesheer, Schwechat/Wien

296.000 NASA SPACE SHUTTLE
296.800 NASA SPACE SHUTTLE,

307.800 Kunstflugstaffel Italien (Leader) Frecce Triccolori

311.975 MIL Bord-Bord, Nordeuropa

312.000 – 315.000 SATELLITENDIENST für Mobilkommunikation

314.850 Wetterballone
315.000 NATO AWACS Koordination, Nordeuropa

316.750 Bord-Bord Nordeuropa
317.250 (290.250) Bundesheer

317.500 Zone 5a Cold Track, German Air Force

322.200 Mil Bord-Bord

322.000 – 328.000 SATELLITEN RADIO ASTRONOMIE

323.200 Bord-Bord Nordeuropa

326.500 – 328.600 RADIO ASTRONOMIE

329.150 – 335.400 **FLUGNAVIGATION Gleitwegsender GP**
Kanalr. 100 kHz
siehe auch 108.000 – 111.000 MHz (Landehilfe)

Richtfunkstrecken : (LINKS)

350.050 (360.050) Zoll, MÜG,
350.075 (360.075) Zoll, MÜG,
350.100 (360.100) Zoll, MÜG,

350.125 (360.125) Zoll, MÜG,
350.225 (360.225) Zoll, MÜG,
350.250 (360.250) Strassenmeister, Vöcklabruck, Gmunden, Braunau, Ried
350.275 (360.275) Strassenmeister, Umhausen, Nassereith (154.050/154.075,154.475)
350.300 (360.300) Strassenmeister, Salzburg,
350.325 (360.325) Strassenmeister, Umhausen, Nassereith (154.050/154.075,154.475)
350.350 (360.350) Strassenmeister, Gmunden
350.400 (360.400) Strassenmeister, Umhausen, Nassereith (154.050/154.075,154.475)
350.425 (360.425) Strassenmeister, Tennengau, (154.100)
350.475 (360.475) Strassenmeister, Zirl, Telfs
350.525 (360.525) Relais, Sölden/Gaislachkogel

350.650 (360.650) Landeswarnzentrale, Bezirkshauptmannschaft Landeck, Bezirkshauptmannschaft Innsbruck, Rettung Landeck, Gemeindeamt See, Gemeindeamt Spiss, Gemeindeamt Galtür, Gemeindeamt Ischgl, Feuerwehr Reutte, Krankenhaus Zams, (79.300, 79.450, 79.725)

350.700 (360.700) Landeswarnzentrale, Bezirkshauptmannschaft Landeck, Bezirkshauptmannschaft Innsbruck, Rettung Landeck Gemeindeamt See, Gemeindeamt Spiss, Gemeindeamt Galtür, Gemeindeamt Ischgl, Feuerwehr Reutte, Krankenhaus Zams, (79.300, 79.450, 79.725)

350.775 (360.775) Landeswarnzentrale, Bezirkshauptmannschaft Landeck, Bezirkshauptmannschaft Innsbruck, Rettung Landeck, Gemeindeamt See, Gemeindeamt Spiss, Gemeindeamt Galtür, Gemeindeamt Ischgl, Feuerwehr Reutte, Krankenhaus Zams, (79.300, 79.450, 79.725)

350.825 (360.825) Landeswarnzentrale, Bezirkshauptmannschaft Landeck, Bezirkshauptmannschaft Innsbruck, Rettung Landeck, Gemeindeamt See, Gemeindeamt Spiss, Gemeindeamt Galtür, Gemeindeamt Ischgl, Feuerwehr Reutte, Krankenhaus Zams (79.300, 79.450, 79.725)

353.650 (363.650) Rettung
353.700 (363.700) Rettung

353.750 (363.750) Rettung Imst, Rettung Nassereith, Christopherus C 5,
Rettung Innsbruck, Rettung Mötz, Wasserrettung,
(75.875, 76.625, 77.175, 363.750)

353.775 (363.775) Rettung Imst, Rettung Nassereith, Christopherus C 5,
Rettung Innsbruck, Rettung Mötz, Wasserrettung,
(75.875, 76.625, 77.125, 363.775)

353.800 (363.800) Rettung Imst, Rettung Nassereith, Christopherus C 5,
Rettung Innsbruck, Rettung Mötz, Wasserrettung,
(75.875, 76.625, 77.125, 363.800)

358.900 Kunstflugstaffel, Schweiz (Leader) PC-7 TEAM

360.050 (350.050) Zoll, MÜG,
360.075 (350.075) Zoll, MÜG,
360.100 (350.100) Zoll, MÜG, Ischgl, 700, (172.400/167.800)
360.125 (350.125) Zoll, MÜG,
360.225 (350.225) Zoll, MÜG,
360.250 (350.250) Strassenmeister, Vöcklabruck, Gmunden,
Braunau, Ried
360.300 (350.300) Strassenmeister, Salzburg
360.275 (350.275) Strassenmeister, Umhausen,
Nassereith, (154.975/150.375)
360.325 (350.325) Strassenmeister, Umhausen,
Nassereith, (154.975/150.375)
360.350 (350.350) Strassenmeister, Gmunden,
360.400 (350.400) Strassenmeister, Umhausen,
Nassereith, (154.975/150.375)
360.425 (350.425) Strassenmeister, Tennengau. (154.100)
360.475 (350.475) Strassenmeister, Telfs, Zirl, (154.925/149.375)
360.475 (350.475) Strassenmeister, Völs, Matrei, (154.925/149.375)
360.475 (350.475) Strassenmeister, Steinach, (154.275/149.675)
360.525 (350.525) Betriebsfunk, Relais Sölden/Gaislachkogel
360.650 (350.650) Landeswarnzentrale,
Bezirkshauptmannschaft Landeck,
Bezirkshauptmannschaft Innsbruck,
Rettung Landeck,
Gemeindeamt See,
Gemeindeamt Spiss, Gemeindeamt Galtür,
Gemeindeamt Ischgl, Feuerwehr Reutte,
Krankenhaus Zams, (79.300, 79.450, 79.725)

360.700 (350.700) Landeswarnzentrale,
Bezirkshauptmannschaft Landeck,
Bezirkshauptmannschaft Innsbruck,
Rettung Landeck,
Gemeindeamt See,
Gemeindeamt Spiss, Gemeindeamt Galtür,
Gemeindeamt Ischgl, Feuerwehr Reutte,
Krankenhaus Zams, (79.300, 79.450, 79.725)

360.775 (350.775) Landeswarnzentrale,
Bezirkshauptmannschaft Landeck,

	Bezirkshauptmannschaft Innsbruck, Rettung Landeck, Gemeindeamt See, Gemeindeamt Spiss, Gemeindeamt Galtür, Gemeindeamt Ischgl, Feuerwehr Reutte, Krankenhaus Zams, (79.300, 79.450, 79.725)
360.825 (350.825)	Landeswarnzentrale, Bezirkshauptmannschaft Landeck, Bezirkshauptmannschaft Innsbruck, Rettung Landeck, Gemeindeamt See, Gemeindeamt Spiss, Gemeindeamt Galtür, Gemeindeamt Ischgl, Feuerwehr Reutte, Krankenhaus Zams, (79.300, 79.450, 79.725)
363.650 (353.650)	Rettung
363.700 (353.700)	Rettung
363.750 (353.750)	Rettung Imst, Rettung Nassereith, Christopherus C 5, Rettung Innsbruck, Rettung Mötz, Wasserrettung, (75.875, 76.625, 77.175, 363.775, 363.800)
363.775 (353.775)	Rettung Imst, Rettung Nassereith, Christopherus C 5, Rettung Innsbruck, Rettung Mötz, Wasserrettung, (75.875, 76.625, 77.175, 363.750, 363.800)
363.800 (353.800)	Rettung Imst, Rettung Nassereith, Christopherus C 5, Rettung Innsbruck, Rettung Mötz, Wasserrettung, (75.875, 76.625, 77.175, 363.750, 363.775)
363.975 (353.975)	Betriebsfunk, Relais Sölden/Gaislachkogel
377.300 (387.300)	Gendarmerie, Vorarlberg
379.100 (389.100)	Gendarmerie, Vorarlberg
379.700 (389.700)	Gendarmerie, Vorarlberg
380.000 – 4000.000	Bündelfunk, Testbetrieb, Burgenland
383.975	Betriebsfunk, Relais Sölden/Gaislachkogel
385.025 – 375.025	Rohölgewinnung, Braunau, Tannberg, Lochen
385.925	Rohölgewinnung, Steiglberg, Braunau
387.000 – 390.000	Satellitendienst für Mobilkommunikation
395.200	Gendarmerie, Sondereinsatz, Vorarlberg
397.225	Betriebsfunk, digital
397.250	Betriebsfunk, digital
397.575	Betriebsfunk, digital
397.725	Betriebsfunk, digital
397.875	Betriebsfunk, digital

399.700 – 400.050 Mhz Navigationssatelliten

399.760	Cosmos, Navigationssatellit
399.968	OSCAR-20, Navigationssatellit

399.968 NOVA, Navigationssatellit
399.968 POLAR-BAER, Navigationssatellit

400.000 Cosmos-1791 Navigationssatellit
400.000 Nadesha, Navigationssatellit

400.050 – 400.150 ZEITSIGNALSATELLITEN

400.150 – 401.000 METEOROLOGISCHE SATELLITEN

401.000 – 406.000 METEOROLOGISCHE SATELLITEN

406.000 – 406.100 Mobilsatelliten, Uplink

406.025 SARSAT/NOTFREQUENZ,
weltweite Satellitennotrufrequenz

406.100 – 410.000 RADIOASTRONOMIESATELLITEN

406.325 – 416.325 Rotes Kreuz, Bad Ischl, (168.875)

407.425 Betriebsfunk

410.025 (420.025) TIWAG, Relais, Haiming (auch 154.225)
410.050 (420.050) TIWAG, Relais, Haiming
410.075 (420.075) Betriebsfunk, Innsbruck, digital,
410.175 (420.175) Betriebsfunk, Innsbruck, digital,
410.200 (420.200) Betriebsfunk, Innsbruck, digital,
410.200 (420.200) Betriebsfunk, digital, Wien
410.250 (420.250) Betriebsfunk, digital
410.250 (420.250) Betriebsfunk, Wien
410.275 (420.275) TIWAG, Ötztal, digital
410.300 (420.300) Strassenmeisterei Imst,
410.325 (420.325) TIWAG, Staudammüberwachung, digital, Kühtai
410.375 (420.375) TIWAG, Relais, Haiming (154.175/149.575)
410.425 (420.425) Betriebsfunk, Ötztal, Innsbruck, digital,
410.525 (420.525) TIWAG, Staudammüberwachung, digital, Brunau/Ötztal
410.550 (420.550) TIWAG, Staudammüberwachung, digital, Imst, Kühtai,
410.575 (420.575) Betriebsfunk, digital, Ötztal
410.600 (420.600) TIWAG, digital, Kühtai
410.625 (420.625) Betriebsfunk, Ötztal
410.675 (420.675) TIWAG, Staudammüberwachung, digital, Ötztaler Höhe
410.700 (420.700) Betriebsfunk, digital
410.725 (420.725) TIWAG, Staudammüberwachung, digital, Kühtai
410.775 (420.775) TIWAG, Staudammüberwachung, digital, Brunau/Ötztal
410.800 (420.800) Betriebsfunk, digital, Innsbruck
410.925 (420.925) Betriebsfunk, Ötztal

411.025 (421.025) Betriebsfunk, Ötztal
411.225 (421.225) ÖBB Verschubfunk, Bündelfunk, Wien (seit Juni 99)
411.325 (421.325) Betriebsfunk, VLBG
411.375 (421.375) Betriebsfunk, VLBG
411.450 (421.450) Betriebsfunk, VLBG
411.662,5 (411.662,5) ÖBB Verschubfunk, Bündelfunk, Wien (seit Juni 99)
411.675 (421.675) Betriebsfunk, Datenkanal, VLBG
411.687,5 (421.678,5) ÖBB Verschubfunk, Bündelfunk, Wien West (seit Juni 99)
411.762,5 (421.672,5) ÖBB Verschubfunk, Bündelfunk, Wien West (seit Juni 99)

411.800 (421.800) ÖBB Verschubfunk, Bündelfunk, Wien West (seit Juni 99)
411.812,5 (421.812,5) ÖBB Verschubfunk, Bündelfunk, Wien (seit Juni 99)
411.825 (421.825) Betriebsfunk, VLBG

411.862,5 (421.862,5) ÖBB Verschubfunk, Bündelfunk, Wien West (seit Juni 99)
411.925 (421.925) ÖBB Verschubfunk, Bündelfunk, Wien (seit Juni 99)
411.950 (421.950) ÖBB Verschubfunk, Bündelfunk, Wien (seit Juni 99)
411.962,5 (421.962,5) ÖBB Verschubfunk, Bündelfunk, Wien West (seit Juni 99)
411.975 (421.975) Betriebsfunk, VLBG
411.987,5 (421.987,5) ÖBB Verschubfunk, Bündelfunk, Wien (seit Juni 99)

412.050 (422.050) Betriebsfunk, digital
412.087,5 (422.087,5) ÖBB Verschubfunk, Bündelfunk, Wien
412.112,5 (422.112,5) ÖBB Verschubfunk, Bündelfunk, Wien
412.162,5 (422.162,5) ÖBB Verschubfunk, Bündelfunk, Wien
412.200 (422.200) Betriebsfunk, digital
412.200 (422.200) Betriebsfunk, digital, VLBG
412.250 (422.250) ÖBB Verschubfunk, Bündelfunk, Wien West (seit Juni 99)
412.275 (422.275) Betriebsfunk, digital, VLBG
412.300 (422.300) Betriebsfunk, Ötztal
412.300 (422.300) ÖBB Verschubfunk, Bündelfunk, Wien (seit Juni 99)
412.312,5 (412.312,5) ÖBB Verschubfunk, Bündelfunk, Wien West (seit Juni 99)
412.387,5 (412.387,5) ÖBB Verschubfunk, Bündelfunk, Wien (seit Juni 99)
412.400 (422.400) ÖBB Verschubfunk, Bündelfunk, Wien (seit Juni 99)
412.487,5 (422.487,5) ÖBB Verschubfunk, Bündelfunk, Wien (seit Juni 99)
412.562,5 (422.562,5) ÖBB Verschubfunk, Bündelfunk, Wien West (seit Juni 99)
412.637,5 (422.637,5) ÖBB Verschubfunk, Bündelfunk, Wien West (seit Juni 99)
412.650 (422.650) ÖBB Verschubfunk, Bündelfunk, Wien (seit Juni 99)
412.900 (422.900) ÖBB Verschubfunk, Bündelfunk, Wien (seit Juni 99)
412.975 (411.975) Gendarmerie, Bezirk Reutte, (171.850/167.250)

413.000 (423.000) Betriebsfunk, Sölden/Gaislachkogel
413.025 (423.025) Betriebsfunk, VLBG
413.050 (423.050) Arzt, Rettung Bregenz, VLBG
413.312,5 (423.312,5) ÖBB Verschubfunk, Bündelfunk, Wien (seit Juni 99)
413.325 (423.325) Betriebsfunk
413.325 (423.325) ÖBB Verschubfunk, Bündelfunk (seit OKT 98)
413.500 (423.500) ÖBB Verschubfunk, Bündelfunk (seit OKT 98)
413.575 (423.575) Betriebsfunk, digital
413.575 (423.575) ÖBB Verschubfunk, Bündelfunk, Wien (seit Juni 99)
413.600 (423.600) ÖBB Verschubfunk, Bündelfunk (seit OKT 98)
413.600 (423.600) Relais Sölden/Gaislachkogel
413.650 (423.650) ÖBB Verschubfunk, Bündelfunk, (seit OKT 98)
413.650 (423.650) Taxi, Bus,
413.675 (423.675) Betriebsfunk, digital
413.825 (423.825) Fam. Witsch, Silz/Wolfsgruben, Bergbauerntelefon
413.825 (423.825) Berghütte, Innsbruck
413.850 (423.850) Betriebsfunk, Innsbruck
413.875 (423.875) Betriebsfunk, Datenkanal

414.000 (424.000) Betriebsfunk, Funktelefon
414.062,5 (424.062,5) ÖBB Verschubfunk, Bündelfunk, Wien (seit Juni 99)
414.125 (424.125) Feuerwehr, Krippenstein,

414.125	(424.125)	Feuerwehr, Obertraun/Gmunden, Bad Ischl
414.200	(424.200)	ÖBB Verschubfunk, Bündelfunk, Innsbruck
414.325	(424.325)	Betriebsfunk
414.450	(424.450)	ÖBB Verschubfunk, Bündelfunk, Wien (seit Juni 99)
414.625	(424.625)	Betriebsfunk, VLBG
414.650	(424.650)	ÖBB Verschubfunk, Bündelfunk, Wien (seit Juni 99)
414.775	(424.775)	Betriebsfunk
414.775	(424.775)	ÖBB Verschubfunk, Bündelfunk, Wien (seit Juni 99)
414.825	(424.825)	Betriebsfunk
415.000	(425.000)	Betriebsfunk
415.025	(425.025)	Betriebsfunk
415.025	(425.025)	Relais, Rettung, Zettenkaiser/Kufstein
415.375	(425.375)	Taxi, Bus, Götzens/Innsbruck
415.400	(425.400)	Betriebsfunk Imst/Arzl
415.425	(425.425)	Betriebsfunk
415.500	(525.500)	Taxi, Bus, Innsbruck
415.600	(425.600)	Taxi, Bus, Weirather Christian, Imst
415.650	(425.650)	Betriebsfunk Innsbruck
415.675	(425.675)	Betriebsfunk VLBG
415.675	(425.675)	Taxi, Bus, Hall
415.775	(425.775)	Betriebsfunk Innsbruck
415.925	(425.925)	Taxi, Bus, Gebhard, Telfs 05262/65300 oder 1718
415.950	(425.950)	Taxi, Bus
415.975	(425.975)	Taxi, Bus, Innsbruck
416.000	(426.000)	Taxi, Bus, Innsbruck
416.050	(426.050)	Betriebsfunk, VLBG
416.075	(426.075)	Betriebsfunk, digital, Wien
416.175	(426.175)	Feuerwehr, Stille Alarmierung Brixlegg (Feuerwehr)
416.250	(426.250)	ÖBB Verschubfunk, Bündelfunk (seit OKT 98)
416.325	(426.375)	Betriebsfunk digital, VLBG
416.375	(426.325)	Betriebsfunk digital
416.400	(426.400)	Feuerwehr Sölden/Gaislachkogel, LINK
416.425	(426.425)	ÖBB Verschubfunk, Bündelfunk (seit OKT 98)
416.400	(426.400)	Feuerwehr Bezirk Landeck, LINK
416.500	(426.500)	Betriebsfunk, digital, VLBG
416.500	(426.500)	ÖBB Verschubfunk, Bündelfunk (seit OKT 98)
416.550	(426.550)	Betriebsfunk, digital, Innsbruck, Landeck
416.600	(426.600)	TIWAG, Kühtai, digital,
416.600	(426.600)	ÖBB Verschubfunk, Bündelfunk (seit OKT 98)
416.625	(426.625)	Betriebsfunk, Relais Sölden/Gaislachkogel
416.625	(426.625)	Feuerwehr LINK Bezirk, Landeck
416.650	(426.650)	Betriebsfunk, digital, Innsbruck
416.650	(426.650)	Betriebsfunk, VLBG
416.675	(426.675)	ÖBB Verschubfunk, Bündelfunk (seit OKT 98)
416.700	(426.700)	TIWAG, Kühtai, digital
416.800	(526.800)	ÖBB Verschubfunk, Bündelfunk (seit OKT 98)
416.800	(426.800)	Betriebsfunk, digital
416.800	(426.800)	Betriebsfunk Bregenz, VLBG
418.825	(426.825)	ÖBB Verschubfunk, Bündelfunk (seit OKT 98)
416.875	(426.875)	Betriebsfunk Innsbruck

416.950 (426.950) TIWAG, Kühtai digital
416.950 (426.950) ÖBB Verschubfunk, Bündelfunk (seit OKT 98)
416.950 (426.950) TIWAG, Kühtai, digital
416.975 (426.975) Betriebsfunk, digital, Ötztal

417.000 MIR Telemetrie

417.025 (427.025) ÖBB Verschubfunk, Bündelfunk, (seit OKT 98)
417.050 (427.050) Betriebsfunk, digital
417.075 (427.075) Betriebsfunk Berghütte, Landeck
417.100 (427.100) Betriebsfunk, digital, Innsbruck
417.125 (427.125) Betriebsfunk, Selektivruf, (Telfs)
417.150 (427.150) ÖBB Verschubfunk, Bündelfunk (seit OKT 98)
417.175 (427.175) Betriebsfunk, Ötztal
417.200 (427.200) ÖBB Verschubfunk, Bündelfunk (seit OKT 98)
417.250 (427.250) Betriebsfunk, Ötztal, digital
417.250 (427.250) Betriebsfunk, VLBG
417.325 (427.325) Betriebsfunk, Berghütte
417.350 (427.350) ÖBB Verschubfunk, Bündelfunk, (seit OKT 98)
417.375 (427.325) Betriebsfunk, digital
417.400 (427.400) Betriebsfunk, digital, VLBG
417.475 (427.475) ÖBB Verschubfunk, Bündelfunk (seit OKT 98)
417.500 (427.500) Betriebsfunk, Telfs. digital,
417.500 (427.500) Betriebsfunk, digital, VLBG
417.600 (427.600) Betriebsfunk, Innsbruck
417.600 (427.600) ÖBB Verschubfunk, Bündelfunk, (seit OKT 98)
417.950 (427.950) Gendarmerie Landeck, LINK, (171.800)

418.225 (428.225) Betriebsfunk, digital
418.675 (428.675) Betriebsfunk, digital

419.100 (429.100) Betriebsfunk, digital, Wien
419.450 (429.450) Betriebsfunk, digital
419.450 (429.450) Betriebsfunk, Wien
419.475 (429.475) Betriebsfunk, Berghütte
419.675 (429.675) Betriebsfunk, Relais Sölden/Gaislachkogel
419.825 (429.825) Betriebsfunk, Funktelefon
419.950 (429.950) Betriebsfunk

420.025 (410.025) TIWAG, Relais Haimingerberg
420.050 (410.050) TIWAG, (154.200/149.600)
420.075 (410.075) Betriebsfunk, digital, Innsbruck
420.175 (410.175) Betriebsfunk, digital
420.200 (410.200) Betriebsfunk, digital, Innsbruck
420.200 (410.200) Betriebsfunk, digital, Wien
420.250 (410.250) Betriebsfunk, digital
420.250 (410.250) Betriebsfunk, Wien
420.275 (410.275) TIWAG Kühtai, digital
420.300 (410.300) Betriebsfunk, digital, Imst
420.325 (410.325) TIWAG, Staudammüberwachung, digital, Kühtai
420.375 (410.375) TIWAG, Relais Haimingerberg (154.425/149.825)
420.425 (410.425) Betriebsfunk, digital, Ötztal
420.525 (410.525) Betriebsfunk, digital, Innsbruck,
420.525 (410.525) TIWAG, Staudammüberwachung, digital, Brunau/Ötztal

420.550 (410.550) TIWAG, Staudammüberwachung, digital, Kühtai
420.575 (410.575) Betriebsfunk, digital, Ötztal
420.600 (410.600) Betriebsfunk, digital, Kühtai
420.625 (410.625) Betriebsfunk, digital, Ötztal
420.675 (410.675) TIWAG, Staudammüberwachung, digital, Ötztaler Höhe
420.700 (410.700) Betriebsfunk, digital
420.725 (410.725) TIWAG, Staudammüberwachung, digital, Kühtai
420.775 (410.775) TIWAG, Staudammüberwachung, digital, Brunau/Ötztal
420.800 (410.800) Betriebsfunk, digital, Innsbruck
420.850 (410.850) Betriebsfunk, digital
420.925 (410.925) Betriebsfunk, digital, Ötztal

421.025 (411.025) Betriebsfunk, digital, Ötztal
421.225 (411.225) ÖBB Verschubfunk, Bündelfunk, Wien (seit Juni 99)
421.225 (411.225) Betriebsfunk. digital, Pfänder, VLBG
421.325 (411.325) Betriebsfunk, VLBG
421.375 (411.375) Betriebsfunk, VLBG
421.450 (411.450) Betriebsfunk, digital, Pfänder, VLBG
421.662,5 (411.662,5) ÖBB Verschubfunk, Bündelfunk, Wien (seit Juni 99)
421.675 (411.675) Betriebsfunk, digital, VLBG
421.687,5 (411.687,5) ÖBB Verschubfunk, Bündelfunk, Wien West (seit Juni 99)
421.762,5 (411.762,5) ÖBB Verschubfunk, Bündelfunk, Wien West (seit Juni 99)
421.800 (411.800) ÖBB Verschubfunk, Bündelfunk, Wien West (seit Juni 99)
421.812,5 (411.812,5) ÖBB Verschubfunk, Bündelfunk, Wien
421.825 (411.825) Betriebsfunk, digital, VLBG
421.862,5 (411.862,5) ÖBB Verschubfunk, Bündelfunk, Wien West (seit Juni 99)
421.925 (411.925) ÖBB Verschubfunk, Bündelfunk, Wien (seit Juni 99)
421.950 (411.950) ÖBB Verschubfunk, Bündelfunk, Wien (seit Juni 99)
421.962,5 (411.962,5) ÖBB Verschubfunk, Bündelfunk, Wien West (seit Juni 99)
421.975 (411.975) Betriebsfunk, digital, Pfänder, VLBG
421.987,5 (411.987,5) ÖBB Verschubfunk, Bündelfunk, Wien
421.975 (411.975) Betriebsfunk, digital, VLBG

422.050 (412.050) Betriebsfunk, digital
422.087,5 (412.087,5) ÖBB Verschubfunk, Bündelfunk, Wien (seit Juni 99)
422.112,5 (412.112,5) ÖBB Verschubfunk, Bündelfunk, Wien (seit Juni 99)
422.125 (412.125) Betriebsfunk, VLBG
422.162,5 (412.162,5) ÖBB Verschubfunk, Bündelfunk, Wien (seit Juni 99)
422.200 (412.200) Betriebsfunk, digital
422.200 (412.200) Betriebsfunk, digital, VLBG
422.200 (412.200) Rotes Kreuz, Wien
422.250 (412,250) ÖBB Verschubfunk, Bündelfunk, Wien West (seit Juni 99)
422.300 (412.300) Betriebsfunk, Ötztal
422.300 (412.300) ÖBB Verschubfunk, Bündelfunk, Wien (seit Juni 99)
422.312,5 (412.312,5) ÖBB Verschubfunk, Bündelfunk, Wien West (seit Juni 99)
422.387,5 (412.387,5) ÖBB Verschubfunk, Bündelfunk, Wien (seit Juni 99)
422.400 (412.400) ÖBB Verschubfunk, Bündelfunk, Wien (seit Juni 99)
422.487,5 (412.487,5) ÖBB Verschubfunk, Bündelfunk, Wien (seit Juni 99)
422.562,5 (412.562,5) ÖBB Verschubfunk, Bündelfunk, Wien West (seit Juni 99)
422.637,5 (412.637,5) ÖBB Verschubfunk, Bündelfunk, Wien West (seit Juni 99)
422.650 (412.650) ÖBB Verschubfunk, Bündelfunk, Wien (seit Juni 99)

422.900 (412.900) ÖBB Verschubfunk, Bündelfunk, Wien (seit Juni 99)
422.975 (412.975) Gendarmerie, Bezirk Reutte, LINK, (171.850/167.250)

423.000 (413.000) Betriebsfunk, Relais Sölden/Gaislachkogel
423.025 (413.025) Betriebsfunk, VLBG
423.050 (413.050) Arzt, Rettung, Bregenz,
423.175 (413.175) Betriebsfunk, digital, Innsbruck
423.312,5 (413.312,5) ÖBB Verschubfunk, Bündelfunk, Wien (seit Juni 99)
423.325 (413.325) Betriebsfunk
423.325 (413.325) ÖBB Verschubfunk, Bündelfunk (seit OKT 98)
423.500 (413.500) ÖBB Verschubfunk, Bündelfunk (seit OKT 98), Innsbruck
423.575 (413.575) Betriebsfunk
423.575 (413.575) ÖBB Verschubfunk, Bündelfunk, Wien (seit Juni 99)
423.600 (413.600) Betriebsfunk, Relais Sölden/Gaislachkogel
423.650 (413.650) Taxi, Bus
423.650 (413.650) ÖBB Verschubfunk, Bündelfunk (seit OKT 98)
423.675 (413.675) Betriebsfunk, digital Innsbruck
423.825 (413.825) Fam. Witsch Silz/Wolfsgruben, Bergbauerntelefon
423.825 (413.875) Berghütte, Innsbruck
423.850 (413.850) Betriebsfunk, Innsbruck
423.875 (413.875) Betriebsfunk, digital
423.900 (413.900) Rotes Kreuz, Linz

424.000 (414.000) Betriebsfunk, Funktelefon
424.062,5 (414.062,5) ÖBB Verschubfunk, Bündelfunk, Wien (seit Juni 99)
424.200 (414.200) ÖBB Verschubfunk, Bündelfunk
424.325 (414.325) Betriebsfunk
424.450 (414.450) ÖBB Verschubfunk, Bündelfunk, Wien (seit Juni 99)
424.625 (414.625) Betriebsfunk VLBG
424.650 (414.650) ÖBB Verschubfunk, Bündelfunk, Wien (seit Juni 99)
424.775 (414.775) Betriebsfunk
424.775 (414.775) ÖBB Verschubfunk, Bündelfunk, Wien (seit Juni 99)
424.825 (414.825) Betriebsfunk

425.000 (415.000) Betriebsfunk
425.025 (415.025) Betriebsfunk
425.025 (415.025) Relais, Rettung, Zettenkaiser/Kufstein
425.375 (415.375) Taxi, Bus, Götzens/Innsbruck
425.400 (415.400) Betriebsfunk Imst/Arzl
425.425 (415.425) Betriebsfunk
425.500 (415.500) Taxi, Bus, Innsbruck
425.525 (415.525) Taxi, Bus, Linz
425.600 (415.600) Taxi, Bus, Weirather Christian, Imst
425.650 (415.650) Innsbruck
425.650 (415.650) Taxi, Linz
425.675 (415.675) Taxi, Bus, Hall
425.775 (415.775) Innsbruck
425.925 (415.925) Taxi, Bus, Gebhard Telfs 05262/65300 oder 1718
425.950 (415.950) Taxi, Bus,
425.975 (415.975) Taxi, Bus, Innsbruck

426.000 (416.000) Taxi, Bus, Innsbruck
426.050 (416.050) Betriebsfunk, VLBG

426.075	(416.075)	Betriebsfunk, digital, Wien
426.125	(416.125)	Betriebsfunk, digital, Innsbruck
426.175	(416.175)	Feuerwehr, Stille Alarmierung Brixlegg
426.250	(416.250)	ÖBB Verschubfunk, Bündelfunk (seit OKT 98)
426.325	(416.375)	Betriebsfunk, VLBG
426.375	(416.325)	Betriebsfunk, digital
426.400	(416.400)	Feuerwehr, Bezirk Imst, Relais Sölden/Gaislachkogel
426.400	(416.400)	Feuerwehr, Bezirk Imst, (76.375) Kanal 1
426.400	(416.400)	Feuerwehr, Bezirk Landeck (76.475)
426.400	(416.400)	Feuerwehr, Bezirk Reutte,
426.400	(416.400)	Florian, Tunnelwarte Bichlbach (76.225)
426.425	(416.425)	ÖBB Verschubfunk, Bündelfunk (seit OKT 98)
426.500	(416.500)	ÖBB Verschubfunk, Bündelfunk (seit OKT 98), Innsbruck
426.500	(416.500)	Betriebsfunk, digital, VLBG
426.550	(416.550)	Betriebsfunk, digital, Innsbruck
426.550	(416.550)	Betriebsfunk, digital, Landeck
426.550	(416.550)	Autobahngendarmerie, Salzburg
426.600	(416.600)	ÖBB Verschubfunk, Bündelfunk (seit OKT 98)
426.625	(416.625)	Relais Gaislachkogel/Innsbruck
426.625	(416.625)	Feuerwehr, Bezirk Landeck, (76.425)
426.625	(416.400)	Bergrettung Landeck, Schönwies (76.425)
426.650	(416.650)	Betriebsfunk, digital, Innsbruck
426.650	(416.650)	Betriebsfunk, Pfänder, VLBG
426.675	(416.675)	ÖBB Verschubfunk, Bündelfunk (seit OKT 98), Innsbruck
426.675	(416.675)	Betriebsfunk
426.700	(416.700)	TIWAG, digital, Kühtai
426.775	(416.775)	Betriebsfunk, digital, Pfänder, VLBG
426.800	(416.800)	ÖBB Verschubfunk, Bündelfunk (seit OKT 98), Westbf.
426.800	(416.800)	Betriebsfunk, digital, Ötztal
426.800	(416.800)	Betriebsfunk, Bregenz, Pfänder, VLBG
426.825	(416.825)	ÖBB Verschubfunk, Bündelfunk (seit OKT 98), Innsbruck
426.875	(416.875)	Betriebsfunk, Innsbruck
426.950	(416.950)	ÖBB Verschubfunk, Bündelfunk (seit OKT 98)
426.950	(416.950)	Betriebsfunk, digital, Pfänder, VLBG
426.950	(416.950)	TIWAG, digital, Kühtai,
426.975	(416.975)	Betriebsfunk, digital, Ötztal
427.025	(417.025)	ÖBB Verschubfunk, Frachtenbf. Bündelfunk (seit OKT 98)
427.050	(417.050)	Betriebsfunk, digital Ötztal
427.075	(417.975)	Betriebsfunk, Berghütte, Landeck
427.100	(417.100)	Betriebsfunk, digital Innsbruck
427.125	(417.125)	Betriebsfunk Innsbruck, Ötztal
427.150	(417.150)	ÖBB Verschubfunk, Bündelfunk (seit OKT 98)
427.175	(417.175)	Betriebsfunk Ötztal
427.200	(417.200)	ÖBB Verschubfunk, Bündelfunk (seit OKT 98)
427.250	(417.250)	Betriebsfunk, digital Ötztal
427.250	(417.250)	Betriebsfunk, VLBG
427.325	(417.325)	Betriebsfunk, Berghütte,
427.350	(417.350)	ÖBB Verschubfunk, Bündelfunk, (seit OKT 98)
427.375	(417.375)	Betriebsfunk, digital
427.400	(417.400)	Betriebsfunk, digital, VLBG
427.475	(417.475)	ÖBB Verschubfunk, Bündelfunk, (seit OKT 98)

427.500	(417.500)	Betriebsfunk, digital, VLBG
427.500	(417.500)	Feuerwehr Bezirkskanal Imst, (76.300)
427.500	(417.500)	Feuerwehr, Stille Alarmierung für: Brixlegg, Rattenberg
427.500	(417.500)	Feuerwehr Scheffau, Kramsach, Florianzentrale 15,
427.500	(417.500)	Feuerwehr, Kundl, Söll, Wörgl, Kirchbichl,
427.500	(417.500)	Feuerwehr, Walchsee, Ellmau,
427.600	(417.600)	Betriebsfunk Innsbruck
427.600	(417.600)	ÖBB Verschubfunk, Bündelfunk, (seit OKT 98)
427.950	(417.950)	Gendarmerie Landeck, (171.800/167.200)
428.000	(418.000)	Feuerwehr, Oberösterreich
428.225	(418.225)	Betriebsfunk, digital
428.675	(418.675)	Betriebsfunk, digital
429.100	(419.100)	Betriebsfunk, digital, Wien
429.175	(419.175)	Feuerwehr, Kirchschlag
429.450	(419.450)	Betriebsfunk, digital
429.450	(419.450)	Betriebsfunk, digital, Wien
429.475	(419.475)	Betriebsfunk, Berghütte
429.675	(419.675)	TIWAG, Relais Innsbruck,
429.675	(419.675)	TIWAG, Relais Ötztal, (154.225/149.625)
429.950	(419.950)	Betriebsfunk

430.000 – 440.000 MHz Funkamateur (mit anderen Funkdiensten in Österreich)

PR DIGIS IN ÖSTERREICH

430.075	OE8XHR –	PR Digi Hohenwart
430.400 (438.000)	OE7XIR – OE7XGR	PR Digi Rauthütte/Leutasch
430.400 (438.000)	OE7XKR –	EINSTIEG
430.400 (438.000)	OE9XFR –	PR Digi Schellenberg/Vlbg.
430.425 (439.825)	OE7XZR –	PR Digi Zugspitze
430.425 (438.025)	OE1XWR –	PR Digi Wien/Pfeilgasse
430.450 (438.050)	OE7XKJ – OE7XVR	PR Digi
430.550 (438.150)	OE7XPR – OE7XTR	PR Digi Sechszeiger/Jerzens
430.550 (438.150)	OE9X.. –	PR Digi
430.550 (438.150)	OE7XDR –	PR Digi Pengelstein
430.550 (438.150)	OE3XPR –	PR Digi Mönikirchen
430.600 (438.200)	OE7XKR –	PR Digi
430.600 (430.200)	OE9XPR –	PR Digi Pfänder
430.600 (438.200)	OE5XAR –	PR Digi Zulissen
430.600 (438.200)	OE1XIR –	PR Digi Wien/Obere Donaustr.
430.600 (438.200)	OE2XUM –	PR Digi Untersberg
430.625 (438.225)	OE7XLR –	PR Digi Innsbruck
430.625 (438.225)	OE1XCR –	PR Digi Wien/Nordbahnstrasse
430.625 (438.225)	OE2XOM –	PR Digi Haunsberg
430.625 (438.225)	OE3XNR –	PR Digi Nebelstein
430.650 (438.250)	OE7XIR – OE7XLR	PR Digi Rauthütte/Leutasch
430.650 (438.250)	OE8XDR –	PR Digi Dobratsch
430.675 (438.275)	OE3XSR –	PR Digi Sternberg
430.675	OE5XLR –	PR Digi Geiersberg
430.675 (438.275)	OE3XBR –	PR Digi Troppberg
430.675 (438.275)	OE3XAR –	PR Digi Amstetten

430.700 (438.300)	OE3XIR –	PR Digi Hennersdorf
430.750 (438.750)	OE5XBR –	PR Digi Froschberg
430.775 (438.375)	...... –	PR Digi
430.775 (438.375)	OE1XKR –	PR Digi Schwechat
430.800 (438.400)	OE7XIR – OE7XPR	PR Digi Rauthütte/Leutasch
430.800 (438.400)	OE6XPE –	PR Digi Leibnitz
430.800 (438.400)	OE7XFR –	PR Digi Schwaz
430.800 (438.400)	OE3XLR –	PR Digi Muckenkogel
430.825 (438.425)	OE6XPE –	PR Digi Leibnitz
430.850 (438.450)	OE9X...-	PR Digi
430.850 (438.450)	OE2XKR –	PR Digi Asitz
430.875 (438.475)	OE3XSR –	PR Digi Sternberg
430.875 (438.475)	OE5XBL –	PR Digi St. Johann/Braunau
430.875 (438.475)	OE7XER –	PR Digi Markbachjoch
430.900 (438.500)	OE7XIR – IR3BZZ	PR Digi Rauthütte/Leutasch
430.900 (438.500)	OE5XKR –	PR Digi Krippenstein
430.925 (438.525)	OE4XCR –	PR Digi Brentenriegel
430.925 (438.525)	OE5HBL –	PR Digi Kremsmünster
430.925 (438.525)	OE8XDR –	PR Digi Dobratsch
430.950 (438.550)	OE1XIR –	PR Digi Wien/Obere Donaustraße
431.000 (438.600)	OE1XLR –	PR Digi Laaerberg
431.000 (438.425)	OE6XSR –	PR Digi Schöckl
431.275 (438.875)	OE9XVI	PR Digi
431.225 (438.825)	OE6XSR –	PR Digi Schöckl
431.725 (439.325)	OE7XPR – OE7XKR	PR Digi Krahberg
431.500 (439.100)	OE7XSR – OE7XCT	PR Digi
431.825 (438.225)	OE7XOR – OE7XPR	PR Digi Roppen
431.875 (439.475)	OE7XPR – DB0MFG	PR Digi
432.625	OE7XWR – OE7XLR	PR Digi
432.650	OE7XGR –	PR Digi Zillertal
432.675 (438.275)	OE6XHR –	PR Digi Demmerkogel
432.725 (438.325)	OE6XHG –	PR Digi Graz
432.825 (438.125)	OE7XIR –	PR Digi Rauthütte/Leutasch
433.125	OE5XSR –	PR Digi Sternstein
433.400	OE7XJR –	PR Digi St. Oswald
433.625 (438.500)	OE5XDR –	PR Digi Braunau
433.675	OE3XBR –	PR Digi Tropperg
433.675 (438.975)	OE7XMR –	PR Digi + 5.3 Lienz/Dölsach
433.750 (439.050)	OE7XKJ – DB0HOB	PR Digi + 5.3
434.875	OE1XIB – OE1XMR	PR Digi Wien/Obere Donaustrasse

70 cm Relais In Österreich

431.050 (438.650)	OE1XFW – Wien (LINK R 1) JN88ED Relais R 70 (RU 692)
431.075 (438.675)	OE1XKU Wien Laaerberg JN88EE Relais R 71 (RU 694)
431.100 (438.700)	OEX7PS St. Pölten Kaiserkogel JN78SB Relais R 72 (RU 696)

431.125 (438.725) OE5XDM Dachstein Hunerkogel
JN67TL Relais R 73 (RU 698)
431.125 (438.725) OE4XSB Hirschenstein
JN87EI Relais R 73 (RU 698)
431.150 (438.750) OE3XHU Wiener Neustadt H.Wand
JN87AT Relais R 74 (RU 700)
431.175 (438.775) OE3XLS Sandl
JN78RL Relais R 75 (RU 702)
431.175 (438.775) OE5XBR Linz
JN78FN Relais R 75 (RU 702)
431.200 (438.800) OE1XJU Wien
JN88DE Relais R 76 (RU 704)
431.200 (438.800) OE5XGL Ebensee Feuerkogel
JN67TT Relais R 76 (RU 704)
431.200 (438.800) OE6XMD Schönbergkopf
JN77EG Relais R 76 (RU 704)
431.225 (438.825) OE7XIT Primesköpfl/Innsbruck
JN67CO Relais R 77 (RU 706)
431.225 (438.825) OE1XQU Wien 10
JN88EE Relais R 77 (RU 706)
431.225 (438.825) OE5XOL Linz/Breitenstein
JN78DK Relais R 77 (RU 706)
431.225 (438.825) OE9XVU Frastanz/Älpele
JN47TF Relais R 77 (RU 706)
431.250 (438.850) OE1XVU Wien
JN88EE Relais R 78 (RU 708)
431.250 (438.850) OE8XMQ Klagenfurt
JN76FR Relais R 78 (RU 708)
431.275 (438.875) OE7XOI Krahberg/Landeck
JN57HD Relais R 79 (RU 710)
431.275 (438.875) OE3XOW Nebelstein
JN78JQ Relais R 79 (RU 710)
431.275 (438.875) OE6XSG Graz/Schöckl
JN77SE Relais R 79 (RU 710)
431.275 (438.875) OE9XVJ Bregenz/Pfänder
JN47VM Relais R 79 (RU 710)
431.300 (438.900) OE7XFI Gallzein/Kogelmoos
JN57VI Relais R 80 (RU 712)
431.300 (438.900) OE3XUS Schwechat
JN88FD Relais R 80 (RU 712)
431.300 (438.900) OE3XRB Sonntagberg
JN77JX Relais R 80 (RU 712)
431.300 (438.900) OE8XFK Villach/Dobratsch
JN66UO Relais R 80 (RU 712)
431.325 (438.925) OE6XED Bruck a d Mur/Rennfeld
JN77QJ Relais R 81 (RU 714)
431.325 (438.925) OE7... Markbachjoch
JN67BK Relais R 81 (RU 714)
431.325 (438.925) OE3... St. Valentin
JN.... Relais R 81 (RU 714)
431.350 (438.950) OE7XAJ Hochstein/Lienz

JN66IT Relais R 82 (RU 716)
431.350 (438.950) OE1XUU Kahlenberg
JN88EE Relais R 82 (RU 716)
431.375 (438.975 OE7XZT Mayerhofen/Ahornbahn
JN57VE Relais R 83 (RU 718)
431.375 (438.975) OE3XGU Hallerhaus/Wechsel
JN77XM Relais R 83 (RU 718)
431.375 (438.975) OE2XNM Mauterndorf/Speiereck
JN67TC Relais R 83 (RU 718)
431.375 (438.975) OE5XIM Bad Leonfelden/Sternst.
JN78DN Relais R 83 (RU 718)
431.400 (439.000) OE7XSI Patscherkofel/Innsbruck
JN57RF Relais R 84 (RU 720)
431.400 (439.000) OE1XFU Wien
JN88FE Relais R 84 (RU 720)
431.400 (439.000) OE2XSL Salzburg/Gaisberg
JN67NT Relais R 84 (RU 720)
431.400 (439.000) OE6XNG Gaberl/Wiedneralm
JN77KD Relais R 84 (RU 720)
431.400 (439.000) OE8XDK Goldeck
JN66RS Relais R 84 (RU 720)
431.425 (439.025) OE3XEU Frauenstaffel/Waidhofen
JN78QT Relais R 85 (RU 722)
431.425 (439.025) OE6..... Gaberl
JN78QT Relais R 85 (RU 722)
431.450 (439.050) OE7XFT Seegrube/Innsbruck
JN57QE Relais R 86 (RU 724)
431.450 (439.050) OE3XEB Troppbergwarte
JN88BF Relais R 86 (RU 724)
431.475 (439.075) OE3XWU Hocheck
JN77XX Relais R 87 (RU 726)
431.500 (439.100) OE6XRE Reichenstein
JN77IM Relais R 88 (RU 728)
431.575 (439.175) OE7XFJ St. Johann
JN67FM Relais R 91 (RU 734)
431.600 (439.200) OE2XBB Schafberg
JN78CJ Relais R 92 (RU 736)
431.600 (439.200) OE8XKQ Gerlitze
JN66WQ Relais R 92 (RU 736)
432.575 (145.575) OE7XZI Zugspitze/Transponder EINGABE

432.800 OE3XMB-Bake, Muckenkogel, 2 Watt,
JN77TX, 115 m,

435.650 (145.387,5)Relais Hühnerspiel/Italien

433.050 – 434.775 MHz ISM-Bereich, LPD's

(Fernsteuern, Datenübertragung, Funkkopfhörer...)

Kanal 1 433.075 ISM Fernsteuerungen, LPD's, Schispringer Stams, alle Kanäle
Kanal 2 433.100 ISM Fernsteuerungen, LPD's
Kanal 3 433.125 ISM Fernsteuerungen, LPD's, Betonmischwagen,

Kanal 4 433.150 ISM Fernsteuerungen, LPD's
Kanal 5 433.175 ISM Fernsteuerungen, LPD's
Kanal 6 433.200 ISM Fernsteuerungen, LPD's
Kanal 7 433.225 ISM Fernsteuerungen, LPD's
Kanal 8 433.250 ISM Fernsteuerungen, LPD's
Kanal 9 433.275 ISM Fernsteuerungen, LPD's, Betonmischwagen,
Kanal 10 433.300 ISM Fernsteuerungen, LPD's
Kanal 11 433.325 ISM Fernsteuerungen, LPD's
Kanal 12 433.350 ISM Fernsteuerungen, LPD's
Kanal 13 433.375 ISM Fernsteuerungen, LPD's
Kanal 14 433.400 ISM Fernsteuerungen, LPD's
Kanal 15 433.425 ISM Fernsteuerungen, LPD's
Kanal 16 433.450 ISM Fernsteuerungen, LPD's, Betonmischwagen,
Kanal 17 433.475 ISM Fernsteuerungen, LPD's, Betonmischwagen,
Kanal 18 433.500 ISM Fernsteuerungen, LPD's
Kanal 19 433.525 ISM Fernsteuerungen, LPD's, Datenkanal,
Kanal 20 433.550 ISM Fernsteuerungen, LPD's
Kanal 21 433.575 ISM Fernsteuerungen, LPD's
Kanal 22 433.600 ISM Fernsteuerungen, LPD's, Babyfon,
Kanal 23 433.625 ISM Fernsteuerungen, LPD's
Kanal 24 433.650 ISM Fernsteuerungen, LPD's
Kanal 25 433.675 ISM Fernsteuerungen, LPD's
Kanal 26 433.700 ISM Fernsteuerungen, LPD's, Funkkopfhörer,
Kanal 27 433.725 ISM Fernsteuerungen, LPD's, Funkkopfhörer,
Kanal 28 433.750 ISM Fernsteuerungen, LPD's
Kanal 29 433.775 ISM Fernsteuerungen, LPD's
Kanal 30 433.800 ISM Fernsteuerungen, LPD's, Babyfon,
Kanal 31 433.825 ISM Fernsteuerungen, LPD's
Kanal 32 433.850 ISM Fernsteuerungen, LPD's
Kanal 33 433.875 ISM Fernsteuerungen, LPD's, Betonmischwagen,
Kanal 34 433.900 ISM Fernsteuerungen, LPD's
Kanal 35 433.925 ISM Fernsteuerungen, LPD's, Betonmischwagen,
Kanal 36 433.950 ISM Fernsteuerungen, LPD's
Kanal 37 433.975 ISM Fernsteuerungen, LPD's, Funkkopfhörer,
Kanal 38 434.000 ISM Fernsteuerungen, LPD's
Kanal 39 434.025 ISM Fernsteuerungen, LPD's, Betonmischwagen,
Kanal 40 434.050 ISM Fernsteuerungen, LPD's, Betonmischwagen,
Kanal 41 434.075 ISM Fernsteuerungen, LPD's
Kanal 42 434.100 ISM Fernsteuerungen, LPD's
Kanal 43 434.125 ISM Fernsteuerungen, LPD's
Kanal 44 434.150 ISM Fernsteuerungen, LPD's, Betonmischwagen,
Kanal 45 434.175 ISM Fernsteuerungen, LPD's
Kanal 46 434.200 ISM Fernsteuerungen, LPD's
Kanal 47 434.225 ISM Fernsteuerungen, LPD's, Betonmischwagen,
Kanal 48 434.250 ISM Fernsteuerungen, LPD's
Kanal 49 434.275 ISM Fernsteuerungen, LPD's
Kanal 50 434.300 ISM Fernsteuerungen, LPD's
Kanal 51 434.325 ISM Fernsteuerungen, LPD's, Betonmischwagen,
Kanal 52 434.350 ISM Fernsteuerungen, LPD's
Kanal 53 434.375 ISM Fernsteuerungen, LPD's, Funkkopfhörer,
Kanal 54 434.400 ISM Fernsteuerungen, LPD's

Kanal 55	434.425	ISM Fernsteuerungen, LPD's
Kanal 56	434.450	ISM Fernsteuerungen, LPD's
Kanal 57	434.475	ISM Fernsteuerungen, LPD's, Betonmischwagen,
Kanal 58	434.500	ISM Fernsteuerungen, LPD's, Betonmischwagen,
Kanal 59	434.525	ISM Fernsteuerungen, LPD's
Kanal 60	434.550	ISM Fernsteuerungen, LPD's
Kanal 61	434.575	ISM Fernsteuerungen, LPD's
Kanal 62	434.600	ISM Fernsteuerungen, LPD's
Kanal 63	434.625	ISM Fernsteuerungen, LPD's
Kanal 64	434.650	ISM Fernsteuerungen, LPD's
Kanal 65	434.675	ISM Fernsteuerungen, LPD's
Kanal 66	434.700	ISM Fernsteuerungen, LPD's
Kanal 67	434.725	ISM Fernsteuerungen, LPD's
Kanal 68	434.750	ISM Fernsteuerungen, LPD's
Kanal 69	434.775	ISM Fernsteuerungen, LPD's

PR DIGIS in Österreich

438.000 (430.400)	OE7XIR – OE7XGR	PR Digi
438.000 (430.400)	OE7XKR –	PR Digi EINSTIEG
438.000 (430.400)	OE9XFR –	PR Digi Schellenberg VLBG
438.025 (430.425)	OE1XWR –	PR Digi Wien/Pfeilgasse
438.050 (430.450)	OE7XKJ – OE7XVR	PR Digi
438.125 (432.825)	OE7XIR –	PR Digi Ausgabe
438.150 (430.550)	OE7... –	PR Digi
438.150 (430.550)	OE9X.. –	PR Digi VLBG
438.150	OE6XHD –	PR Digi Limbach
438.150 (430.550)	OE7XDR –	PR Digi Pengelstein
438.150 (430.550)	OE3XPR –	PR Digi Mönikirchen
438.200 (431.800)	OE7XKR –	PR Digi Krahberg/EINSTIEG
438.200 (430.600)	OE9XPR –	PR Digi Pfänder VLBG
438.200 (430.600)	OE5XAR –	PR Digi Zulissen
438.200 (430.600)	OE7XPR –	PR Digi Sechszeiger
438.200 (430.600)	OE1XIR –	PR Digi Wien/Obere Donaustraße
438.200 (430.600)	OE2XUM –	PR Digi Untersberg
438.225 (430.625)	OE7XLR –	PR Digi Innsbruck
438.225 (430.625)	OE2XOM –	PR Digi Haunsberg
438.225 (431.825)	OE7XOR – OE7XPR	PR Digi Roppen
438.225 (430.625)	OE3XNR –	PR Digi Nebelstein
438.250 (430.650)	OE7XIR – OE7XLR	PR Digi
438.275 (430.675)	OE3XSR –	PR Digi Sternberg
438.275 (432.675)	OE6XHR –	PR Digi Demmerkogel
438.275 (430.675)	OE3XAR –	PR Digi Amstetten
438.275 (430.675)	OE3XBR –	PR Digi Troppberg
438.300 (430.700)	OE3XIR –	PR Digi Hennersdorf
438.325 (430.725)	OE7... –	PR Digi
438.325 (432.725)	OE6XHG –	PR Digi Graz
438.350 (430.750)	OE5XBR –	PR Digi Froschberg
438.375 (430.775)	OE7... –	PR Digi
438.375 (430.775)	OE3XKR –	PR Digi Schwechat

438.400 (430.800)	OE7XIR – OE7XPR	PR Digi
438.400 (430.800)	OE6XPE –	PR Digi Leibnitz
438.400 (430.800)	OE7XFR –	PR Digi Schwaz
438.425 (430.825)	OE6XPE –	PR Digi Leibnitz
438.450 (430.850)	OE9X.. –	PR Digi Vlbg.
438.450 (430.850)	OE2XKR –	PR Digi Asitz
438.475 (430.875)	OE5XBL –	PR Digi Braunau
438.475 (430.875)	OE7XER –	PR Digi Markbachjoch
438.500 (430.900)	OE7XIR – IR3BZZ	PR Digi
438.500 (430.900)	OE7XIR –	PR Digi Rauthütte/Einstieg
438.500 (433.625)	OE5XDR –	PR Digi Braunau
438.500	OE6XAR –	PR Digi Gaberl/Plankogel
438.500 (430.900)	OE5XKR –	PR Digi Krippenstein
438.525 (430.925)	OE9... –	PR Digi Pfänder
438.525 (430.925)	OE4XCR –	PR Digi Brentenriegel
438.525 (430.925)	OE5XCR –	PR Digi Kremsmünster
438.550 (430.950)	OE1XIR –	PR Digi Wien/Obere Donaustraße
438.600 (431.000)	OE6XSR –	PR Digi Schöckl
438.600 (431.000)	OE1XRU –	PR Digi Laaerberg
438.825 (431.225)	OE6XSR –	PR Digi Schöckl
439.050 (431.750)	OE7XKJ – DB0HOB	PR Digi (5.3 Mhz)
439.100 (431.500)	OE7XSR – OE7XCT	PR Digi (Cluster)
439.825 (431.425)	OE7XZR –	PR Digi Zugspitze
439.475 (431.875)	DB0MFG –	PR Digi
439.950 (432.350)	OE7XPR – OE7XTR	PR Digi
439.975 (432.375)		PR Digi

70 cm Relais in Österreich (SHIFT 7,6 MHz)

438.650 OE1XFW Wien (LINK mit R 6)
JN88FE R 70 (RU 692) 245 m OE3NSC
438.675 OE1XKU Wien/Simmering
JN88EF R 71 (RU 694) 185 m OE1BAD
438.700 OE3XPS St. Pölten/Kaiserkogel
JN78SB R 72 (RU 696) 726 m OE3EFS
438.700 OE8XLK Koralpe
JN78SB R 72 (RU 696) 2140 m OE8HIK
438.725 OE5XDM Dachstein/Hunerkogel
JN67TL R 73 (RU 698) 2713 m OE5MLL
438.725 OE4XSB Hirschenstein
JN87EI R 73 (RU 698) 862 m OE4JHW
438.750 OE3XHU Wiener Neustadt/H. Wand
JN87AT R 74 (RU 700) 1065 m OE3GWC
438.750 OE6XGD Gleisdorf
JN.... R 74 (RU 700) 495 m OE6...
438.775 OE3XLS Sandl
JN78RL R 75 (RU 702) 710 m OE3WLS
438.775 OE5XBR Linz/Froschberg
JN78FN R 75 (RU 702) 310 m OE5HFM
438.800 OE1XJU Wien

JN88DE R 76 (RU 704) 210 m OE1TKW
438.800 OE5XGL Ebensee/Feuerkogel
JN67TT R 76 (RU 704) 1595 m OE5RDL
438.800 OE6XMD Schönbergkopf
JN77EG R 76 (RU 704) 1880 m OE6KIG
438.825 OE9XVV Frastanz/Vord. Älpele
JN47TF R 77 (RU 706) 1300 m OE9WMJ
438.825 OE7XIT Primesköpfl/Innsbruck
JN67CO R 77 (RU 706) 1800 m OE7OKJ
438.825 OE1XQU Wien/Wienerberg
JN88EE R 77 (RU 706) 240 m OE1PNS

438.825 OE5XOL Linz/Breitenstein
JN78DK R 77 (RU 706) 955 m OE5BJA
438.850 OE1XUC Wien
JN88EE R 78 (RU 708) 210 m OE1KDA
438.850 OE8XMQ Klagenfurt/Magdalensberg
JN76FR R 78 (RU 708) 1066 m OE8HJK
438.875 OE9XVJ Bregenz/Pfänder
JN47VM R 79 (RU 710) 1020 m OE9HLH
438.875 OE7XOI Grahberg/Landeck
JN57HD R 79 (RU 710) 2200 m OE7ERJ
438.875 OE3XOW Nebelstein
JN78JQ R 79 (RU 710) 1017 m OE3ACA
438.875 OE6XSG Graz/Schöckl
JN77SE R 79 (RU 710) 1445 m OE6OCG
438.875 OE7XXH Rofan/Rosskogel
JN57VL R 79 (RU 710) 1963 m OE7SRI
438.900 OE3XUS Schwechat
JN88FD R 80 (RU 712) 160 m OE1PHU
438.900 OE3XRB Sonntagberg
JN77JX R 80 (RU 712) 712 m OE3JWB
438.900 OE7XFI Gallzein/Kogelmoos
JN57VI R 80 (RU 712) 1110 m OE7WPJ
438.900 OE8XFK Villach/Dobratsch
JN66UO R 80 (RU 712) 2166 m OE8MNK
438.925 OE6XED Bruck a. d. Mur/Rennfeld
JN77QJ R 81 (RU 714) 1600 m OE6RUG
438.925 OE7... Gefrorene Wand
JN67BK R 81 (RU 714) 3255 m OE7EET
438.925 OE3XSU St. Valentin
JN78GE R 81 (RU 714) 317 m OE5FXN
438.950 OE1XUU Kahlenberg
JN88EE R 82 (RU 716) 549 m OE1BAD
438.950 OE7XAJ Hochstein
JN66IT R 82 (RU 716) 2023 m OE7JTK
438.975 OE7XZT Mayerhofen/Ahornbahn
JN57WD R 83 (RU 718) 1900 m OE7WWH
438.975 OE3XGU Hallerhaus/Wechsel
JN77XM R 83 (RU 718) 1350 m OE1BAD
438.975 OE2XNM Mauterndorf/Speiereck
JN67TC R 83 (RU 718) 2411 m OE2TRM

438.975 OE5XIM Bad Leonfelden/Sternstein
JN78DN R 83 (RU 718) 1100 m OE5KPN

439.000 OE7XSI Innsbruck/Patscherkofel
JN57RF R 84 (RU 720) 2200 m OE7DA
439.000 OE1XFU Wien/Flötzersteig
JN88FE R 84 (RU 720) 245 m OE1KTS
439.000 OE2XSL Salzburg/Gaisberg
JN67NT R 84 (RU 720) 1200 m OE2PML
439.000 OE6XNG Gaberl/Wiedneralm
JN77KD R 84 (RU 720) 1600 m OE6NPG
439.000 OE8XDK Goldeck
JN66RS R 84 (RU 720) 2100 m OE8OWK
439.025 OE3XEU Frauenstaffel/Waidhofen/Th.
JN78QT R 85 (RU 722) 695 m OE3KMA
439.025 OE6XVE Gaberl
JN77KD R 85 (RU 722) 1600 m OE6PZG
439.050 OE7XFT Innsbruck/Seegrube
JN57QE R 86 (RU 724) 1905 m OE7WSH
439.075 OE3XEB Troppbergwarte
JN88BF R 86 (RU 724) 542 m OE1RZB
439.100 OE3XWU Hocheck
JN77XX R 87 (RU 726) 1040 m OE1BAD
439.125 OE6XRE Reichenstein
JN77IM R 88 (RU 727) 2120 m OE6EFG
439.175 OE7XFJ St. Johann/Harschbichl
JN76FM R 91 (RU 734) 1604 m OE7GBJ
439.200 OE2XBB Schafberg
JN78CJ R 92 (RU 736) 1800 m OE5JFM
439.200 OE8XKQ Gerlitze
JN66WQ R 92 (RU 736) 1909 m OE8PTK
439.350 OE2XHM Untersberg
JN67MK R 98 (RU 748) 1780 m OE2IWM

439.130 Personenrufanlage, Salzburg
439.130 Personenrufanlage, Wien
439.130 Personenrufanlage, St. Pölten
439.130 Personenrufanlage, Linz
439.150 Personenrufanlage, Linz
439.150 Personenrufanlagen, Krankenhaus, Hallein
439.190 Personenrufanlage, Krankenhaus, Salzburg
439.190 Betriebsfunk
439.190 Personenrufanlage, Wien
439.190 Personenrufanlage, Steyrmühl
439.210 Personenrufanlage, Tiergarten Hellbrunn, Salzburg
439.210 Personenrufanlage, Leykam, Bruck, (161.637,5)
439.230 Personenrufanlage, Messegelände, Innsbruck
439.230 Betriebsfunk, Landeck
439.230 Personenrufanlage, Flughafen, Salzburg
439.230 Personenrufanlage, Helios Lindau, Bad Ischl
439.270 Personenrufanlage, Messegelände, Innsbruck
439.270 Personenrufanlage, Landeskrankenhaus, Salzburg

439.300	Personenrufanlage, Messegelände, Innsbruck
439.310	Betriebsfunk, Imst (Landeck), Innsbruck
439.310	Personenrufanlage, Hallein Papier
439.310	Personenrufanlage, Tiefgarage, Cineplex, Salzburg
439.310	Personenrufanlage, Miele, Salzburg
439.310	Personenrufanlage, Festung Hohensalzburg
439.310	Personenrufanlage, Amag, Ranshofen
439.310	Personenrufanlage, St. Pölten
439.350	Personenrufanlage, Vöcklabruck
439.450	Personenrufanlage, Landeck, (Bezirkskrankenhaus)
439.510	Personenrufanlage, Seniorenresidenz, Salzburg
439.510	Personenrufanlage, Klinik, Linz
439.610	Betriebsfunk, digital, Salzburg
439.710	Betriebsfunk, digital, Salzburg
439.790	Personenrufanlage, Bosch, Hallein
439.810	Personenrufanlage, Johnson & Johnson, Hallein, (161.712,5)
439.930	Betriebsfunk, digital, Salzburg
440.325	Betriebsfunk, Innsbruck
440.525	Betriebsfunk, digital
440.550	Betriebsfunk, digital
440.625	Betriebsfunk, digital
440.750	Betriebsfunk, digital, Imst
440.800	Betriebsfunk, digital
440.825	Betriebsfunk, digital
440.850	Betriebsfunk, digital
440.875	RETTUNG Leitstelle Schwaz, Kufstein, Kitzbühel, C 1 (Empfang 4 m, Relais Natterer Boden/Natters)
440.900	Wasserrettung, Landesleitung, Einsatzzentrale, Hundeführer
441.000	Betriebsfunk, Bez. Braunau
441.025	Betriebsfunk, digital, Innsbruck,
441.025	Betriebsfunk, digital, Landeck
442.225	Betriebsfunk, digital, Innsbruck
442.250	englischer Schiverband, Schispringer Stams
442.225	TIWAG, digital, Kühtai
442.250	englischer Schiverband, Schispringer Stams
442.400	TIWAG, digital, Kühtai
442.450	englischer Schiverband, Schispringer Stams
442.550	englischer Schiverband, Schispringer Stams
442.825	Betriebsfunk digital, Innsbruck
442.950	LIFTE, Schirennen, Organisation, Bergbahn
443.000	TIWAG, Vermessung, simplex
443.000	RME, Ökodiesel, Bruck/Mur
443.025	Betriebsfunk
443.100	Betriebsfunk, VLBG
443.100	Betriebsfunk, Innsbruck, Veranstaltung, Technik
443.175	Betriebsfunk, Innsbruck
443.200	Betriebsfunk, VKW, VLBG
443.200	Betriebsfunk, Salzburg
443.250	Betriebsfunk

443.500	Betriebsfunk Innsbruck
443.700	Betriebsfunk in DL
443.900	Abwasserverband Zirl
444.275	Betriebsfunk
444.450	Betriebsfunk, Relais Sölden/Gaislachkogel
444.550	Betriebsfunk
444.925	Betriebsfunk, digital Innsbruck
445.000	Feuerwehr, Bezirk Imst, (166.900/171.500)
445.000	Feuerwehr, Sirenensteuerung, Relais Sölden/Gaislachkogel
445.025	Festungsbahn, Salzburg, (CTCSS 151.4 Hz)
445.050	Betriebsfunk, digital
445.100	Betriebsfunk, digital, Innsbruck
445.125	Datenfunk
445.175	Betriebsfunk, digital, Landeck
445.250	Betriebsfunk, digital, Landeck
445.400	Rotes Kreuz, Kirchdorf
445.425	Betriebsfunk, digital, Innsbruck
445.450	Feuerwehr, Atemschutz, ganz Österreich, Kanal 71
445.650	Betriebsfunk
445.800	Betriebsfunk, Relais, Sölden/Gaislachkogel
445.850	Feuerwehr, Arbeitsfunk, ganz Österreich, Kanal 72
445.850	Feuerwehr, Sirenensteuerung, Braunau, Gmunden
445.900	Betriebsfunk, digital, VLBG
445.900 (440.900)	Rotes Kreuz, Salzburg
445.975	Betriebsfunk, VLBG
446.000	Leitstelle Rotes Kreuz/Ärzteruf, Innsbruck
446.006,25	Kanal 1, PMR 446, 500mW, Handgerät, Einführung vorgesehen
446.018,75	Kanal 2, PMR 446, 500mW, Handgerät, Einführung vorgesehen
446.032,15	Kanal 3, PMR 446, 500mW, Handgerät, Einführung vorgesehen
446.043,75	Kanal 4, PMR 446, 500mW, Handgerät, Einführung vorgesehen
446.056,25	Kanal 5, PMR 446, 500mW, Handgerät, Einführung vorgesehen
446.068,75	Kanal 6, PMR 446, 500mW, Handgerät, Einführung vorgesehen
446.081,25	Kanal 7, PMR 446, 500mW, Handgerät, Einführung vorgesehen
446.093,75	Kanal 8, PMR 446, 500mW, Handgerät, Einführung vorgesehen
446.050 (441.050)	Rotes Kreuz, Perg, Oberösterreich
446.250	Betriebsfunk, digital
446.275	Betriebsfunk
446.300	Betriebsfunk, Relais, Sölden/Gaislachkogel
446.350	Betriebsfunk, digital
446.350 (441.350)	Rotes Kreuz, Schärding
446.375	Betriebsfunk, VLBG
446.450 (441.450)	Rotes Kreuz, Eferding
446.475 (441.475)	Rotes Kreuz, Freistadt
446.575 (441.575)	Rotes Kreuz, Freistadt
446.600 (441.600)	Rotes Kreuz, Mattsee
446.625	Betriebsfunk, digital, Salzburg
446.900	Betriebsfunk
446.975	Betriebsfunk, Relais, Sölden/Gaislachkogel

447.100 (442.100) Gendarmerie, Salzkammergut
447.125 (442.125) Gendarmerie, Salzkammergut
447.200 (442.200) Gendarmerie, Rohrbach/Oberösterreich
447.200 Betriebsfunk, Innsbruck
447.350 Betriebsfunk, Relais, Sölden/Gaislachkogel
447.400 Betriebsfunk
447.425 Betriebsfunk, VLBG
447.780 Personenrufanlage, Unfallkrankenhaus, Salzburg
447.950 Polizei, Sondereinsatz, Salzburg

448.000 Betriebsfunk, digital, VLBG
448.225 Betriebsfunk, digital, Innsbruck
448.250 Betriebsfunk, Innsbruck
448.325 Betriebsfunk, Innsbruck
448.375 Betriebsfunk, digital, Innsbruck, Relais Patscherkofel
448.425 Betriebsfunk, digital
448.475 Betriebsfunk, digital
448.800 Betriebsfunk, digital, VLBG
448.975 Feuerwehr, Sirenensteuerung, Haunsberg

449.050 Betriebsfunk, Innsbruck
449.050 Betriebsfunk, digital, Salzburg
449.050 Betriebsfunk, Fernschreiben, Bregenz VLBG
449.075 Betriebsfunk, Innsbruck
449.125 Betriebsfunk, digital, Salzburg
449.150 ORF, Kanal 2, simplex
449.225 ORF, simplex
449.375 Betriebsfunk
449.450 Betriebsfunk, Innsbruck
449.575 ORF, simplex
449.600 Betriebsfunk
449.700 ORF, Kanal 1, simplex
449.775 polnischer Schiverband, Schispringer Stams

449.800 Betriebsfunk, digital, VLBG
449.850 Betriebsfunk
449.850 Betriebsfunk, digital, VLBG
449.950 Betriebsfunk

450.300 – 456.000 C-Netz Autotelefon
EINGABE (460.300-466.000) (ab 01.01.1998 abgeschalten)

450.000		Satellitennavigation
450.025		Betriebsfunk
450.050		Betriebsfunk
450.100	(460.100)	Betriebsfunk, digital, Ötztal
450.175	(460.175)	Betriebsfunk, digital, Ötztal
450.200	(460.200)	Betriebsfunk, VLBG
450.225	(460.225)	Betriebsfunk, digital, Ötztal
450.300	(460.300)	Betriebsfunk, digital, Ötztal
450.350	(460.350)	Betriebsfunk, digital, Ötztal
450.675	(460.675)	Betriebsfunk, digital
450.750	(460.750)	Betriebsfunk, digital
450.900	(460.900)	Betriebsfunk, digital

451.000	(461.000)	Betriebsfunk, digital
451.050	(461.050)	Betriebsfunk, digital
451.300	(461.300)	Betriebsfunk,
451.700	(461.700)	Feuerwehr, Relais Sonnwendstein – Tulln
451.700	(461.700)	Feuerwehr, Relais Troppberg – Tulln
451.750	(461.750)	Feuerwehr, Relais Troppberg – Hengstbach
451.800	(461.800)	Feuerwehr, Relais Buschberg – Mistelbach
451.900	(461.900)	Feuerwehr, Relais Troppberg – Tulln
451.950	(461.950)	Feuerwehr, Relais Hagenbrunn – Wien
452.000	(462.000)	Feuerwehr, Relais Troppberg – Tulln
452.050	(462.050)	Feuerwehr, Relais Troppberg – Sonnwendstein
452.100	(462.100)	Feuerwehr, Relais Göttweig – Krems
452.150	(462.150)	Feuerwehr, Relais Muckenkogel – Tulln
452.475	(462.475)	Betriebsfunk, digital
452.550	(462.550)	Betriebsfunk, digital
452.575	(462.575)	Betriebsfunk, digital
452.900	(462.900)	Betriebsfunk
452.925	(462.925)	Betriebsfunk
453.200	(463.200)	Betriebsfunk
454.650	(464.650)	Betriebsfunk
456.025	(466.025)	POCSAG, Funkrufdienst, Innsbruck, digital
456.125	(466.125)	Betriebsfunk
456.150	(466.150)	Betriebsfunk, Landeck
456.175	(466.175)	Betriebsfunk
456.262,5	(466.262,5)	ÖBB Verschubfunk, Bündelfunk, Wien (seit Juni 99)
456.275	(466.275)	Betriebsfunk
456.300	(466.300)	Betriebsfunk
456.300	(466.300)	ÖBB Verschubfunk, Bündelfunk, Wien (seit Juni 99)
456.325	(466.325)	Betriebsfunk, Landeck
456.350	(466.350)	ÖBB Verschubfunk, Bündelfunk, Wien (seit Juni 99)
456.425	(466.425)	Betriebsfunk Kühtai, digital
456.490	(466.490)	Mc Donalds Headsets, (DL)
456.510	(466.510)	Mc Donalds Headsets, (DL)
456.530	(466.530)	Mc Donalds Headsets, (DL)
456.550	(466.550)	Mc Donalds Headsets, (DL)
456.562,5	(466.562,5)	ÖBB Verschubfunk, Bündelfunk, Wien (seit Juni 99)
456.570	(466.570)	Mc Donalds Headsets, (DL)
456.590	(466.590)	Mc Donalds Headsets, (DL)
456.610	(466.610)	Mc Donalds Headsets, (DL)
456.625	(466.625)	Betriebsfunk
456.630	(466.630)	Mc Donalds Headsets, (DL)
456.650	(466.650)	Betriebsfunk Kühtai, digital
456.650	(466.650)	Mc Donalds Headsets, (DL)
456.662,5	(466.662,5)	ÖBB Verschubfunk, Bündelfunk, Wien (seit Juni 99)
456.675	(466.675)	Betriebsfunk
456.700	(466.700)	Betriebsfunk Kühtai, digital
456.825	(466.825)	Betriebsfunk Kühtai, digital
456.900	(466.900)	Betriebsfunk
456.900	(466.900)	ÖBB Verschubfunk, Bündelfunk, Wien (seit Juni 99)

456.925 (466.925) Betriebsfunk
456.950 (466.950) Betriebsfunk
456.975 (466.975) Betriebsfunk

457.440 – 458.320 MHz ÖBB Zugfunk, Ortsfunk, Wagenmeister

(Wgm = Wagenmeister, ohne Angabe = Ortskanal, Fahrdienstleitung)

457.450 Innsbruck Hbf, Kirchberg, Wien West, Wgm St. Pölten, Linz Vbf Ost C 11
457.450 Wgm Bruck/Mur Pbf, Lindau Reutin C 11
457.475 Zugfunk Eingabe A 70 C 12
457.500 Zugfunk Eingabe Salzburg – Schwarzach St. Veit A 60 C 13
457.525 Maschinmeister Innsbruck HBF, Saalfelden, Hopfgarten, Fritzens, C 14
457.525 Wgm Feldkirch, Leobersdorf, Wgm Marchegg, Wgm Spielfeld – Strass, C 14
457.525 Ötztal, C 14
457.550 Zugfunk Eingabe A 61 C 14
457.550 Wgm Innsbruck West, Hallein, St. Anton, Kirchberg, Wels Hbf, Langen C 15
457.650 Wgm Amstetten, Wgm Schwarzach St. Veit, Wgm Wien Fjbf. C 15
457.575 Zugfunk Eingabe A 71 C 15
457.575 Brenner, Wgm Wörgl, St. Michael, Villach Süd Gvbf Ost/West, C 16
457.600 Innsbruck Frachtenbhf, Lindau, Wgm Penzing, Bruck/Mur, C 17
457.600 Villach Hbf, Wgm Gmünd, C 17
457.625 Zugfunk Eingabe Liesing – Floridsdorf A 72 C 18
457.650 St. Pölten, Wgm Wels Vbf, Wgm Schwarzach St. Veit, Wgm Buchs, C 19
457.650 Wgm Wels Vbf, Wien FJBf, Tulln, Wien Mitte, Simmering Ostbahn, C 19
457.650 Wien Zvbf., Einfahrgruppe, Brennersee, Wgm Bischofshofen, C 19
457.650 Wgm Nicklasdorf, Wien Mitte, C 19
457.675 Zugfunk Eingabe A 73 C 20
457.675 Hochfilzen, Spielfeld – Straß, Wgm Brenner, Wgm Wien West, C 20
457.675 Villach Süd GVbf Ein/Ausfahrgr. Spittal, Wgm Krems, Jenbach C 20
457.675 Wgm Zeltweg, Jenbach, Kufstein C 20
457.700 Zugfunk Eingabe Hall-Bludenz A 62 C 21
457.700 Zugfunk Eingabe St. Valentin – Attnang Puchheim A 62 C 21
457.725 Landeck, Bludenz, Stellwerk Innsbruck (Remise), Linz Stahlwerk C 22
457.725 St. Johann/Tirol, Wgm Mürzzuschlag, C 22
457.750 Zugfunk Eingabe Lindau – Lochau (DB) A 74 C 23
457.750 Kufstein, Wgm Saalfelden, Wien Matzleinsdorf, C 23
457.775 Schiebekanal Saalfelden – Wörgl, C 24
457.775 Schiebekanal Brenner – Innsbruck, C 24
457.775 Schwaz, Wgm Attnang Puchheim, Wgm Bischofshofen, Seefeld, C 24
457.775 Wgm Summerau, Wgm Wien Süd, Salzburg Mitte C 24
457.800 Zugfunk Eingabe A 75 C 25
457.800 Bregenz, Stadlau, C 25
457.800 Schiebekanal Brenner-Kufstein C 25
457.825 Zugfunk Eingabe Innsbruck – Brenner A 63 C 26
457.825 Zugfunk Eingabe Attnang Puchheim – Salzburg Gnigl A 63 C 26
457.825 Zugfunk Eingabe Wien FJB – Absdorf Hippersdorf A 63 C 26
457.825 Zugfunk Eingabe Schwarzach St. Veit – Villach Hbf A 63 C 26
457.825 Zugfunk Eingabe Heiligenstadt – Wien Hütteldorf A 63 C 26
457.850 Salzburg Gnigl, Linz Hbf, Kundl, Wgm Hegyeshalom (MAV), C 27
457.850 Wgm Graz Vbf, Bruck/Leitha, Brixlegg, WGM Landeck, Fieberbrunn C 27
457.875 Zugfunk Eingabe A 76 C 28

457.875	Kitzbühel, Mödling, Wgm Bludenz, Enns, Mürzzuschlag, Wien Nord,		C 28
457.900	St. Valentin, Wgm Buchs,		C 29
457.900	Schiebekanal Kufstein – Brenner,		C 29
457.900	St. Pölten Fbf, Rosenbach, Wgm Wr. Neustadt Pbf, Salzburg Hbf		C 29
457.925	Zugfunk Eingabe St. Valentin-St. Pölten	A 64	C 30
457.950	Zugfunk Eingabe Wien West	A 77	C 31
457.950	Wolfurt, Attnang – Puchheim, (Wgm Landeck), Semmering,		C 31
457.950	Heiligenstadt,		C 31
457.975	Schiebekanal Innsbruck – Brenner,		C 32
457.975	Schiebekanal Bludenz – Landeck,		C 32
457.975	Innsbruck Westbahnhof, Wgm Wien West, Schwarzach St. Veit,		C 32
457.975	Wgm Wien Zvbf, Wgm Mistelbach, Wgm Siegmundsherberg,		C 32
457.975	Wörgl Terminal Nord+Süd		C 32
458.000	Zugfunk Eingabe Kufstein – Innsbruck Hbf	A 65	C 33
458.000	Zugfunk Eingabe St. Pölten – Wien West	A 65	C 33
458.000	Zugfunk Eingabe Bludenz – Buchs (St. Margarethen)	A 65	C 33
458.000	Zugfunk Eingabe Villach – Rosenbach Grenze	A 65	C 33
458.000	Zugfunk Eingabe Mürzzuschlag – Spielfeld Straß	A 65	C 33
458.000	Zugfunk Eingabe	A 77	C 33
458.025	Graz Vbf, Wgm Linz Vbf, Wgm Salzburg Gnigl, Wgm Kufstein DB,		C 34
458.025	Wien Süd, Graz Vbf,		C 34
458.050	Wörgl, Wgm Salzburg Hbf, Wgm St.Valentin, Wgm Salzburg Hbf,		C 35
458.050	Wgm Wr. Neustadt Ausfahrbahnhof, Wgm Klein Schwechat,		C 35
458.075	Zugfunk Eingabe Wörgl – Schwarzach St. Veit	A 78	C 36
458.100	Zell/See, Golling, Amstetten, Wgm Wels Hbf, Gloggnitz, Golling		C 37
458.100	Mistelbach, Stockerau, Wien Zvbf. Ausfahrgr., Umfahrungsgl.		C 37
458.100	Wgm Leoben Hbf, Schwarzenau, Gmünd		C 37
458.125	Zugfunk Eingabe	A 79	C 38
458.125	Wgm Graz Hbf, Wien Nordwest, St. Veit/Glan, Wien Süd (Osts.)		C 38
458.125	Linz Vbf West, Wgm Bregenz,		C 38
458.150	Hall, Feldkirch, Wien Hütteldorf, Wr. Neustadt, Wien Nord Fbf,		C 39
458.175	Bischofshofen, Graz Hbf, Graz Fbf, Süssenbrunn, Leopoldau,		C 40
458.175	Wgm Linz Hbf, Wgm Salzburg Gnigl DB, Wgm Kufstein, Wgm Brenner		C 40
458.175	Wgm Wien Süd Pbf, Wgm Hohenau, Breclav (CD),		C 40
458.200	Zugfunk Eingabe	A 66	C 41
458.200	Schiebekanal St. Valentin – Salzburg Gnigl,		C 41
458.200	Schiebekanal Salzburg – Schwarzach St. Veit		C 41
458.200	Schiebekanal Wien Erdbergerlände – Wien Süd,		C 41
458.200	Schiebekanal Wien Zvbf. – Maxing		C 41
458.200	Schiebekanal Wien Hütteldorf – St. Valentin,		C 41
458.200	Schiebekanal Süssenbrunn – Wien Zvbf		C 41
458.200	Schiebekanal Marchtrenk – Traun		C 41
458.225	Schiebekanal Landeck – Bludenz,		C 42
458.225	Schiebekanal Linz – Summerau		C 42
458.225	Pöchlarn, Wgm Innsbruck Hbf		C 42
458.225	Schiebekanal Salzburg (Gnigl) – Villach,		C 42
458.225	Garmisch, Wels Vbf,		C 42
458.225	Schiebekanal Schwarzach – Saalfelden,		C 42
458.225	Schiebekanal Linz Hbf – Selzthal		C 42
458.225	Mittenwald, Wgm Wolfurt		C 42
458.225	Wgm Wien Matzleinsdorf, Wgm Bruck/Mur Fbf,		C 42

458.250 Zugfunk Eingabe Floridsdorf – Leopoldau – Mistelbach	A 67	C 43
458.250 Wgm Innsbruck Frachtenbf, Wien Hütteldorf,		C 43
458.250 Bruck/Mur Fbf, Villach Westbf.,		C 43
458.250 Schiebekanal Wörgl – Saalfelden		C 44
458.250 Schiebekanal Hieflau – Eisenerz		C 44
458.275 Wgm Hall, Liesing, Floridsdorf,		C 44
458.275 Schiebekanal Kleinreifling – Selzthal,		C 44
458.275 Schiebekanal Selzthal – Bischofshofen,		C 44
458.275 Schiebekanal St. Valentin – Kleinreifling		C 44
458.275 Wgm Salzburg Hbf DB, Wgm Brennersee, Wr. Neust. Ausfbf, Attnang P		C 44
458.275 Wgm Linz Stahlwerke,		C 44
458.300 nach Weisung Garmisch – Verschub,		C 45

Freizeichen (= freier Kanal 2280 kHz Dauerton, Datentelegramm 600 Bd
Tfz Funkgerät Leistung 6 Watt, Funkstation Strecke 6 Watt

Zugfunkstrecken:		LOK-SENDEFREQUENZ:		RELAISAUSGABE: 3 Kanäle, entlang der Strecke
A 60 Salzburg	- Schwarzach St. Veit	457.500	-	467.450/500/550
A 61		457.550	-	467.500/550/600
A 62 Innsbruck	- Bludenz	457.700	-	467.650/700/750
A 62 Wien Süd	- Mürzzuschlag	457.700	-	467.650/700/750
A 62 St. Valentin	- Attnang Puchheim	457.700	-	467.650/700/750
A 63 Innsbruck Hbf	- Brenner	457.825	-	467.825/875/775
A 63 Attnang P.	- Salzburg Hbf/Gnigl	457.825	-	467.825/875/775
A 63 Wien FJB	- Absdorf Hippersdorf	457.825	-	467.825/875/775
A 63 Schwarzach	- Villach Hbf/Westbf.	457.825	-	467.825/875/775
A 63 Heiligenstadt	- Wien Hütteldorf	457.825	-	467.825/875/775
A 63 Wien FJBf.	- Absdorf Hippersdorf	457.825	-	467.825/875/775
A 63 Bruck/Mur	- Selzthal	457.825	-	467.825/875/775
A 64 St. Valentin	- St. Pölten	457.925	-	467.925/975/875
A 65 Kufstein	- Innsbruck Hbf	458.000	-	468.000/050/950
A 65 St. Pölten	- Wien West	458.000	-	468.000/050/950
A 65 Bludenz	- Buchs/Lochau/St.Margarethen	458.000	-	468.000/050/950
A 65 Villach Hbf	- Rosenbach Grenze	458.000	-	468.000/050/950
A 65 Mürzzuschlag	- Spielfeld Strass	458.000	-	468.000/050/950
A 66		458.200	-	468.150/200/250
A 67 Floridsdorf	- Leopoldau-Mistelbach	457.250	-	468.200/250/300
A 70		457.475	-	467.425/475/525
A 71		457.575	-	467.525/575/625
A 72 Liesing	- Floridsdorf-Hollabrunn	457.625	-	467.575/625/675
A 73		457.675	-	467.625/675/725
A 74 Lindau	- Bregenz (DB)	457.750	-	467.700/750/800
A 75		457.800	-	467.750/800/850
A 76		457.875	-	467.825/875/925
A 77		457.950	-	467.900/950/000
A 78 Wörgl	- Schwarzach St. Veit	458.075	-	468.025/075/125
A 79..		458.125	-	468.075/125/175

457.325	(467.325)	ÖBB Verschubfunk, Bündelfunk, Wien (seit Juni 99)
457.675	(467.675)	ÖBB Verschubfunk, Bündelfunk, Wien W. (seit Juni 99)
457.750	(467.750)	ÖBB Verschubfunk, Bündelfunk, Wien (seit Juni 99)
457.762,5	(467.762,5)	ÖBB Verschubfunk, Bündelfunk, Wien (seit Juni 99)

457.787,5 (467.787,5) ÖBB Verschubfunk, Bündelfunk, Wien W. (seit Juni 99)
457.862,5 (467.862,5) ÖBB Verschubfunk, Bündelfunk, Wien (seit Juni 99)
457.875 (467.875) ÖBB Verschubfunk, Bündelfunk, Wien (seit Juni 99)
457.912,5 (467.912,5) ÖBB Verschubfunk, Bündelfunk, Wien (seit Juni 99)
457.925 (467.925) ÖBB Verschubfunk, Bündelfunk, Wien (seit Juni 99)

458.062,5 (468.062,5) ÖBB Verschubfunk, Bündelfunk, Wien (seit Juni 99)
458.087,5 (468.087,5) ÖBB Verschubfunk, Bündelfunk, Wien W. (seit Juni 99)
458.187,5 (468.187,5) ÖBB Verschubfunk, Bündelfunk, Wien (seit Juni 99)
458.275 (468.275) Betriebsfunk
458.350 (468.350) ÖBB Verschubfunk, Bündelfunk, Wien (seit Juni 99)
458.387,5 (468.387,5) ÖBB Verschubfunk, Bündelfunk, Wien (seit Juni 99)
458.412,5 (468.412,5) ÖBB Verschubfunk, Bündelfunk, Wien W. (seit Juni 99)

458.500 (468.500) ÖBB Verschubfunk, Bündelfunk, Wien (seit Juni 99)
458.562,5 (468.562,5) ÖBB Verschubfunk, Bündelfunk, Wien (seit Juni 99)
458.737,5 (468.737,5) ÖBB Verschubfunk, Bündelfunk, Wien W. (seit Juni 99)
458.750 (468.750) ÖBB Verschubfunk, Bündelfunk, Wien (seit Juni 99)
458.775 (468.775) ÖBB Verschubfunk, Bündelfunk, Wien (seit Juni 99)

459.000 (469.000) ÖBB Verschubfunk, Bündelfunk, Wien (seit Juni 99)
459.100 (469.100) Betriebsfunk, Relais Sölden/Gaislachkogel
459.275 (469.275) Betriebsfunk, (Telfs)
459.400 (469.400) Betriebsfunk, digital, Innsbruck
459.412,5 (469.412,5) ÖBB Verschubfunk, Bündelfunk, Wien (seit Juni 99)
459.425 (469.425) ÖBB Verschubfunk, Bündelfunk, (seit OKT 98)
459.600 (469.600) ÖBB Verschubfunk, Bündelfunk (seit OKT 98), Hall
459.675 Rotes Kreuz, Linz-VÖEST
459.675 (459.675) ÖBB Verschubfunk, Bündelfunk, Wien (seit Juni 99)
459.700 (469.700) Betriebsfunk, Relais Sölden/Gaislachkogel
459.750 (469.750) ÖBB Verschubfunk, Bündelfunk (seit OKT 98), Hall
459.775 (469.775) Betriebsfunk
459.850 (469.850) ÖBB Verschubfunk, Bündelfunk, Wien (seit Juni 99)
459.925 (469.925) Betriebsfunk, Berghütte, Innsbruck

460.300 – 466.000 FUNKTELEFON C-NETZ,
AUSGABE ist ab 31.12.97 abgeschalten
450.300 – 466.000 FUNKTELEFON C-NETZ,
EINGABE ist ab 31.12.97 abgeschalten (bestand seit 1984)
460.025 (450.025) Betriebsfunk
460.025 (450.025) Rotes Kreuz, Freistadt
460.050 (450.050) Betriebsfunk
460.075 (450.075) Rotes Kreuz, Relais Tannberg
460.100 (450.100) Betriebsfunk, digital, Ötztal
460.175 (450.175) Betriebsfunk, digital, Ötztal
460.200 (450.200) Betriebsfunk, digital, VLBG
460.225 (450.225) Betriebsfunk, digital, Ötztal
460.300 (450.300) Betriebsfunk, digital, Ötztal
460.350 (450.350) Betriebsfunk, digital, Ötztal
460.350 (450.350) Rotes Kreuz, Salzburg
460.700 (450.700) Betriebsfunk, digital
460.725 (450.725) Betriebsfunk, digital
460.750 (450.750) Betriebsfunk, digital

460.900	(450.900)	Betriebsfunk, digital
460.925	(450.925)	Betriebsfunk, digital
460.950	(450.950)	Betriebsfunk, digital
461.000	(451.000)	Betriebsfunk, digital
461.050	(451.050)	Betriebsfunk, digital
461.100	(451.100)	Betriebsfunk, digital
461.200	(451.200)	Betriebsfunk, digital
461.300	(451.300)	Betriebsfunk, digital
461.700	(451.700)	Feuerwehr, Relais Sonnwendstein/Tulln
461.700	(451.700)	Feuerwehr, Relais Troppberg/Tulln
461.750	(451.750)	Feuerwehr, Relais Troppberg/Hengstbach
461.800	(451.850)	Feuerwehr, Relais Buschberg/Mistelbach
461.900	(451.900)	Feuerwehr, Relais Troppberg/Tulln
461.950	(451.950)	Feuerwehr, Relais Hagenbrunn/Wien
462.000	(452.000)	Feuerwehr, Relais Troppberg/Tulln
462.050	(452.050)	Feuerwehr, Relais Troppberg/Sonnwendstein
462.075	(452.075)	Betriebsfunk, Innsbruck
462.100	(452.100)	Feuerwehr, Relais Göttweig/Krems
462.150	(452.150)	Feuerwehr, Relais Muckenkogel/Tulln
462.475	(452.475)	Betriebsfunk, digital
462.550	(452.550)	Betriebsfunk
462.575	(452.575)	Betriebsfunk
462.900	(452.900)	Betriebsfunk
462.925	(452.925)	Betriebsfunk
463.000		SOYUZ, Telemetrie
463.200	(453.200)	Betriebsfunk, Innsbruck
463.300	(453.300)	Betriebsfunk, Innsbruck
463.525		Betriebsfunk, Skibus Landeck/St. Anton
464.650	(454.650)	Betriebsfunk, Innsbruck
466.025		POCSAG, Funkrufdienst, Innsbruck
466.075		POCSAG, Funkrufdienst, Innsbruck
466.150	(456.150)	Betriebsfunk, Landeck
466.175	(456.175)	Betriebsfunk, Innsbruck
466.262,5	(456.262,5)	ÖBB Verschubfunk, Bündelfunk, Wien (seit Juni 99)
466.275	(456.275)	Betriebsfunk, Innsbruck
466.300	(456.300)	Betriebsfunk, Innsbruck
466.300	(456.300)	ÖBB Verschubfunk, Bündelfunk, Wien (seit Juni 99)
466.325	(456.325)	Betriebsfunk
466.350	(456.350)	ÖBB Verschubfunk, Bündelfunk, Wien (seit Juni 99)
466.425	(456.425)	Betriebsfunk, digital, Kühtai
466.490	(456.490)	Mc Donalds, Headsets, (DL)
466.510	(456.510)	Mc Donalds, Headsets, (DL)
466.530	(456.530)	Mc Donalds, Headsets, (DL)
466.562,5	(456.562,5)	ÖBB Verschubfunk, Bündelfunk, Wien (seit Juni 99)
466.570	(456.570)	Mc Donalds, Headsets, (DL)
466.590	(456.590)	Mc Donalds, Headsets, (DL)
466.610	(456.610)	Mc Donalds, Headsets, (DL)
466.630	(456.630)	Mc Donalds, Headsets, (DL)
466.625	(456.625)	Betriebsfunk, Innsbruck

466.650 (456.650) Betriebsfunk, digital, Kühtai
466.650 (456.650) Mc Donalds, Headsets, (DL)
466.662,5 (456.662,5) ÖBB Verschubfunk, Bündelfunk, Wien (seit Juni 99)
466.675 (456.675) Betriebsfunk, Innsbruck
466.700 (456.700) Betriebsfunk, digital, Kühtai
466.900 (456.900) Betriebsfunk, Innsbruck
466.900 (456.900) ÖBB Verschubfunk, Bündelfunk, Wien (seit Juni 99)
466.925 (456.925) Betriebsfunk, Innsbruck
466.950 (456.950) Betriebsfunk, Innsbruck
466.975 (456.975) Betriebsfunk, Innsbruck

467.450 – 468.325 ÖBB-ZUGFUNK, (Siehe 457.450 – 458.325 MHZ)

467.325 (457.325) ÖBB Verschubfunk, Bündelfunk, Wien (seit Juni 99)
467.675 (457.675) ÖBB Verschubfunk, Bündelfunk, Wien West (seit Juni 99)
467.750 (458.750) ÖBB Verschubfunk, Bündelfunk, Wien (seit Juni 99)
467.762,5 (457.762,5) ÖBB Verschubfunk, Bündelfunk, Wien (seit Juni 99)
467.787,5 (457.787,5) ÖBB Verschubfunk, Bündelfunk, Wien West (seit Juni 99)
467.875 (457.875) ÖBB Verschubfunk, Bündelfunk, Wien (seit Juni 99)
467.862,5 (457.862,5) ÖBB Verschubfunk, Bündelfunk, Wien (seit Juni 99)
467.912,5 (457.912,5) ÖBB Verschubfunk, Bündelfunk, Wien (seit Juni 99)
467.925 (457.925) ÖBB Verschubfunk, Bündelfunk, Wien (seit Juni 99)
468.062,5 (458.062,5) ÖBB Verschubfunk, Bündelfunk, Wien (seit Juni 99)
468.087,5 (458.087,5) ÖBB Verschubfunk, Bündelfunk, Wien West (seit Juni 99)
468.187,5 (458.187,5) ÖBB Verschubfunk, Bündelfunk, Wien (seit Juni 99)

468.350 (458.350) ÖBB Verschubfunk, Bündelfunk, Wien (seit Juni 99)
468.412,5 (458.412,5) ÖBB Verschubfunk, Bündelfunk, Wien West (seit Juni 99)
468.500 (458.500) ÖBB Verschubfunk, Bündelfunk, Wien (seit Juni 99)
468.525 (458.525) Betriebsfunk, Innsbruck
468.737,5 (458.737,5) ÖBB Verschubfunk, Bündelfunk, Wien West (seit Juni 99)
468.750 (458.750) ÖBB Verschubfunk, Bündelfunk, Wien (seit Juni 99)
468.775 (458.775) ÖBB Verschubfunk, Bündelfunk, Wien
468.825 (458.825) Parkraumüberwachung, Wien

469.000 (459.000) ÖBB Verschubfunk, Bündelfunk, Wien (seit Juni 99)
469.100 (459.100) Betriebsfunk, Relais Sölden/Gaislachkogel
469.125 Betriebsfunk, Linz
469.275 (459.275) Betriebsfunk, Telfs, digital
469.400 (459.400) Betriebsfunk, digital, Innsbruck
469.412,5 (459.412,5) ÖBB Verschubfunk, Bündelfunk, Wien (seit Juni 99)
469.425 (459.425) ÖBB Verschubfunk, Bündelfunk, Hall (seit OKT 98)
469.600 (459.600) ÖBB Verschubfunk, Bündelfunk, Hall (seit OKT 98)
469.675 (459.675) ÖBB Verschubfunk, Bündelfunk, Wien (seit Juni 99)
469.675 (459.675) Rotes Kreuz, VÖEST, Werksgelände
469.700 (459.700) Betriebsfunk, Relais Sölden/Gaislachkogel
469.750 (459.750) ÖBB Verschubfunk, Bündelfunk, Hall (seit OKT 98)
469.775 (459.775) Betriebsfunk, digital, Innsbruck (423.675/426.550)
469.850 (459.850) ÖBB Verschubfunk, Bündelfunk, Wien (seit Juni 99)
469.875 Rettung, Linz-VÖEST
469.925 (459.925) Betriebsfunk, Innsbruck, Berghütte

470.000 – 606.000 MHz Fernsehband 4 (K 21 – 37) (Tonträger)

476.750 Kanal 21	Nauders	FS 2,	20
	Pinswang	FS 2	1.7
	Gries/Sellrain	FS 2,	2
	Pettnau	FS 2,	10
	Gerloskögerl	FS 2,	200
	Stubaital	FS 2,	5
	Leisach	FS 1,	2
484.250	ORF Funkmikrofon		
484.625	ORF Funkmikrofon		
484.750 Kanal 22	St.Leonhard/P	FS 2,	5
	Galtür	FS 2,	20
	Dalaas (VLBG)		
	Imst	FS 2,	5
	St. Ulrich	FS 2,	5
	Kreuzbühel (VLBG)		
	Hollbruck	FS 2,	100
492.750 Kanal 23	Spiss	FS 2,	5
	Windeck	FS 2,	20
	Patscherkofel	FS 2,	20000
	Galzig	FS 2,	180
	Gerlos	FS 2,	10
	Klaunzerberg	FS 2,	100
502.250	ORF Funkmikrofon		
502.750	ORF Funkmikrofon		
500.750 Kanal 24	Pfänder (VLBG)		
	Burgschrofen	FS 2,	200
	Kitzbühler Horn	FS 2,	2000
	Villgraten	FS 2,	5
	Dobratsch	FS 2,	15500
508.750 Kanal 25	Kelchsau	FS 1,	2
	Galtür	FS 1,	20
	Kreuzbühel/VLBG		
	Längenfeld	FS 2,	20
	Niederndorf	FS 2,	80
	Wangalpe	FS 2,	50
	Brunnerberg	FS 2,	50
	Imst	FS 1,	5
516.750 Kanal 26	Jungholz	FS 1,	5
	Spiss	FS 1,	5
	Gasünd (VLBG)		
524.750 Kanal 27	Pinswang	FS 2,	1.7
	Gaschurn (VLBG)		
	Gries/Sellrain	FS 1,	2
	Pettnau	FS 1,	10
	Stubai	FS 1,	5
	Leisach	FS 2,	2
532.750 Kanal 28	Längenfeld	FS 1,	20
	St. Leonhard/P	FS 1,	5

	Achenkirch	FS 1,	20
	Silbertal VLBG		
540.750 Kanal 29	Klaunzerberg	FS 1,	100
548.750 Kanal 30	Jungholz	FS 2,	30
	Heisenmahd	FS 2,	20
	Hohenweiler (VLBG)		
	Gaschurn (VLBG)		
	Gasünd (VLBG)		
550.250	ORF Funkmikrofon		
550.750	ORF Funkmikrofon		
556.750 Kanal 31	Brunnerberg	FS 1,	50
564.750 Kanal 32	Plattenschrofen	FS 2,	20
	Grahberg	FS 2,	1000
	Silbertal (VLBG)		
	Am Rohr (VLBG)		
	Kelchsau	FS 2,	2
	Achenkirch	FS 2,	20
572.750 Kanal 33	Berghof	FS 1,	5
	Gries/Brenner	FS 2,	20
	Dünserberg (VLBG)	FS 2,	
	Gerlos	FS 2,	10
	Niederndorf,	FS 1,	80
580.750 Kanal 34	Wattens,	FS 1,	20
	Villgraten	FS 1,	5
588.750 Kanal 35			
588.625	ORF Funkmikrofone		
596.750 Kanal 36			
604.750 Kanal 37	Dormitz	FS 1,	5
	Klösterle (VLBG)		
	Hohenweiler (VLBG)		
	Umhausen	FS 1,	20
	Hochschrofen/Prutz	FS 2,	
	Burgschrofen	FS 1,	200
	Oberpeischlach	FS 1,	5

606.000 – 862.000 MHz Fernsehband 5 (K 38 – 69)

612.750 Kanal 38	Wattens,	FS 2,	20
	Tannheim	FS 1,	20
620.750 Kanal 39	Mötz	FS 1,	5
	Lauterach (VLBG)		
	See	FS 1,	10
	Berghof	FS 2,	5
	Zell/Ziller	FS 1,	20
	Lercherwald	FS 2,	20
628.750 Kanal 40	Seegrube	FS 2,	200
	Burgstall	FS 2,	100
636.750 Kanal 41	Hahnenkamm/Reutte	FS 2,	300

	Argenzipfel (VLBG)		
	Sibratsgfäll (VLBG)		
	Fliess	FS 2,	4
	Mayerhofen	FS 2,	20
	Klösterle (VLBG)		
	Rauchkofel	FS 2,	2000
	Vomp	FS 1,	5
644.750 Kanal 42	Moosalm/Leutasch	FS 2,	200
	See	FS 2,	10
	Navis	FS 1,	5
	Kitzbühel	FS 2,	20
	Obertilliach	FS 2,	5
652.750 Kanal 43	Gries/Brenner	FS 2,	20
	Hechenbichl	FS 2,	20
660.750 Kanal 44	Dormitz/Nassereith	FS 2,	5
	Umhausen	FS 2,	20
	Hohe Salve	FS 2,	100
	Oberpeischlach	FS 2,	5
	Vomp	FS 2,	5
662.250	ORF Funkmikrofone		
662.750	ORF Funkmikrofone		
668.750 Kanal 45	Moosalm/Leutasch	FS 1,	200
	Benglerwald	FS 1,	20
	Flirsch	FS 2,	2
	Angerberg	FS 1,	20
	St. Jodok	FS 1,	20
	Benglerwald	FS 1,	20
676.750 Kanal 46	Seegrubc,	FS 1,	200
684.750 Kanal 47	Wald (VLBG)		
	Lauterach (VLBG)		
	Warth (VLBG)		
	Angerberg	FS 2,	20
	Zell/Ziller	FS 2,	20
692.750 Kanal 48	Gschwandkopf	FS 2,	200
	Flirsch	FS 2,	2
	Kobl	FS 2,	80
	Navis	FS 2,	5
	Burgberg	FS 2,	50
700.750 Kanal 49	Lech (VLBG)		
	Sibratsgfäll (VLBG)		
	Walchsee	FS 1,	20
	Waidring	FS 1,	20
	Zugspitze,	FS 1,	350
708.750 Kanal 50	Schlatt/Ötz	FS 2,	300
	Ötz	FS 2,	
	Sellrain	FS 2,	50
	Wald (VLBG)		
	Gischlangs (VLBG)		
	Sellrain	FS 2,	50
716.750 Kanal 51	Mötz	FS 2,	5

Golm (VLBG)
Benglerwald FS 2, 20
Fliess FS 1, 4
Reitherkogel FS 2, 200
724.750 Kanal 52 Lech (VLBG)
Walchsee FS 2, 20
Obertilliach FS 1, 5
732.750 Kanal 53 St. Jodok FS 2, 20
740.750 Kanal 54 Sautens FS 1, 2
Wenns FS 2, 50
Damüls (VLBG)
Warth (VLBG)
Burgberg FS 1, 50
Giggl FS 2, 20

748.250 Funkmikrofone Rundfunkanstalten, DL

748.750 Kanal 55 Zugspitze FS 2, 350
Zwölferkopf FS 2, 20
756.750 Kanal 56 Sellrain FS 1, 50
St. Leonhard FS 1, 20
764.750 Kanal 57 Wenns, FS 1, 50
Tannheim FS 2, 20
Wangalpe FS 1, 20
772.750 Kanal 58 Sautens FS 2, 2
Damüls (VLBG)
780.750 Kanal 59 Vorderälpele (VLBG)
Baumgarten (VLBG)
Waidring FS 2, 20
788.750 Kanal 60 Patscherkofel FS 2, 500
St. Leonhard FS 2, 20

790.650 ORF Funkmikrofone
791.050 ORF Funkmikrofone
791.500 ORF Funkmikrofone
792.000 ORF Funkmikrofone
792.550 ORF Funkmikrofone
793.150 ORF Funkmikrofone
793.800 ORF Funkmikrofone
794.600 ORF Funkmikrofone
796.150 ORF Funkmikrofone

796.750 Kanal 61

798.000 – 830.000 Funkmikrofone, 20 mW

804.750 Kanal 62 Patscherkofel FS 1, 500
812.750 Kanal 63 Burgstall FS 1, 20
820.750 Kanal 64 Hollbruck FS 2, 10
828.750 Kanal 65 Burgstall FS 2, 20

885.000 – 887.000 SCHNURLOSTELEFON, 12.5 khz, 10 mW
(930.000 – 932.000 MHZ)

887.000 – 898.000 D-NETZ-TELEFON,
analog (932.000 – 943.000 MHZ)

898.000 – 914.000 GSM-TELEFON,
digital, (943.000 – 959.000 MHZ)

914.000 – 916.000 SCHNURLOSTELEFON, 12,5 kHz, 10 mW
(959.000 – 961.000 MHZ)

922.750	SOYUZ + Progreß M Telemetrie
926.050	SOYUZ + Progreß M Telemetrie
926.100	SOYUZ M
929.075	MIR

930.000 – 932.000 SCHNURLOSTELEFONE 12,5 Khz, 10 mW,
(885.000 – 887.000)
80 Kanäle ca. 10 mW Fix – Mobil

D-Netz in Österreich (analog)

932.000 – 943.000 D-NETZ- AUSGABE (- 45 MHZ Shift)
887.000 – 898.000 D-NETZ- EINGABE (+ 45 MHZ Shift)

Innsbruck/Innsbruck Umgebung incl. Mittelgebirge, Sellrain...)

931.812,5	Bregenz	(886.812,5)
932.012,5		(887.012,5)
932.037,5		(887.037,5)
932.062,5	Innsbruck	(887.062,5)
932.062,5	Vorarlberg	(887.062,5) Bregenz Umgebung
932.087,5	Bregenz	(887.087,5)
932.112,5	Vorarlberg	(887.112,5) Bregenz Umgebung
932.112,5	Innsbruck	(887.112,5) Hauptpost Innsbruck
932.137,5	Bregenz	(887.137,5)
932.162,5	Vorarlberg	(887.162,5) Bregenz Umgebung
932.187,5		(887.187,5)
932.212,5	Neu Arzl	(887.212,5)
932.212,5	Vorarlberg	(887.212,5) Bregenz Umgebung
932.237,5	Bregenz	(887.237,5)
932.262,5	Vorarlberg	(887.262,5) Bregenz Umgebung
932.262,5	Kematen	(887.262,5)
932.262,5	Vorarlberg	(887.262,5) Bregenz Umgebung
932.287,5	Bregenz	(887.287,5)
932.287,5	Innsbruck	(887.287,5)
932.312,5	Vorarlberg	(887.312,5) Bregenz Umgebung
932.312,5	Innsbruck	(887.312,5)
932.337,5	Vorarlberg	(887.337,5) Bregenz Umgebung
932.362,5	Innsbruck	(887.362,5) Hauptpost Innsbruck
932.362,5	Vorarlberg	(887.362,5) Bregenz Umgebung
932.387,5	Vorarlberg	(887.387,5) Bregenz Umgebung
932.412,5	Vorarlberg	(887.412,5) Bregenz Umgebung
932.412,5	Innsbruck	(887.412,5) Hauptpost Innsbruck
932.437,5	Vorarlberg	(887.437,5) Bregenz Umgebung

932.462,5	Vorarlberg	(887.462,5) Bregenz Umgebung
932.487,5		(887.487,5)
932.512,5	Vorarlberg	(887.512,5) Bregenz Umgebung
932.512,5	Innsbruck	(887.512,5) Hauptpost Innsbruck
932.562,5	Vorarlberg	(887.562,5) Bregenz Umgebung
932.562,5	Neu Arzl	(887.562,5)
932.612,5	Innsbruck	(887.612,5)
932.637,5	Vorarlberg	(887.637,5) Bregenz Umgebung
932.662,5	Innsbruck	(887.662,5)
932.687,5	Bregenz	(887.687,5)
932.712,5	Vorarlberg	(887.712,5) Bregenz Umgebung
932.712,5	Innsbruck	(887.712,5) Hauptpost Innsbruck
932.737,5	Bregenz	(887.737,5)
932.762,5	Vorarlberg	(887.762,5) Bregenz Umgebung
932.812,5	Neu Arzl	(887.812,5)
932.812,5	Vorarlberg	(887.812,5) Bregenz Umgebung
932.837,5	Bregenz	(887.837,5)
932.862,5	Kematen	(887.862,5)
932.887,5	Innsbruck	(887.887,5)
932.887,5	Bregenz	(887.887,5)
932.912,5	Vorarlberg	(887.912,5) Bregenz Umgebung
932.937,5	Vorarlberg	(887.937,5) Bregenz Umgebung
932.937,5	Innsbruck	(887.937,5)
932.962,5	Innsbruck	(887.962,5) Hauptpost Innsbruck
932.837,5	Bregenz	(887.837,5)
932.962,5	Bregenz	(887.962,5)
932.962,5	Innsbruck	(887.962,5)
932.987,5	Innsbruck	(887.987,5)
932.987,5	Vorarlberg	(887.987,5) Bregenz Umgebung
933.012,5	Vorarlberg	(888.037,5) Bregenz Umgebung
933.012,5	Innsbruck	(888.012,5) Hauptpost Innsbruck
933.037,5	Bregenz	(888.037,5)
933.062,5	Vorarlberg	(888.062,5) Bregenz Umgebung
933.087,5	Vorarlberg	(888.062,5) Bregenz Umgebung
933.112,5	Innsbruck	(888.112,5)
933.112,5	Vorarlberg	(888.112,5) Bregenz Umgebung
933.137,5	Innsbruck	(888.137,5)
933.162,5	Vorarlberg	(888.162,5) Bregenz Umgebung
933.162,5	Neu Arzl	(888.162,5)
933.187,5	Bregenz	(888.187,5)
933.212,5	Innsbruck	(888.212,5)
933.212,5	Bregenz	(888.212,5) Bregenz Umgebung
933.237,5		(888.237,5)
933.262,5	Innsbruck	(888.262,5)
933.287,5	Bregenz	(888.287,5)
933.312,5	Innsbruck	(888.312,5) Hauptpost Innsbruck
933.337,5	Bregenz	(888.337,5)
933.362,5	Vorarlberg	(888.362,5) Bregenz Umgebung
933.387,5		(888.387,5)
933.412,5	Neu Arzl	(888.412,5)
933.412,5	Vorarlberg	(888.412,5) Bregenz Umgebung

933.437,5	Bregenz	(888.437,5)
933.462,5	Innsbruck	(888.462,5) Hauptpost Innsbruck
933.462,5	Kematen	(888.462,5)
933.462,5	Vorarlberg	(888.462,5) Bregenz Umgebung
933.487,5	Innsbruck	(888.487,5)
933.487,5	Vorarlberg	(888.487,5) Bregenz Umgebung
933.512,5	Vorarlberg	(888.512,5) Bregenz Umgebung
933.512,5	Innsbruck	(888.512,5) Innsbruck
933.537,5	Vorarlberg	(888.537,5) Bregenz Umgebung
933.562,5	Innsbruck	(888.562,5) Hauptpost Innsbruck
933.587,5	Bregenz	(888.587,5)
933.612,5	Innsbruck	(888.612,5) Hauptpost Innsbruck
933.612,5	Vorarlberg	(888.612,5) Bregenz Umgebung
933.637,5	Bregenz	(888.637,5)
933.662,5	Vorarlberg	(888.662,5) Bregenz Umgebung
933.662,5	Kematen	(888.662,5)
933.687,5		(888.687,5)
933.712,5	Vorarlberg	(888.712,5) Bregenz Umgebung
933.712,5	Innsbruck	(888.737,5) Hauptpost Innsbruck
933.737,5	Innsbruck	(888.737,5)
933.737,5	VLBG	(888.737,5) Bregenz Umgebung
933.762,5	Vorarlberg	(888.762,5) Bregenz Umgebung
933.762,5	Neu Arzl	(888.762,5)
933.787,5	Bregenz	(888.787,5)
933.812,5	Innsbruck	(888.812,5)
933.837,5	Vorarlberg	(888.837,5) Bregenz Umgebung
933.862,5	Innsbruck	(888.862,5)
933.887,5	Bregenz	(888.887,5)
933.912,5	Innsbruck	(888.912,5) Hauptpost Innsbruck
933.937,5	Bregenz	(888.937,5)
933.962,5	Kematen	(888.962,5)
933.962,5	Vorarlberg	(888.962,5) Bregenz Umgebung
933.987,5		(888.987,5)
934.012,5	Neu Arzl	(889.012,5)
934.012,5	Vorarlberg	(889.012,5) Bregenz Umgebung
934.037,5	Bregenz	(889.037,5)
934.062,5	Kematen	(889.062,5)
934.087,5	Innsbruck	(889.087,5)
934.087,5	Bregenz	(889.087,5)
934.112,5	Vorarlberg	(889.112,5) Bregenz Umgebung
934,137,5	Vorarlberg	(889.137,5) Bregenz Umgebung
934.162,5	Innsbruck	(889.162,5) Hauptpost Innsbruck
934.162,5	Vorarlberg	(889.162,5) Bregenz Umgebung
934.187,5	Vorarlberg	(889.187,5) Bregenz Umgebung
934.212,5	Innsbruck	(889.212,5) Hauptpost Innsbruck
934.237,5	Vorarlberg	(889.237,5) Bregenz Umgebung
934.262,5	Vorarlberg	(889.262,5) Bregenz Umgebung
934.287,5		(889.287,5)
934,312,5	Vorarlberg	(889.312,5) Bregenz Umgebung
934.312,5	Innsbruck	(889.312,5) Hauptpost Innsbruck
934.337,5	Innsbruck	(889.337,5)

934.362,5	Vorarlberg	(889.362,5) Bregenz Umgebung
934.362,5	Neu Arzl	(889.362,5)
934.387,5	Bregenz	(889.387,5)
934.412,5	Innsbruck	(889.412,5) Hauptpost Innsbruck
934.437,5	Vorarlberg	(889.437,5) Bregenz Umgebung
934.462,5	Innsbruck	(889.462,5)
934.487,5	Bregenz	(889.487,5)
934.512,5	Innsbruck	(889.412,5) Hauptpost Innsbruck
934.537,5	Bregenz	(889.537,5)
934.562,5	Vorarlberg	(889.562,5) Bregenz Umgebung
934.587,5	Bregenz	(889.587,5)
934.612,5	Neu Arzl	(889.612,5)
934.612,5	Vorarlberg	(889.612,5) Bregenz Umgebung
934.637,5		(889.637,5)
934.662,5	Kematen	(889.662,5)
934.687,5	Innsbruck	(889.687,5)
934.687,5	Bregenz	(889.687,5)
934.712,5	Bregenz	(889.712,5)
934.737,5	Vorarlberg	(889.737,5) Bregenz Umgebung
934.762,5	Innsbruck	(889.762,5) Hauptpost Innsbruck
934.787,5	Vorarlberg	(889.787,5) Bregenz Umgebung
934.812,5	Innsbruck	(889.812,5) Hauptpost Innsbruck
934.812,5	Vorarlberg	(889.812,5) Bregenz Umgebung
934.837,5	Innsbruck	(889.837,5)
934.862,5	Vorarlberg	(889.862,5) Bregenz Umgebung
934.887,5	Seefeld	(889.887,5)
934.912,5	Bregenz	(889.912,5)
934.912,5	Innsbruck	(889.912,5) Hauptpost Innsbruck
934.937,5	Vorarlberg	(889.937,5) Bregenz Umgebung
934.937,5	Innsbruck	(889.937,5)
934.962,5	Vorarlberg	(889.962,5) Bregenz Umgebung
934.962,5	Neu Arzl	(889.962,5)
934.987,5	Vorarlberg	(889.987,5) Bregenz Umgebung
935.012,5	Innsbruck	(890.012,5)
935.037,5	Vorarlberg	(890.037,5) Bregenz Umgebung
935.037,5	Leutasch	(890.037,5)
935.062,5	Imst	(890.062,5)
935.062,5	Innsbruck	(890.062,5)
935.087,5	Roppener Tunnel	(890.087,5)
935.087,5	Telfs	(890.087,5)
935.087,5	Bregenz	(890.087,5)
935.112,5	Innsbruck	(890.112,5)
935.112,5	Wenns	(890.112,5)
935.137,5	Innsbruck	(890.137,5)
935.137,5	Vorarlberg	(890.137,5) Bregenz Umgebung
935.162,5	Innsbruck	(890.162,5)
935.162,5	Vorarlberg	(890.162,5) Bregenz Umgebung
935.162,5	Roppener Tunnel	(890.162,5)
935.162,5	Ötztal	(890.162,5)
935.187,5	Bregenz	(890.187,5)
935.187,5	Innsbruck	(890.187,5)

935.187,5	Kühtai	(890.187,5) Wiesberglift
935.212,5	Neu Arzl	(890.212,5)
935.212,5	Silz	(890.212,5)
935.212,5	Landeck	(890.212,5)
935.212,5	Perjenner Tunn.	(890.212,5)
935.237,5	Bludenz	(890.237,5)
935.237,5	St.Anton	(890.237,5)
935.262,5	Innsbruck	(890.262,5)
935.287,5	Seefeld	(890.287,5)
935.312,5	Strengen	(890.312,5)
935.337,5		(890.337,5)
935.362,5	Innsbruck	(890.362,5)
935.387,5	Bludenz	(890.387,5)
935.412,5	Innsbruck	(890.412,5)
935.412,5	Wenns	(890.412,5)
935.437,5	Innsbruck	(890.437,5)
935.462,5	Wattens	(890.462,5)
935.462,5	Vorarlberg	(890.462,5) Bregenz Umgebung
935.487,5		(890.487,5)
935.512,5		(890.512,5)
935.537,5		(890.537,5)
935.562,5	Nasserreith	Kennung
935.562,5	Vorarlberg	Kennung Bregenz Umgebung
935.562,5	Innsbruck	Kennung
935.587,5	Längenfeld	Kennung
935.612,5	Innsbruck	Kennung
935.612,5	Flirsch	Kennung
935.637,5	Vorarlberg	Kennung Bregenz Umgebung
935.637,5	Leutasch	Kennung
935.662,5	Innsbruck	Kennung
935.662,5	Imst	Kennung
935.687,5	Telfs	Kennung
935.687,5	Bregenz	Kennung
935.712,5	Ötz	Kennung
935.712,5	Innsbruck	Kennung Hauptpost Innsbruck
935.712,5	Langen a.A	Kennung
935.737,5	Innsbruck	Kennung
935.737,5	Bregenz	Kennung
935.737,5	Hatting	Kennung
935.762,5	Ötztal	Kennung
935.762,5	Roppener Tunnel	Kennung
935.762,5	Braz	Kennung
935.762,5	Bregenz	Kennung Bregenz Umgebung
935.787,5	Scharnitz	Kennung
935.787,5	Innsbruck	Kennung
935.812,5	Dalaas	Kennung
935.812,5	Silz	Kennung
935.812,5	Roppener Tunnel	Kennung
935.837,5	Umhausen	Kennung
935.837,5	St. Anton	Kennung
935.862,5	Kematen	Kennung

935.862,5	Fließ	Kennung
935.887,5	Hall	Kennung
935.887,5	Vorarlberg	Kennung Bregenz Umgebung
935.912,5	Schönwies	Kennung
935.912,5	Neu Arzl	Kennung
935.912,5	Vorarlberg	Kennung Bregenz Umgebung
935.912,5	Schönwies	Kennung
935.912,5	Milser Tunnel	Kennung
935.937,5	Seefeld	Kennung
935.937,5	Vorarlberg	Kennung Bregenz Umgebung
935.962,5	Vorarlberg	Kennung Bregenz Umgebung
935.962,5	Kematen	Kennung
935.987,5	Mieming	Kennung
935.987,5	Roppener Tunnel	Kennung
935.987,5	Strengen	Kennung
935.987,5	Vorarlberg	Kennung Bregenz Umgebung
935.987,5	Roppener Tunnel	Kennung
936.012,5	Roppener Tunnel	Kennung
936.012,5	Wenns	Kennung
936.012,5	Innsbruck	Kennung Hauptpost Innsbruck
936.012,5	Bregenz	Kennung Bregenz Umgebung
936.037,5		Kennung
936.062,5	Landeck	Kennung
936.062,5	Wattens	Kennung
936.062,5	Bregenz	Kennung Bregenz Umgebung
936.112,5	Innsbruck	(891.112,5)
936.137,5		(891.137,5)
936.162,5	Bludenz	(891.162,5)
936.187,5		(891.187,5)
936.212,5	Landeck	(891.212,5)
936.237,5		(891.237,5)
936.262,5	Innsbruck	(891.262,5)
936.262,5	Imst	(891.262,5)
936.262,5	Mieming	(891.262,5)
936.287,5	Telfs	(891.287,5)
936.287,5	Roppener Tunnel	(891.287,5)
936.287,5	Bregenz	(891.287,5)
936.312,5	Innsbruck	(891.312,5)
936.312,5	Landeck	(891.312,5)
936.312,5	Roppener Tunnel	(891.312,5)
936.337,5	Innsbruck	(891.337,5)
936.362,5	Ötztal	(891.362,5)
936.387,5	Innsbruck	(891.387,5)
936.412,5	Silz	(891.412,5)
936.412,5	Roppener Tunnel	(891.412,5)
936.412,5	Innsbruck	(891.412,5) Innsbruck Umgebung
936.437,5	St. Anton	(891.437,5)
936.437,5	Längenfeld	(891.437,5)
936.437,5	Bregenz	(891.437,5) Bregenz Umgebung
936.462,5	Kematen	(891.462,5)
936.487,5		(891.487,5)

936.512,5		(891.512,5)	
936.512,5	Vorarlberg	(891.512,5)	Bregenz Umgebung
936.537,5	Vorarlberg	(891.537,5)	Bregenz Umgebung
936.537,5	Umhausen	(891.537,5)	
936.562,5	Nassereith	(891.562,5)	
936.587,5	Seefeld	(891.587,5)	
936.587,5	Bludenz	(891.587,5)	
936.612,5	Wenns	(891.612,5)	
936.612,5	Innsbruck	(891.612,5)	
936.612,5	Landeck	(891.612,5)	
936.637,5	Innsbruck	(891.637,5)	
936.662,5	Vorarlberg	(891.662,5)	Bregenz Umgebung
936.662,5	Wattens	(891.662,5)	
936.687,5	Seefeld	(891.687,5)	
936.687,5	St. Anton	(891.687,5)	
936.712,5	Innsbruck	(891.712,5)	
936.712,5	Landeck	(891.712,5)	
936.737,5	Ötz	(891.737,5)	
936.762,5	Neu Arzl	(891.762,5)	
936.787,5		(891.787,5)	
936.812,5		(891.812,5)	
936.837,5	Leutasch	(891.837,5)	
936.862,5	Imst	(891.862,5)	
936.862,5	Innsbruck	(891.862,5)	
936.887,5	Telfs	(891.887,5)	
936.887,5	Bregenz	(891.887,5)	
936.912,5	Innsbruck	(891.912,5)	Hauptpost Innsbruck
936.912,5	Schönwies	(891.912,5)	
936.937,5	Innsbruck	(891.937,5)	
936.962,5	Ötztal	(891.962,5)	
936.962,5	Innsbruck	(891.962,5)	
936.962,5	Roppener Tunnel	(891.962,5)	
936.962,5	Vorarlberg	(891.962,5)	Bregenz Umgebung
936.987,5	Innsbruck	(891.987,5)	
936.987,5	Bludenz	(891.987,5)	
937.012,5	Landeck	(892.012,5)	
937.012,5	Neu Arzl	(892.012,5)	
937.012,5	Silz	(892.012,5)	
937.012,5	Vorarlberg	(892.012,5)	Bregenz Umgebung
937.037,5	St. Anton	(892.037,5)	
937.037,5	Innsbruck	(892.037,5)	
937.062,5	Kematen	(892.062,5)	
937.087,5	Innsbruck	(892.087,5)	
937.112,5	Innsbruck	(892.112,5)	
937.137,5	Vorarlberg	(892.137,5)	Bregenz Umgebung
937.162,5	Innsbruck	(892.162.5)	
937.162,5	Bregenz	(892.162,5)	
937.162,5	Nassereith	(892.162,5)	
937.187,5	Telfs	(892.187,5)	
937.187,5	Roppener Tunnel	(892.187,5)	
937.187,5	Bludenz	(892.187,5)	

937.212,5	Innsbruck	(892.212,5)
937.212,5	Wenns	(892.212,5)
937.212,5	Vorarlberg	(892.212,5) Bregenz Umgebung
937.237,5	Innsbruck	(892.237,5)
937.262,5	Innsbruck	(892.262,5)
937.287,5	Innsbruck	(892.287,5)
937.287,5	St. Anton	(892.287,5)
937.287,5	Seefeld	(892.287,5)
937.312,5	Innsbruck	(892.312,5)
937.312,5	Prutz	(892.312,5)
937.312,5	Landeck	(892.312,5)
937.312,5	Perjenner Tunnel	(892.312,5)
937.337,5	Ötz	(892.337,5)
937.337,5	Hall	(892.337,5)
937.362,5	Imst	(892.362,5)
937.362,5	Neu Arzl	(892.362,5)
937.362,5	Bludenz	(892.362,5)
937.412,5		(892.412,5)
937.437,5		(892.437,5)
937.462,5	Imst	(892.462,5)
937.462,5	Mieming	(892.462,5)
937.462,5	Innsbruck	(892.462,5)
937.487,5	Telfs	(892.487,5)
937.512,5	Innsbruck	(892.512,5)
937.512,5		(892.512,5)
937.537,5	Innsbruck	(892.537,5)
937.562,5	Innsbruck	(892.562,5)
937.562,5	Ötztal	(892.562,5)
937.587,5	Seefeld	(892.587,5)
937.587,5	Kühtai	(892.587,5) Wiesberglift
937.612,5	Perjenner Tunnel	(892.612,5)
937.612,5	Landeck	(892.612,5)
937.612,5	Roppener Tunnel	(892.612,5)
937.612,5	Neu Arzl	(892.612,5)
937.612,5	Silz	(892.612,5)
937.637,5	St. Anton	(892.637,5)
937.637,5	Längenfeld	(892.637,5)
937.662,5	Neu Arzl	(892.662,5)
937.662,5	Kematen	(892.662,5)
937.687,5	Innsbruck	(892.687,5)
937.712,5	Quadr. Tunnel	(892.712,5)
937.712,5	Strengen	(892.712,5)
937.737,5	Umhausen	(892.737,5)
937.762,5	Innsbruck	(892.762,5)
937.762,5	Nassereith	(892.762,5)
937.787,5	Seefeld	(892.787,5)
937.812,5	Wenns	(892.812,5)
937.812,5	Innsbruck	(892.812,5)
937.837,5	Innsbruck	(892.837,5)
937.862,5	Mieming	(892.862,5)
937.887,5	Seefeld	(892.887,5)

937.887,5	St. Anton	(892.887,5)
937.912,5	Innsbruck	(892.912,5)
937.912,5	Schönwies	(892.912,5)
937.937,5	Ötz	(892.937,5)
937.962,5	Neu Arzl	(892.962,5)
937.962,5	Ötztal	(892.962,5)
937.962,5	Imst	(892.962,5)
937.987,5	Seefeld	(892.987,5)
937.987,5	Vorarlberg	(892.987,5) Bregenz Umgebung
938.012,5	Schönwies	(893.012,5)
938.037,5		(893.037,5)
938.062,5	Imst	(893.062,5)
938.062,5	Innsbruck	(893.062,5)
938.087,5	Telfs	(893.087,5)
938.112,5	Innsbruck	(893.112,5)
938.112,5	Schönwies	(893.112,5)
938.137,5	Innsbruck	(893.137,5)
938.162,5	Innsbruck	(893.162,5)
938.162,5	Ötztal	(893.162,5)
938.162,5	Roppener Tunnel	(893.162,5)
938.187,5	Innsbruck	(893.187,5)
938.187,5	Seefeld	(893.187,5)
938.212,5	Neu Arzl	(893.187,5)
938.212,5	Landeck	(893.212,5)
938.212,5	Silz	(893.212,5)
938.237,5	St. Anton	(893.237,5)
938.262,5	Kematen	(893.262,5)
938.287,5	Innsbruck	(893.287,5)
938.312,5	Innsbruck	(893.312,5)
938.312,5	Telfs	(893.312,5)
938.337,5		(893.337,5)
938.362,5	Innsbruck	(893.362,5)
938.362,5	Nassereith	(893.362,5)
938.387,5	Telfs	(893.387,5)
938.412,5	Wenns	(893.412,5)
938.412,5	Innsbruck	(893.412,5)
938.437,5	Innsbruck	(893.437,5)
938.462,5	Innsbruck	(893.462,5)
938.462,5	Mieming	(893.462,5)
938.487,5	Seefeld	(893.487,5)
938.487,5	St. Anton	(893.487,5)
938.512,5	Innsbruck	(893.512,5)
938.512,5	Nassereith	(893.512,5)
938.537,5	Ötz	(893.537,5)
938.537,5	Hall	(893.537,5)
938.562,5	Neu Arzl	(893.562,5)
938.562,5	Imst	(893.562,5)
938.562,5	Hatting	(893.562,5) Raststätte Rosenberger
938.587,5		(893.587,5)
938.612,5	Innsbruck	(893.612,5)
938.637,5	Leutasch	(893.637,5)

938.662,5	Imst	(893.662,5)	
938.687,5	Telfs	(893.687,5)	
938.712,5	Innsbruck	(893.712,5)	
938.712,5	Schönwies	(893.712,5)	
938.712,5	Silz	(893.712,5)	
938.712,5	Landeck	(893.712,5)	
938.737,5	Seefeld	(893.737,5)	
938.737,5	Längenfeld	(893.737,5)	
938.762,5	Ötztal	(893.762,5)	
938.762,5	Roppener Tunnel	(893.762,5)	
938.762,5	Innsbruck	(893.762,5)	
938.787,5	Innsbruck	(893.787,5)	Innsbruck Umgebung
938.812,5	Landeck	(893.812,5)	
938.812,5	Neu Arzl	(893.812,5)	
938.812,5	Silz	(893.812,5)	
938.812,5	Roppener Tunnel	(893.812,5)	
938.837,5	St. Anton	(893.837,5)	
938.862,5	Kematen	(893.862,5)	
938.887,5	Innsbruck	(893.887,5)	
938.912,5		(893.912,5)	
938.937,5		(893.937,5)	
938.962,5	Innsbruck	(893.962,5)	
938.962,5	Mieming	(893.962,5)	
938.987,5	Telfs	(893.987,5)	
939.012,5	Innsbruck	(894.012,5)	
939.012,5	Landeck	(894.012,5)	
939.012,5	Wenns	(894.012,5)	
939.037,5	Umhausen	(894.037,5)	
939.037,5	Innsbruck	(894.037,5)	
939.062,5	Wattens	(894.062,5)	
939.062,5	Mieming	(894.062,5)	
939.087,5	St. Anton	(894.087,5)	
939.087,5	Seefeld	(894.087,5)	
939.112,5	Prutz	(894.112,5)	
939.112,5	Innsbruck	(894.112,5)	
939.137,5	Ötz	(894.137,5)	
939.137,5	Hall	(894.137,5)	
939.162,5	Hatting	(894.162,5)	Raststätte Rosenberger
939.162,5	Imst	(894.162,5)	
939.162,5	Innsbruck	(884.162,5)	Innsbruck Umgebung
939.187,5		(894.187,5)	
939.212,5	Innsbruck	(894.212,5)	
939.237,5		(894.237,5)	
939.262,5	Ötztal	(894.262,5)	
939.262,5	Innsbruck	(894.262,5)	
939.262,5	Imst	(894.262,5)	
939.287,5	Telfs	(894.287,5)	
939.312,5	Innsbruck	(894.312,5)	
939.312,5	Landeck	(894.312,5)	
939.337,5	Innsbruck	(894.337,5)	
939.362,5	Ötztal	(894.362,5)	

939.362,5	Roppener Tun.	(894.362,5)	
939.362,5	Innsbruck	(894.362,5)	
939.387,5	Innsbruck	(894.387,5)	
939.387,5	Kühtai	(894.387,5)	Wiesberglift
939.387,5	Seefeld	(894.387,5)	
939.412,5	Neu Arzl	(894.412,5)	
939.412,5	Landeck	(894.412,5)	
939.412,5	Perjenner Tun.	(894.412,5)	
939.412,5	Silz	(894.412,5)	
939.437,5	St. Anton	(894.437,5)	
939.462,5	Telfs	(894.462,5)	
939.487,5	Innsbruck	(894.487,5)	
939.512,5	Innsbruck	(894.512,5)	
939.537,5	Umhausen	(894.537,5)	
939.562,5	Innsbruck	(894.562,5)	
939.562,5	Innsbruck	(894.562,5)	
939.562,5	Nassereith	(894.562,5)	
939.587,5	Telfs	(894.587,5)	
939.612,5	Imst	(894.612,5)	
939.612,5	Innsbruck	(894.612,5)	
939.637,5	Ötz	(894.610,5)	
939.637,5	Innsbruck	(894.637,5)	
939.662,5	Innsbruck	(894.662,5)	
939.662,5	Mieming	(894.662,5)	
939.687,5	Seefeld	(894.687.5)	
939.712,5	Innsbruck	(894.712,5)	
939.712,5	Fließ	(894.712,5)	
939.737,5	Ötz	(894.737,5)	
939.762,5	Imst	(894.762,5)	
939.762,5	Hatting	(894.762,5)	Raststätte Rosenberger
939.762,5	Innsbruck	(894.762,5)	Innsbruck Umgebung
939.787,5		(894.787,5)	
939.812,5	Innsbruck	(894.812,5)	Innsbruck Umgebung
939.837,5	Landeck	(894.837,5)	
939.862,5	Imst	(894.862,5)	
939.862,5	Innsbruck	(894.862,5)	
939.887,5	Telfs	(894.887,5)	
939.912,5	Innsbruck	(894.912,5)	
939.912,5	Schönwies	(894.912,5)	
939.937,5	Innsbruck	(894.937,5)	Hauptpost Innsbruck
939.962,5	Innsbruck	(894.962,5)	
939.962,5	Ötztal	(894.962,5)	
939.987,5	Innsbruck	(894.987,5)	
940.012,5	Silz	(895.012,5)	
940.012,5	Landeck	(895.012,5)	
940.037,5	Längenfeld	(895.037,5)	
940.037,5	St. Anton	(895.037,5)	
940.062,5	Wattens	(895.062,5)	
940.087,5	Innsbruck	(895.087,5)	
940.112,5	Schönwies	(895.112,5)	
940.137,5	Umhausen	(895.137,5)	

940.162,5	Nassereith	(895.162,5)
940.162,5	Hatting	(895.162,5) Raststätte Rosenberger
940.187,5	Telfs	(895.187,5)
940.187,5	Roppener Tunnel	(895.187,5)
940.212,5	Innsbruck	(895.212,5)
940.212,5	Imst	(895.212,5)
940.237,5	Innsbruck	(895.237,5)
940.262,5	Wattens	(895.262,5)
940.262,5	Mieming	(895.262,5)
940.287,5	Seefeld	(895.287,5)
940.287,5	St. Anton	(895.287,5)
940.287,5	Seefeld	(895.287,5)
940.312,5	Innsbruck	(895.312,5)
940.312,5	Fließ	(895.312,5)
940.337,5	Ötz	(895.337,5)
940.337,5	Innsbruck	(895.337,5)
940.362,5	Imst	(895.362,5)
940.362,5	Neu Arzl	(895.362,5)
940.362,5	Hatting	(895.362,5) Raststätte Rosenberger
940.387,5		(895.387,5)
940.412,5	Innsbruck	(895.412,5) Innsbruck Umgebung
940.437,5		(895.437,5)
940.462,5	Imst	(895.462,5)
940.462,5	Innsbruck	(895.462,5)
940.487,5	Telfs	(895.487,5)
940.512,5	Silz	(895.512,5)
940.512,5	Innsbruck	(895.512,5) Hauptpost Innsbruck
940.512,5	Landeck	(895.512,5)
940.537,5	Innsbruck	(895.537,5)
940.562,5	Innsbruck	(895.562,5)
940.562,5	Ötztal	(895.562,5)
940.587,5	Seefeld	(895.587,5)
940.587,5	Innsbruck	(895.587,5) Innsbruck Umgebung
940.612,5	Innsbruck	(895,612,5) Innsbruck Umgebung
940.612,5	Landeck	(895.612,5)
940.612,5	Silz	(895.612,5)
940.612,5	Roppener Tunnel	(895.612,5)
940.637,5	St. Anton	(895.637,5)
940.637,5	Umhausen	(895.737,5)
940.662,5	Kematen	(895.662,5)
940.687,5	Innsbruck	(895.662,5)
940.712,5		(895.712,5)
940.737,5		(895.737,5)
940.762,5	Innsbruck	(895.762,5)
940.787,5	Telfs	(895.787,5)
940.812,5	Innsbruck	(895.812,5)
940.812,5	Imst	(895.812,5)
940.837,5	Innsbruck	(895.812,5)
940.862,5	Mieming	(895.862,5)
940.862,5	Innsbruck	(895.862,5)
940.887,5	Innsbruck	(895.887,5)

940.912,5	Fließ	(895.912,5)	
940.912,5	Innsbruck	(895.912,5)	
940.937,5		(895.937,5)	
940.962,5	Imst	(895.962,5)	
940.962,5	Neu Arzl	(895.962,5)	
940.962,5	Hatting	(895.962,5)	Raststätte Rosenberger
940.987,5	Prutz	(895.987,5)	
941.012,5	Innsbruck	(896.012,5)	
941.037,5		(896.037,5)	
941.062,5	Imst	(896.062,5)	
941.087,5	Telfs	(896.087,5)	
941.087,5	Innsbruck	(896.087,5)	
941.112,5	Innsbruck	(896.112,5)	
941.112,5	Schönwies	(896.112,5)	
941.137,5	Innsbruck	(896.137,5)	
941.162,5	Ötztal	(896.162,5)	
941.162,5	Roppener Tunnel	(896.162,5)	
941.187,5		(896.187,5)	
941.212,5	Landeck	(896.212,5)	
941.237,5		(896.237,5)	
941.262,5	Kematen	(896.262,5)	
941.262,5	Nassereith	(896.262,5)	
941.287,5	Innsbruck	(896.287,5)	
941.312,5		(896.312,5)	
941.337,5		(896.337,5)	
941.362,5	Innsbruck	(896.362,5)	
941.362,5	Silz	(896.362,5)	
941.387,5	Telfs	(896.387,5)	
941.412,5	Innsbruck	(896.412,5)	
941.412,5	Imst	(896.412,5)	
941.437,5	Innsbruck	(896.437,5)	
941.462,5	Innsbruck	(896.462,5)	
941.462,5	Mieming	(896.462,5)	
941.487,5		(896.487,5)	
941.512,5	Innsbruck	(896.512,5)	Hauptpost Innsbruck
941.512,5	Fließ	(896.512,5)	
941.537,5	Hall	(896.537,5)	
941.562,5	Neu Arzl	(896.562,5)	
941.562,5	Imst	(896.562,5)	
941.562,5	Hatting	(896.562,5)	Raststätte Rosenberger
941.587,5		(896.587,5)	
941.612,5	Innsbruck	(896.612,5)	
941.637,5		(896.637,5)	
941.662,5	Imst	(896.662,5)	
941.662,5	Innsbruck	(896.662,5)	
941.687,5	Telfs	(896.687,5)	
941.712,5	Innsbruck	(896.712,5)	
941.737,5	Innsbruck	(896.737,5)	
941.762,5	Ötztal	(896.762,5)	
941.787,5	Innsbruck	(896.787,5)	
941.787,5	Seefeld	(896.787,5)	

941.812,5	Innsbruck	(896.812,5)
941.812,5	Landeck	(896.812,5)
941.837,5	St. Anton	(896.837,5)
941.862,5	Kematen	(896.862,5)
941.887,5	Innsbruck	(896.887,5)
941.912,5		(896.912,5)
941.937,5		(896.937,5)
941.962,5	Innsbruck	(896.962,5)
941.987,5		(896.987,5)
942.012,5	Imst	(897.012,5)
942.012,5	Innsbruck	(897.012,5)
942.037,5		(897.037,5)
942.062,5	Mieming	(897.062,5)
942.087,5		(897.087,5)
942.112,5	Innsbruck	(897.112,5)
942.112,5	Fließ	(897.112,5)
942.137,5		(897.137,5)
942.162,5	Neu Arzl	(897.162,5)
942.162,5	Imst	(897.162,5)
942.187,5	Prutz	(897.187,5)
942.187,5	Seefeld	(897.187,5)
942.212,5	Innsbruck	(897.212,5)
942.237,5		(897.237,5)
942.262,5	Imst	(897.262,5)
942.262,5	Innsbruck	(897.262,5)
942.287,5	Innsbruck	(897.287,5)
942.287,5	Telfs	(897.287,5)
942.312,5	Innsbruck	(897.312,5)
942.312,5	Landeck	(897.312,5)
942.337,5		(897.337,5)
942.362,5	Telfs	(897.362,5)
942.387,5	Innsbruck	(897.387,5)
942.412,5	Innsbruck	(897.412,5)
942.412,5	Landeck	(897.412,5)
942.437,5		(897.437,5)
942.487,5	Innsbruck	(897.487,5)
942.512,5		(897.512,5)
942.537,5		(897.537,5)
942.562,5	Innsbruck	(897.587,5)
942.587,5		(897.587,5)
942.612,5	Innsbruck	(897.612,5)
942.612,5	Imst	(897.612,5)
942.637,5		(897.637,5)
942.662,5	Mieming	(897.662,5)
942.687,5		(897.687,5)
942.712,5	Innsbruck	(897.712,5) Hauptpost Innsbruck
942.712,5	Fließ	(897.712,5)
942.737,5	Innsbruck	(897.737,5)
942.762,5	Imst	(897.762,5)
942.787,5		(897.787,5)
942.812,5	Innsbruck	(897.812,5)

942.837,5		(897.837,5)
942.862,5	Innsbruck	(897.862,5)
942.862,5	Imst	(897.862,5)
942.887,5	Telfs	(897.887,5)
942.912,5	Innsbruck	(897.912,5) Hauptpost Innsbruck
942.937,5	Hall	(897.937,5)
942.962,5	Ötztal	(897.962,5)
942.987,5		(897.987,5)

943.000 – 959.000 MHz GSM-Telefon (898.000 – 914.000)

943.000	GSM Bregenz
943.400	GSM Nassereith
943.600	GSM Flaurling/Flaurlingerstub'n, MAX MOBIL
943.600	GSM Reith
944.000	GSM Leithen, MAX MOBIL
944.800	GSM Seefeld, A 1
945.400	GSM Silz, A 1
945.600	GSM
945.800	GSM Arzl/Pitztal
945.800	GSM Bregenz
946.000	GSM Tumpen
946.000	GSM Umhausen
946.000	GSM Innsbruck
946.200	GSM Tumpen, MAX MOBIL
946.200	GSM
946.400	GSM Innsbruck
946.600	GSM Innsbruck
946.800	GSM Telfs/St. Georgen Apotheke
946.800	GSM
947.000	GSM Krebsbach, A 1
947.000	GSM Innsbruck
947.200	GSM Rietz/Gemeindeamt, A 1
947.400	GSM Innsbruck
947.400	GSM
947.600	GSM Innsbruck
947.600	GSM VLBG/Bregenz
948.000	GSM VLBG
948.000	GSM Innsbruck
948.000	GSM Zams
948.200	GSM Innsbruck
948.400	GSM Innsbruck Postamt Neurum, A 1
948.400	GSM Bregenz/Umgebung
948.400	GSM Mieming/Wählamt, A 1
948.800	GSM Ötztal
949.000	GSM Zams, A 1
949.200	GSM Innsbruck
949.200	GSM Bregenz

949.400	GSM Leutasch Postamt, A 1
949.400	GSM Bregenz/VLBG
949.400	GSM Hatting
949.600	GSM Ötztal Bhf, A 1
949.600	GSM Bregenz/Umgebung
949.800	GSM Imst/Postamt, A 1
949.800	GSM Längenfeld
949.800	GSM Kühtai
950.000	GSM Obsteig
950.200	GSM Telfs/Postamt, A 1
950.200	GSM Wenns/Wählamt, A 1
950.200	GSM VLBG
950.400	GSM Bregenz/Umgebung
950.400	GSM Ötz
950.600	GSM Schönwies
950.600	GSM
951.200	GSM Ötztal/Wählamt, A 1
951.200	GSM Kronburg/Zams/Parkplatz, MAX MOBIL
951.200	GSM Bregenz/Umgebung
951.400	GSM Innsbruck/Steinbockallee, A 1
951.400	GSM VLBG
951.600	GSM Kühtai
951.800	GSM Innsbruck
951.800	GSM Bregenz
961.800	GSM Leutasch, MAX MOBIL
952.000	ORF Funkmikrofone
952.200	GSM Innsbruck
952.200	GSM Nassereith
952.200	GSM Arzl/Pitztal
952.200	GSM Bregenz/Umgebung
952.400	GSM Innsbruck
952.600	GSM Bregenz
952.800	GSM Innsbruck
953.200	GSM Silz/Holz Marberger, Silo, MAX MOBIL
953.400	GSM Innsbruck
953.400	GSM Längenfeld
953.400	GSM Landeck Perfuchs/Gasthaus Arlberg, MAX MOBIL
953.600	GSM Innsbruck
953.800	GSM Rietz, Bauernhof, MAX MOBIL
954.000	GSM Landeck
954.200	GSM Innsbruck
954.400	GSM Barwies/Tiwag, MAX MOBIL
955.000	GSM Landeck
955.000	GSM Schönwies
955.000	GSM Tarrenz/altes Feuerwehrhaus
955.200	GSM Innsbruck
955.400	GSM Innsbruck
955.400	GSM Imst MAX MOBIL
955.800	GSM Ötztal
955.800	GSM Rietz/Thannrain, Bauernhof, MAX MOBIL

956.600 GSM Sautens/Gasthof Post, MAX MOBIL
956.800 GSM Bregenz/Umgebung

957.000 GSM Mieming
957.000 GSM

958.200 GSM Silz, MAX MOBIL
958.000 GSM Telfs/Fa. Olymp, MAX MOBIL
958.400 GSM Hatting

959.000 – 961.000 Schnurlostelefon 10 mW
Ausgabe (914.000 – 916.000 MHZ)

961.000 – 1215.000FLUGNAVIGATION
Instrumenten-Landesystem ILS
DME Kanalraster 1 Mhz

1025.000 – 1150.000DME Abfragefrequenz in Flugzeugen (beim Landen)

962.000 – 1213.000DME Antwortfrequenzen in Flugzeugen (beim Landen)
998.000 DME Gnadenwald/Innsbruck Kennung: OEJ
1009.000 DME Flughafen Innsbruck Kennung: OEV
1030.000 Sekundärradartransponder in Flugzeugen (Empfang)
1090.000 DME Radar, Salzburg, Transponder
1097.000 DME Abfragefrequenz Friedrichshafen
1106.000 DME Radar, Linz
1109.000 DME Radar, Salzburg
1160.000 DME Abfragefrequenz Friedrichshafen
1169.000 DME Radar, Linz
1172.000 DME Radar, Salzburg

1215.000 – 1240.000 RADIONAVIGATIONSSATELLITEN
Downlink
Datenübertragung

1227.600 GPS-Navigationskanal L-2

1240.000 – 1260.000 NAVIGATIONSSATELLITEN Downlink

1240.000 – 1300.000 MHz Funkamateur 23 cm (sekundär)

ATV RELAIS IN ÖSTERREICH

KANALCALL QTH LOC HNN VERANTW

T V 1 OE5XLL Linz/Lichtenberg JN78CJ 926m OE5MKL

Input: 2412,000 FM HOR
5715,000 FM VERT
10485,000 FM VERT

Output: 1280,000 FM HOR

Rücksprechfrequenz: 430.025

T V 1a OE3XQS Kaiserkogel JN78SB 726m OE3EFS

Input: 2428,000 FM HOR

Output: 1280,000 FM HOR

Rücksprechfrequenz: 433.000

T V 2 OE5XUL Ried/Geiersberg — JN68SE 555m OE5MLL

Input: 1250,000 FM HOR — Output: 434.250 AM HOR
2428.000 FM HOR

T V 3 OE2XUP Salzburg/Untersberg — JN67MR 1780m OE2IWM

Input: 1250,000 FM HOR — Output: 434.250 AM HOR

T V 4 OE6XFD Graz/Plabutsch — JN77QB 763m OE6FNG

Input: 2320,000 FM HOR — Output: 1280,000 FM HOR
10420,000 FM HOR

T V 6 OE8XTK Gerlitze — JN66WQ 1890m OE8ABK

Input: 2412,000 FM HOR — Output: 1280,000 FM

T V 7 OE6XLE Kühnegg — JN76VT 375m OE6WLG

Input: 2412,000 FM — Output: 1278,000 FM VERT

T V 8 OE3XOS Hohe Wand — JN87AT 1065m OE1NDB

Input: 2410,000 FM HOR — Output: 1280,000 FM HOR
5710,000 FM
10410,000 FM HOR

Rücksprechfrequenz: 430.037,5

T V 9 OE7XLT Landeck/Grahberg — JN57HD 2208m OE7DBH

Input: 1250,000 FM HOR — Output: 1280,000 FM HOR
2412,000 FM HOR
10450,000 FM VER

T V 10 OE2XUM Salzburg/Untersberg — JN67MR 1780m OE2AXL

Input: 2412,000 FM HOR — Output: 1282,000 FM VERT

PR Eingabe: 144.875

T V 11 OE1XRU Bisamberg — JN88DD 315m OE3IP

Input: 1280,000 FM VER — Output: 1250,000 FM VER
2420,000 FM HOR
10420,000 FM HOR

Rücksprechfrequenz: 144.750, Steuerfrequenz: 144.800

T V 13 OE6XZG Graz/Schöckl — JN77SE 1445m OE6LOG
Input: 2340,000 FM HOR — Output: 1280,000 FM VER

T V 14 OE3XFA Frauenstaffel/Waidh. — JN78QT 695m OE3KMA
Input: 1280,000 FM VER — Output: 2428,000 FM HOR

T V 15 OE2XAP Tannberg — JN67OX 775m OE5PTL
Input: 1282,000 FM HOR — Output: 10480,000 FM HOR

T V 16 OE3XQB Sonntagberg — JN77JX 712m OE3JWB
Input: 1250,000 FM VER — Output: 2438,000 FM HOR

T V 17 OE9XTV Frastanz/V. Älpele — JN47TF 1300m OE9BBH
Input: 1250,000 FM, 1278,000 FM, 2440,000 FM — Output: 10410,000 FM, 10440,000 FM

Rücksprechfrequenz: 430.150

T V 18 OE3XZU Zwettl — JN78NO 580m OE3DJB
Input: 2410,000 FM VER — Output: 1250,000 FM HOR

T V 19 OE6XDG Stubalpe — JN77LB 1605m OE6KAF
Input: 2410,000 FM HOR, 10440,000 FM HOR — Output: 1250,000 FM HOR

T V 20 OE1XCB Wien/Wienerberg — JN88EE 276m OE1MCU
Input: 10420,000 FM HOR, 24070,000 FM HOR — Output: 2440,000 FM VER, 24230,000 FM

Rücksprechfrequenz: 438.825

T V 21 OE3XHS Hutwisch — JN87CL 896m OE3NDA
Input: 1280,000 FM HOR — Output: 2440,000 FM HOR

T V 22 OE3XOC Hochramalpe/Gablitz — JN88 OE3DFC
Input: 1278,000, 2440,000, 24230,000 — Output: 2420,000 FM HOR, 10440,000 FM HOR, 24070,000 FM HOR

T V 23 OE1XKB Wien/Laaerberg — JN88ED 250m OE1MCU
ATV BAKE: 10490,000

1240.000 - 1250.000	ORTUNGSFUNKDIENST, Navigationsfunkdienst über Satelliten (Primär)
1246.000	GLONASS, Navigationssatellit, UDSSR, FM-W
1250.000	
1260.000	FLUGNAVIGATIONSSFUNKDIENST zivil (Primär)
1260.000 - 1270.000	FUNKAMATEUR SAT, Uplink, (Sekundär)
1260.000 - 1300.000	ORTUNGSFUNKDIENST Militär (Primär)
1300.000 - 1400.000	Radaranlagen (Schweiz)
1381.050	Navigationskanal, L-3
1400.000 - 1427.000	Radioastronomie – Weltraumforschung
1427.000 - 1429.000	Weltraum Operation Uplink

RICHTFUNKVERBINDUNGEN IN ÖSTERREICH:

1432.250 (1497.750)	Vorarlb. Landesreg. Diedamskopf – Kanzelwand/Mittelberg
1433.250 (1498.250)	Vorarlb. Landesreg. Baumgarten – Fussach/Bezau
1433.250 (1498.250)	Vorarlb. Landesgend.komm. Albonagrat Schwarzkopf/Nenzing
1433.250 (1498.750)	Feuerwehr, Gernkogel/Salzburg
1434.250 (1499.750)	Vorarlb. Landesreg. Baumgarten – Rüfikopf/Lech a.A.
1434.250 (1499.750)	Feuerwehrkommando Salzburg
1432.250 (1499.750)	Vorarlberger Landesregierung, Dornbirn/Fussach
1436.250 (1501.750)	Vorarlberger Landesregierung, Bregenz/Fussach
1436.250 (1503.750)	Vorarlb.Landesreg. Albonagrat – Rüfikopf/Lech
1439.750 (1506.250)	ORF, Goldeck
1440.250 (1505.750)	Vorarlb. Landesreg. Feldkirch – Fussach
1441.250 (1506.750)	Vorarlb. Landesreg. Schellenberg – Feldkirch
1441.250 (1506.750)	(Verbund) E-Wirtschaft Bezau – Rüfikopf/Lech a.A.
1442.250 (1507.750)	Vorarlb. Landesreg. Diedamskopf – Rüfikopf/Lech a.A.
1442.250 (1507.750)	Vorarlb. Landesreg. Schellenberg – Bludenz
1442.750 (1507.250)	NEWAG, Niogas AG, St. Leonhard
1443.250 (1508.750)	Vorarlb.Landesreg. Feldkirch – Schruns
1443.250 (1508.750)	(Verbund) E-Wirtschaft Bezau – Doren
1444.750 (1509.250)	NEWAG, Niogas AG, Gänserndorf
1446.250 (1511.750)	(Verbund) E-Wirtschaft Albonagrat Schwarzkopf/Nenzing
1446.250 (1511.750)	Vorarlb.Landesgend.komm. Pfänder – Bregenz
1446.250 (1511.750)	NEWAG, Niogas AG, Wasenbruck
1446.750 (1511.250)	(Verbund) E-Wirtschaft, Spielfeld
1446.750 (1511.250)	NEWAG, Niogas AG, Dietmanns
1447.250 (1512.750)	Vorarlb. Landesgend.komm. Albonagrat- Rüfikopf/Lech a.A.
1447.250 (1512.750)	NEWAG, Niogas Ag, Wasenbruck
1447.250 (1512.750)	Vorarlb. Landesgend.komm. Vorderälple – Möggers
1447.750 (1512.250)	NEWAG, Niogas Ag, Mistelbach
1447.750 (1512.250)	NEWAG, Niogas Ag, St. Leonhard
1448.250 (1513.750)	Vorarlb. Landesgend.komm. Pfänder – Rüfikopf/Lech a.A.
1448.250 (1513.750)	(Verbund) E-Wirtschaft Meiningen -Schwarzkopf/Nenzing
1448.750 (1513.250)	ÖMV, Gänserndorf
1449.750 (1514.250)	NEWAG, Niogas AG, Hermannskogel

1450.250 (1513.750)	NEWAG, Niogas AG, Baden
1450.250 (1515.750)	Vorarlberger Landesgendarmeriekomm. Möggers – Bregenz
1450.250 (1515.750)	(Verbund) E-Wirtschaft, Bürs – Schwarzkopf/Nenzing
1450.750 (1515.250)	(Verbund) E-Wirtschaft, Zwölferhorn
1451.250 (1516.750)	NEWAG, Niogas Ag, Wr. Neustadt
1456.250 (1522.750)	(Verbund) E-Wirtschaft, Deutschlandsberg
1456.750 (1522.250)	(Verbund) E-Wirtschaft, Eichelwang
1457.250 (1522.750)	(Verbund) E-Wirtschaft, Graz
1457.750 (1522.250)	(Verbund) E-Wirtschaft, Eichelwang
1458.250 (1523.750)	BEGAS, Brentenriegel
1458.250 (1523.750)	(Verbund) E-Wirtschaft, Spielfeld
1459.250 (1524.750)	(Verbund) E-Wirtschaft, Mühldorf
1460.750 (1525.250)	(Verbund) E-Wirtschaft, Haunsberg
1461.250 (1526.750)	(Verbund) E-Wirtschaft, Kürnberg
1461.250 (1526.750)	BEGAS, Brentenriegel
1463.250 (1528.750)	Vorarlb. Landesgend.komm. Möggers – Hoher Kasten/Schweiz
1463.750 (1528.250)	Vorarlb. Landesgend.komm. Vorderälple – Hoher Kasten
1463.000	BEGAS, Grünberg
1464.250 (1529.750)	(Verbund) E-Wirtschaft, Schellenberg
1464.250 (1529.750)	NEWAG, Niogas AG, Dietmanns
1497.750 (1432.250)	Vorarlb. Landesreg. Kanzelwand – Mittelberg/Diedamskopf
1497.750 (1432.250)	Feuerwehrkommando Burgenland, Hirschenstein
1497.750 (1432.250)	Feuerwehrkommando Burgenland, Sonnenberg
1498.750 (1433.250)	Vorarlberger Landesregierung Fussach – Baumgarten/Bezau
1498.750 (1433.250)	Vorarlb. Landesgend.komm. Schwarzkopf – Nenzing/Albonagrat
1498.750 (1433.250)	Feuerwehrkommando Burgenland, Eisenstadt
1498.750 (1433.250)	Feuerwehrkommando Burgenland, Hirschenstein
1498.750 (1433.750)	Feuerwehrkommando Salzburg, Gaisberg
1499.750 (1432.250)	Vorarlberger Landesregierung, Fussach – Dornbirn
1499.750 (1432.250)	Feuerwehrkommando Burgenland, Parndorf
1499.750 (1432.250)	Feuerwehrkommando Salzburg, Gaisberg
1499.750 (1432.250)	Vorarlb. Landesreg. Rüfikopf – Baumgarten/Bezau
1500.750 (1433.250)	Feuerwehrkommando Burgenland, Hirschenstein
1501.750 (1436.250)	Vorarlberger Landesregierung, Fussach – Bregenz
1503.750 (1438.250)	Vorarlberger Landesregierung, Rüfikopf – Albonagrat
1505.250 (1440.750)	NEWAG, Niogas Ag Dobratsch
1505.750 (1440.250)	Vorarlberger Landesregierung, Fussach – Feldkirch
1506.250 (1441.750)	ORF, Koralpe
1506.750 (1440.250)	ORF, Koralpe
1506.750 (1441.250)	Vorarlberger Landesregierung, Feldkirch – Schellenberg
1506.750 (1441.250)	(Verbund) E-Wirtschaft Rüfikopf – Bezau
1506.750 (1441.250)	NEWAG, Niogas AG, Dobratsch
1507.750 (1442.250)	Vorarlberger Landesreg. Bludenz – Schellenberg
1507.750 (1442.250)	Vorarlberger Landesreg. Rüfikopf – Diedamskopf
1508.250 (1443.750)	Steir. Landesregierung, Schöckl
1508.750 (1443.250)	(Verbund) E-Wirtschaft, Schruns – Feldkirch
1508.750 (1443.250)	(Verbund) E-Wirtschaft, Doren – Bezau
1508.250 (1443.750)	NEWAG Niogas AG, Loschberg
1509.250 (1444.250)	Steir. Landesregierung, Schöckl
1510.250 (1445.750)	NEWAG, Niogas AG, Neubau
1511.250 (1446.750)	NEWAG, Niogas AG, Wilfleinsdorf

1511.750 (1446.250)	Vorarlberger Landesgendarmeriekomm. Bregenz-Pfänder
1511.750 (1446.250)	(Verbund) E-Wirtschaft, Schwarzkopf – Albonagrat
1512.250 (1447.750)	Verbund (E-Wirtschaft), Obervogau
1512.250 (1447.750)	NEWAG, Niogas AG, Waidhofen/Thaya
1512.250 (1447.750)	NEWAG, Niogas AG, Sonnenberg
1512.750 (1447.250)	Vorarlb. Landesgendarmeriekomm. Möggers – Vorderälple
1512.750 (1447.250)	Vorarlb. Landesgendarmeriekomm. Rüfikopf – Albonagrat
1512.750 (1447.250)	NEWAG, Niogas AG, Sonnenburg
1513.250 (1448.750)	NEWAG, Niogas AG, Horn
1513.250 (1448.750)	NEWAG, Niogas AG, Neubau
1513.750 (1448.250)	Vorarlb.Landesgendarmeriekomm. Rüfikopf – Pfänder
1513.750 (1448.250)	(Verbund) E-Wirtschaft, Schwarzkopf – Meiningen
1514.250 (1449.750)	ÖMV, Ebenthal
1514.750 (1449.250)	(Verbund) E-Wirtschaft, Gabersdorf
1515.250 (1449.750)	(Verbund) E-Wirtschaft, Gralla
1515.250 (1449.750	NEWAG, Niogas AG, Manhartsbrunn
1515.750 (1448.250)	Vorarlberger Landesgendarmeriekomm. Bregenz- Möggers
1515.750 (1448.250)	(Verbund) E-Wirtschaft, Schwarzkopf-Bürs
1515.750 (1448.250)	(Verbund) E-Wirtschaft, Feldbach
1515.750 (1448.250)	NEWAG, Niogas AG, Sonnenberg
1516.250 (1449.750)	(Verbund) E-Wirtschaft, Gaisberg
1516.750 (1449.250)	NEWAG, Niogas AG, Sonnenberg
1520.750 (1453.250)	Feuerwehrkommando Salzburg, Gern
1521.250 (1454.750)	BEGAS, Hirschenstein
1521.250 (1454.750)	(Verbund) E-Wirtschaft
1522.250 (1454.750)	BEGAS, Eisenstadt
1522.250 (1454.750)	(Verbund) E-Wirtschaft, Schöckl
1523.250 (1455.750)	(Verbund) E-Wirtschaft, Schlitterberg
1523.750 (1455.250)	BEGAS, Hirschenstein
1523.750 (1455.250)	(Verbund) E-Wirtschaft, Schöckl
1524.750 (1456.250)	(Verbund) E-Wirtschaft, Schöckl
1525.000 – 1544.000	INMARSAT COMMUNICATION SATELLIT, Downlink
1530.000 – 1544.000	INMARSAT Downlink, L-Band GLOBAL-POTIONING-SYSTEM, G P S
1530.000 – 1660.5	GPS EINGABE INMARSAT M
1552.500	(Verbund) E-Wirtschaft, Oberaudorf
1544.000 – 1545.000	Satelliten für Mobilfunk, Downlink
1545.000 – 1559.000	Satelliten für Mobil-Flugfunk, Downlink
1559.000 – 1610.000	Radionavigationssatelliten
1575.420	GPS-Navigationskanal, L-1
1610.000 – 1626.500	LEO-Satelliten (erdnahe Handy-Telefonsatelliten)
1626.500 – 1645.500	INMARSAT Satelliten für Mobil-Seefunk, Uplink
1636.500 – 1645.000	INMARSAT COMMUNICATIONS SATELLIT, Uplink
1670.000 – 1675.000	TFTS Telefonsystem in Flugzeugen (1800.000-1805.000 MHZ)

1681.600	GOES-7	Wetterfax
1686.833	METEOSAT	Wetterfax
1687.100	GOES-7	Wetterfax
1687.100	GMS-4	Japanischer Wetterdienst
1691.000	METEOSAT	Wetterfax Kanal A1
1691.000	GMS-4	Japanischer Wetterdienst Wetterfax
1694.500	METEOSAT	Wetterfax Kanal A2
1694.500	GOES-7	Wetterfax
1694.756	METEOSAT-4	Wettersatellit, Downlink Kanal 3
1695.693	METEOSAT-4	Wettersatellit, Downlink Kanal 1
1695.725	METEOSAT-4	Wettersatellit, Downlink Kanal 2
1695.787	METEOSAT-4	Wettersatellit, Downlink Kanal 4
1697.500	NOAA-5	Wettersatellit, Downlink
1698.000	NOAA-10	Wettersatellit, Downlink
1698.000	NOAA-12	Wettersatellit, Downlink
1702.500	NOAA	Wettersatellit
1705.500	FY-1B	Wettersatellit (China)
1707.000	NOAA-9	3777 zeilige Bilder, Auflösung 1.1 – 5 km

Datenrate 66 kBits/s
NOAA-Satelliten arbeiten auf den Frequenzen 1698 und 1707
als Hauptfrequenzen, linksdrehend polarisiert.
Sowie mit einem Reservesender auf 1702.500 MHZ
rechtsdrehend polarisiert

1710.000 – 1785.000	E-NETZ, GSM-TELEFON (1805.000 – 1880.000)
1775.900	NASA SPACE SHUTTLE, Uplink
1783.740	Satellitennavigationssystem weltweit GPS, Uplink
1800.000 – 1805.000	TFTS Telefonsystem in Flugzeugen (1670.000-1675.000 MHZ)
1805.000 – 1880.000	E-NETZ, GSM-TELEFON, Basisstation (1710.000-1785.000) ONE, Connect Austria
1831.800	NASA SPACA SHUTTLE, Uplink
1880.000 – 1900.000	Schnurlostelefone DECT (digital), Kanalraster 1728 kHz, GFSK, 10 mW, 120 Duplexkanäle, Zeitmultiplex 10 ms
1885.000 – 2025.000	Satellitendienste für Mobilkommunikation
1940.000 – 1964.000	IRIDIUM, Uplink, Handy-Satellit
2041.900	NASA SPACE SHUTTLE, Uplink, PSK
2106.400	NASA SPACE SHUTTLE, Uplink, PSK
2110.000 – 2200.000	Satellitendienste für Mobilkommunikation
2205.000	NASA SPACE SHUTTLE, Downlink, PSK
2214.000	NASA SPACE SHUTTLE, Downlink, PSK
2217.500	NASA SPACE SHUTTLE, Downlink, PSK
2250.000	NASA SPACE SHUTTLE, Downlink, Sprechfunk
2287.500	NASA SPACE SHUTTLE, Downlink, PSK
2305.000 – 2450.000	FUNKAMATEUR, nicht ausschliesslich (13 cm)

2320,825	OE1XTB Wien, Bake, 1 Watt
2483.500 – 2520.000	Satelliten Kommunikation (geplant)
2500.000 – 2650.000	Satellit, Downlink
2655.000 – 2690.000	Satellit, Uplink
2535.000 – 2655.000	ARABSAT/INSAT, Downlink, S-Band
2700.000 – 3400.000	Radaranlagen (Schweiz)
2910.000 – 2934.000	IRIDIUM, Uplink, Handy-Satellit
3400.000 – 3700.000	Satellit, Downlink
3400.000 – 3475.000	FUNKAMATEUR
3700.000 – 4200.000	Satellit, Downlink
3700.000 – 4200.000	TV/RADIO/DATA, Downlink, C-Band
3810.000	POST/TELEKOM Pfänder-Säntis
3825.000	POST/TELEKOM Aflenz
3926.000	POST/TELEKOM Pfänder-Säntis
3995.000	POST/TELEKOM Aflenz
4055.000	POST/TELEKOM Aflenz
4135.000	POST/TELEKOM Aflenz
4400.000 – 4800.000	Satellit, Downlink, CA1-Band
5000.000 – 5250.000	Satellit, Downlink + Uplink
5400.000	Wetterradar in Flugzeugen
5650.000 – 5850.000	FUNKAMATEUR (5cm) nicht ausschließlich,
5760,865	OE1XVB Wien/Simmering, Bake
5760,870	OE8XGQ Gerlitze, Bake
5760,945	OE2XBN Sonnblick, Bake
5650.000 – 5850.000	SAT, Uplink
5725.000 – 5925.000	Satellit, Uplink
5925.000 – 7075.000	Satellit, Uplink
5925.000 – 6425.000	ARABSAT/INSAT, Uplink, C-Band
5945.200	POST/TELEKOM, Anninger
5945.200	POST/TELEKOM, Brockenberg
5945.200	POST/TELEKOM, Dalaas
5945.200	POST/TELEKOM, Exelberg
5945.200	POST/TELEKOM, Feldkirch
5945.200	POST/TELEKOM, Grahberg/Landeck
5945.200	POST/TELEKOM, Klagenfurt
5945.200	POST/TELEKOM, Loferer Alm
5974.850	POST/TELEKOM, Bregenz/Pfänder
5974.850	POST/TELEKOM, Brockenberg
5974.850	POST/TELEKOM, Exelberg
5974.850	POST/TELEKOM, Grahberg/Landeck

5974.850 POST/TELEKOM, Anninger
5974.850 POST/TELEKOM, Linz
5974.850 POST/TELEKOM, Loferer Alm

6004.500 POST/TELEKOM, Feldkirch
6004.500 POST/TELEKOM, Anninger
6004.500 POST/TELEKOM, Brockenberg
6004.500 POST/TELEKOM, Dalaas
6004.500 POST/TELEKOM, Exelberg
6004.500 POST/TELEKOM, Grahberg/Landeck
6004.500 POST/TELEKOM, Klagenfurt
6004.500 POST/TELEKOM, Loferer Alm
6034.150 POST/TELEKOM, Anninger
6034.150 POST/TELEKOM, Bregenz/Pfänder
6034.150 POST/TELEKOM, Brockenberg
6034.150 POST/TELEKOM, Exelberg
6034.150 POST/TELEKOM, Grahberg/Landeck
6034.150 POST/TELEKOM, Linz
6034.150 POST/TELEKOM, Loferer Alm
6050.000 POST/TELEKOM, Aflenz
6063.800 POST/TELEKOM, Anninger
6063.800 POST/TELEKOM, Feldkirch
6063.800 POST/TELEKOM, Dalaas
6063.800 POST/TELEKOM, Brockenberg
6063.800 POST/TELEKOM, Exelberg
6063.800 POST/TELEKOM, Grahberg/Landeck
6063.800 POST/TELEKOM, Klagenfurt
6093.450 POST/TELEKOM, Anninger
6093.450 POST/TELEKOM, Brockenberg
6093.450 POST/TELEKOM, Bregenz/Pfänder
6093.450 POST/TELEKOM, Exelberg
6093.450 POST/TELEKOM, Linz
6123.100 POST/TELEKOM, Anninger
6123.100 POST/TELEKOM, Dalaas
6123.100 POST/TELEKOM, Feldkirch
6123.100 POST/TELEKOM, Brockenberg
6123.100 POST/TELEKOM, Exelberg
6123.100 POST/TELEKOM, Grahberg/Landeck
6123.100 POST/TELEKOM, Klagenfurt
6152.750 POST/TELEKOM, Bregenz/Pfänder
6152.750 POST/TELEKOM, Brockenberg
6152.750 POST/TELEKOM, Exelberg
6152.750 POST/TELEKOM, Linz
6197.240 POST/TELEKOM, Feldkirch/Vorderälpele
6197.240 POST/TELEKOM, Galzig/St. Anton
6197.240 POST/TELEKOM, Graz
6197.240 POST/TELEKOM, Jauerling
6197.240 POST/TELEKOM, Kanzelkehre/Jenbach
6197.400 POST/TELEKOM, Ansfelden
6197.400 POST/TELEKOM, Gaisberg/Salzburg
6197.400 POST/TELEKOM, Koralpe
6201.000 POST/TELEKOM, Aflenz

6220.000	POST/TELEKOM, Aflenz
6226.890	POST/TELEKOM, Ansfelden
6226.890	POST/TELEKOM, Feldkirch/Vorderälpele
6226.890	POST/TELEKOM, Gaisberg/Salzburg
6226.890	POST/TELEKOM, Graz
6226.890	POST/TELEKOM, Jauerling
6226.890	POST/TELEKOM, Kanzelkehre/Jenbach
6226.890	POST/TELEKOM, Koralpe
6256.240	POST/TELEKOM, Feldkirch/Vorderälpele
6256.540	POST/TELEKOM, Ansfelden
6256.540	POST/TELEKOM, Gaisberg/Salzburg
6256.540	POST/TELEKOM, Galzig/St. Anton
6256.540	POST/TELEKOM, Graz
6256.540	POST/TELEKOM, Jauerling
6256.540	POST/TELEKOM, Kanzelkehre/Jenbach
6256.540	POST/TELEKOM, Koralpe
6280.000	POST/TELEKOM, Aflenz
6286.190	POST/TELEKOM, Ansfelden
6286.190	POST/TELEKOM, Feldkirch/Vorderälpele
6286.190	POST/TELEKOM, Gaisberg/Salzburg
6286.190	POST/TELEKOM, Graz
6286.190	POST/TELEKOM, Jauerling
6286.190	POST/TELEKOM, Kanzelkehre/Jenbach
6286.190	POST/TELEKOM, Koralpe
6315.840	POST/TELEKOM, Ansfelden
6315.840	POST/TELEKOM, Feldkirch/Vorderälpele
6315.840	POST/TELEKOM, Gaisberg/Salzburg
6315.840	POST/TELEKOM, Galzig/St. Anton
6315.840	POST/TELEKOM, Graz
6315.840	POST/TELEKOM, Jauerling
6315.840	POST/TELEKOM, Patscherkofel/Innsbruck
6315.840	POST/TELEKOM, Kanzelkehre/Jenbach
6315.840	POST/TELEKOM, Koralpe
6345.490	POST/TELEKOM, Ansfelden
6345.490	POST/TELEKOM, Feldkirch/Vorderälpele
6345.490	POST/TELEKOM, Gaisberg/Salzburg
6345.490	POST/TELEKOM, Graz
6345.490	POST/TELEKOM, Patscherkofel/Innsbruck
6345.490	POST/TELEKOM, Jauerling
6345.490	POST/TELEKOM, Kanzelkehre/Jenbach
6345.490	POST/TELEKOM, Koralpe
6360.000	POST/TELEKOM, Aflenz
6375.140	POST/TELEKOM, Ansfelden
6375.140	POST/TELEKOM, Feldkirch/Vorderälpele
6375.140	POST/TELEKOM, Gaisberg/Salzburg
6375.140	POST/TELEKOM, Galzig/St. Anton
6375.140	POST/TELEKOM, Graz
6375.140	POST/TELEKOM, Patscherkofel/Innsbruck
6375.140	POST/TELEKOM, Jauerling
6375.140	POST/TELEKOM, Kanzelkehre/Jenbach
6375.140	POST/TELEKOM, Koralpe

6404.790	POST/TELEKOM, Ansfelden
6404.790	POST/TELEKOM, Feldkirch/Vorderälpele
6404.790	POST/TELEKOM, Gaisberg/Salzburg
6404.790	POST/TELEKOM, Graz
6404.790	POST/TELEKOM, Patscherkofel/Innsbruck
6404.790	POST/TELEKOM, Jauerling
6404.790	POST/TELEKOM, Kanzelkehre/Jenbach
6404.790	POST/TELEKOM, Koralpe
6410.000 – 6441.000	Uplink, INMARSAT (Pagingsystem)
6625.000 – 7025.000	TELEMETRIE/DATA, Uplink CA1-Band
6695.000	ORF Wien
6875.000	ORF Wien
6905.000	ORF Pyramidenkogel
6905.000	ORF Bregenz/Pfänder
6905.000	ORF Gaisberg/Salzburg
6905.000	ORF Kahlenberg
6905.000	ORF Lichtenberg
6905.000	ORF Patscherkofel
6905.000	ORF Schöckl
6905.000	ORF Sonnwendstein
7250.000 – 7750.000	Satellit, Downlink
7125.000 – 7725.000	Schmalband-Richtstrahl-Anlagen (Schweiz)
7125.000	(Verbund) E-Wirtschaft, St. Peter
7126.000	Donaukraftwerke AG, Gössnitzberg
7126.000	Donaukraftwerke AG, Schoberboden
7128.000	(Verbund) Oberösterr. Kraftwerke AG, Gmunden
7142.000	(Verbund) Oberösterr. Kraftwerke AG, Gmunden
7146.000	(Verbund) E-Wirtschaft, Wien
7146.000	(Verbund) E-Wirtschaft, Oberwart
7146.000	(Verbund) E-Wirtschaft, Bergern
7146.000	(Verbund) E-Wirtschaft, Asten
7146.000	(Verbund) E-Wirtschaft, Plattenberg
7147.000	(Verbund) E-Wirtschaft, Stetten
7147.000	(Verbund) E-Wirtschaft, Brentenriegel
7147.000	Donaukraftwerke AG, Schoberboden
7147.000	(Verbund) E-Wirtschaft, Bürs
7147.500	(Verbund) E-Wirtschaft, Plattenberg
7147.500	(Verbund) E-Wirtschaft, Spittal/Phyrn
7147.500	(Verbund) NEWAG Niogas AG, Lauterbach
7148.000	(Verbund) E-Wirtschaft, Wien
7148.000	(Verbund) E-Wirtschaft, Piller/Wenns
7148.000	(Verbund) E-Wirtschaft, Mugl
7148.000	(Verbund) Oberösterr. Kraftwerke AG, Linz
7148.000	(Verbund) E-Wirtschaft, Gern
7148.000	(Verbund) E-Wirtschaft, Schlitterberg
7148.500	(Verbund) E-Wirtschaft, Denner
7148.500	(Verbund) E-Wirtschaft, Oberhofen
7149.000	(Verbund) E-Wirtschaft, Galzig

7149.500	(Verbund) E-Wirtschaft, Wien
7149.500	(Verbund) E-Wirtschaft, Piller/Wenns
7149.500	(Verbund) E-Wirtschaft, Mugl
7149.500	(Verbund) E-Wirtschaft, Wildkogel
7150.000	(Verbund) E-Wirtschaft, Brentenriegel
7150.000	(Verbund) Oberösterr. Kraftwerke AG, Kirchdorf
7150.000	Donaukraftwerke AG, Feistritz
7150.000	(Verbund) E-Wirtschaft, Dünserberg
7150.000	(Verbund) E-Wirtschaft, Galzig
7150.500	(Verbund) E-Wirtschaft, Oberhofen
7150.500	(Verbund) E-Wirtschaft, Wien
7151.500	(Verbund) E-Wirtschaft, Denner
7151.500	(Verbund) E-Wirtschaft, Wildkogel
7152.000	(Verbund) E-Wirtschaft, Haiming/Haimingeralm
7152.000	(Verbund) E-Wirtschaft, Schoberboden
7188.000	(Verbund) E-Wirtschaft, Wien
7188.000	(Verbund) E-Wirtschaft, Oberwart
7188.000	(Verbund) E-Wirtschaft, Lauterbach
7188.000	(Verbund) E-Wirtschaft, Bergern
7188.000	(Verbund) E-Wirtschaft, Asten
7188.000	(Verbund) Oberösterr. Kraftwerke AG, Linz
7188.000	Donaukraftwerke AG, Gössnitzberg
7188.500	(Verbund) E-Wirtschaft, Zell/Ziller
7189.000	(Verbund) E-Wirtschaft, Stetten
7189.000	(Verbund) E-Wirtschaft, Bürs
7189.500	(Verbund) E-Wirtschaft, Plattenberg
7190.000	(Verbund) E-Wirtschaft, Wien
7190.000	(Verbund) E-Wirtschaft, Gern
7190.000	(Verbund) E-Wirtschaft, Piller/Wenns
7190.000	(Verbund) E-Wirtschaft, Schlitterberg
7190.000	(Verbund) Oberösterr. Kraftwerke AG, Linz
7190.500	(Verbund) E-Wirtschaft, Denner
7190.500	(Verbund) E-Wirtschaft, Oberhofen
7191.000	(Verbund) E-Wirtschaft, Galzig
7191.500	(Verbund) E-Wirtschaft, Piller/Wenns
7191.500	(Verbund) E-Wirtschaft, Wien
7191.500	(Verbund) E-Wirtschaft, Wildkogel
7192.000	(Verbund) E-Wirtschaft, Dünserberg
7192.000	(Verbund) E-Wirtschaft, Galzig
7192.500	(Verbund) E-Wirtschaft, Wien
7193.500	(Verbund) E-Wirtschaft, Denner
7193.500	(Verbund) E-Wirtschaft, Wildkogel
7194.000	(Verbund) E-Wirtschaft, Haiming/Haimingeralm
7194.000	(Verbund) E-Wirtschaft, Schlitterberg
7194.000	(Verbund) E-Wirtschaft, Schoberboden
7198.000	(Verbund) E-Wirtschaft, Brentenriegel

7200.000 – 7750.000 MHz MILITÄR/REGIERUNG, Downlink X-Band

7203.500	NEWAG Niogas AG, Dünserberg

7307.000	(Verbund) E-Wirtschaft, Buchberg
7307.000	(Verbund) E-Wirtschaft, Distelreith

7307.000	(Verbund) E-Wirtschaft, Dürnrohr
7307.000	(Verbund) E-Wirtschaft, Linz
7307.000	(Verbund) E-Wirtschaft, Pöstlingberg
7307.000	(Verbund) E-Wirtschaft, Wien
7308.000	(Verbund) E-Wirtschaft, Korneuburg
7308.000	(Verbund) E-Wirtschaft, Burtscha Alp
7308.000	(Verbund) E-Wirtschaft, Wien
7308.500	(Verbund) E-Wirtschaft, Ernsthofen
7309.000	(Verbund) E-Wirtschaft, Krahberg/Landeck
7309.000	(Verbund) E-Wirtschaft, Sonnblick
7309.000	(Verbund) E-Wirtschaft, Wien
7310.000	(Verbund) E-Wirtschaft, Burtscha Alp
7310.500	(Verbund) E-Wirtschaft, Wien
7322.000	(Verbund) E-Wirtschaft, Krahberg/Landeck
7311.000	Donaukraftwerke AG, Rosegg
7311.000	(Verbund) E-Wirtschaft, Gaisberg
7311.000	(Verbund) E-Wirtschaft, Korneuburg
7311.500	(Verbund) E-Wirtschaft, Korneuburg
7312.000	(Verbund) E-Wirtschaft
7313.000	(Verbund) E-Wirtschaft, Haiming/Haimingeralm
7313.000	(Verbund) E-Wirtschaft, Sonnblick
7349.000	(Verbund) E-Wirtschaft, Wien
7349.000	(Verbund) E-Wirtschaft, Linz
7349.000	(Verbund) E-Wirtschaft, Buchberg
7349.000	(Verbund) E-Wirtschaft, Distelreith
7349.000	(Verbund) E-Wirtschaft, Dürnrohr
7349.000	(Verbund) E-Wirtschaft, Hirschenstein
7349.000	(Verbund) E-Wirtschaft, Pöstlingberg
7349.500	(Verbund) Oberösterr. Kraftwerke AG, Linz
7349.500	(Verbund) E-Wirtschaft, Larchkopf
7349.500	(Verbund) E-Wirtschaft, Lauterbach
7350.000	(Verbund) E-Wirtschaft, Korneuburg
7350.000	(Verbund) E-Wirtschaft, Burtscha Alp
7350.000	(Verbund) E-Wirtschaft, Wien
7350.500	(Verbund) E-Wirtschaft, Ernsthofen
7351.000	(Verbund) E-Wirtschaft, Krahberg/Landeck
7351.000	(Verbund) E-Wirtschaft, Sonnblick
7351.000	(Verbund) E-Wirtschaft, Wien
7352.000	(Verbund) E-Wirtschaft, Burtscha Alp
7352.000	(Verbund) E-Wirtschaft, Gaisberg
7452.500	(Verbund) E-Wirtschaft, Wien
7353.000	(Verbund) E-Wirtschaft, Krahberg/Landeck
7353.000	(Verbund) E-Wirtschaft, Korneuburg
7353.000	(Verbund) E-Wirtschaft, Gaisberg
7354.000	(Verbund) Oberösterr. Kraftwerke AG, Bruck/Glockner
7355.000	(Verbund) E-Wirtschaft, Haiming
7355.000	(Verbund) E-Wirtschaft, Sonnblick

7500.000 – 8300.000 Bundesheer, Richtfunk

7900.000 – 8450.000 MHz MILITÄR/REGIERUNG Uplink X-Band

8500.000 – 10250.000 Radaranlagen (Schweiz)

9200.000 – 9975.000	Radar-Anlagen (Schweiz)
9410.000	Geschwindigkeitsmessradar Multanova DRS-1
10000.715	POST/TELEKOM, Feldkirch/Vorderälpele – Säntis
10000.875	POST/TELEKOM, Feldkirch/Vorderälpele – Säntis
10368.000 – 10370.000 40dBW	FUNKAMATEUR (3cm) nicht ausschliesslich max. EIRP
10368.150 OE8XXQ	Dobratsch, Bake, 0,1 Watt
10368.870 OE8XGQ	Gerlitze, Bake, 0,15 Watt
10368.875 OE5XBM	Breitenstein, Bake, 1,0 Watt
10368.880 OE1XVB	Wien/Simmering, Bake, 0,15 Watt
10368.920 OE2XBO	Haunsberg, Bake, 0,15 Watt
10368.925 OE3XMB	Muckenkogel, Bake, 0,15 Watt
10368.945 OE2XBN	Sonnblick, Bake, 1,25 Watt
10400.000 – 10500.000	FUNKAMATEUR, nicht ausschliesslich
10450.000 – 10500.000	Radaranlagen (Schweiz)
10450.000 – 10500.000	FUNKAMATEUR, ausschliesslich SAT
10450.000 – 10500.000	Radaranlagen (Schweiz)
10700.000 – 10950.000	INDUSTRIE/MILITÄR Downlink KU1-Band
10715.000	POST/TELEKOM, Feldkirch/Vorderälpele – Säntis
10875.000	POST/TELEKOM, Feldkirch/Vorderälpele – Säntis
10950.000 – 12.950	EUTELTRACS (Zweiweg-Satelliten-Mobildienst) Es lassen sich hier alphanumerische Nachrichten beliebiger Downlink Art,sowie ASCII-Dateien mit maximal 1960 Bytes übermitteln. Der Datenaustausch erfolgt dabei über zwei Duplex Richtfunkstrecken. Eine zwischen der festen Bodenstation in Frankreich und dem Satelliten sowie eine weitere vom Satelliten zum Empfänger. Übertragungsrate: 4.96 kBits/s
10991.000	POST/TELEKOM, Aflenz
10950.000 – 11700.000	TV/RADIO/DATA, Downlink, KU-Band
11075.000	POST/TELEKOM, Aflenz
11158.000	POST/TELEKOM, Aflenz
11245.000	POST/TELEKOM, Gaisberg/Salzburg
11285.000	POST/TELEKOM, Gaisberg/Salzburg
11405.000	POST/TELEKOM, Gaisberg/Salzburg
11445.000	POST/TELEKOM, Gaisberg/Salzburg
11451.000	POST/TELEKOM, Aflenz
11491.000	POST/TELEKOM, Aflenz
11565.000	POST/TELEKOM, Gaisberg/Salzburg
11575.000	POST/TELEKOM, Aflenz
11605.000	POST/TELEKOM, Gaisberg/Salzburg
11658.000	POST/TELEKOM, Aflenz

11680.000 OTS Bodenstation Genf (Schweiz)
11700.000 – 12500.000 TV/RADIO/DATA, Downlink, DSB1-Band
11795.000 OTS Bodenstation Genf (Schweiz)
12000.000 – 12750.000OLYMPUS Nachrichtensatellit

12456.250 ORF Ehrwald/Zugspitze

12227.600 POSIC-Ortungssystem

12500.000 – 12750.000TV/RADIO/DATA, Downlink, DSB2-Band

12541.000 POST/TELEKOM Klagenfurt

12750.000 – 13250.000TELEMETRIE/DATA, Downlink, KU2-Band
12750.000 – 13000.000INDUSTRIE/MILITÄR, Uplink, KU1-Band
13000.000 – 13750.000TV/RADIO/DATA, Uplink, KU-Band

13250.000 – 14400.000Radaranlagen (Schweiz)

13400.000 – 14000.000Radaranlagen (Schweiz)

13750.000 – 14550.000TV/RADIO/DATA, Uplink, DSB1-Band

14041.000 POST/TELEKOM, Aflenz
14041.670 POST/TELEKOM, Graz/Gries
14041.670 POST/TELEKOM, Klagenfurt
14042.500 POST/TELEKOM, Graz/Gries
14042.500 POST/TELEKOM, Patscherkofel/Innsbruck
14042.500 POST/TELEKOM, Klagenfurt
14042.500 POST/TELEKOM, Linz/Ansfelden
14125.000 POST/TELEKOM, Aflenz
14205.000 POST/TELEKOM, Graz/Gries
14205.000 POST/TELEKOM, Patscherkofel/Innsbruck
14205.000 POST/TELEKOM, Klagenfurt
14205.000 POST/TELEKOM, Linz/Ansfelden
14208.000 POST/TELEKOM, Aflenz
14291.000 POST/TELEKOM, Aflenz
14375.000 POST/TELEKOM, Aflenz
14377.500 POST/TELEKOM, Graz/Gries
14377.500 POST/TELEKOM, Patscherkofel/Innsbruck
14377.500 POST/TELEKOM, Klagenfurt
14377.500 POST/TELEKOM, Linz/Ansfelden
14458.300 POST/TELEKOM, Aflenz

14500.000 – 15350.000Digital-Richtfunksystem (Schweiz) 34/1500

14550.000 – 14750.000TV/RADIO/DATA, Uplink, DSB2-Band

14000.000 – 14250.000EUTELTRACS, Uplink
Uplink, Datenrate: 55.2 Bits/s mehrfach gepackt

14750.000 – 15250.000TELEMETRIE/DATA, Uplink, KU2-Band

15003.000 NASA SPACE SHUTTLE Telemetrie, TV, FM WIDE

15400.000 – 17700.000Radaranlagen (Schweiz)

17100.000 – 17850.000OLYMPUS Nachrichtensatellit

18300.000 – 21200.000TV/RADIO/DATA, Downlink, KA-Band

21200.000 – 22200.000TELEMETRIE/DATA, Downlink, KA1-Band

24000.000 – 24250.000FUNKAMATEUR

24192,875 OE5XBM Breitenstein, Bake, 0,050 W
24192,945 OE2XBN Sonnblick, Bake 0,5 W

27000.000 – 29900.000TV/RADIO/DATA, Uplink, KA-Band

29900.000 – 30900.000TELEMETRIE/DATA, Uplink, KA1-Band

31800.000 – 36000.000Radaranlagen (Schweiz)

33400.000 – 36000.000Radaranlagen (Schweiz)

47000.000 – 47200.000FUNKAMATEUR, ausschliesslich Amateurfunk

47088,875 OE5XBM, Hellmonsödt, Bake, 0.025 W

75500.000 – 76000.000FUNKAMATEUR, ausschliesslich Amateurfunk, SAT

76000.000 – 10000.000FUNKAMATEUR, nicht ausschliesslich, SAT

119980.000 – 120020.000FUNKAMATEUR, nicht ausschliesslich

142000.000 – 144000.000FUNKAMATEUR, nicht ausschliesslich, SAT

144000.000 – 149000.000FUNKAMATEUR, nicht ausschliesslich, SAT

241000.000 – 248000.000FUNKAMATEUR, nicht ausschliesslich, SAT

248000.000 – 250000.000FUNKAMATEUR, ausschliesslich Amateurfunk